Andrié/Meier · Lineare Algebra und Geometrie für Ingenieure

W0263207

Lineare Algebra und Geometrie für Ingenieure

Eine anwendungsbezogene Einführung mit Übungen

Prof. Dr. Manfred Andrié
Dipl.-Ing. Paul Meier

3. Auflage

Die Deutsche Bibliothek   CIP-Einheitsaufnahme

Andrié, Manfred:
Lineare Algebra und Geometrie für Ingenieure : eine
anwendungsbezogene Einführung mit Übungen / von Manfred
Andrié und Paul Meier. – 3. Aufl. – Düsseldorf : VDI-Verl.,
1996
  (VDI-Hochschultaschenbuch)

ISBN-13: 978-3-540-62294-9   e-ISBN-13: 978-3-642-95798-7
DOI: 10.1007/978-3-642-95798-7

NE: Meier, Paul:

© VDI-Verlag GmbH, Düsseldorf 1996

Alle Rechte, auch das des auszugsweisen Nachdruckes, der auszugsweisen oder
vollständigen fotomechanischen Wiedergabe (Fotokopie, Mikrokopie), der
elektronischen Datenspeicherung (Wiedergabesysteme jeder Art) und das der
Übersetzung, vorbehalten.

Die Wiedergabe von Gebrauchsnamen, Handelsnamen, Warenbezeichnungen u.ä.
in diesem Werk berechtigt auch ohne besondere Kennzeichnung nicht zu der
Annahme, daß solche Namen im Sinne der Warenzeichen- und Markenschutz-
Gesetzgebung als frei zu betrachten wären und daher von jedermann benutzt
werden dürften.

Vorwort zur 3. Auflage

In einer aktualisierten Auflage bietet dieses Buch eine anwendungsbezogene Einführung in die lineare Algebra und Geometrie.
Insbesondere werden Anwendungen und Übungen aus der Ingenieur-
geometrie, der Vermessungstechnik, der geometrischen Datenverarbeitung (CAD-Technik) und der Methode der finiten Elemente behandelt.
Der Inhalt gehört zur mathematischen Grundausbildung von
Ingenieuren.

Als **Zielgruppen** werden Ingenieurstudenten an Fachhochschulen und
Technischen Universitäten, anwendungsorientierte Lehrer und Ingenieure in der Praxis angesprochen.

Besondere Aspekte der Neuauflage sind:

- Geometrisch anschauliche und anwendungsbezogene Darstellung
- Zahlreiche praxisnahe Anwendungen, erläuternde Bilder, durchge-
  rechnete Beispiele und Übungen mit Lösungen
- Orientierung der Auswahl des mathematischen Stoffes an Bedürf-
  nissen moderner Ingenieur- und Komputertechnik
- Vorbereitung auf mathematische Modellbildung technischer Probleme
  in der Praxis durch Lösen von Sachaufgaben

Übungen und Anwendungen tragen wesentlich zum Verständnis und
zur praktischen Umsetzung mathematischer Theorie bei. Aufgaben
sollen die Sicherheit im Kalkül und das oft vernachlässigte geometrische Vorstellungsvermögen schulen. Schrittweise werden Schwierig-
keitsgrad und Komplexität der Aufgaben gesteigert.

Die vorliegende Darstellung basiert auf Vorlesungen, die einer der
Autoren (Prof. Dr. M. Andrié) im ingenieurwissenschaftlichen Zentrum
der Fachhochschule Köln hält. Übungen und Anwendungen wurden
mehrfach erprobt und tragen insbesondere den inhomogenen Eingangs-
voraussetzungen Rechnung.

Wichtige Begriffe und Ergebnisse werden in übersichtlicher Form
herausgehoben. Die Lösungen im Anhang ermöglichen dem Leser eine
Überprüfung der eigenen Leistungen.

Die Grundlagen der Analysis werden in unserem Band "Analysis für Ingenieure" behandelt.

Herrn Prof. Dr.-Ing. Gönenccan danken wir für seine Hinweise auf Anwendungen aus der Vermessungstechnik und angewandten Geodäsie.

Dem VDI-Verlag gilt unser besonderer Dank für die Aufgeschlossenheit gegenüber der vorliegenden Konzeption und die Neuauflage dieses Buches für den ingenieurwissenschaftlichen Bereich.

Köln, im Januar 1996   M. Andrié

                                                                 P. Meier

Inhaltsverzeichnis

D | TRIGONOMETRIE

E | VEKTOREN

F   MATRIZEN

G   DETERMINANTEN

H   LINEARE GLEICHUNGSSYSTEME

J   GEOMETRIE IN DER EBENE

K   GEOMETRIE IM RAUM

A   MENGEN

Die Mengenlehre ist nicht nur für verschiedene mathematische Diszi-
plinen von Bedeutung, sondern spielt auch zunehmend in den Anwendungen eine wichtige Rolle. Ihre algebraische Struktur

▸ liefert eine logisch klare und ökonomische Darstellung mathematischer Sachverhalte

▸ dient der Strukturierung

▸ bildet die mathematische Grundlage für die Schaltalgebra in der
Informatik

▸ wird in der CAD-Technik zugrunde gelegt (rechnerunterstützte
Konstruktion, Computer Aided Design = CAD)

▸ ist Basis der Aussagenalgebra der Logik

▸ ist mathematische Grundlage für die Wahrscheinlichkeitsrechnung
(Ereignisalgebra)

Im folgenden bringen wir eine Einführung in die Mengenlehre, soweit
diese als Grundlage für Anwendungen in der Technik erforderlich ist.

1   GRUNDBEGRIFFE

1.1   BEGRIFF DER MENGE

Definition (1.1): (nach G. Cantor)

> Unter einer **Menge** verstehen wir eine Zusammenfassung von
> bestimmten, wohlunterschiedenen Objekten unserer Anschauung
> oder unseres Denkens zu einem Ganzen.

Hierbei muß stets entscheidbar sein, ob ein Objekt zur Menge gehört
oder nicht. Die Objekte werden **Elemente** der Menge genannt.
Mengen werden in der Regel mit großen Buchstaben A,B,..,M,N,..
bezeichnet. Einige Buchstaben sind Standardbezeichnungen für besondere Zahlenmengen; z.B. bezeichnet IN die Menge der natürlichen

Zahlen.

Die Elemente einer Menge werden im allgemeinen mit kleinen Buchstaben a,b,c,.. gekennzeichnet.

Definition (1.2):

> Gehört ein Objekt a zu einer Menge A, so schreibt man $a \in A$
> (gelesen: a ist Element von A).
> Gehört ein Objekt b nicht zur Menge A, so schreibt man $b \notin A$
> (gelesen: b ist nicht Element von A).

Eine Menge mit endlich vielen Elementen kann durch Aufzählen ihrer Elemente beschrieben werden, indem alle Elemente (Namen der Elemente) der Menge in eine sog. **Mengenklammer** gesetzt werden. Besteht eine Menge aus unendlich vielen Elementen, so versagt die aufzählende Schreibweise. In diesem Fall charakterisiert man die Menge durch eine Eigenschaft, die allen ihren Elementen gemeinsam zukommt.

Definition (1.3): (Beschreibung von Mengen)

> Die Menge A, die aus den Objekten a,b,..,k besteht, bezeichnet
> man mit $A = \{a,b,..,k\}$.
> Die Menge A aller Elemente a, die die Eigenschaft E haben,
> bezeichnet man mit $A = \{a \mid a$ hat die Eigenschaft $E\}$.
> Die Menge, die kein Element enthält, heißt **leere Menge** und wird
> mit $\emptyset$ oder $\{ \}$ gekennzeichnet.

Jedes Element wird in der Mengenklammer nur einmal angegeben.

Beispiele:

① $A = \{4,7,8,\pi\}$, $4 \in A$, $1 \notin A$

② $B = \{a \mid a \in \mathbb{N}$ und a ist kleiner als $5\} = \{1,2,3,4\}$

Als geometrisch anschauliches Hilfsmittel zur Darstellung von Mengen verwendet man **Mengenbilder**, sog. **Venn-Diagramme.** Dazu zeichnet man um die Namen der Elemente, die zu einer Menge zusammengefaßt werden, eine geschlossene Kurve und sondert sie so von anderen Objekten ab, die nicht zur Menge gehören.

Beispiel:

$A = \{-3,0,1,5\}$

Die Gleichheit von Mengen führen wir zurück auf die Gleichheit ihrer Elemente.

Definition (1.4):

> Zwei Mengen A und B heißen gleich, geschrieben A = B, wenn jedes Element von A auch Element von B ist und umgekehrt.
> Andernfalls bezeichnen wir sie als verschieden, geschrieben A ≠ B.

Beispiele:

① $\{2,3,4\} = \{4,3,2\}$, ② $\{1,2,3\} \neq \{1,3,4\}$, ③ $\{1,3\} \neq \{13\}$

1.2 TEILMENGEN

Definition (1.5):

> Eine Menge A heißt __Teilmenge__ einer Menge B, geschrieben A⊂B, wenn jedes Element von A auch ein Element von B ist.
> Ist A nicht Teilmenge von B, so schreibt man A⊄B, d.h. es gibt mindestens ein Element a aus A mit a∉B.

Für die Teilmengenbeziehung gilt:

a) die __Reflexivität__: A⊂A

   (jede Menge enthält sich selbst als Teilmenge)

b) die __Identitivität__: (A⊂B und B⊂A) ⇒ A = B

   (aus A⊂B und B⊂A folgt A = B)

c) die __Transitivität__: (A⊂B und B⊂C) ⇒ A⊂C

   (aus A⊂B und B⊂C folgt A⊂C)

Beispiel:

Für A = $\{1\}$, B = $\{1,2,3\}$ und C = $\{1,2,3,4,5\}$
gilt: A⊂B, B⊂C, A⊂C, B⊄A, C⊄B und C⊄A.

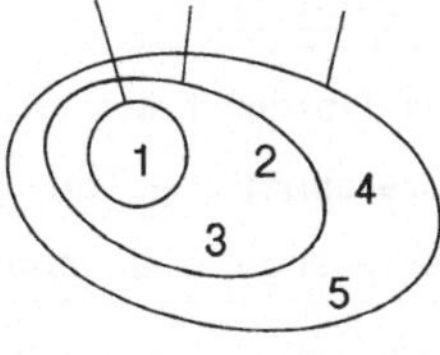

Satz (1.1):

> Die leere Menge ist Teilmenge einer jeden Menge.

Beweis:

Wir führen einen sog. __indirekten Beweis__, d.h. wir nehmen an, die Verneinung der obigen Behauptung sei richtig. Aus dieser Annahme wird durch logisches Schließen ein Widerspruch hergeleitet. Daraus folgt die Richtigkeit der zu beweisenden Behauptung.

Es sei M eine beliebige Menge. Annahme: $\emptyset \not\subset M$.

Dann existiert nach Definition (1.5) ein $a \in \emptyset$ mit $a \notin M$. Das ist aber ein Widerspruch zu $a \notin \emptyset$ ($\emptyset$ ist ja die leere Menge!). Damit muß also die Annahme $\emptyset \not\subset M$ falsch sein; es gilt $\emptyset \subset M$.

Beispiel:

Die möglichen Teilmengen der Menge $\{a,b,c\}$ sind

$\emptyset$, $\{a\}$, $\{b\}$, $\{c\}$, $\{a,b\}$, $\{a,c\}$, $\{b,c\}$, $\{a,b,c\}$.

Bemerkung:

Die Menge der Teilmengen einer Menge M heißt **Potenzmenge** von M.

2   VERKNÜPFUNGEN (OPERATIONEN) VON MENGEN

Im folgenden verknüpfen wir Mengen mit Hilfe der Begriffe Durchschnitt, Vereinigung, Differenz und Komplement. Man kann dadurch eine algebraische Struktur einführen (Mengenalgebra), die Grundlage der Schaltalgebra in der Datenverarbeitung, der Ereignisalgebra der Wahrscheinlichkeitsrechnung und der Aussagenalgebra ist.

2.1   DURCHSCHNITT VON MENGEN

Definition (2.1):

> Als **Durchschnitt** zweier Mengen A und B, geschrieben $A \cap B$, bezeichnet man die Menge aller Elemente, die der Menge A **und** der Menge B angehören: $A \cap B = \{a \mid a \in A \wedge a \in B\}$.

Das Zeichen $\wedge$ heißt 'und' im Sinne von 'sowohl als auch'. Diese Und-Verknüpfung heißt **Konjunktion**.

Beispiele:

(1) Mit $A = \{1,2,3,4,5\}$ und $B = \{3,4,5,6,7\}$ gilt $A \cap B = \{3,4,5\}$.

(2) Es gilt für jede Menge A: $A \cap A = A$ und $A \cap \emptyset = \emptyset$.

③ Venn-Diagramme für die Durchschnittsbildung (Mengen werden hier einfach als Teilmengen der Zeichenebene dargestellt):

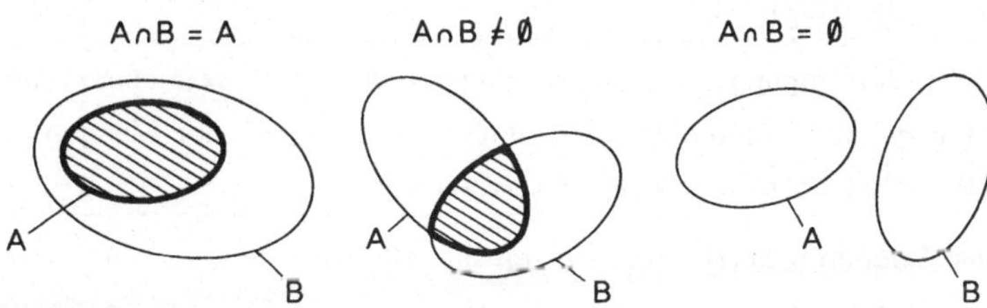

Satz (2.1):

> Sind A, B und C Mengen, so gilt:
>
> a)   A∩B = B∩A   Kommutativgesetz,
>
> b)   A∩(B∩C) = (A∩B)∩C   Assoziativgesetz.

Beweis:

Wir beweisen a) und verdeutlichen b) durch Venn-Diagramme.

Zu a): $A \cap B = \{a \mid a \in A \land a \in B\} = \{a \mid a \in B \land a \in A\} = B \cap A$.

Zu b):

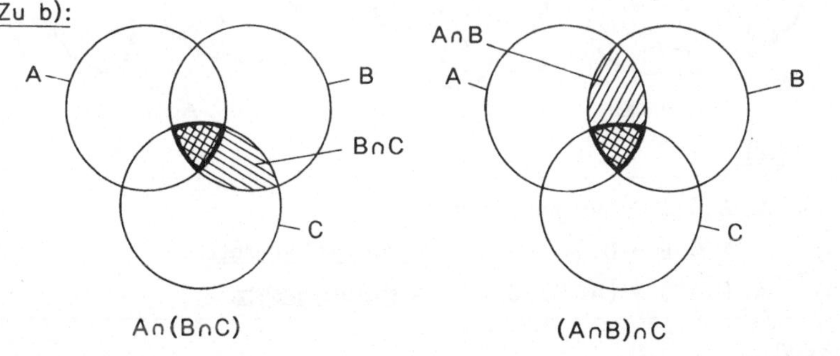

Beispiel:

Mit $A = \{-4,-2,0,1,2,4\}$, $B = \{-2,0,2\}$ und $C = \{0,2,5,8\}$ folgt:

$B \cap C = \{0,2\}$, $A \cap B = \{-2,0,2\}$,

$A \cap (B \cap C) = \{0,2\}$,

$(A \cap B) \cap C = \{0,2\}$.

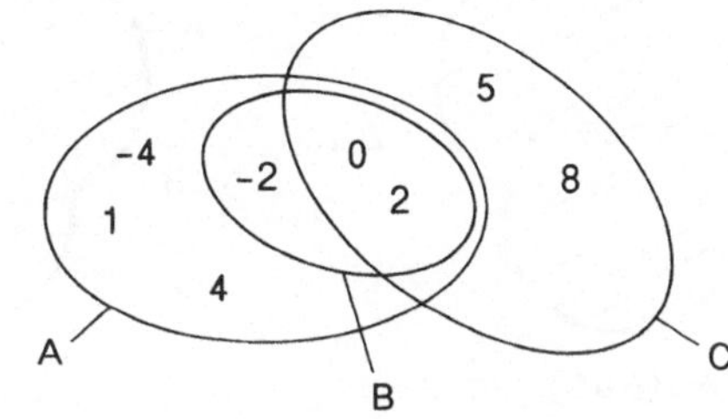

2.2 VEREINIGUNG VON MENGEN

Definition (2.2):

> Als **Vereinigung** $A \cup B$ zweier Mengen A und B bezeichnet man die
> Menge aller Elemente, die mindestens in einer der Mengen A oder
> B enthalten sind: $A \cup B = \{a \mid a \in A \lor a \in B\}$.

Das Zeichen $\lor$ heißt 'oder' im einschließenden Sinn, d.h. ein Objekt ist
auch dann Element von $A \cup B$, wenn es sowohl Element von A als auch
Element von B ist. Diese Oder-Verknüpfung nennt man **Disjunktion**.

Beispiele:

(1) Mit $A = \{a,b,c,d\}$ und $B = \{a,d,k,m,n\}$ gilt: $A \cup B = \{a,b,c,d,k,m,n\}$.

(2) Für eine beliebige Menge A gilt: $A \cup A = A$ und $A \cup \emptyset = A$.

(3) Venn-Diagramme für die Vereinigung von Mengen:

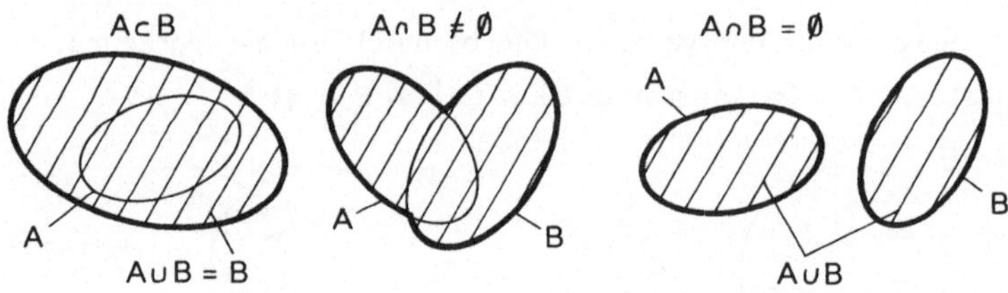

Satz (2.2):

> Sind A, B und C Mengen, so gilt:
>
> a) $A \cup B = B \cup A$ Kommutativgesetz,
>
> b) $A \cup (B \cup C) = (A \cup B) \cup C$ Assoziativgesetz.

Beweis:

Wir beweisen a) und verdeutlichen b) durch Venn-Diagramme.

Zu a): $A \cup B = \{a \mid a \in A \lor a \in B\} = \{a \mid a \in B \lor a \in A\} = B \cup A$.

Zu b):

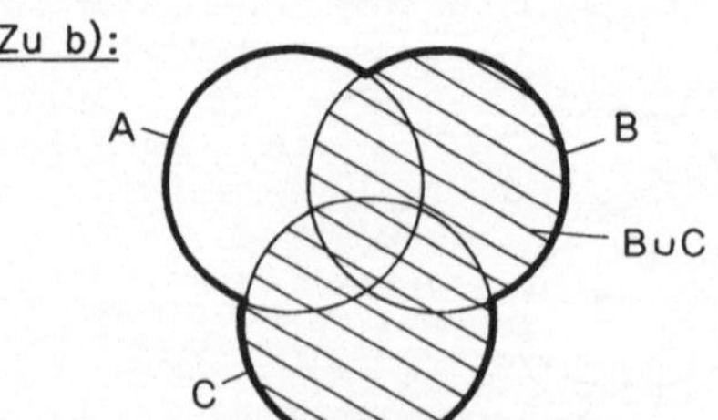

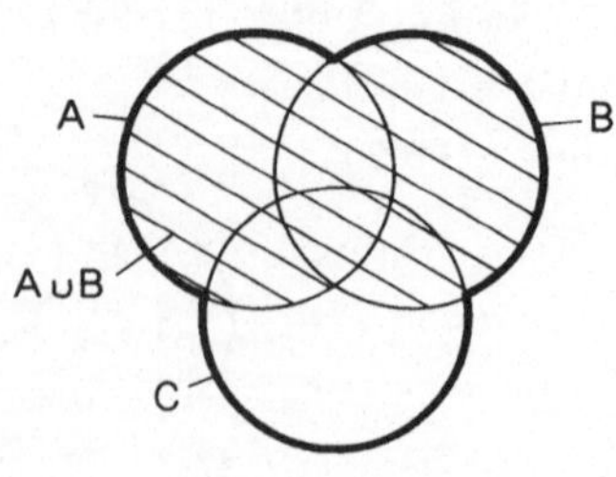

<u>Satz (2.3):</u>

> Sind A, B und C Mengen, so gelten die <u>Distributivgesetze</u>:
> a) $A \cap (B \cup C) = (A \cap B) \cup (A \cap C)$,
> b) $A \cup (B \cap C) = (A \cup B) \cap (A \cup C)$.

Wir verdeutlichen die beiden Gesetze mit Hilfe von Venn-Diagrammen:

<u>Zu a)</u>:

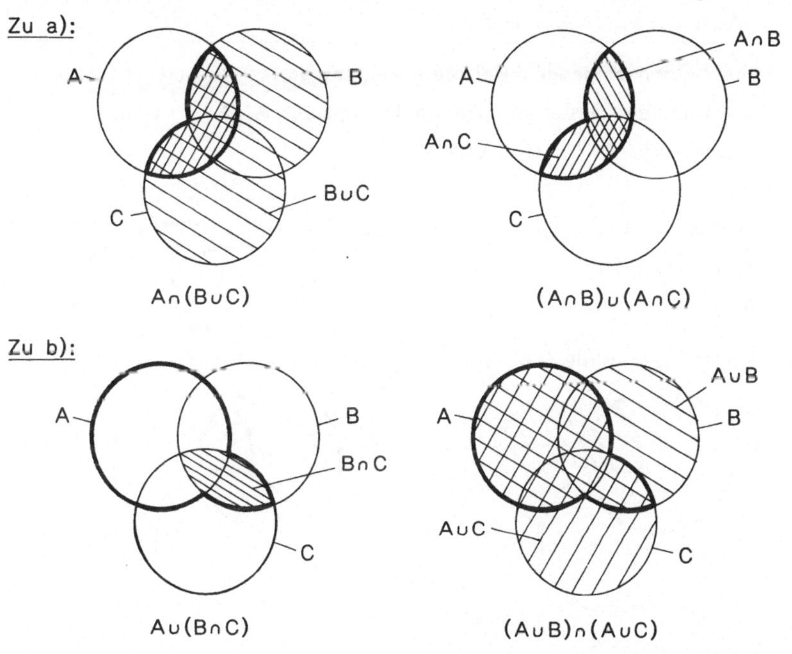

und

<u>Zu b)</u>:

<u>Bemerkung</u>:

Für zwei Mengen A und B gelten ferner die beiden <u>Absorptionsgesetze</u>:

a) $(A \cup B) \cap A = A$,

b) $(A \cap B) \cup A = A$

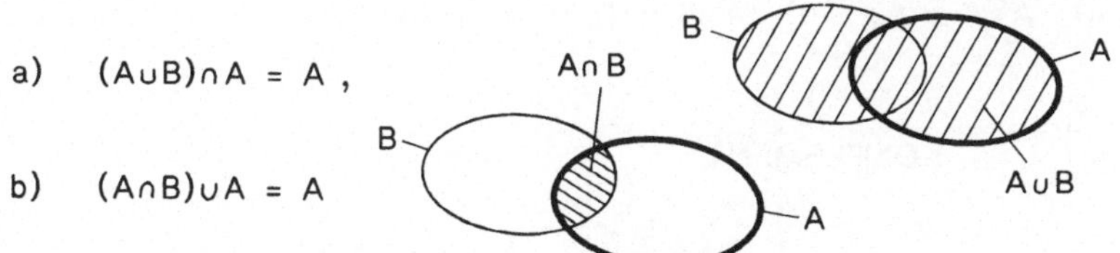

und die <u>Äquivalenz</u> (vgl. Beispiel 3 auf Seite 18):

c) $A \cup B = B \iff A \subset B$.

(Zwei Aussagen X und Y heißen <u>äquivalent</u>, wenn aus der Aussage X
die Aussage Y folgt und umgekehrt. Dafür schreibt man: $X \iff Y$)

2.3 DIFFERENZMENGE

Definition (2.3):

> Die **Differenzmenge** $A\backslash B$ zweier Mengen A und B ist die Menge
> aller Elemente, die zur Menge A gehören und nicht zur Menge B:
> $$A\backslash B = \{a\mid a\in A \wedge a\notin B\}\,.$$

Wie die beiden folgenden Beispiele zeigen, gelten für die Differenzmenge allgemein weder ein Kommutativgesetz $A\backslash B = B\backslash A$ noch ein
Assoziativgesetz $A\backslash(B\backslash C) = (A\backslash B)\backslash C$.

Beispiele:

(1) Mit $A = \{-4,-2,0,1,3\}$ und $B = \{-2,3,7\}$ gilt:

    $A\backslash B = \{-4,0,1\}$,

    $B\backslash A = \{7\}$.

(2) Venn-Diagramme im Falle $A\backslash(B\backslash C) \neq (A\backslash B)\backslash C$:

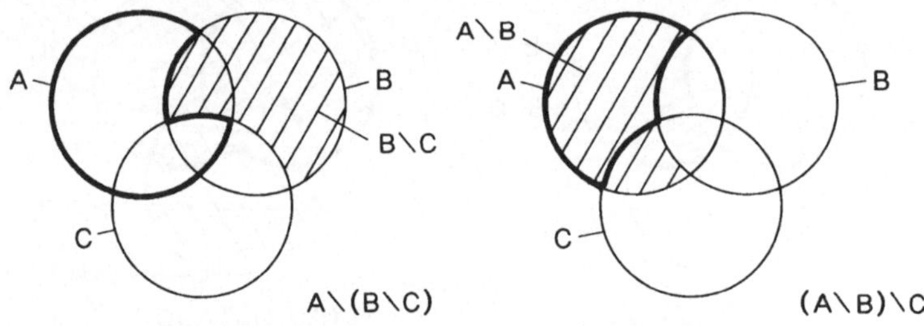

Man zeige, daß allgemein für Mengen A und B gilt:

  a) $A\backslash\emptyset = A$,   b) $A\backslash B = A \iff A\cap B = \emptyset$,

  c) $A\backslash A = \emptyset$,   d) $A\backslash B = \emptyset \iff A\cap B = A$.

2.4 KOMPLEMENT

Definition (2.4):

> Seien A und G Mengen mit $A\subset G$. Als **Komplement** $\overline{A}$ der Menge A
> in G bezeichnet man die Differenzmenge $G\backslash A$, d.h. die Menge
> aller Elemente der Menge G, die nicht der Menge A angehören:
> $$\overline{A} = G\backslash A = \{a\mid a\in G \wedge a\notin A\}\,.$$

Im allgemeinen bestimmt man das Komplement $\overline{A}$ einer Menge A in einer sog. **Grundmenge** G, die den jeweils zugrunde liegenden Objektbereich darstellt. Als Venn-Diagramm einer Grundmenge verwenden wir im folgenden ein Rechteck:

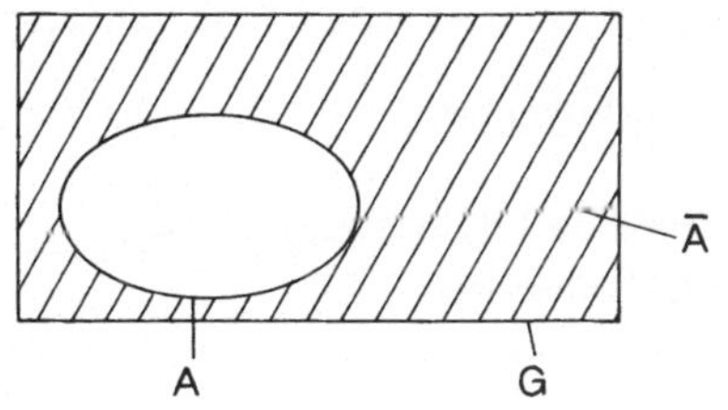

Offenbar gilt:

$\overline{A} \cap A = \emptyset$ und $\overline{A} \cup A = G$.

Beispiel:

Wählen wir die Menge IN der natürlichen Zahlen als Grundmenge G, dann erhalten wir für $A = \{a \mid a \in \mathbb{N}$ und a ist größer als 4$\}$ das Komplement $\overline{A} = G \setminus A = \{1,2,3,4\}$ in G.

Satz (2.4):   (Gesetze von de Morgan)

> Für zwei Teilmengen $A \subset G$ und $B \subset G$ einer Grundmenge G mit den Komplementen $\overline{A}$ und $\overline{B}$ in G gilt:
> a) $\overline{A \cup B} = \overline{A} \cap \overline{B}$,
> b) $\overline{A \cap B} = \overline{A} \cup \overline{B}$.

Wir verdeutlichen diese De Morganschen Gesetze durch Venn-Diagramme für $\overline{A}$ und $\overline{B}$, die wir 'übereinanderlegen' und mit den Venn-Diagrammen für $\overline{A \cup B}$ und $\overline{A \cap B}$ vergleichen:

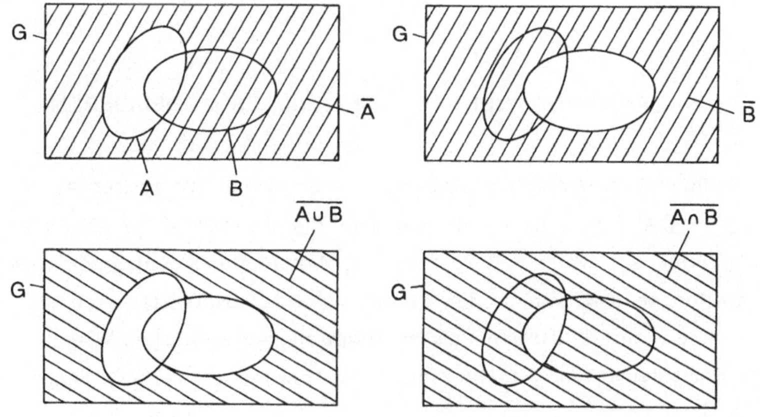

2.5 MENGENALGEBRA

Wählen wir eine Grundmenge G und erklären für ihre Teilmengen
$A \subset G$, $B \subset G$,.. die oben vorgestellten Mengenverknüpfungen, so erhalten
wir eine sog. __algebraische Struktur__ mit den folgenden Eigenschaften:

1) Es gelten für $\cup$ und $\cap$ die __Kommutativgesetze:__
   $$A \cup B = B \cup A \quad \text{und} \quad A \cap B = B \cap A$$

2) Es gelten für $\cup$ und $\cap$ die __Assoziativgesetze:__
   $$A \cup (B \cup C) = (A \cup B) \cup C \quad \text{und} \quad A \cap (B \cap C) = (A \cap B) \cap C$$

3) Es gelten für $\cup$ und $\cap$ die __Distributivgesetze:__
   $$A \cup (B \cap C) = (A \cup B) \cap (A \cup C) \quad \text{und} \quad A \cap (B \cup C) = (A \cap B) \cup (A \cap C)$$

4) Es existieren für $\cup$ und $\cap$ die __neutralen Elemente__ G und $\emptyset$
   (Teilmengen von G), d.h. für alle Teilmengen $A \subset G$ gilt:
   $$A \cap G = A \quad \text{und} \quad A \cup \emptyset = A$$

5) Es existiert zu jeder Teilmenge $A \subset G$ ein __Komplement__ $\bar{A} \subset G$, für
   das gilt:
   $$A \cap \bar{A} = \emptyset \quad \text{und} \quad A \cup \bar{A} = G$$

Die Potenzmenge von G (Menge aller Teilmengen von G), versehen
mit den Verknüpfungen Durchschnitt, Vereinigung und Komplement,
bildet aufgrund dieser Eigenschaften eine sog. __Mengenalgebra.__ Diese
stellt ein Modell der abstrakten __Booleschen Algebra__ dar.

2.6 ANWENDUNGEN: GEOMETRISCHES MODELLIEREN

Im Rahmen der rechnerunterstützten Konstruktion (Computer Aided
Design = CAD) sind Informationen über die Geometrie von Objekten
im Hinblick auf weitere Berechnungen, Arbeitsplanungen, graphische
Darstellungen usw. von großer Bedeutung. CAD-Systeme bieten die
Möglichkeit, am Bildschirm aus bestimmten geometrischen Grund-
oder Basiselementen mit Hilfe mengentheoretischer Verknüpfungen

(Operationen) komplexe Bauelemente zu erzeugen. Die ebenen oder räumlichen Grundelemente (Flächen oder Körper) werden dabei als Punktmengen gedeutet, die mit Hilfe der Operationen Vereinigung, Durchschnitt, Differenzmenge und Komplement $(\cup, \cap, \setminus, {}^{-})$ verknüpft werden. Teilweise sind auch andere Bezeichnungen üblich $(+, \cdot, -, ')$.

Wir geben nun einige Beispiele geometrischer Modellbildung, wobei die Lage der Basiselemente relativ zueinander jeweils vor der Mengenoperation festgelegt wird.

▶ <u>Konstruktion von Flächen:</u>

Mögliche Basisflächenelemente sind etwa:

Rechteck   Quadrat   Kreis   sonstige Vielecke

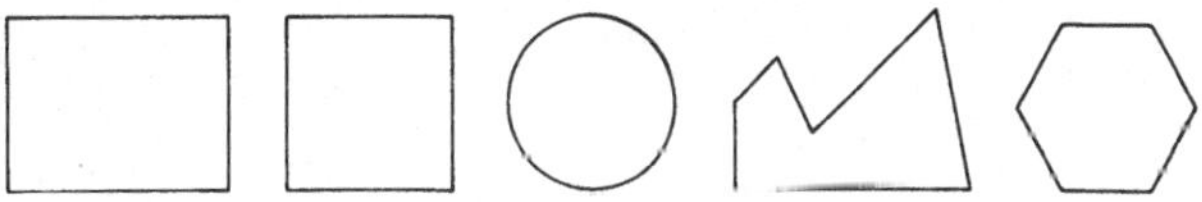

Basiselemente	Operation und Lagebestimmung	Verknüpfungsergebnis
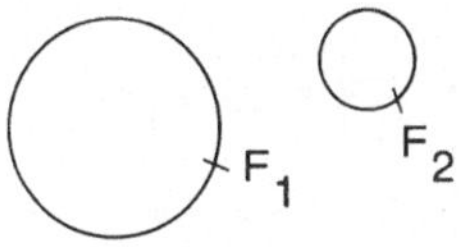 F_1, F_2	Differenzmenge $F_3 = F_1 \setminus F_2$	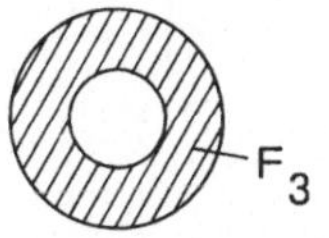 F_3
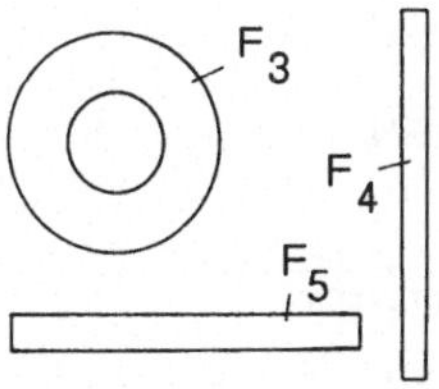 F_3, F_4, F_5	Vereinigung $F_3 \cup F_4 \cup F_5$	
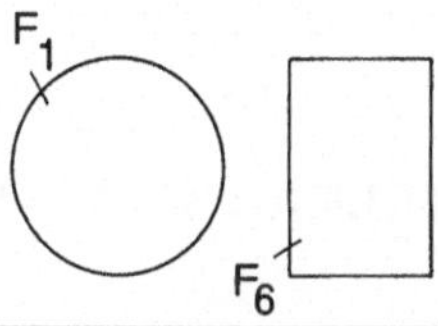 F_1, F_6	Durchschnitt $F_1 \cap F_6$	

▶ <u>Konstruktion von Körpern</u>:

Mögliche Basisvolumenelemente sind etwa:

Quader	Würfel	Kegel	Kugel	Zylinder

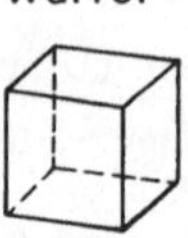 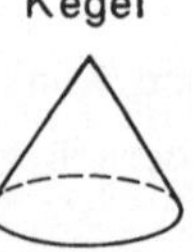 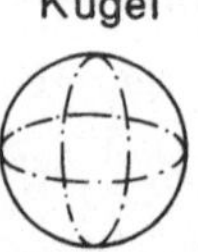 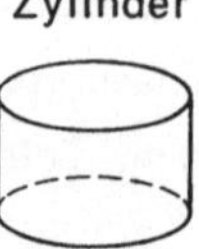

Basiselemente	Operation und Lagebestimmung	Verknüpfungsergebnis
	Vereinigung $V_1 \cup V_2$	
	Differenzmenge $V_1 \setminus V_2$	

2.7　ÜBUNGEN: MENGENVERKNÜPFUNGEN

① Bilde für die folgenden Mengen A, B und C die Verknüpfungen

$A \cap B$, $A \cap C$, $B \cap C$;　$A \cup B$, $A \cup C$, $B \cup C$;　$A \setminus B$, $A \setminus C$, $B \setminus C$ sowie

$(A \cap B) \cup C$, $A \cap (B \cup C)$, $(A \setminus B) \cap C$,

falls

a)　$A = \{2,3,4\}$,　$B = \{2,3\}$,　$C = \{4,5\}$

b)　$A = \mathbb{N} = \{1,2,3,4,\ldots\}$,　$B = \{2,4,6,8,\ldots\}$,　$C = \{1,3,5,7,\ldots\}$

② Verdeutliche die beiden Ungleichungen

   a) $A \cup (B \setminus C) \neq (A \cup B) \setminus C$

   b) $A \setminus (B \cap C) \neq (A \setminus B) \cap C$

   durch Venn-Diagramme (vgl. Beispiel 2 auf Seite 20):

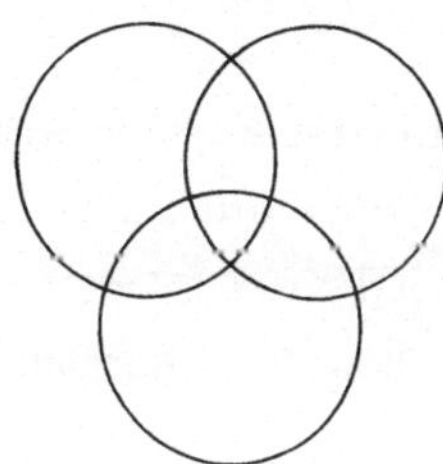 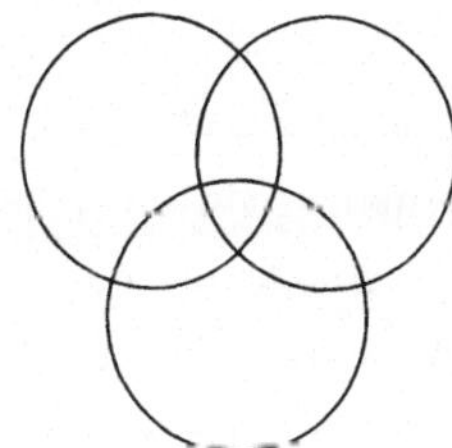

③ Gegeben sei die Menge $A = \{1,2,3,4\}$. Gib die Menge aller Teilmengen von A
   (Potenzmenge P(A)) an.

④ Gegeben seien die Mengen $A = \{2,4,6,8\}$, $B = \{1,4,5,6,7\}$ und $C = \{6,7,8,9\}$
   mit der Grundmenge $G = \{1,2,3,4,5,6,7,8,9\}$.

   a) Überprüfe die Gesetze der Mengenalgebra (vgl. Abschnitt 2.5).

   b) Zeige für A, B und G die Regeln von De Morgan (vgl. Satz (2.4)).

B   ABBILDUNGEN UND RELATIONEN

3   BEGRIFF DER ABBILDUNG

Bekanntlich ändert sich die Länge eines Metallstabes durch Erhitzen.
Diese Längenänderung ist abhängig von der Temperatur, d.h. bei einer
bestimmten Temperatur hat der Stab eine bestimmte Länge.
Wir betrachten nun die Längenänderung des Stabes im Bereich L_1 bis
L_2, die durch die Temperaturänderung
von t_1 auf t_2 hervorgerufen wird.

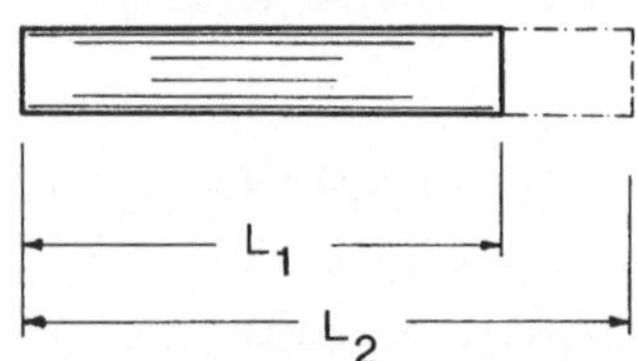
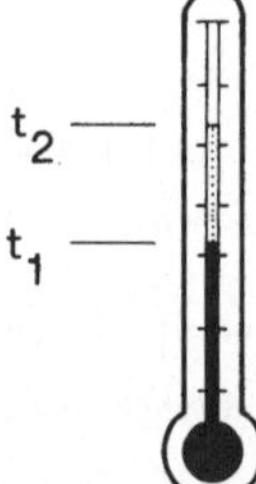

Jeder Temperatur $t \in A = \{t \mid t$ liegt im Bereich t_1 bis $t_2\}$ entspricht
genau eine Länge $L \in B = \{L \mid L$ liegt im Bereich L_1 bis $L_2\}$, d.h. wir
können jedem Element $t \in A$ genau ein Element $L \in B$ zuordnen.

Definition (3.1):

> Eine Zuordnung zwischen den Elementen zweier Mengen A und B
> heißt **Abbildung** (Funktion) f von A in B, falls <u>jedem</u> Element
> $x \in A$ <u>eindeutig</u> ein Element $y \in B$ zugeordnet wird, geschrieben:
> $$f: A \rightarrow B \text{ mit } x \mapsto y = f(x).$$
> Das Element $y = f(x) \in B$ wird **Bild** (Funktionswert) von x genannt.

Eine Abbildung läßt sich durch ein **Pfeildiagramm** graphisch darstellen:

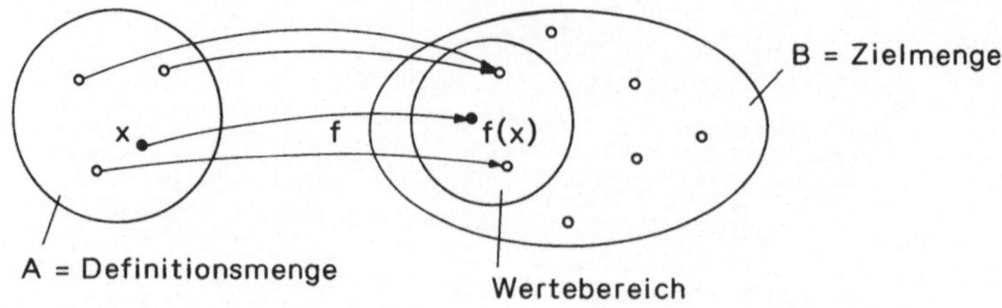

<u>Bemerkungen:</u>

a) Das Pfeildiagramm zeigt, daß bei einer Abbildung $f:A \to B$ nicht jedes Element $y \in B$ das Bild $f(x)$ eines Elementes $x \in A$ sein muß.

b) Während man in der Geometrie i.a. den Begriff der Abbildung benutzt, verwendet man in der Analysis denjenigen der Funktion.

4   KARTESISCHES PRODUKT

Wir betrachten einen Stadtplan, bei dem die einzelnen Felder des Orientierungsnetzes durch Buchstaben und Zahlen gekennzeichnet werden, z.B.

(a,1), (a,2), (b,1), (b,2) usw.

Dabei handelt es sich um Paare, bei denen die Reihenfolge "Buchstabe, Zahl" festgelegt ist.

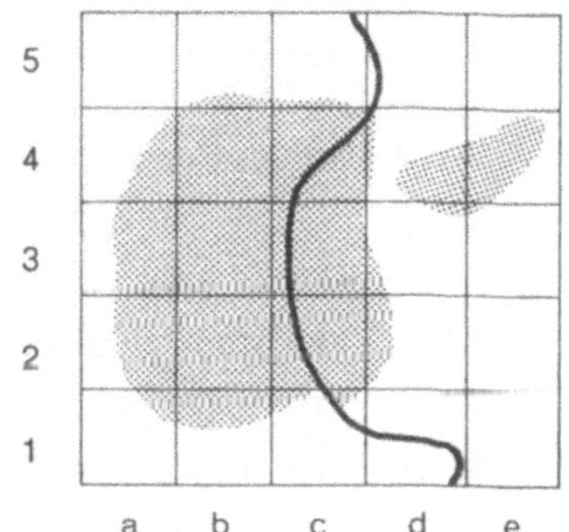

<u>Definition (4.1):</u>

> Ein Paar von zwei Objekten a und b heißt **geordnetes Paar**, geschrieben (a,b), wenn es auf die Reihenfolge der Objekte ankommt. a heißt **erste Komponente**, b **zweite Komponente** von (a,b).
>
> Zwei geordnete Paare (a,b) und (c,d) sind genau dann gleich, wenn a = c und b = d, also
> $$(a,b) = (c,d) \iff a = c \wedge b = d \; .$$

Das geordnete Paar (a,b) darf nicht mit der Menge $\{a,b\}$ verwechselt werden, denn es gilt im allgemeinen $(a,b) \neq (b,a)$ aber $\{a,b\} = \{b,a\}$.

<u>Beispiel:</u>

Das Schachbrett besteht aus 64 Feldern, die durch die geordneten Paare (A,1), (A,2),..., (H,8) eindeutig gekennzeichnet sind.

<u>Bemerkung:</u>

Eine Verallgemeinerung des geordneten Paares (a,b) bildet das sog.

n-Tupel $(a_1, a_2, ..., a_n)$ mit n Komponenten. Die Gleichheit zweier n-Tupel ist ebenfalls über die Gleichheit der entsprechenden Komponenten festgelegt.

Definition (4.2):

> Als **kartesisches Produkt** (Produktmenge) AXB (gelesen: A kreuz B) zweier nicht-leerer Mengen A und B bezeichnet man die Menge aller geordneten Paare, deren erste Komponente ein Element aus A und deren zweite Komponente ein Element aus B ist:
> $$A \times B = \{(x,y) \mid x \in A \wedge y \in B\}.$$

Beispiele:

(1) Mit $A = \{1,2,3\}$ und $B = \{1,2,3,4\}$ folgt

$$A \times B = \{(x,y) \mid x \in A \wedge y \in B\}$$
$$= \{(1,1),(1,2),(1,3),(1,4),$$
$$(2,1),(2,2),(2,3),(2,4),$$
$$(3,1),(3,2),(3,3),(3,4)\}$$

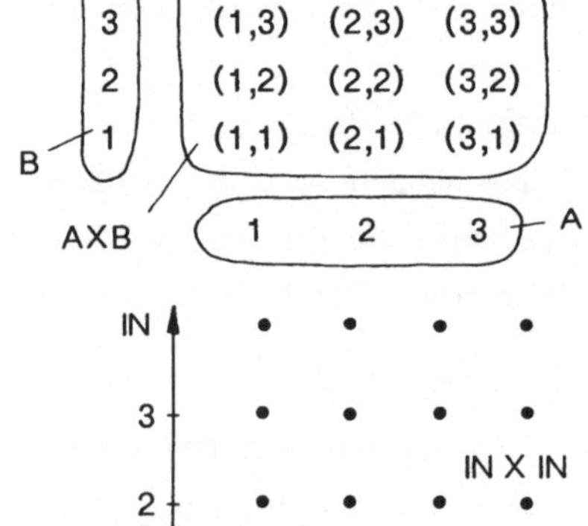

(2) Stellt man die Menge IN der natürlichen Zahlen an einem Zahlenstrahl graphisch dar, so kann INXIN durch ein Punktgitter veranschaulicht werden. Dabei werden die beiden Zahlenstrahlen senkrecht zueinander gewählt.

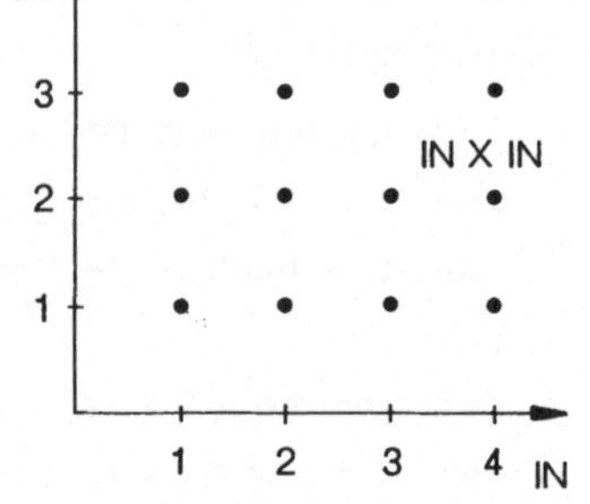

Bemerkungen:

a) Unter dem kartesischen Produkt $A_1 \times A_2 \times ... \times A_n$ der n nicht-leeren Mengen $A_1, A_2, ..., A_n$ verstehen wir die Menge aller n-Tupel $(x_1, x_2, ..., x_n)$ mit $x_1 \in A_1 \wedge x_2 \in A_2 \wedge ... \wedge x_n \in A_n$ (vgl. Definition(4.2)).

b) Mit Hilfe der später vorgestellten ebenen bzw. räumlichen Koordinatensysteme werden wir eine Ebene bzw. den dreidimensionalen Raum als kartesisches Produkt zweier bzw. dreier Zahlenmengen interpretieren.

5   BEGRIFF DER RELATION

Mit Hilfe von Zuordnungsvorschriften für die Komponenten der Elemente (x,y) eines kartesisches Produktes AXB lassen sich Teilmengen von AXB aussondern. So ergibt sich etwa im Beispiel 1 auf Seite 28 mit der Vorschrift "y ist kleiner als x" die Teilmenge

$R = \{(x,y)\mid (x,y) \in AXB$ und y ist kleiner als x $\}$

$\quad = \{(2,1),(3,1),(3,2)\} \subset AXB$.

<u>Definition (5.1):</u>

> Jede Teilmenge R eines kartesischen Produktes AXB der Mengen A und B heißt **zweistellige Relation** zwischen A und B, geschrieben: $R \subset AXB$.

Allgemein bezeichnen wir eine Teilmenge eines kartesischen Produktes $A_1 X A_2 X ... X A_n$ von n Mengen als **n-stellige Relation.**
Bei einer zweistelligen Relation sprechen wir im folgenden vereinfachend von Relation.

Die folgende Definition liefert nun einen wichtigen Zusammenhang zwischen Relationen und Abbildungen.

<u>Definition (5.2):</u>

> Unter dem **Graphen** einer Abbildung (Funktion) $f: A \to B$ versteht man die Menge $G_f = \{(x,y)\mid x \in A \wedge y \in B \wedge y = f(x)\}$.

Der Graph G_f einer Abbildung $f: A \to B$ ist folglich eine Relation zwischen A und B: $G_f \subset AXB$.

<u>Beispiel:</u>

Im Beispiel 1 auf Seite 28 sind die drei Teilmengen

$R_1 = \{(2,1),(3,1),(3,2)\}$,

$R_2 = \{(1,1),(2,2),(3,3)\}$ und

$R_3 = \{(1,2),(1,3),(1,4),(2,3),(2,4),(3,4)\}$

der Produktmenge AXB Relationen zwischen A und B. Sie lassen sich mit Zuordnungsvorschriften auch folgendermaßen charakterisieren:

$R_1 = \{(x,y)\mid x \in A \wedge y \in B \wedge y \text{ ist kleiner als } x\},$

$R_2 = \{(x,y)\mid x \in A \wedge y \in B \wedge y = x\}$ und

$R_3 = \{(x,y)\mid x \in A \wedge y \in B \wedge y \text{ ist größer als } x\}.$

Von diesen drei Relationen stellt lediglich R_2 den Graphen einer Abbildung $f:A \to B$ dar (vgl. Definition (3.1)). Die entsprechende Abbildung lautet: $f:A \to B$ mit $y = f(x) = x$.

6   ANWENDUNGEN: DARSTELLENDE GEOMETRIE

In der Fotografie, auf dem Bildschirm, bei technischen Zeichnungen und in der Malerei stellt sich das Problem, räumliche Gegenstände in einer Ebene darzustellen. Dabei werden dreidimensionale Körper in eine zweidimensionale Ebene, d.h. Punktmengen im Raume auf Punktmengen in der Ebene abgebildet. Gebräuchliche Verfahren liefert die **Darstellende Geometrie.** Während für Architekten die Anschaulichkeit einer Darstellung im Vordergrund steht, ist für den Ingenieur die maßgetreue Wiedergabe ausschlaggebend. Beide Forderungen können nicht gleichzeitig erfüllt werden, die eine ist nur auf Kosten der anderen zu verwirklichen.

Das Grundprinzip besteht in einer Abbildung (Projektion) der Punkte geometrischer Objekte in eine Ebene (Projektionsebene). Dabei unterscheidet man Zentral- und Parallelprojektionen.

▶ <u>Zentralprojektion:</u>

Die Projektion der Punkte eines Körpers erfolgt durch Projektionsstrahlen, die von einem im Endlichen liegenden Projektionszentrum Z ausgehen und durch die Schnittpunkte mit der Projektionsebene π ein Bild des Gegenstandes erzeugen.

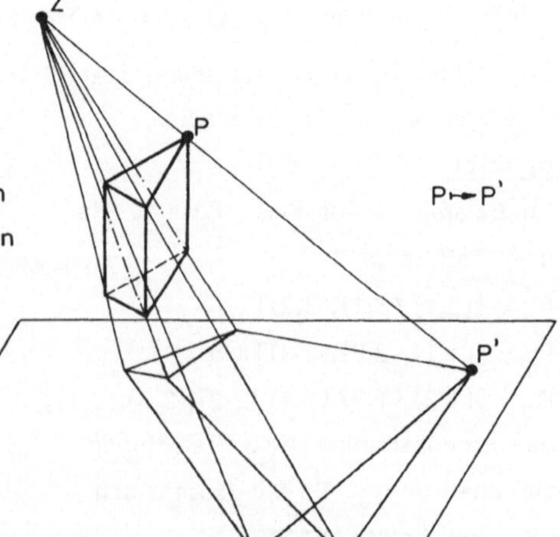

▶ Parallelprojektion:

Liegt das Projektionszentrum Z im Unendlichen, d.h. sind die Projektionsstrahlen parallel, so spricht man von Parallelprojektion, die man in zwei Klassen unterteilt:

▷ **Schiefe oder schräge Parallelprojektion:**

Die Strahlen laufen schräg zur Projektionsebene.
Das Bild heißt <u>Schrägriß</u>.

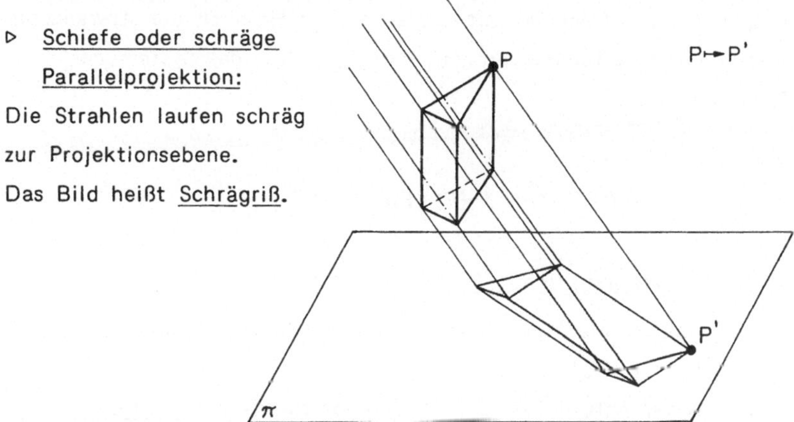

▷ <u>Senkrechte Parallelprojektion:</u>

Die Projektionsstrahlen verlaufen senkrecht zur Projektionsebene. Das erzeugte Bild wird <u>Normalriß</u> genannt, der je nach Projektionsebene Grund-, Auf- oder Seitenriß heißt.
Verwendet man zwei zueinander senkrechte Ebenen π_1 und π_2 mit Grund- und Aufriß, so spricht man von einer <u>Zweitafelprojektion</u>.

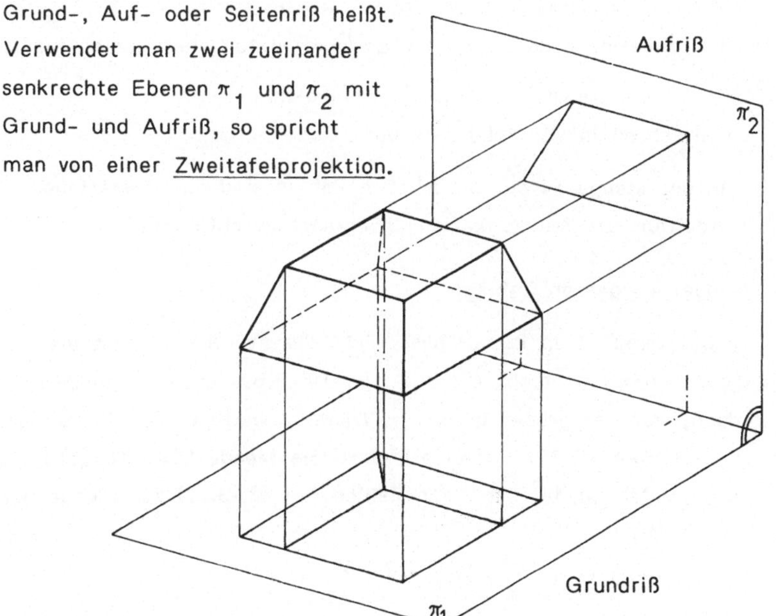

C ZAHLEN

Im folgenden skizzieren wir den Aufbau des Zahlensystems und geben Regeln für das Rechnen mit Zahlen an. Im Hinblick auf Anwendungen in der Komputertechnik erörtern wir außerdem das System der Dualzahlen.

7 MENGE DER REELLEN ZAHLEN

▶ Menge der natürlichen Zahlen:

Bekanntlich ist die Menge der natürlichen Zahlen die Menge
$$\mathbb{N} = \{1,2,3,\dots\} \; .$$
Innerhalb der natürlichen Zahlen sind verschiedene Operationen (Verknüpfungen) möglich, bei denen jedem Paar natürlicher Zahlen genau eine natürliche Zahl zugeordnet wird:

Die **Addition** ordnet jedem Paar (n,m) natürlicher Zahlen ihre Summe zu:
$$+ : \mathbb{N} \times \mathbb{N} \to \mathbb{N} \text{ mit } (n,m) \mapsto n+m \; .$$

Die **Multiplikation** ordnet jedem Paar (n,m) natürlicher Zahlen ihr Produkt zu:
$$\cdot : \mathbb{N} \times \mathbb{N} \to \mathbb{N} \text{ mit } (n,m) \mapsto n \cdot m \; .$$

Für $n \cdot m$ schreiben wir abkürzend nm .

> In der Menge $\mathbb{N}$ der natürlichen Zahlen sind die Operationen Addition und Multiplikation unbegrenzt durchführbar.

▶ Menge der ganzen Zahlen:

Die **Subtraktion** ist in $\mathbb{N}$ nur beschränkt durchführbar. So ist die Gleichung $n+x = m$ nicht für alle $n,m \in \mathbb{N}$ lösbar über $\mathbb{N}$, sondern nur dann, wenn m größer ist als n. Daher erweitert man die Menge $\mathbb{N}$ um das Element Null (man erhält so die Menge $\mathbb{N}_o = \mathbb{N} \cup \{0\}$) und um die Menge der negativen Zahlen $\{-1,-2,-3,\dots\}$ zur Menge der ganzen Zahlen:
$$\mathbb{Z} = \{\dots,-3,-2,-1,0,1,2,3,\dots\} \; .$$

> Innerhalb der Menge $\mathbb{Z}$ der ganzen Zahlen sind Addition,
> Multiplikation und Subtraktion unbegrenzt durchführbar.

Hingegen ist die **Division** nur begrenzt durchführbar. Die Gleichung $nx = m$ hat nicht für alle $n,m \in \mathbb{Z}$ eine Lösung $x \in \mathbb{Z}$ (man betrachte etwa die Gleichung $4x = 7$).

▶ **Menge der rationalen Zahlen:**

Um die Division ganzer Zahlen zu ermöglichen, wird die Menge $\mathbb{Z}$ zur Menge der rationalen Zahlen (Brüche) erweitert.

Ein Bruch wird allgemein dargestellt in der Form $r = \dfrac{n}{m}$ mit $n,m \in \mathbb{Z}$ und $m \neq 0$. Durch die Festsetzung $n - \dfrac{n}{1}$ wird auch jede ganze Zahl n eine rationale Zahl.

Wir schreiben für die Menge der rationalen Zahlen:

$$\mathbb{Q} = \{\, r \mid r = \frac{n}{m} \wedge n,m \in \mathbb{Z} \wedge m \neq 0 \,\}\,.$$

Über $\mathbb{Q}$ ist die Gleichung $rx = s$ mit $r,s \in \mathbb{Q}$ stets lösbar.

> In der Menge $\mathbb{Q}$ der rationalen Zahlen sind Addition, Subtrak-
> tion, Multiplikation und Division durch eine von Null verschie-
> dene Zahl unbegrenzt durchführbar.

▶ **Menge der reellen Zahlen:**

Bezüglich der Menge der rationalen Zahlen ist nicht jede quadratische Gleichung lösbar. So gilt z.B.

Satz (7.1):

> Die Gleichung $x^2 = 2$ hat keine rationale Lösung.

Beweis: (indirekt)

Annahme: Es gibt ein $x \in \mathbb{Q}$ mit $x^2 = 2$, wobei $x = \dfrac{m}{n}$ mit $n,m \in \mathbb{Z}$ und n,m teilerfremd.

Aus $x^2 = 2$ bzw. $\left(\dfrac{m}{n}\right)^2 = 2$ folgt $2n^2 = m^2$. Mit $2n^2$ ist dann auch m^2 eine gerade Zahl. Damit ist aber m selbst gerade, denn wäre m ungerade, so käme in der Primfaktorzerlegung von m der Faktor 2 nicht vor, also auch nicht in der Primfaktorzerlegung von m^2. Es gibt also eine Zahl $r \in \mathbb{Z}$ mit $m = 2r$.

Mit $2n^2 = m^2 = (2r)^2 = 4r^2$ folgt $n^2 = 2r^2$. Aus der obigen Überlegung ergibt sich, daß auch n eine gerade Zahl sein muß.

Die Zahlen $n, m \in \mathbb{Z}$ haben somit einen gemeinsamen Teiler. Das ist aber ein Widerspruch zur Voraussetzung, m und n seien teilerfremd. Der Widerspruch zeigt, daß die Annahme, die Gleichung $x^2 = 2$ habe eine rationale Lösung, falsch ist.

Auf einer <u>Zahlengeraden</u> läßt sich jeder rationalen Zahl ein Punkt zuordnen. Umgekehrt existieren jedoch auf dieser Zahlengeraden unendlich viele Punkte, denen keine rationalen Zahlen zugeordnet werden können. Ein solcher Punkt kann z.B. folgendermaßen konstruiert werden:

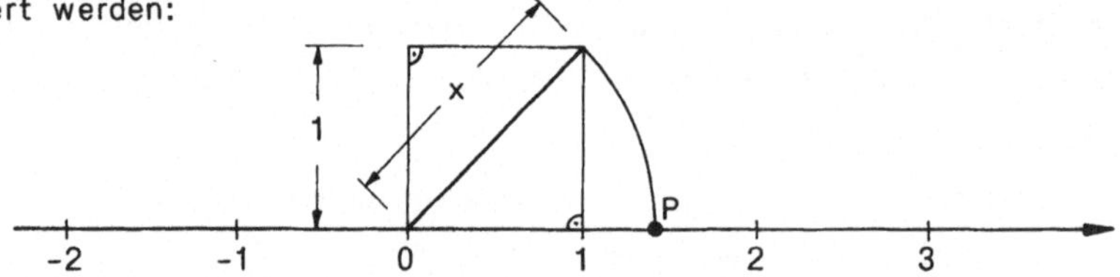

Nach dem Satz des Pythagoras gilt $x^2 = 1^2 + 1^2 = 2$. Wegen $x \notin \mathbb{Q}$ (vgl. Satz (7.1)) entspricht dem Punkt P der Zahlengeraden keine rationale Zahl.

Im Rahmen einer umfangreichen Theorie der nicht-rationalen Zahlen bzw. <u>Irrationalzahlen</u> (die hier zu weit führen würde) kann der Zahlenbereich $\mathbb{Q}$ unter Beibehaltung der Rechengesetze so erweitert werden, daß jedem Punkt auf der Zahlengeraden eine Zahl entspricht und umgekehrt. Wir sprechen dann von der Menge $\mathbb{R}$ der reellen Zahlen.

Für die bisher erwähnten Zahlenmengen gilt:
$\mathbb{N} \subset \mathbb{Z} \subset \mathbb{Q} \subset \mathbb{R}$

(Für a größer als Null ist $\sqrt{a}$ die reelle Zahl größer als Null, deren Quadrat a ergibt)

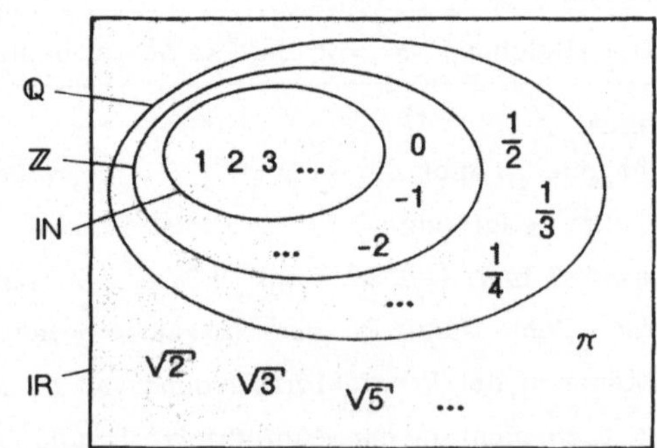

Die Zahlenbereichserweiterung von $\mathbb{R}$ auf die Menge $\mathbb{C}$ der <u>komplexen Zahlen</u> wird hier nicht behandelt.

<table><tr><td>8</td></tr></table> **EIGENSCHAFTEN REELLER ZAHLEN**

In der Menge der reellen Zahlen sind die Verknüpfungen (Operationen)

Addition $\quad\quad +:\mathbb{R}\times\mathbb{R}\to\mathbb{R}$ mit $(a,b)\mapsto a+b$

und $\quad\quad$ Multiplikation $\quad\cdot:\mathbb{R}\times\mathbb{R}\to\mathbb{R}$ mit $(a,b)\mapsto ab$

erklärt. Summe und Produkt reeller Zahlen sind stets wieder reelle Zahlen, d.h. die Menge $\mathbb{R}$ ist bezüglich der Addition und der Multiplikation **abgeschlossen**.

Für diese Verknüpfungen gelten die folgenden Eigenschaften:

1) Es gelten für $+$ und $\cdot$ die <u>Kommutativgesetze</u>,

   d.h. für alle $a,b\in\mathbb{R}$ gilt: $\quad a+b = b+a \quad$ und $\quad ab = ba$

2) Es gelten für $+$ und $\cdot$ die <u>Assoziativgesetze</u>,

   d.h. für alle $a,b,c\in\mathbb{R}$ gilt: $\quad (a+b)+c = a+(b+c) \quad$ und $\quad (ab)c = a(bc)$

3) Es gilt für $+$ und $\cdot$ das <u>Distributivgesetz</u>,

   d.h. für alle $a,b,c\in\mathbb{R}$ gilt: $\quad a(b+c) = ab + ac$

4) Es existieren in $\mathbb{R}$ für $+$ und $\cdot$ die <u>neutralen Elemente</u> 0 und 1,

   d.h. für alle $a\in\mathbb{R}$ gilt: $\quad a+0 = 0+a = a \quad$ und $\quad a\cdot 1 = 1\cdot a = a$

5) Es existiert für jedes $a\in\mathbb{R}$ bzgl. $+$ ein <u>inverses Element</u> $-a\in\mathbb{R}$

   mit $\quad a+(-a) = (-a)+a = 0$,

   und es existiert für jedes $d\in\mathbb{R}\setminus\{0\}$ bzgl. $\cdot$ ein <u>inverses Element</u>
   $d^{-1} = \frac{1}{d}\in\mathbb{R}\setminus\{0\}$ mit $\quad d\cdot d^{-1} = d^{-1}\cdot d = 1$.

Aus diesen Eigenschaften folgt, daß die Gleichungen

$$a+x = b \quad \text{und} \quad cx = d$$

für $a,b,c,d\in\mathbb{R}$ mit $c\neq 0$ über $\mathbb{R}$ stets eindeutig lösbar sind.

<u>Bemerkung:</u>

Eine Menge, in der zwei Verknüpfungen $+$ und $\cdot$ mit den obigen fünf Eigenschaften erklärt sind, heißt **Körper**. Bei $\mathbb{R}$ spricht man deshalb vom "Körper der reellen Zahlen".

Bevor wir in den folgenden Abschnitten auf wichtige Begriffe für das Rechnen mit reellen Zahlen eingehen, stellen wir noch einige bekann- te <u>Rechenregeln</u> zusammen, die unmittelbar aus den obigen Eigenschaften folgen.

Für alle $a, b, f \in \mathbb{R}$ und $c, d, e \in \mathbb{R} \setminus \{0\}$ gilt:

1) $-(-a) = a$,   2) $(-a)b = a(-b) = -(ab)$,   3) $(-a)(-b) = ab$,

4) $-(a+b) = -a-b$,   5) $-(b-a) = a-b$,   6) $a(b-f) = ab-af$,

7) $ab = 0 \implies (a = 0 \lor b = 0)$,

8) $\dfrac{a}{c} \cdot \dfrac{b}{d} = \dfrac{ab}{cd}$,   9) $\dfrac{a}{c} + \dfrac{b}{d} = \dfrac{ad+bc}{cd}$,   10) $\dfrac{\frac{a}{c}}{\frac{e}{d}} = \dfrac{a}{c} \cdot \dfrac{d}{e} = \dfrac{ad}{ce}$.

| 9 |

UNGLEICHUNGEN UND BETRÄGE

Die folgenden Ungleichungen führen zu einer Anordnung der reellen
Zahlen.

Definition (9.1):

> 1)   Eine Zahl $a \in \mathbb{R}$ heißt **positiv**, wenn $a > 0$ (lies: a größer Null).
>   Die Menge der positiven reellen Zahlen bezeichnen wir mit $\mathbb{R}^+$.
>
> 2)   Eine Zahl $a \in \mathbb{R}$ heißt **negativ**, wenn $a < 0$ (lies: a kleiner Null).
>   Die Menge der negativen reellen Zahlen bezeichnen wir mit $\mathbb{R}^-$.

Die Zahl $a \in \mathbb{R}$ entspricht für $a \in \mathbb{R}^+$ bzw. für $a \in \mathbb{R}^-$ einem Punkt
einer Zahlengeraden rechts bzw. links von der Null.

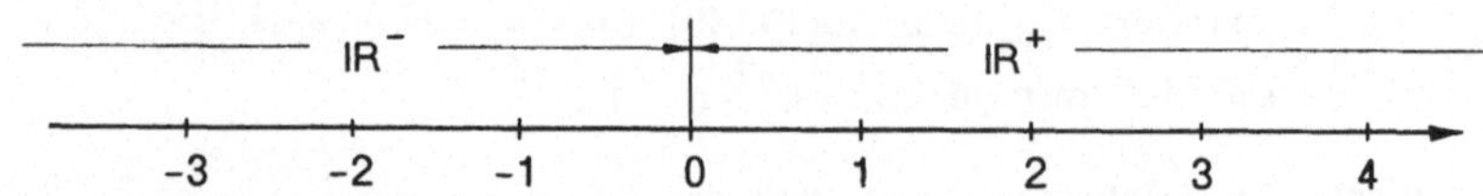

Definition (9.2):

> Es seien $a, b \in \mathbb{R}$.
> 1)   Es heißt $a > b$ (a größer b), wenn $a-b > 0$.
> 2)   Es heißt $a < b$ (a kleiner b), wenn $a-b < 0$.
> 3)   Es heißt $a \geq b$ (a größer oder gleich b), wenn $a > b \lor a = b$.
> 4)   Es heißt $a \leq b$ (a kleiner oder gleich b), wenn $a < b \lor a = b$.
> 5)   Die Zahl $a \in \mathbb{R}$ heißt **nicht-positiv**, wenn $a \leq 0$.
> 6)   Die Zahl $a \in \mathbb{R}$ heißt **nicht-negativ**, wenn $a \geq 0$.

Damit ergeben sich für $a, b, c \in \mathbb{R}$ die folgenden Gesetze (Anordnungs-
eigenschaften):

1) $a \le a$ Reflexivität ,

2) $(a \le b \wedge b \le a) \longrightarrow a = b$ Identitivität ,

3) $(a \le b \wedge b \le c) \Longrightarrow a \le c$ Transitivität ,

4) $a \le b \Longrightarrow a+c \le b+c$ Monotonie der Addition ,

5) $(a < b \wedge c > 0) \Longrightarrow ac < bc$ Monotonie der Multiplikation .

Beachte: Aus $a < b$ und $c < 0$ folgt $ac > bc$.

<u>Beispiele:</u>

① Für die Ungleichung $-2x+4 \le x-5$ erhalten wir wegen

   $-2x+4 \le x-5 \quad \Longleftrightarrow \quad -3x \le -9 \quad \Longleftrightarrow \quad x \ge 3$

   als Menge der reellen Lösungen: $\mathbb{L} = \{x \mid x \ge 3\} \subset \mathbb{R}$

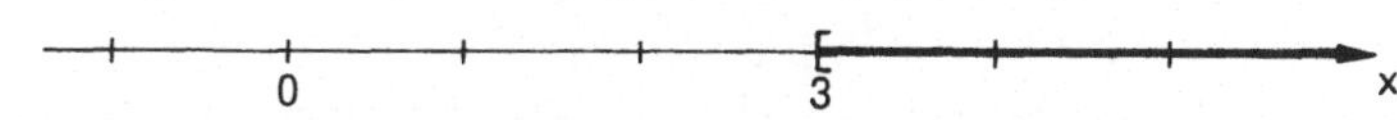

② Mit Ungleichungen lassen sich spezielle Teilmengen von IR, die

   sog. **Intervalle**, einfach charakterisieren $(a,b,x \in \mathbb{R})$:

   $[a,b] = \{x \mid a \le x \le b\}$: abgeschlossenes Intervall ,

   $[a,b) = \{x \mid a \le x < b\}$: rechtsoffenes Intervall ,

   $(a,b] = \{x \mid a < x \le b\}$: linksoffenes Intervall ,

   $(a,b) = \{x \mid a < x < b\}$: offenes Intervall ,

   $[a,\infty) = \{x \mid x \ge a\}$, $(a,\infty) = \{x \mid x > a\}$,

   $(-\infty,a] = \{x \mid x \le a\}$, $(-\infty,a) = \{x \mid x < a\}$.

<u>Definition (9.3):</u> (Absolutbetrag)

Für $a \in \mathbb{R}$ setzen wir $|a| = \begin{cases} a, & \text{falls } a \ge 0 \\ -a, & \text{falls } a < 0 \end{cases}$

$|a|$ (lies: a-Betrag) heißt der **Absolutbetrag** oder einfach <u>Betrag</u>

der reellen Zahl a .

Daraus ergeben sich u.a. folgende <u>Rechenregeln</u> $(a,b,c \in \mathbb{R}$ mit $c \ne 0)$:

1) $|a| \ge 0$,   2) $|-a| = |a|$,   3) $|ab| = |a| \cdot |b|$,

4) $\left|\dfrac{a}{c}\right| = \dfrac{|a|}{|c|}$,   5) $|a| \le b \Longleftrightarrow -b \le a \le b$,

6) $|a+b| \le |a| + |b|$.

<u>Beispiele:</u>

① $|4| = |-4| = 4$, $|-2(-3+4)| = 2$

② $\{x \mid |x| \leq 1\} = \{x \mid -1 \leq x \leq 1\} = [-1,1]$

$\{x \mid |x| \geq 1\} = \{x \mid x \geq 1 \vee x \leq -1\} = \mathbb{R} \setminus (-1,1)$

③ Wir bestimmen die Lösungsmenge $\mathbb{L}$ der Gleichung $|-x+2| = -x+2$ mit Hilfe einer Fallunterscheidung:

a) $\underline{-x+2 \geq 0}$: Wegen $|-x+2| = -x+2$ folgt hier für die obige Gleichung: $-x+2 = -x+2$. Die Gleichung ist für alle $x \in \mathbb{R}$ mit $-x+2 \geq 0$ bzw. $x \leq 2$ lösbar. Wir erhalten die Lösungsmenge $\mathbb{L}_1 = \{x \mid x \leq 2\} = (-\infty, 2]$.

b) $\underline{-x+2 < 0}$: Wegen $|-x+2| = -(-x+2)$ folgt hier für die gegebene Gleichung: $-(-x+2) = -x+2$ und damit $x = 2$. Wegen der Bedingung $-x+2 < 0$ bzw. $x > 2$ erhalten wir die Lösungsmenge $\mathbb{L}_2 = \{x \mid x > 2 \wedge x = 2\} = \emptyset$.

Insgesamt folgt: $\mathbb{L} = \mathbb{L}_1 \cup \mathbb{L}_2 = (-\infty, 2] \cup \emptyset = (-\infty, 2]$.

---

10   POTENZEN UND WURZELN

Definition (10.1):

> Es sei $n \in \mathbb{N}$. Das Produkt $a \cdot a \cdot \ldots \cdot a$ von n Faktoren $a \in \mathbb{R}$ heißt **n-te Potenz** von a, geschrieben a^n. Dabei nennt man n den **Exponenten** und a die **Basis** der Potenz.

Insbesondere ist $a^1 = a$.

Um beliebige ganzzahlige Exponenten zuzulassen, setzen wir für $a,b \in \mathbb{R}$ mit $b \neq 0$: $a^0 = 1$ und $b^{-n} = \dfrac{1}{b^n}$.

Damit ergeben sich für $a,b \in \mathbb{R} \setminus \{0\}$ und $r,s \in \mathbb{Z}$ die folgenden **Rechenregeln:**

1) $a^{r+s} = a^r a^s$,   2) $(ab)^r = a^r b^r$,   3) $(a^r)^s = a^{rs}$.

Als eine Umkehrung der Potenzrechnung stellen wir die Aufgabe, aus der Potenzgleichung $b^n = a$ bei vorgegebenem Potenzwert $a \in \mathbb{R}$ und gegebenem Exponenten $n \in \mathbb{Z}$ die Basis $b \in \mathbb{R}$ zu bestimmen.

Definition (10.2):

> Zu jeder natürlichen Zahl n und jeder nicht-negativen reellen Zahl a gibt es genau eine nicht-negative reelle Zahl b mit $b^n = a$. Diese heißt die **n-te Wurzel** von a und wird mit $\sqrt[n]{a}$ bezeichnet. Speziell für $\sqrt[2]{a}$ schreibt man $\sqrt{a}$.

Beispiele:

① $\sqrt{9} = 3$, $\sqrt{\dfrac{1}{4}} = \dfrac{1}{2}$

② Für alle $x \in \mathbb{R}$ gilt: $\sqrt{x^2} = |x|$.

Für die quadratische Gleichung $x^2 = 9$ folgt damit wegen

$$x^2 = 9 \iff \sqrt{x^2} = \sqrt{9} \iff |x| = 3 \iff x = 3 \lor x = -3$$

die Lösungsmenge $\mathbb{L} = \{-3;3\}$.

Wurzeln können auch als Potenzen mit rationalen Exponenten geschrieben werden.

Definition (10.3):

> Für $m,n \in \mathbb{N}$ und nicht-negative reelle Zahlen a setzen wir:
>
> $$a^{\frac{m}{n}} = \sqrt[n]{a^m}.$$

Insbesondere gilt damit: $a^{\frac{1}{n}} = \sqrt[n]{a}$.

Mit Hilfe dieser Definition lassen sich die obigen Regeln der Potenzrechnung auf Potenzen mit rationalen Exponenten erweitern.

Beispiele:

Für $m,n \in \mathbb{N}$ und $a,b \in \mathbb{R}_0^+$ gilt:

① $\sqrt[m]{ab} = \sqrt[m]{a} \cdot \sqrt[m]{b}$, $(ab)^{\frac{1}{m}} = a^{\frac{1}{m}} \cdot b^{\frac{1}{m}}$

② $\sqrt[m]{\sqrt[n]{a}} = \sqrt[mn]{a}$, $(a^{\frac{1}{n}})^{\frac{1}{m}} = a^{\frac{1}{n} \cdot \frac{1}{m}} = a^{\frac{1}{nm}}$

③ $\left(\dfrac{1}{\sqrt[n]{a}}\right)^m = \left(\dfrac{1}{a^{\frac{1}{n}}}\right)^m = \dfrac{1}{(a^{\frac{1}{n}})^m} = \dfrac{1}{a^{\frac{m}{n}}} = a^{-\frac{m}{n}}$ für $a>0$

$$\text{④} \quad \sqrt[m]{a} \cdot \sqrt[n]{a} = a^{\frac{1}{m}} \cdot a^{\frac{1}{n}} = a^{\frac{1}{m}+\frac{1}{n}} = a^{\frac{n+m}{mn}}$$

<u>Bemerkung</u>:

Die Rechenregeln für die Potenzrechnung können darüber hinaus auf Potenzen mit reellen Exponenten erweitert werden. Wir gehen darauf jedoch nicht näher ein (vgl. B.I.-HT 602: Analysis für Ingenieure).

11   LOGARITHMEN

Die zweite Umkehrung der Potenzrechnung bildet das sog. Logarithmieren. Bei gegebenen Zahlen a und b soll eine Zahl n bestimmt werden, so daß gilt: $b^n = a$.

<u>Definition (11.1)</u>:

> Es seien $a, b \in \mathbb{R}^+$ mit $a \neq 1$. Als <u>Logarithmus von b zur Basis a</u>, geschrieben $\log_a b$, bezeichnet man denjenigen Exponenten, mit dem man die Basis a potenzieren muß, um den Potenzwert b zu erhalten:
> $$a^{\log_a b} = b \; .$$

<u>Beispiele</u>:

① Offenbar gilt stets $\log_a 1 = 0$ und $\log_a a = 1$.

② $\log_3 81 = 4$, $\log_2 32 = 5$, $\log_2(\frac{1}{4}) = -2$.

Für das Rechnen mit Logarithmen existieren die folgenden vier <u>Rechenregeln</u> ($a, u, v \in \mathbb{R}^+$, $w \in \mathbb{R}$ und $a \neq 1$):

1) $\log_a(uv) = \log_a u + \log_a v$,   2) $\log_a(\frac{u}{v}) = \log_a u - \log_a v$,

3) $\log_a(\frac{1}{v}) = -\log_a v$,   4) $\log_a(u^w) = w \cdot \log_a u$.

<u>Beispiele</u>:

① $\log_2(8 \cdot \sqrt{2}) = \log_2 8 + \log_2(2^{\frac{1}{2}}) = 3 + \frac{1}{2} = \frac{7}{2}$

② $\log_5(\sqrt[7]{25}) = \log_5(25^{\frac{1}{7}}) = \frac{1}{7} \cdot \log_5 25 = \frac{2}{7}$

③ $\log_2(\frac{1}{32}) = -\log_2 32 = -5$

Definition (11.2):

> Es sei $a \in \mathbb{R}^+$.
>
> 1) Der Logarithmus von a zur Basis 10 heißt
>   **Briggscher Logarithmus**, geschrieben: $\log_{10} a = \lg a$.
> 2) Der Logarithmus von a zur Basis e = 2,71828... heißt
>   **natürlicher Logarithmus**, geschrieben: $\log_e a = \ln a$.
> 3) Der Logarithmus von a zur Basis 2 heißt
>   **Binärlogarithmus**, geschrieben: $\log_2 a = \operatorname{lb} a$.

Der Briggsche Logarithmus lg (Zehnerlogarithmus) spielt für die
Anwendung im Bereich der Technik eine große Rolle.

Der natürliche Logarithmus ln nimmt in der Physik eine besondere
Stelle ein, da sich viele wichtige physikalische Vorgänge mit sog.
e-Funktionen darstellen lassen.

Der Binärlogarithmus lb (Zweierlogarithmus), für den auch die Bezeichnung **dyadischer Logarithmus** ld existiert, wird z.B. in der
Informationstheorie verwendet.

Beispiele:

① $\lg 1 = 0$, $\lg 10 = 1$, $\lg 100 = 2$

② $\ln 1 = 0$, $\ln e = 1$, $\ln e^2 = 2$

③ $\operatorname{lb} 1 = 0$, $\operatorname{lb} 2 = 1$, $\operatorname{lb} 4 = 2$

12   DUALSYSTEM UND DIGITALRECHNER

In der Datenverarbeitung verwendet man statt des üblichen Dezimal-
systems das **Dualzahlensystem** (Dualsystem) mit den zwei Ziffern
0 und 1 oder mit den beiden Zeichen O und L.

Allgemein heißt eine Darstellung von Zahlen oder Buchstaben, die
genau zwei verschiedene Zeichen benutzt, **binär**. Das Dualsystem ist
ein Sonderfall und den Problemen der Datenverarbeitung besonders
angepaßt. So kann z.B. der Zustand eines Schalters durch 0 und 1
gekennzeichnet werden: 0: Schalter aus, Strom aus, ...

                          1: Schalter an, Strom ein, ...

Im folgenden erörtern wir den Aufbau dieses Systems im Vergleich mit dem Dezimalsystem.

▶ <u>Dezimalsystem:</u>

Üblicherweise werden Zahlen im Dezimalsystem dargestellt. Dabei hängt der Wert der Ziffer einer Zahl von ihrer Stelle innerhalb dieser Zahl ab:

$$3405 = 3 \cdot 10^3 + 4 \cdot 10^2 + 0 \cdot 10^1 + 5 \cdot 10^0 \; .$$

Man spricht von einem **Stellenwertsystem mit der Basis B = 10**. Als Ziffern benutzt man

$$0, \; 1, \; 2, \; 3, \; 4, \; 5, \; 6, \; 7, \; 8, \; 9.$$

Eine nicht-negative ganze Zahl z hat im Dezimalsystem die Darstellung:

$$z = (z_n z_{n-1} \ldots z_1 z_0)_{10} = z_n z_{n-1} \ldots z_1 z_0$$

$$= z_n \cdot 10^n + z_{n-1} \cdot 10^{n-1} + \ldots + z_1 \cdot 10^1 + z_0 \cdot 10^0 = \sum_{i=0}^{n} z_i \cdot 10^i$$

mit $n \in \mathbb{N}_o$ und $z_i \in \{0,1,2,\ldots,9\}$ für alle $i \in \{0,\ldots,n\}$.

Die Darstellung von Bruchzahlen erfordert Stellenwerte mit negativen Exponenten:

$$275,34 = 2 \cdot 10^2 + 7 \cdot 10^1 + 5 \cdot 10^0 + 3 \cdot 10^{-1} + 4 \cdot 10^{-2}.$$

Allgemein folgt für eine beliebige endliche Dezimalzahl:

$$z = \sum_{i=-m}^{n} z_i \cdot 10^i = z_n \cdot 10^n + \ldots + z_0 \cdot 10^0 + z_{-1} \cdot 10^{-1} + \ldots + z_{-m} \cdot 10^{-m}$$

mit $m, n \in \mathbb{N}_o$ und $z_i \in \{0,1,2,\ldots,9\}$ für alle $i \in \{-m,\ldots,0,\ldots,n\}$.

<u>Bemerkung:</u>

In der Informatik wird statt des Dezimal<u>kommas</u> ein Dezimal<u>punkt</u> verwendet.

▶ <u>Dualsystem:</u>

Das Dualsystem ist ein **Stellenwertsystem mit der Basis B = 2**. Eine nicht-negative ganze Zahl hat hier die Darstellung:

$$z = (z_n z_{n-1} \ldots z_1 z_0)_2$$

$$= z_n \cdot 2^n + z_{n-1} \cdot 2^{n-1} + \ldots + z_1 \cdot 2^1 + z_0 \cdot 2^0 = \sum_{i=0}^{n} z_i \cdot 2^i$$

mit $n \in \mathbb{N}_o$ und $z_i \in \{0,1\}$ für alle $i \in \{0,\ldots,n\}$.

<u>Beispiele:</u>

Wir vergleichen die Darstellungen einiger Zahlen im Dezimalsystem und im Dualsystem:

(1)

	Dezimalzahl			Dualzahl					
10^2	10^1	10^0	2^6	2^5	2^4	2^3	2^2	2^1	2^0
		0							0
		1							1
		2						1	0
		3						1	1
		4					1	0	0
		5					1	0	1
		6					1	1	0
		7					1	1	1
		8				1	0	0	0
		9				1	0	0	1
	1	0				1	0	1	0
1	0	0	1	1	0	0	1	0	0

(2) $(25)_{10} = (11001)_2$, $(125)_{10} = (1111101)_2$

Die Darstellung von Bruchzahlen erfordert auch hier Stellenwerte mit negativen Exponenten:

$$z = \sum_{i=-m}^{n} z_i \cdot 2^i = z_n \cdot 2^n + \ldots + z_0 \cdot 2^0 + z_{-1} \cdot 2^{-1} + \ldots + z_{-m} \cdot 2^{-m}$$

mit $m, n \in \mathbb{N}_0$ und $z_i \in \{0,1\}$ für alle $i \in \{-m,\ldots,0,\ldots,n\}$.

Beispiel:

Für die Dezimalzahl 4,375 folgt:

$$(4,375)_{10} = 4 \cdot 10^0 + 3 \cdot 10^{-1} + 7 \cdot 10^{-2} + 5 \cdot 10^{-3}$$
$$= 1 \cdot 2^2 + 0 \cdot 2^1 + 0 \cdot 2^0 + 0 \cdot 2^{-1} + 1 \cdot 2^{-2} + 1 \cdot 2^{-3}$$
$$= (100,011)_2$$

▶ <u>Rechnen im Dualsystem:</u>

Die aus dem Dezimalsystem bekannten schriftlichen Rechenverfahren sind auch im Dualsystem anwendbar. Dabei liegen die einfachen Beziehungen $0+0 = 0$, $0+1 = 1$, $1+0 = 1$, $1+1 = 10$

und $0 \cdot 0 = 0$, $0 \cdot 1 = 1$, $1 \cdot 0 = 0$, $1 \cdot 1 = 1$

zugrunde (wir verzichten in diesem Abschnitt auf die Index-Schreibweise).

Die folgenden Beispiele zu den vier Grundrechenarten sollen dies verdeutlichen.

<u>Beispiele:</u>

① <u>Addition:</u>

1. Summand	1 0 1 1 1	23
2. Summand	+ 1 0 1 1 0 1	+ 45
Übertrag	*1 1 1 1 1 1*	
Summe	1 0 0 0 1 0 0	68

② <u>Subtraktion:</u> (Ergänzungsverfahren)

Minuend	1 0 1 0 1	21
Subtrahend	− 1 0 1 0	− 10
Übertrag	*1 0 1 0*	
Differenz	1 0 1 1	11

③ <u>Multiplikation:</u>

```
1 1 0 1 0 · 1 1 0 1            26·13
----------                      26
  1 1 0 1 0                      78
  1 1 0 1 0                      10
    0 0 0 0 0                   338
      1 1 0 1 0
1 1 1 1 0 0 0
1 0 1 0 1 0 0 1 0
```

④ <u>Division:</u>

```
1 0 1 0 1 0 0 1 0 : 1 1 0 1 0 = 1 1 0 1     338:26 = 13
- 1 1 0 1 0                                 -26
  1 0 0 0 0 0                                78
  - 1 1 0 1 0                               -78
      1 1 0 1 0                               0
      - 1 1 0 1 0
              0
```

▶ <u>Digitalrechner:</u>

Das Dualsystem findet in der Datenverarbeitung Anwendung, um
Zahlen und Zeichen mit Hilfe der beiden Ziffern 0 und 1 darzustellen.
Datenverarbeitungsanlagen, die diese ziffernmäßige oder <u>**digitale**</u> Dar-
stellungsform verwenden, heißen <u>**Digitalrechner**</u>. Eine Ziffer aus $\{0,1\}$
wird <u>**Binärziffer**</u> oder <u>**Bit**</u> genannt (englisch: <u>binary dig<u>it</u></u>).
Für die Charakterisierung von Speicher- und Adressierungskapazitäten
führt man weitere Einheiten ein:

$$1 \text{ Byte} = 8 \text{ Bit}, \qquad 1 \text{ KB (Kilobyte)} = 2^{10} \text{ Byte},$$
$$1 \text{ MB (Megabyte)} = 2^{20} \text{ Byte}, \qquad 1 \text{ GB (Gigabyte)} = 2^{30} \text{ Byte}.$$

Mit Hilfe von 1 Byte z.B. können $2^8 = 256$ verschiedene Daten durch
Binärziffern verschlüsselt (d.h. **binär codiert**) werden.

Allgemein versteht man unter einer **binären Codierung** die Darstellung
von Zahlen und Zeichen durch Kombinationen von nur zwei Elementen
(Binärzeichen bzw. Bit). Als Standardmodell für einen binären Zahlen-
code kann man das obige Dualsystem ansehen. Die abstrakten Binärzeichen O und L verwendet man z.B. in der Schaltalgebra, auf die wir
in Abschnitt 13.3 eingehen.

|13| ANWENDUNGEN

|13.1| GRAPHEN VON FUNKTIONEN UND RELATIONEN

Abbildungen und Relationen bilden die wesentliche Grundlage zur
analytischen Beschreibung von geometrischen Objekten wie Körpern,
Flächen, Kurven und Punkten.
Insbesondere betrachten wir Abbildungen zwischen Zahlenmengen
(Teilmengen von IR). Für diese Abbildungen vereinbaren wir folgende
Bezeichnungen (vgl. Definition (3.1)):

Unter einer **reellen Funktion** $f: D_f \to IR$ von der Menge $D_f \subset IR$ in
die Menge IR versteht man eine Abbildung, die jeder reellen Zahl
$x \in D_f$ eindeutig eine reelle Zahl $y = f(x) \in IR$ zuordnet, geschrieben:
$$f: D_f \to IR \quad \text{mit} \quad x \mapsto y = f(x) \, .$$
Dabei nennt man D_f **Definitionsbereich** der Funktion f, $x \mapsto y = f(x)$
Zuordnungsvorschrift, $y = f(x)$ **Funktionsgleichung** und $f(x)$ **Funktionswert** an der Stelle x.

Da wir im folgenden stets reelle Funktionen behandeln, sprechen wir
nur noch von Funktionen. Ferner schreiben wir statt $f: D_f \to IR$ mit
$x \mapsto y = f(x)$ einfach
$$f: D_f \to IR \quad \text{mit} \quad y = f(x) \, .$$

▶ Kartesisches Koordinatensystem:

Zur geometrisch-anschaulichen Darstellung von Funktionen nutzt man
die Eigenschaft, daß jedem Punkt auf einer Zahlengeraden eine reelle

Zahl zugeordnet werden kann und umgekehrt (vgl. Seite 34).

Um Punkte in der Ebene zu beschreiben, zeichnen wir zwei zueinander senkrechte Zahlengeraden, deren Schnittpunkt 0 wir **Ursprung** oder **Nullpunkt** nennen. Die horizontale Achse heißt **x-Achse** (Achse der x-Werte), die zu ihr senkrecht stehende Achse heißt **y-Achse** (Achse der y-Werte). Die Achsen werden jeweils mit einem Richtungssinn versehen, der durch eine Pfeilspitze angedeutet wird, die in die Richtung des positiven Bereiches zeigt. Dadurch wird ein sog. **ebenes**

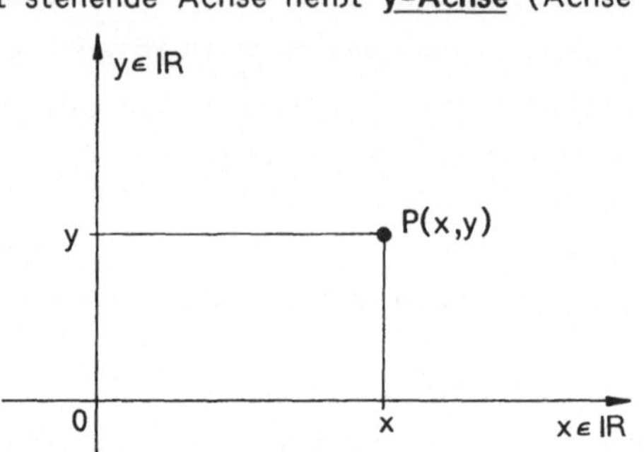

kartesisches Koordinatensystem definiert. Jedem Punkt der Ebene entspricht eindeutig ein Paar (x,y) von Zahlen (**Koordinaten**) $x,y \in$ IR, und umgekehrt entspricht jedem solchen Paar eindeutig ein Punkt P der Ebene. x heißt **Abszisse** und y heißt **Ordinate** des Punktes P, den wir durch P(x,y) kennzeichnen.

Zeichnen wir durch P(x,y) die Parallelen zu den Koordinatenachsen, so werden diese in den Punkten $P_x(x,0)$ und $P_y(0,y)$ geschnitten. Anstelle von $P_x(x,0)$ und $P_y(0,y)$ schreibt man vereinfachend die Koordinaten x und y.

Zwei Punkte $P_1(x_1,y_1)$ und $P_2(x_2,y_2)$ sind genau dann gleich, wenn die entsprechenden Koordinaten übereinstimmen, d.h. wenn gilt: $x_1 = x_2$ und $y_1 = y_2$.

Der Ebene entspricht damit die Menge aller geordneten Paare (x,y) mit $x,y \in$ IR, also das kartesische Produkt IRXIR (vgl. Abschnitt 4).

Bemerkung:

Das kartesische Produkt und das kartesische Koordinatensystem sind nach DESCARTES benannt, der die Zuordnung von Punkten der Ebene zu geordneten Paaren von reellen Zahlen als Grundlage für die von ihm entwickelte **analytische Geometrie** verwendete.

▶ Graph einer Funktion:

Im ebenen kartesischen Koordinatensystem können Funktionen durch

Kurven dargestellt werden. Als Sonderfall der allgemeinen Definition (5.2) verwenden wir:

Der **Graph** G_f einer Funktion $f:D_f \to \mathrm{IR}$ mit $y = f(x)$ ist gegeben durch

$$G_f = \{(x,y) \mid x \in D_f \land y = f(x)\}\,.$$

Der Graph G_f ist offenbar eine Teilmenge von IRXIR, die durch Definitionsbereich und Zuordnungsvorschrift eindeutig bestimmt ist, also eine Relation: $G_f \subset \mathrm{IRXIR}$.

Zur geometrischen Darstellung der Funktion f zeichnen wir die Menge aller Punkte $P(x,y)$, die dem Graphen G_f entspricht. Diese Punktmenge $\{P(x,y) \mid x \in D_f \land y = f(x)\}$ ist dann die zugehörige Kurve.

Im folgenden identifizieren wir den Graphen G_f mit der zugehörigen Punktmenge (Kurve).

Beispiele:

(1) Der Graph

$$G_f = \{(x,y) \mid x \in [-3,2] \land y = f(x) = \tfrac{x}{2}\}$$

definiert eine Strecke.

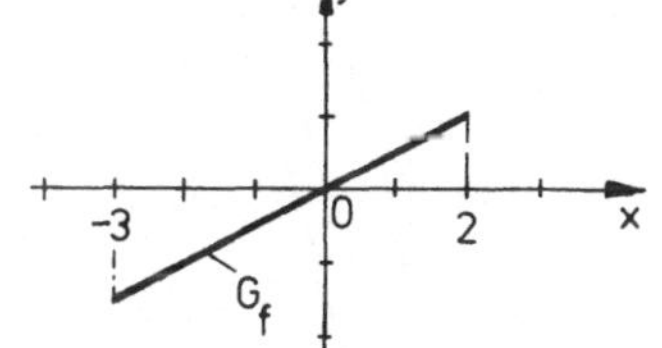

(2) Die Funktion $\exp_a : \mathrm{IR} \to \mathrm{IR}^+$ mit $y = \exp_a x = a^x$ und $a \in \mathrm{IR}^+ \backslash \{1\}$ heißt **Exponentialfunktion zur Basis a**.

Für $a \in \{2, e, 10, \tfrac{1}{2}, \tfrac{1}{e}, \tfrac{1}{10}\}$ erhalten wir die Graphen:

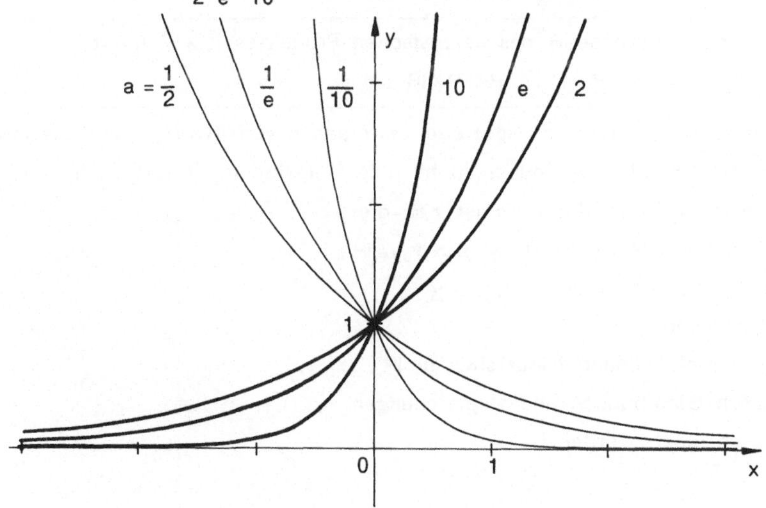

③ Die Funktion $\log_a : \mathrm{IR}^+ \to \mathrm{IR}$ mit $y = \log_a x$ und $a \in \mathrm{IR}^+ \backslash \{1\}$ heißt **Logarithmusfunktion zur Basis a**.

Wählen wir speziell die Funktionen lg, ln und lb (vgl. Definition (11.2)), so erhalten wir die Graphen:

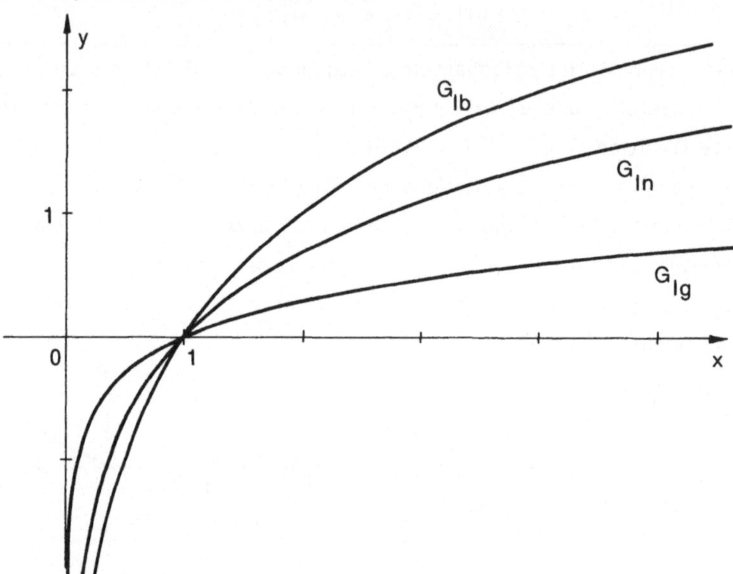

▶ <u>Graphische Darstellung von Relationen:</u>

Mit Bezug auf Definition (5.1) vereinbaren wir:

> Eine Teilmenge R des kartesischen Produktes IRXIR heißt
> **Relation in IR**: $R \subset \mathrm{IR} X \mathrm{IR}$.

Funktionsgraphen sind spezielle Teilmengen von IRXIR, also Relationen in IR. Es läßt sich jedoch nicht jede Relation in IR mit Hilfe einer Funktion beschreiben. So ist z.B. die Halbebene $H = \{P(x,y) \mid y \leq x \wedge x,y \in \mathrm{IR}\}$ nicht das Bild einer <u>eindeutigen</u> Zuordnung.

Allgemein können Relationen in IR durch Gleichungen und Ungleichungen beschrieben werden.

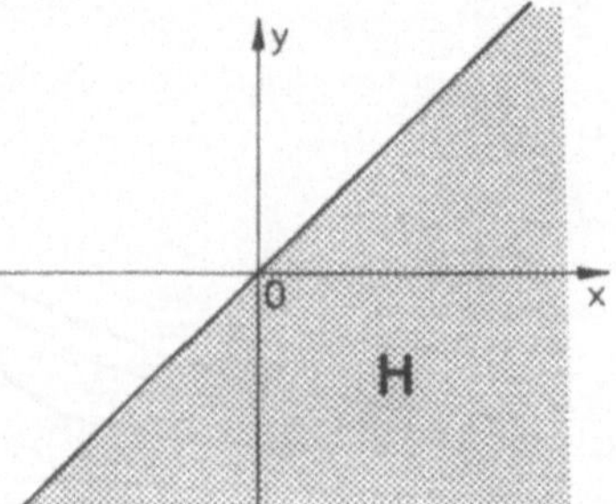

<u>Beispiele:</u>

(1) Bei der <u>linearen Optimierung</u> werden lineare Relationen, das sind Relationen mit linearen Ungleichungen, zugrunde gelegt.

So ist etwa für einen Betrieb ein Produktionsprogramm dergestalt aufzustellen, daß die Herstellung der vorgesehenen Produkte einen maximalen Gewinn erbringt; oder eine Belieferung von n Verbrauchern durch m Erzeuger mit einem austauschbaren Gut ist so zu planen, daß die Gesamttransportkosten minimal werden. Mathematisch können solche Probleme mit Hilfe von linearen Ungleichungen beschrieben werden. Dabei ergeben sich sog.

<u>Planungspolygone</u> als Durchschnitt verschiedener linearer Relationen.

Beispielsweise folgt für

$A = \{(x,y) \mid x \leq 4\}$,

$B = \{(x,y) \mid y \leq x\}$,

$C = \{(x,y) \mid y \leq -\frac{1}{2}x + 4\}$

und

$D = \{(x,y) \mid y \geq 0\}$

über der Grundmenge $\mathrm{IR} \times \mathrm{IR}$ die skizzierte Polygonfläche $A \cap B \cap C \cap D$.

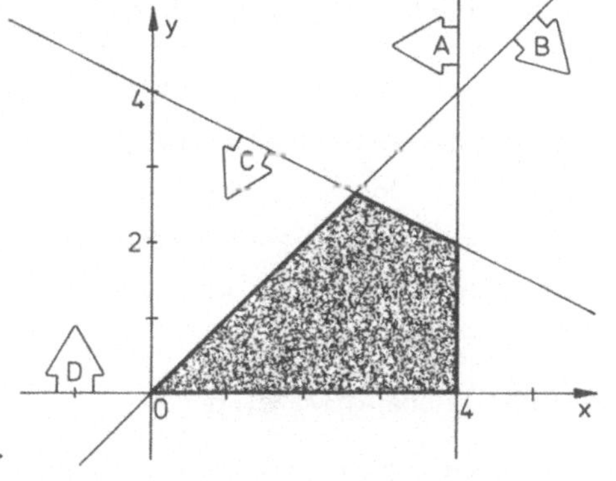

(2) Für die Relation $R = A \cap B$ mit $A = \{(x,y) \mid y \geq -x\}$ und $B = \{(x,y) \mid x^2 + y^2 \leq 4\}$ ergibt sich als Bild die skizzierte Halbkreisfläche.

$\boxed{13.2}$ PHYSIKALISCHE GRÖSSEN

▶ <u>Begriff der physikalischen Größe</u>:

Zur Beschreibung physikalischer und technischer Phänomene verwendet
man physikalische Größen wie z.B. Länge, Masse, Zeit, Geschwindigkeit, Temperatur und Kraft. So hat etwa ein Stab eine Länge
$L = 10\,cm$ oder ein Körper eine Temperatur $t = 30\,°C$.
Die Größen enthalten jeweils einen Zahlenwert und eine Maßeinheit.
Allgemein gilt nach DIN 1313 (Schreibweise physikalischer Gleichungen in Naturwissenschaft und Technik):

$$\boxed{\text{Physikalische Größe} = \text{Maßzahl} \cdot \text{Maßeinheit}}\quad .$$

Die Gesamtheit der physikalischen Größen kann aus wenigen sog.
<u>Grundgrößen</u> hergeleitet werden. Die erforderliche Zahl dieser Grund-
größen hängt vom physikalischen Gebiet ab. Da die Auswahl willkürlich ist, gibt es auch verschiedene Maßsysteme, z.B. das **Technische
Maßsystem** und das sog. **Internationale Maßsystem**, das verbindlich
vorgeschrieben wurde.

▶ <u>Internationales Maßsystem</u>:

Im Internationalen Maßsystem verwendet man als (nicht ableitbare)
Grundgrößen in der Mechanik:

Grundgröße	Grundeinheit	
Länge l	Meter m	
Masse m	Kilogramm kg	<u>MKS-System</u>
Zeit t	Sekunde s	

Die Längeneinheit $1\,m$ wurde ursprünglich als 40-millionster Teil der
Länge des Meridians durch Paris, später jedoch u.a. mit Hilfe einer
bestimmten Wellenlänge des Krypton 86 festgelegt.
Unter $1\,kg$ versteht man die Masse eines in Sèvres (nahe Paris) auf-
bewahrten Platin-Iridium-Körpers. Sie entspricht ungefähr der Masse
von $1\,dm^3$ Wasser bei $4\,°C$ und normalem Druck.
Die Einheit $1\,s$ wird aus der Umlaufzeit der Erde um die Sonne

definiert.

Zur Beschreibung der Phänomene in der Elektrizitätslehre, Optik und Wärmelehre führt man drei weitere Grundgrößen ein:

Grundgröße	Grundeinheit	
Temperatur	Kelvin K	Wärmelehre
Stromstärke	Ampere A	Elektrotechnik
Lichtstärke	Candela cd	Optik

Aus den Grundgrößen werden weitere physikalische Größen mit Hilfe charakteristischer Gleichungen hergeleitet, die z.T. wichtige physikalische Gesetze bedeuten.

Die Kraft F beispielsweise wird mit Hilfe eines der wichtigsten Grundprinzipien der Mechanik berechnet, das man als **dynamisches Grundgesetz** bzw. als **2. Newtonsches Axiom** bezeichnet. In einer abgekürzten und einprägsamen Form lautet es:

$$\boxed{\text{Kraft} = \text{Masse} \cdot \text{Beschleunigung}} \quad .$$

Unter 1 N (Newton) verstehen wir die Kraft, die einer Masse $m = 1\,kg$ die Beschleunigung $a = 1\,\frac{m}{s^2}$ erteilt.

Physikalische Größe	Maßeinheit
Geschwindigkeit v	$1\,\frac{m}{s}$
Beschleunigung a	$1\,\frac{m}{s^2}$
Kraft F	$1\ \text{Newton} = 1\ N = 1\,\frac{kg \cdot m}{s^2}$
Arbeit (Energie) W	$1\ \text{Joule} = 1\ J = 1\ Nm = 1\,\frac{kg \cdot m^2}{s^2}$
Leistung N	$1\ \text{Watt} = 1\ W = 1\,\frac{J}{s} = 1\,\frac{kg \cdot m^2}{s^3}$

Mit v, a und F sind jeweils die Beträge der entsprechenden Größen gemeint (vgl. Vektorgrößen in Abschnitt 20).

▶ <u>Mathematische Darstellung physikalischer Größen:</u>

Im allgemeinen enthalten Gleichungen zur Beschreibung von Phänomenen aus Naturwissenschaft und Technik physikalische Größen, die also aus Maßzahlen und Maßeinheiten bestehen. Bei einer graphischen

Darstellung funktionaler Abhängigkeiten werden dann entsprechende Maßeinheiten gewählt.

Auf die Dimensionen kann aber verzichtet werden, da man jeder skalaren physikalischen Größe einen Zahlenwert zuordnen kann, indem man die Größe durch die gewählte Einheit dividiert:

$$\text{Zahlenwert} = \text{Größe} : \text{Einheit}.$$

Auf diese Weise wird einer Gleichung zwischen Größen eine Gleichung zwischen Zahlen zugeordnet.

<u>Beispiel:</u> (Fallgesetz)

Die Gleichung $d = \frac{1}{2}gt^2 = \frac{1}{2} \cdot 9{,}81 \frac{m}{s^2} t^2$ (g = Erdbeschleunigung), die beim freien Fall den in der Zeit t zurückgelegten Weg d beschreibt, geht bei Division durch die Längeneinheit m über in die Gleichung $\frac{d}{m} = \frac{1}{2} \cdot 9{,}81 \left(\frac{t}{s}\right)^2$. Setzt man $x = \frac{t}{s}$ und $y = \frac{d}{m}$, so erhält man die dimensionslose Gleichung:

$$y = \frac{1}{2} \cdot 9{,}81\, x^2 = 4{,}905\, x^2 .$$

$\boxed{13.3}$ SCHALTALGEBRA

In der Datenverarbeitung werden zur Lösung von Problemen Programme erstellt, die mit Hilfe elektronischer Schaltungen umgesetzt werden. Für diese erweist sich die binäre Codierung (vgl. Seite 45) als besonders angepaßt. Logische Operationen werden durch besondere Schaltungen realisiert, denen sog. Schaltfunktionen entsprechen, die wir im folgenden erörtern. Die zugrunde liegende mathematische Struktur wird als <u>Schaltalgebra</u> bezeichnet. Sie stellt neben der Mengenalgebra (vgl. Abschnitt 2.5) ein weiteres praktisch wichtiges Modell der abstrakten <u>Booleschen Algebra</u> dar.

▶ <u>Grundlegende Schaltfunktionen (Grundfunktionen):</u>

Die Darstellung von Zahlen (numerische Daten) sowie Buchstaben und Sonderzeichen (alphanumerische Daten) durch Kombinationen der Binärzeichen O und L kann in der Schalttechnik mit Hilfe von Schaltern realisiert werden.

Ein Schalter kann zwei Zustände annehmen, die wir mit O und L kennzeichnen:

Binärzeichen	Bedeutung
L	Kontakt geschlossen, Strom fließt
O	Kontakt offen, Strom fließt nicht

Jeder Kontaktstelle können wir auf diese Weise eine Variable a mit
Werten aus {O,L} zuordnen. Wir nennen a **binäre Variable** oder
Schaltvariable und kennzeichnen sie durch eine Kontaktskizze:

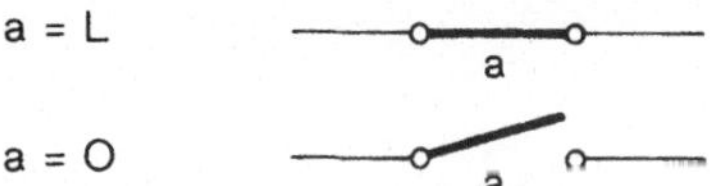

Eine Abbildung, die einer oder mehreren Schaltvariablen wieder eine
Schaltvariable zuordnet, heißt **Schaltfunktion.** Im folgenden erörtern
wir Grundfunktionen (UND, ODER, NICHT), aus denen weitere
Schaltfunktionen aufgebaut werden können.

▶ UND-Funktion (Konjunktion) $a \wedge b$:

Wir betrachten eine Reihenschaltung mit zwei Schaltern und den
Schaltvariablen $a,b \in \{O,L\}$:

Strom fließt genau dann, wenn beide Kontakte geschlossen sind, d.h.
wenn a **und** b den Wert L annehmen. Hat mindestens eine der beiden
Variablen den Wert O, so fließt kein Strom. Die möglichen Zustände
der Reihenschaltung können wir durch die Wertepaare (O,O), (O,L),
(L,O) und (L,L) charakterisieren. Zur Beschreibung dieser Schaltungs-
vorgänge definieren wir die **UND-Funktion** (Konjunktion) durch die
Zuordnungsvorschrift $(a,b) \longmapsto a \wedge b$ mit der folgenden Wertetafel:

a	b	$a \wedge b$
O	O	O
O	L	O
L	O	O
L	L	L

Konjunktion

▶ **ODER-Funktion** (Disjunktion) $a \lor b$:

Bei einer Parallelschaltung mit
zwei Schaltern fließt Strom,
wenn mindestens eine der beiden
Schaltvariablen a und b den Wert

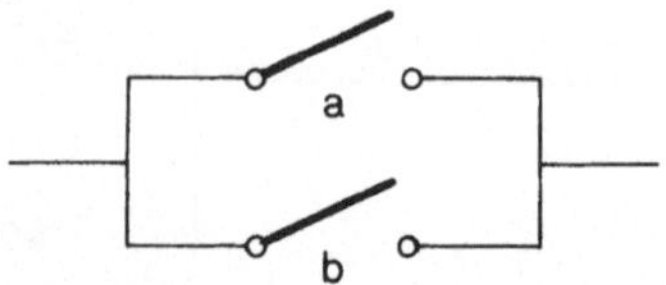

L annimmt. Haben beide den Wert O, so fließt kein Strom. Hierzu
definieren wir die **ODER-Funktion** (Disjunktion) durch die Zuordnungsvorschrift $(a,b) \longmapsto a \lor b$ mit der folgenden Wertetafel:

a	b	$a \lor b$
O	O	O
O	L	L
L	O	L
L	L	L

Disjunktion

▶ **NICHT-Funktion** (Negation) $\bar{a}$:

Zur Beschreibung der
Zustände des sog.
Negationsschalters $\bar{a}$
definieren wir die

$a = L$

$a = O$

NICHT-Funktion (Negation) durch die Zuordnungsvorschrift $a \longmapsto \bar{a}$
mit der folgenden Wertetafel:

a	$\bar{a}$
O	L
L	O

Negation

Bemerkung:

Neben den mechanischen Schaltern gibt es Schaltkreise mit Dioden,
Transistoren und Widerständen. In Schaltplänen und für logische
Verknüpfungen verwendet man daher anstelle der bisher benutzten
Schalterdarstellung

allgemein die folgenden Schaltsymbole:

Schaltfunktion	übliche Gatterdarstellung in Schaltplänen	neues Schaltsymbol nach DIN 40700
Konjunktion	$a,b \rightarrow a \wedge b$	$a,b \rightarrow \boxed{\&} \rightarrow a \wedge b$
Disjunktion	$a,b \rightarrow a \vee b$	$a,b \rightarrow \boxed{\geq 1} \rightarrow a \vee b$
Negation	$a \rightarrow \overline{a}$	$a \rightarrow \boxed{1} \circ \rightarrow \overline{a}$

▶ **Rechenregeln der Schaltalgebra:**

Für die obigen Verknüpfungen (UND, ODER, NICHT) in der Menge $\{O,L\}$ gelten die folgenden Regeln, die man auch als **Gesetze der Schaltalgebra** bezeichnet ($a,b,c \in \{O,L\}$):

1) Es gelten für $\wedge$ und $\vee$ die **Kommutativgesetze:**
   $a \wedge b = b \wedge a$ und $a \vee b = b \vee a$

2) Es gelten für $\wedge$ und $\vee$ die **Assoziativgesetze:**
   $a \wedge (b \wedge c) = (a \wedge b) \wedge c$ und $a \vee (b \vee c) = (a \vee b) \vee c$

3) Es gelten für $\wedge$ und $\vee$ die **Distributivgesetze:**
   $a \wedge (b \vee c) = (a \wedge b) \vee (a \wedge c)$ und $a \vee (b \wedge c) = (a \vee b) \wedge (a \vee c)$

4) Es existieren für $\wedge$ und $\vee$ die **neutralen Elemente** L und O, so
   daß stets gilt: $a \wedge L = a$ und $a \vee O = a$

5) Es existiert zu jeder Variablen $a \in \{O,L\}$ ein **Komplement** (die
   Negation) $\overline{a} \in \{O,L\}$, so daß gilt: $a \wedge \overline{a} = O$ und $a \vee \overline{a} = L$

Bemerkungen:

a)   Neben diesen fünf strukturbestimmenden Gesetzen gibt es noch
weitere, etwa die **Gesetze von de Morgan** (vgl. auch Satz (2.4)):

$$\overline{a \wedge b} = \overline{a} \vee \overline{b} \quad \text{und} \quad \overline{a \vee b} = \overline{a} \wedge \overline{b}$$

und die **Absorptionsgesetze** (vgl. auch Seite 19):

$$a \wedge (a \vee b) = a \quad \text{und} \quad a \vee (a \wedge b) = a \ .$$

b) Die obigen Regeln können mit Hilfe von Wertetafeln bewiesen

werden. Beispielsweise ist das
Kommutativgesetz $a \wedge b = b \wedge a$
wegen der Gleichheit der beiden
Spalten * und ** in der nebenstehenden Wertetafel erfüllt.

a	b	$a \wedge b$	$b \wedge a$
O	O	O	O
O	L	O	O
L	O	O	O
L	L	L	L
		*	**

Als zugehörige Kontaktskizze ergibt sich:

Für das Distributivgesetz $a \vee (b \wedge c) = (a \vee b) \wedge (a \vee c)$ ergibt sich die
folgende Wertetafel:

a	b	c	$b \wedge c$	$a \vee (b \wedge c)$	$a \vee b$	$a \vee c$	$(a \vee b) \wedge (a \vee c)$
O	O	O	O	O	O	O	O
O	O	L	O	O	O	L	O
O	L	O	O	O	L	O	O
O	L	L	L	L	L	L	L
L	O	O	O	L	L	L	L
L	O	L	O	L	L	L	L
L	L	O	O	L	L	L	L
L	L	L	L	L	L	L	L
				*			**

Aufgrund der Gleichheit der Spalten * und ** ist das Distributivgesetz erfüllt. Wir erhalten folgende Kontaktskizze:

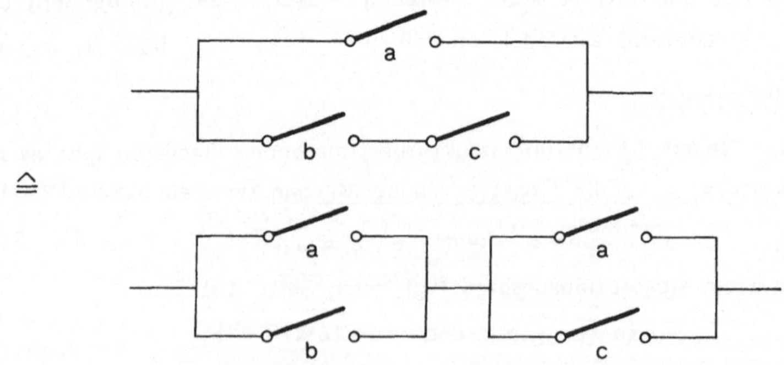

14	ÜBUNGEN: DUALZAHLEN, SCHALTFUNKTIONEN

(5) a) Bestimme die Dezimalzahlen zu den folgenden Dualzahlen:

    10 ; 101 ; 110 ; 1001 ; 1101 ; 110101

b) Ordne die folgenden Dualzahlen der Größe nach:

    11001 ; 11110 ; 10101 ; 11010 ; 111

c) Schreibe die folgenden Dezimalzahlen als Dualzahlen:

    14 ; 17 ; 19 ; 31 ; 43

d) Schreibe die drei Dualzahlen als Dezimalzahlen:

    1111,111 ; 100,00101 ; 11,0101

e) Schreibe die vier Dezimalzahlen als Dualzahlen:

    3,25 ; 12,125 ; 5,5625 ; 0,2578125

(6) Bestimme zu den folgenden Dezimalzahlen die Dualzahlen und rechne jeweils

im Dualsystem (vgl. Seite 44):

    a) 31+6 ; 14+41 ; 40+60 ; 97+14 ; 10+100

    b) 10-4 ; 11-1 ; 23-12 ; 100-90 ; 120-54

    c) 25·6 ; 17·8 ; 21·32 ; 19·10

    d) 54:9 ; 60:15 ; 51:17 ; 308:11

(7) a,b,c seien Schaltvariablen mit Werten aus $\{0,L\}$. Beweise mit Hilfe von

Wertetafeln (vgl. Seite 56) die folgenden Gesetze der Schaltalgebra:

    a) $a \vee b = b \vee a$

    b) $a \wedge (b \wedge c) = (a \wedge b) \wedge c$

    c) $a \wedge L = a$ und $a \vee 0 = a$

    d) $a \wedge \overline{a} = 0$ und $a \vee \overline{a} = L$

    e) $\overline{a \vee b} = \overline{a} \wedge \overline{b}$

D TRIGONOMETRIE

In der Trigonometrie und in der Vermessungskunde spielen trigonome-
trische Funktionen und ihre Beziehungen untereinander eine grundle-
gende Rolle. Die wichtigsten Beziehungen leiten wir im folgenden her
und wenden sie dann auf Probleme der Geometrie und Vermessung an.

15 WINKEL ALS GEOMETRISCHE GRÖSSE

Definition (15.1):

> Unter einem **Winkel** verstehen wir geometrisch den Teil einer
> Ebene, der von zwei Strahlen s_1 und s_2 begrenzt wird, die von
> einem gemeinsamen Anfangspunkt 0 ausgehen. s_1 und s_2 heißen
> **Schenkel** und 0 heißt **Scheitelpunkt** des Winkels.

Den dargestellten Winkel bezeichnet
man mit $\sphericalangle(s_1,s_2)$. Er wird beschrieben
durch seine **Winkelgröße** α, die aus
einem Zahlenwert und einer Winkeleinheit besteht (nach DIN 1315):

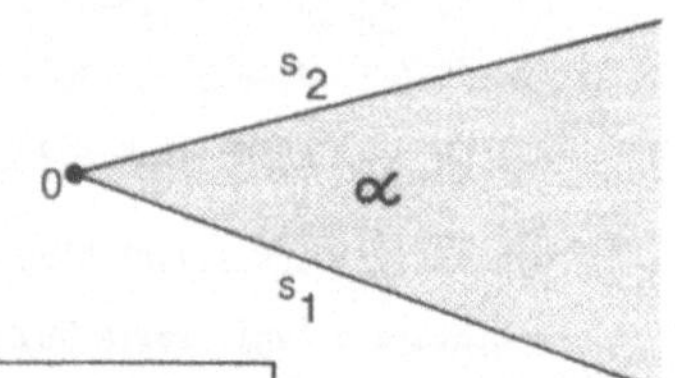

$$\boxed{\text{Winkelgröße} = \text{Zahlenwert} \cdot \text{Winkeleinheit}}.$$

Der Einfachheit halber bezeichnen wir im folgenden auch den Winkel
mit α.

Der Winkel heißt **positiv**, falls er durch Drehung des Strahles s_1 um
den Scheitelpunkt im **Gegenuhrzeigersinn** entsteht. Der entsprechende
Zahlenwert wird dann positiv gewählt.

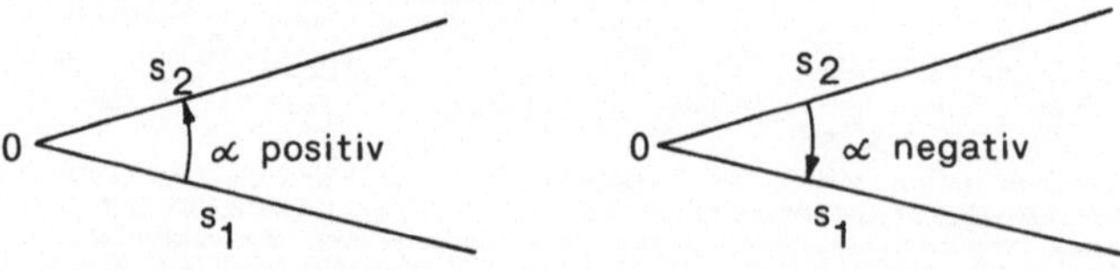

Wird der Winkel durch Drehung des Strahles s_2 im **Uhrzeigersinn**
erzeugt, so heißt er **negativ**. Der entsprechende Zahlenwert wird dann

negativ gewählt.

In diesem Zusammenhang sprechen wir vom **orientierten Winkel**.

Für die Winkelmessung werden verschiedene **Winkeleinheiten** zugrunde gelegt:

▶ In der Geometrie wird das **Gradmaß** verwendet. Dabei wird der neunzigste Teil eines rechten Winkels als ein Grad (1°) bezeichnet. Winkeleinheit ist also der **Grad** (Einheitenzeichen °).
Als weitere Unterteilung wählt man:
1° = 60' (Minuten) und 1' = 60'' (Sekunden), also 1° = 3600''.

▶ Im Vermessungswesen wird wegen des bequemeren Rechnens der hundertste Teil des rechten Winkels als Einheit gewählt. Sie wird mit **Gon** (Einheitenzeichen ^{g}) bezeichnet, auch **Neugrad** genannt. Hierbei gilt als weitere Unterteilung:
$1^g = 100^c$ (Neuminuten) und $1^c = 100^{cc}$ (Neusekunden), also $1^g = 10000^{cc}$.

▶ In der Technik und in der höheren Mathematik ist das **Bogenmaß** üblich. Unter dem Bogenmaß eines Winkels α versteht man die Länge $L(\overset{\frown}{AB})$ des Bogens $\overset{\frown}{AB}$, der dem Winkel im sog. **Einheitskreis** (Kreis mit dem Radius der Länge 1) zugeordnet ist. Die Einheit des Bogenmaßes heißt **Radiant** (Einheitenzeichen: rad).
Das Einheitenzeichen rad wird i.a. nicht mitgeschrieben; für den rechten Winkel $\alpha = \frac{\pi}{2}$ rad schreiben wir also $\alpha = \frac{\pi}{2}$.

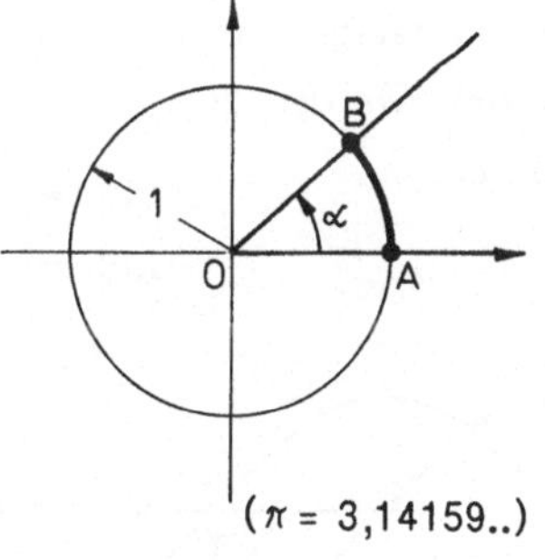

Mit der Beziehung $360° = 400^g = 2\pi$ rad ergibt sich folgender Zusammenhang:

	Grad	Gon	Radiant
1° =	1°	1,11111..^{g}	0,01745..
1^g =	0,9°	1^g	0,01570..
1 rad =	57,29578..°	63,66197..^{g}	1

16 | TRIGONOMETRISCHE FUNKTIONEN

Im folgenden verwenden wir das Bogenmaß und kennzeichnen Winkel mit x.

Definition (16.1):

> Unter dem __Sinus__ bzw. __Kosinus__ eines Winkels x, geschrieben sin x bzw. cos x, versteht man die Ordinate bzw. Abszisse des Schnittpunktes des freien Schenkels von x mit dem Einheitskreis.

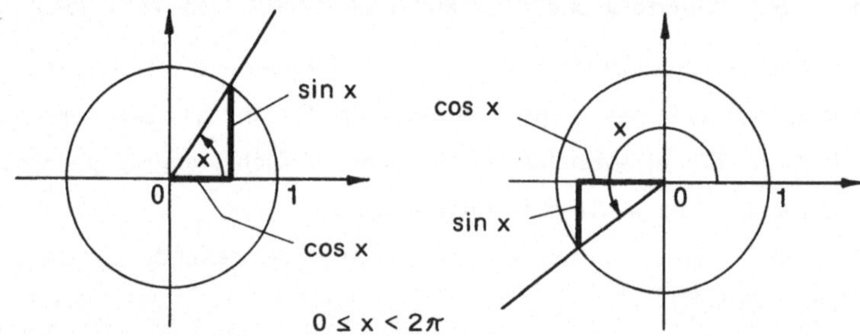

Durch Drehung des freien Schenkels im Gegenuhrzeigersinn kann der Winkelbereich über $x = 2\pi$ hinaus erweitert werden. Durch Drehung im Uhrzeigersinn erhält man auch negative Winkel.

Damit werden die __trigonometrischen Funktionen__ sin und cos definiert durch:

$$\sin: \mathbb{R} \rightarrow [-1,1] \quad \text{mit} \quad y = \sin x$$
$$\cos: \mathbb{R} \rightarrow [-1,1] \quad \text{mit} \quad y = \cos x$$

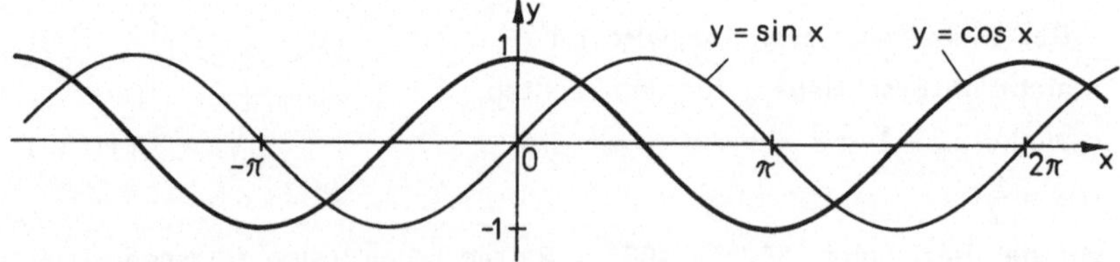

__Eigenschaften von sin und cos:__

Die folgenden Eigenschaften verdeutliche man sich mit Hilfe der Graphen von sin und cos und der Darstellung am Einheitskreis.

1) Es gelten die __Komplementbeziehungen:__

$$\sin(\pi - x) = \sin x \quad \text{und} \quad \sin(2\pi - x) = -\sin x \quad \text{sowie}$$
$$\cos(\pi - x) = -\cos x \quad \text{und} \quad \cos(2\pi - x) = \cos x$$

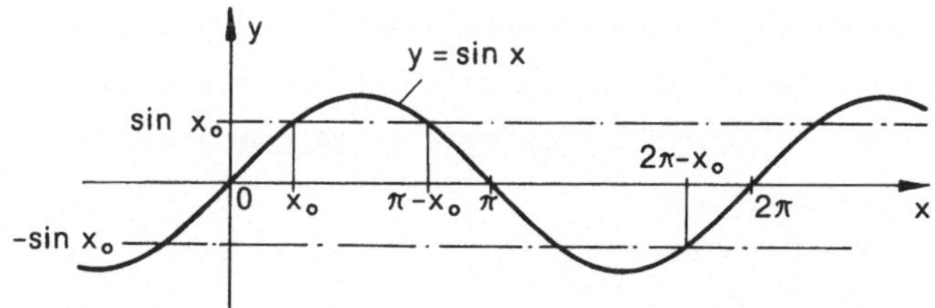

2) Zwischen sin und cos gelten die folgenden <u>Zusammenhänge</u>:

$$\sin x = \cos(\tfrac{\pi}{2}-x) \quad \text{und} \quad \cos x = \sin(\tfrac{\pi}{2}-x)$$

sowie $\boxed{\sin^2 x + \cos^2 x = 1}$ (Anwendung des Satzes von Pythagoras am obigen Einheitskreis)

3) Die Funktionen sin und cos sind <u>periodisch</u> mit der Periode 2π, d.h. es gilt für alle $x \in \mathbb{R}$ und $k \in \mathbb{Z}$:

$$\sin(x+2k\pi) = \sin x \quad \text{und} \quad \cos(x+2k\pi) = \cos x \ .$$

4) Wegen $\sin(-x) = -\sin x$ für alle $x \in \mathbb{R}$ ist die Sinusfunktion <u>ungerade</u> d.h. der Graph von sin ist punktsymmetrisch bzgl. des Ursprungs 0. Wegen $\cos(-x) = \cos x$ für alle $x \in \mathbb{R}$ ist die Kosinusfunktion <u>gerade</u>, d.h. der Graph von cos ist achsensymmetrisch bzgl. der y-Achse.

Definition (16.2):

> Unter dem <u>Tangens</u> eines Winkels x, kurz **tan x**, versteht man die Ordinate des Schnittpunktes des freien Schenkels des Winkels x (oder der Verlängerung des Schenkels) mit der Tangente im Punkt P(1,0) am Einheitskreis.
>
> Unter dem <u>Kotangens</u> eines Winkels x, kurz **cot x**, versteht man die Abszisse des Schnittpunktes des freien Schenkels von x (oder dessen Verlängerung) mit der Tangente im Punkt Q(0,1) am Einheitskreis.

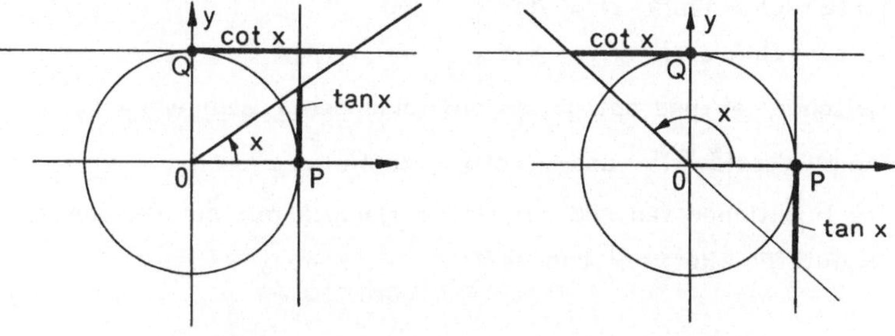

Durch Drehung des freien Schenkels im Uhrzeigersinn und im Gegenuhrzeigersinn über 2π hinaus läßt sich auch hier der Winkelbereich
erweitern. Wir erhalten die **trigonometrischen Funktionen** tan und cot,
definiert durch:

$$\tan: D_{\tan} \longrightarrow \mathbb{R} \text{ mit } y = \tan x \text{ und } D_{\tan} = \mathbb{R}\setminus\{x \mid x = \tfrac{\pi}{2} + k\pi \wedge k \in \mathbb{Z}\}$$

$$\cot: D_{\cot} \longrightarrow \mathbb{R} \text{ mit } y = \cot x \text{ und } D_{\cot} = \mathbb{R}\setminus\{x \mid x = k\pi \wedge k \in \mathbb{Z}\}$$

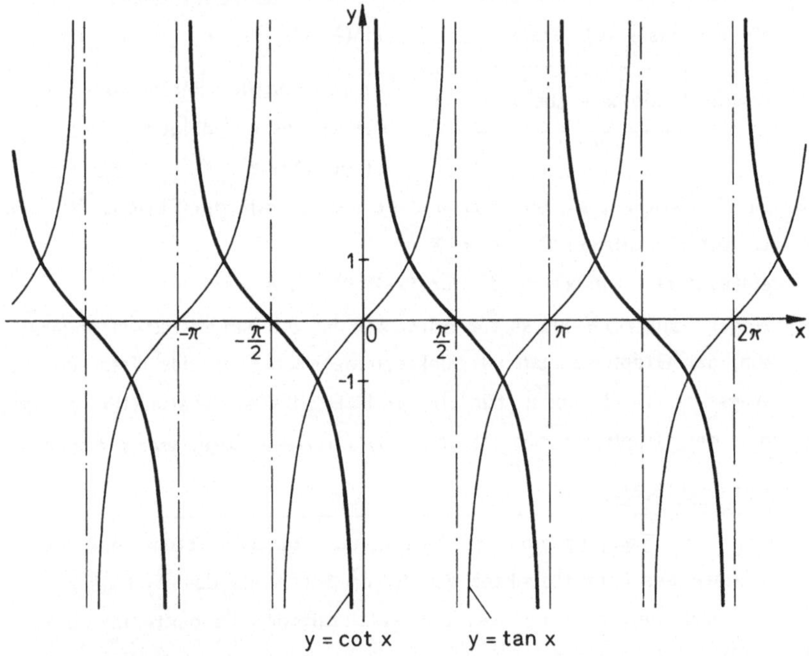

<u>Eigenschaften von tan und cot:</u>

Die folgenden Eigenschaften verdeutliche man sich mit Hilfe der
Graphen von tan und cot und der Darstellung am Einheitskreis.

1) Es gelten die <u>Komplementbeziehungen</u>:

$$\tan(2\pi - x) = \tan(\pi - x) = -\tan x \quad \text{und}$$

$$\cot(2\pi - x) = \cot(\pi - x) = -\cot x \; .$$

2) Zwischen tan und cot gelten die folgenden <u>Zusammenhänge</u>:

$$\tan x = \cot(\tfrac{\pi}{2} - x) \quad \text{und} \quad \cot x = \tan(\tfrac{\pi}{2} - x) \; .$$

3) Die Funktionen tan und cot sind **periodisch** mit der Periode π, d.h.
   es gilt für alle $x \in \mathbb{R}$ und $k \in \mathbb{Z}$:

$$\tan(x+k\pi) = \tan x \quad \text{und} \quad \cot(x+k\pi) = \cot x \ .$$

4) Wegen $\tan(-x) = -\tan x$ und $\cot(-x) = -\cot x$ sind die Funktionen tan und cot <u>ungerade</u>, d.h. ihre Graphen sind punktsymmetrisch bzgl. des Ursprungs 0.

5) Mit Hilfe des Strahlensatzes folgt:

$$\tan x = \frac{\sin x}{\cos x} \ ; \quad \cot x = \frac{\cos x}{\sin x}$$

$$\text{und damit} \quad \tan x = \frac{1}{\cot x}$$

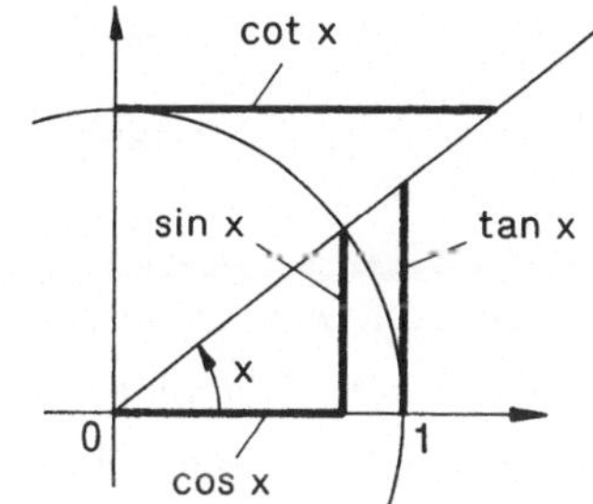

17   ZYKLOMETRISCHE FUNKTIONEN

Bisher haben wir Winkelgrößen x Werte trigonometrischer Funktionen zugeordnet, etwa durch $x \mapsto y = \sin x$. Umgekehrt lassen sich jedoch auch zu vorgegebenen Funktionswerten, wie $y = \sin x = \frac{1}{2}$ oder $y = \tan x = 1$, die zugehörigen Winkelgrößen bestimmen. Grundlage hierfür bildet der Begriff der Umkehrfunktion, auf den wir hier kurz eingehen (vgl. dazu auch unseren Band "Analysis für Ingenieure", B.I.-Hochschultaschenbuch Bd. 602).

Eine Funktion f ordnet jeder Zahl x_0 ihres Definitionsbereiches D_f eindeutig eine Zahl y_0 mit $y_0 = f(x_0)$ ihres Wertebereiches W_f zu (vgl. die Seiten 26 und 45). Entspricht auch umgekehrt jedem Funktionswert $y_0 \in W_f$ eindeutig eine Zahl $x_0 \in D_f$ mit $y_0 = f(x_0)$, so nennt man die Funktion f <u>umkehrbar</u>. In diesem Falle bezeichnet man die

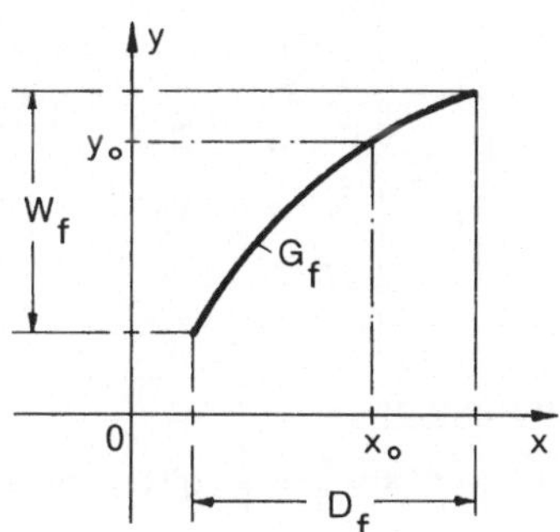

Funktion $\quad f^{-1} : W_f \rightarrow D_f$ mit $x = f^{-1}(y)$, wobei $y = f(x)$,

als <u>Umkehrfunktion</u> bzw. <u>inverse Funktion</u> der Funktion $f : D_f \rightarrow W_f$ (auf Rechnern verwendet man das Symbol $\boxed{\text{INV}}$).

Die trigonometrischen Funktionen sind wegen ihrer Periodizität nicht umkehrbar. Schränken wir jedoch ihre Definitionsbereiche entsprechend ein:

$$\sin:\left[-\tfrac{\pi}{2},\tfrac{\pi}{2}\right] \longrightarrow [-1,1] \quad \text{mit} \quad y = \sin x \;,$$

$$\cos:[0,\pi] \longrightarrow [-1,1] \quad \text{mit} \quad y = \cos x \;,$$

$$\tan:\left(-\tfrac{\pi}{2},\tfrac{\pi}{2}\right) \longrightarrow \mathbb{R} \quad \text{mit} \quad y = \tan x \;,$$

$$\cot:(0,\pi) \longrightarrow \mathbb{R} \quad \text{mit} \quad y = \cot x \;,$$

so erhalten wir umkehrbare Funktionen (vgl. die Graphen zu sin, cos, tan und cot). Die zugehörigen Umkehrfunktionen heißen **zyklometrische Funktionen** oder auch **Bogenfunktionen** bzw. **Arkusfunktionen**:

Arkussinus: $\arcsin:[-1,1] \longrightarrow \left[-\tfrac{\pi}{2},\tfrac{\pi}{2}\right] \quad \text{mit} \quad y = \arcsin x \;,$

Arkuskosinus: $\arccos:[-1,1] \longrightarrow [0,\pi] \quad \text{mit} \quad y = \arccos x \;,$

Arkustangens: $\arctan:\mathbb{R} \longrightarrow \left(-\tfrac{\pi}{2},\tfrac{\pi}{2}\right) \quad \text{mit} \quad y = \arctan x \;,$

Arkuskotangens: $\text{arccot}:\mathbb{R} \longrightarrow (0,\pi) \quad \text{mit} \quad y = \text{arccot}\, x$

(die Variablenbezeichnungen x und y wurden vertauscht).

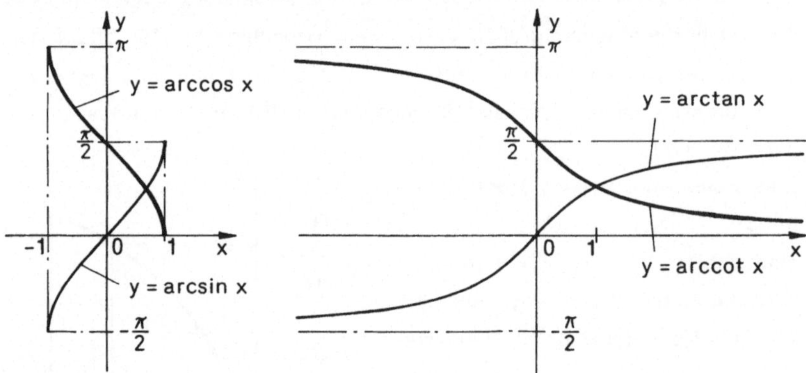

Beispiele:

① Mit $\sin\tfrac{\pi}{6} = \tfrac{1}{2}$ gilt: $\arcsin\tfrac{1}{2} = \tfrac{\pi}{6}$.

② Aus $\cos\tfrac{\pi}{5} = 0{,}8090$ folgt: $\arccos(0{,}8090) = \tfrac{\pi}{5}$.

③ Mit $\cot\tfrac{\pi}{4} = \tan\tfrac{\pi}{4} = 1$ gilt: $\text{arccot}\,1 = \arctan 1 = \tfrac{\pi}{4}$.

④ Zur Bestimmung der Menge $\mathbb{L}$ aller Winkelgrößen $x \in \mathbb{R}$ mit $\sin x = \tfrac{1}{2}$ nutzen wir die Komplementbeziehung $\sin(\pi-x) = \sin x$

für alle $x \in \mathbb{R}$ und die Periodizitätseigenschaft $\sin(x+2k\pi) = \sin x$

für alle $x \in \mathbb{R}$ und $k \in \mathbb{Z}$. Wegen $\arcsin \frac{1}{2} = \frac{\pi}{6}$ erhalten wir dann

(vgl. Skizze):

$$\mathbb{L} = \{\, x \mid (\, x = \tfrac{\pi}{6} + 2k\pi \;\vee\; x = (\pi - \tfrac{\pi}{6}) + 2k\pi \,) \,\wedge\, k \in \mathbb{Z} \,\} \,.$$

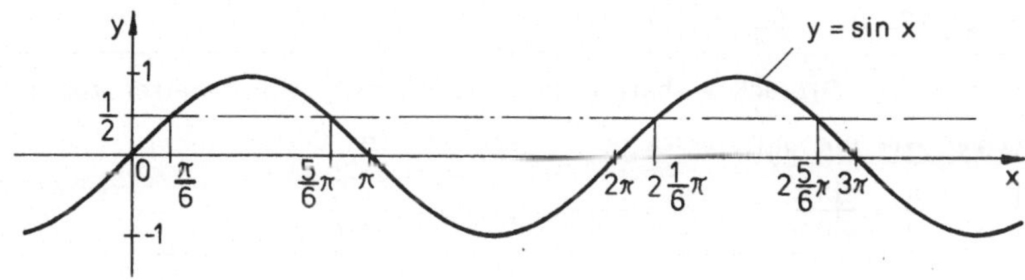

---

18   **SÄTZE DER TRIGONOMETRIE**

18.1   **SINUSSATZ UND KOSINUSSATZ**

Die bekannten Beziehungen

$$\sin \alpha = \frac{a}{c} \quad \frac{\text{Gegenkathete}}{\text{Hypotenuse}}$$

$$\cos \alpha = \frac{b}{c} \quad \frac{\text{Ankathete}}{\text{Hypotenuse}}$$

$$\tan \alpha = \frac{a}{b} \quad \frac{\text{Gegenkathete}}{\text{Ankathete}}$$

$$\cot \alpha = \frac{b}{a} \quad \frac{\text{Ankathete}}{\text{Gegenkathete}}$$

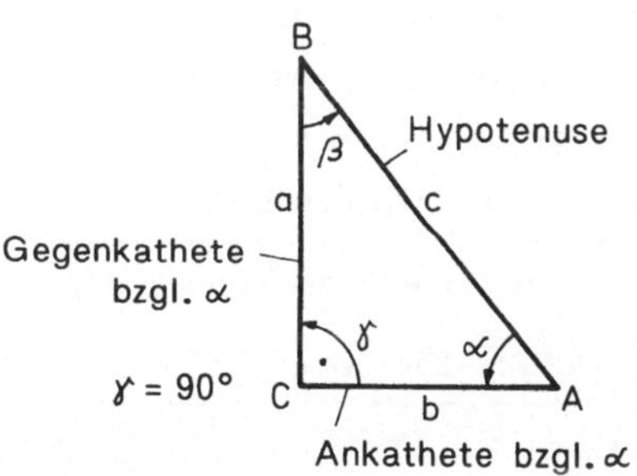

finden ihre Verwendung bei der Berechnung <u>rechtwinkliger Dreiecke</u>.
Bei der Berechnung <u>beliebiger Dreiecke</u> nutzen wir die Möglichkeit,
jedes Dreieck in rechtwinklige Dreiecke aufteilen zu können:

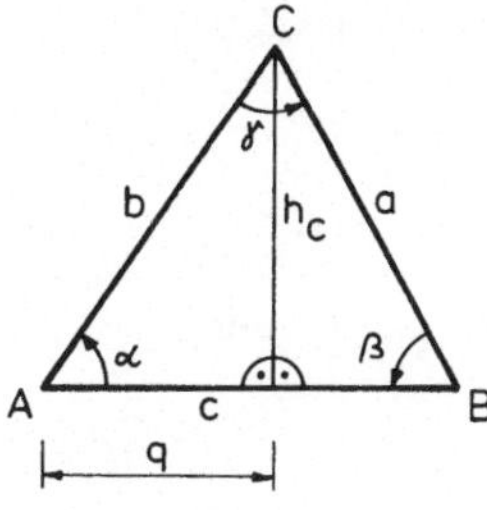

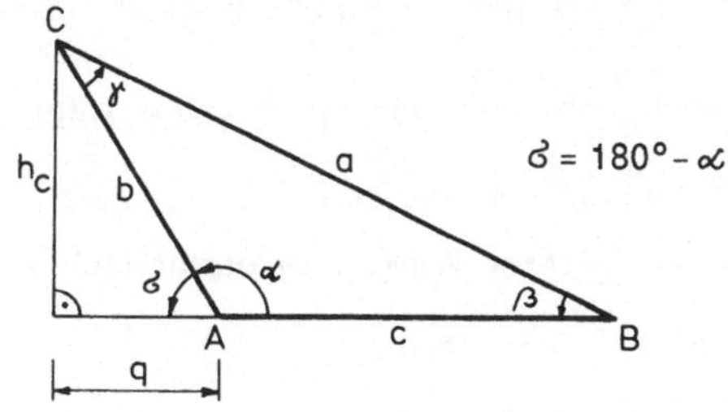

spitzwinkliges Dreieck   stumpfwinkliges Dreieck

Im spitzwinkligen Dreieck folgt wegen $h_c = b \cdot \sin \alpha$ und $h_c = a \cdot \sin \beta$ die Beziehung: $\frac{a}{b} = \frac{\sin \alpha}{\sin \beta}$. Diese Beziehung ergibt sich auch im stumpfwinkligen Dreieck aus $h_c = b \cdot \sin(180° - \alpha) = b \cdot \sin \alpha$ und $h_c = a \cdot \sin \beta$. Allgemein gilt

Satz (18.1):   (Sinussatz)

In einem Dreieck verhalten sich die Längen zweier Seiten zueinander wie die Sinuswerte der entsprechenden Gegenwinkel:

$$\frac{a}{b} = \frac{\sin \alpha}{\sin \beta} \quad , \quad \frac{a}{c} = \frac{\sin \alpha}{\sin \gamma} \quad , \quad \frac{b}{c} = \frac{\sin \beta}{\sin \gamma} \quad .$$

Sind also in einem beliebigen Dreieck eine Seitenlänge und zwei Winkelgrößen gegeben, oder zwei Seitenlängen und die Größe eines Gegenwinkels, so lassen sich die fehlenden Seitenlängen und Winkelgrößen dieses Dreiecks mit Hilfe des Sinussatzes unmittelbar berechnen.

Sind dagegen die drei Seitenlängen des Dreiecks gegeben oder zwei Seitenlängen und die Größe des eingeschlossenen Winkels, so müssen wir zur Berechnung der fehlenden Winkelgrößen bzw. Seitenlängen den folgenden Kosinussatz anwenden.

Satz (18.2):   (Kosinussatz)

Mit den obigen Bezeichnungen gilt für ein beliebiges Dreieck:
$$a^2 = b^2 + c^2 - 2bc \cdot \cos \alpha \, , \quad b^2 = c^2 + a^2 - 2ac \cdot \cos \beta \, , \quad c^2 = a^2 + b^2 - 2ab \cdot \cos \gamma \, .$$

Beweis:

Wir leiten hier $a^2 = b^2 + c^2 - 2bc \cdot \cos \alpha$ her, die beiden anderen Beziehungen ergeben sich analog.

Ist α ein spitzer Winkel, so folgt (vgl. obige Skizze):

$$a^2 = h_c^2 + (c-q)^2 = h_c^2 + c^2 - 2cq + q^2 .$$

Wegen $h_c^2 = b^2 - q^2$ und $q = b \cdot \cos \alpha$ folgt schließlich:

$$a^2 = b^2 + c^2 - 2bc \cdot \cos \alpha \, .$$

Ist α ein rechter Winkel, so ergibt sich wegen $\cos \alpha = 0$ und

$$a^2 = b^2 + c^2 \quad \text{unmittelbar:}$$

$$a^2 = b^2 + c^2 - 2bc \cdot \cos \alpha .$$

<u>Ist α ein stumpfer Winkel</u>, so folgt:

$$a^2 = h_c^2 + (c+q)^2 = h_c^2 + c^2 + 2cq + q^2 \, .$$

Wegen $h_c^2 = b^2 - q^2$ und $q = b \cdot \cos(180° - \alpha) = -b \cdot \cos \alpha$ folgt auch hier:

$$a^2 = b^2 + c^2 - 2bc \cdot \cos \alpha \, .$$

<u>Beispiele:</u>

(1) <u>Anwendung des Sinussatzes:</u>

Im Gelände soll die Lage eines unzugänglichen Punktes C bzgl. der Standlinie $\overline{AB}$ bestimmt werden. Es wurden die Winkelgrößen $\alpha = 35°$ und $\beta = 47°$ sowie die Länge der Standlinie $c = 100\,m$ gemessen.

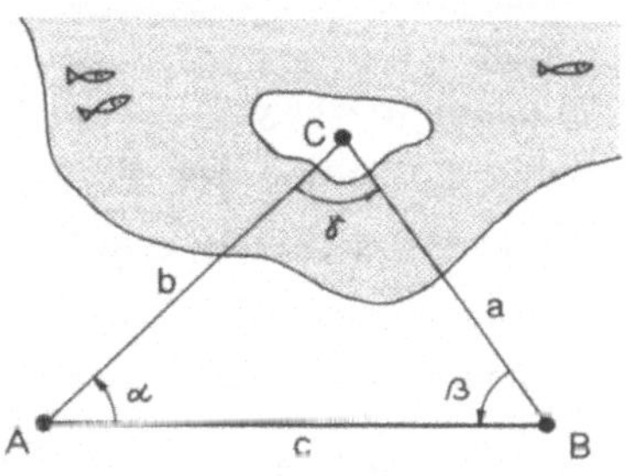

<u>Lösung:</u> Wir berechnen hierzu die Längen a und b mit Hilfe des Sinussatzes.

Mit $\dfrac{a}{c} = \dfrac{\sin \alpha}{\sin \gamma}$ bzw. $a = c \cdot \dfrac{\sin \alpha}{\sin \gamma}$ und $\gamma = 180° - (35° + 47°) = 98°$ folgt:

$$a = 100\,m \cdot \frac{\sin 35°}{\sin 98°} = 57{,}92\,m \, .$$

Entsprechend folgt für den Abstand b der Punkte A und C:

$$b = c \cdot \frac{\sin \beta}{\sin \gamma} = 100\,m \cdot \frac{\sin 47°}{\sin 98°} = 73{,}85\,m \, .$$

(2) <u>Anwendung des Kosinussatzes:</u>

Durch einen Berg soll vom Punkt A aus nach Punkt C ein geradliniger Tunnel gebaut werden. Es wurden von einem festen Punkt B aus die Entfernungen $c = 250\,m$ und $a = 360{,}25\,m$ sowie die Winkelgröße $\beta = 44{,}52°$ gemessen. Wir bestimmen die Tunnellänge b.

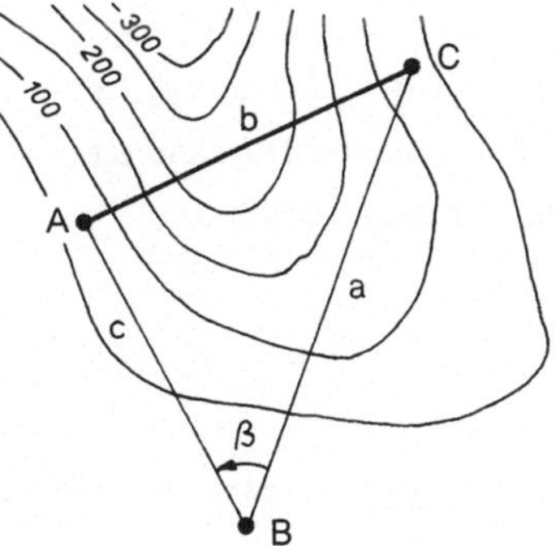

<u>Lösung:</u> Mit $b^2 = c^2 + a^2 - 2ac \cdot \cos \beta$ folgt:

$$b^2 = (\, 250^2 + 360{,}25^2 - 2 \cdot 250 \cdot 360{,}25 \cdot \cos 44{,}52° \,)\,m^2 = 63\,849{,}9032\,m^2$$

also $b = 252{,}69\,m$.

18.2　　TANGENSSATZ

Wir leiten zunächst zwei Sätze zu Umfangswinkeln im Kreis her.

Die Skizze zeigt in einem Kreis
die Sehne $\overline{AB}$ mit dem zugehörigen Mittelpunktswinkel bzw.
Zentriwinkel δ und einem zugehörigen Umfangswinkel bzw.
Peripheriewinkel γ.

Durch die Radien $\overline{AM}$, $\overline{BM}$ und
$\overline{CM}$ wird das Dreieck $\triangle ABC$ in
drei gleichschenklige Dreiecke
aufgeteilt, und es gilt wegen

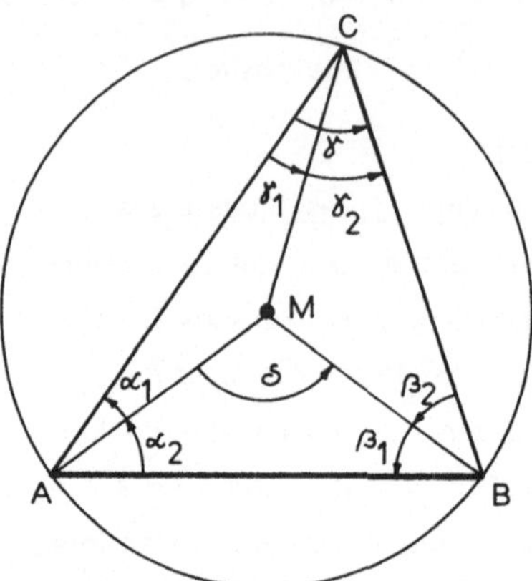

$$\alpha_1 = \gamma_1 , \quad \alpha_2 = \beta_1 \quad \text{und} \quad \beta_2 = \gamma_2 :$$

$$2\gamma_1 + 2\gamma_2 + 2\alpha_2 = 2\gamma + 2\alpha_2 = 180° \quad \text{und} \quad 2\alpha_2 + \delta = 180° .$$

Das heißt aber, daß der Mittelpunktswinkel der Sehne doppelt so groß
ist wie ein zugehöriger Umfangswinkel. Allgemein gilt

<u>Satz (18.3):</u>　　(Satz vom Peripheriewinkel)

> In einem Kreis sind alle Umfangswinkel (Peripheriewinkel) über
> einer gegebenen Sehne gleich groß, und zwar halb so groß wie der
> zugehörige Mittelpunktswinkel (Zentriwinkel).

Das gilt insbesondere auch
dann, wenn es sich bei der
Sehne um den Durchmesser
des Kreises handelt.

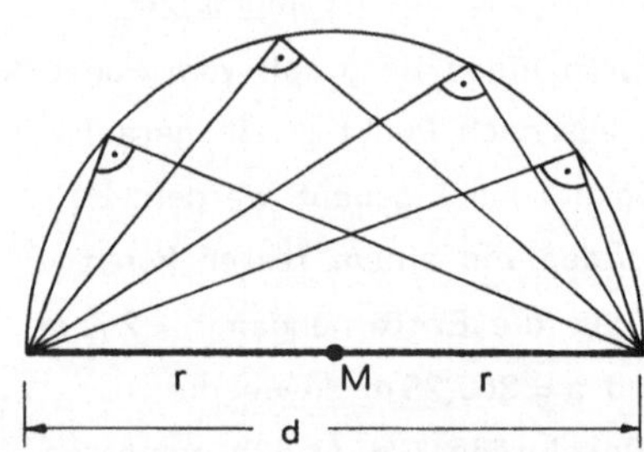

<u>Satz (18.4):</u>　　(Satz des Thales)

> In einem Kreis sind alle Umfangswinkel (Peripheriewinkel) über
> dem Durchmesser rechte Winkel.

Mit Hilfe des Satzes von Thales beweisen wir den folgenden Tangenssatz, der wie der Kosinussatz dann zur Berechnung fehlender Winkelgrößen und Seitenlängen eines Dreiecks verwendet wird, wenn zwei
Seitenlängen und die Größe des eingeschlossenen Winkels gegeben sind.

Satz (18.5):   (Tangenssatz)

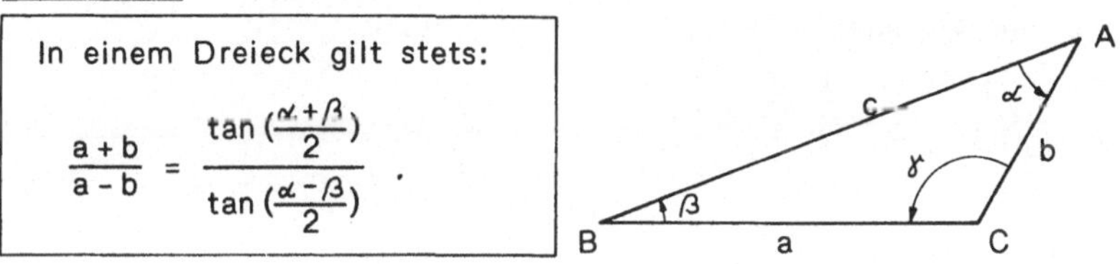

In einem Dreieck gilt stets:

$$\frac{a+b}{a-b} = \frac{\tan\left(\frac{\alpha+\beta}{2}\right)}{\tan\left(\frac{\alpha-\beta}{2}\right)} \; .$$

Beweis:

Wir leiten die Beziehung mit Hilfe einer Skizze für ein stumpfwinkliges Dreieck her. Für spitzwinklige und rechtwinklige Dreiecke verläuft
der Beweis analog.

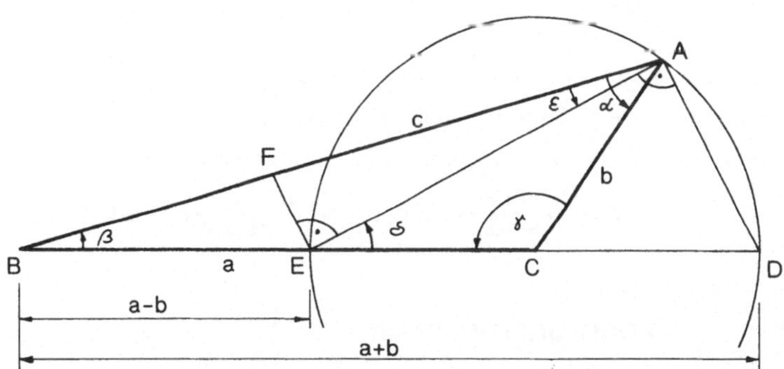

Wir zeichnen um den Punkt C einen Kreis mit dem Radius b. Die
Strecken $\overline{AC}$, $\overline{CD}$ und $\overline{CE}$ haben dann die Länge b. Nach dem Satz des
Thales ist das Dreieck $\triangle AED$ rechtwinklig. Konstruieren wir die
Strecke $\overline{EF}$ parallel zur Strecke $\overline{AD}$, dann gilt mit dem Strahlensatz:

$$\frac{a+b}{a-b} = \frac{L(\overline{BD})}{L(\overline{BE})} = \frac{L(\overline{AD})}{L(\overline{EF})} = \frac{L(\overline{AE})\cdot\tan\delta}{L(\overline{AE})\cdot\tan\varepsilon} = \frac{\tan\delta}{\tan\varepsilon}$$

Mit $2\delta + \gamma = 180°$ im gleichschenkligen Dreieck $\triangle AEC$ und

$\alpha + \beta + \gamma = 180°$ im Dreieck $\triangle ABC$ folgt: $\delta = \dfrac{\alpha+\beta}{2}$.

Wegen $\alpha = \varepsilon + \delta$ folgt schließlich: $\varepsilon = \alpha - \delta = \alpha - \dfrac{\alpha+\beta}{2} = \dfrac{\alpha-\beta}{2}$.

Insgesamt ergibt sich also die Behauptung.

Anwendungsbeispiel:

Wir berechnen den Abstand c
zwischen den Geländepunkten
A und B (vgl. Skizze) sowie
die Winkelgrößen α und β,
wobei die Abstände a = 890,20 m
und b = 650,30 m und die
Winkelgröße γ = 87,4° bekannt
sind.

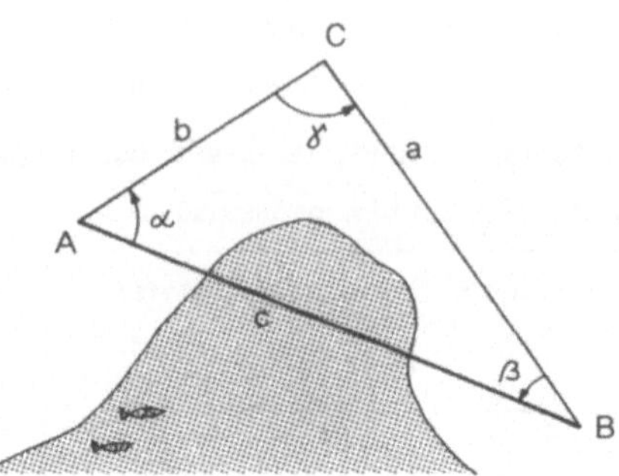

Lösung:

Mit $\alpha + \beta$ = 180° - γ = 180° - 87,4° = 92,6° folgt nach dem Tangenssatz:

$$\tan\left(\frac{\alpha-\beta}{2}\right) = \frac{a-b}{a+b} \cdot \tan\left(\frac{\alpha+\beta}{2}\right) = \frac{890,20 - 650,30}{890,20 + 650,30} \cdot \tan 46,3°$$

$$= 0,162960 \; ,$$

also
$$\frac{\alpha-\beta}{2} = 9,256° \; .$$

Aus $\alpha + \beta$ = 92,6° und $\alpha - \beta$ = 18,51° ergeben sich dann die gesuchten
Winkelgrößen: α = 55,555°   und β = 37,045° .

Den Abstand c erhalten wir mit Hilfe des Sinussatzes:

$$c = a \cdot \frac{\sin\gamma}{\sin\alpha} = 890,20 \text{ m} \cdot \frac{\sin 87,4°}{\sin 55,555°} = 1078,35 \text{ m} \; .$$

18.3   ADDITIONSTHEOREME

Für die trigonometrischen Funktionen bestehen folgende wichtige
Zusammenhänge zwischen den Funktionswerten einzelner Winkel und
ihrer Summen bzw. Differenzen (Winkelgrößen im Bogenmaß):

Satz (18.6):   (Additionstheoreme)

Für alle $x_1, x_2 \in \mathbb{R}$ gilt:

1) $\sin(x_1 \pm x_2) = \sin x_1 \cdot \cos x_2 \pm \sin x_2 \cdot \cos x_1$,

2) $\cos(x_1 \pm x_2) = \cos x_1 \cdot \cos x_2 \mp \sin x_1 \cdot \sin x_2$.

Für alle zulässigen $x_1, x_2 \in \mathbb{R}$ gilt:

3) $\tan(x_1 \pm x_2) = \dfrac{\tan x_1 \pm \tan x_2}{1 \mp \tan x_1 \cdot \tan x_2}$.

Wir nennen x_1, x_2 zulässig, wenn alle vorkommenden Terme in $\mathbb{R}$ existieren.

<u>Beweis:</u> (für $x_1 + x_2 \in (0, \frac{\pi}{2})$)
Der nebenstehenden Skizze

entnehmen wir:

$a = \cos x_2$ und $b = \sin x_2$.
Damit folgt für $\sin(x_1 + x_2)$

und $\cos(x_1 + x_2)$ wegen

$\sin(x_1 + x_2) = a \cdot \sin x_1 + b \cdot \cos x_1$

und

$\cos(x_1 + x_2) = a \cdot \cos x_1 - b \cdot \sin x_1$

die Behauptung.

Ersetzen wir in beiden Glei-

chungen x_2 durch $-x_2$, dann

erhalten wir mit

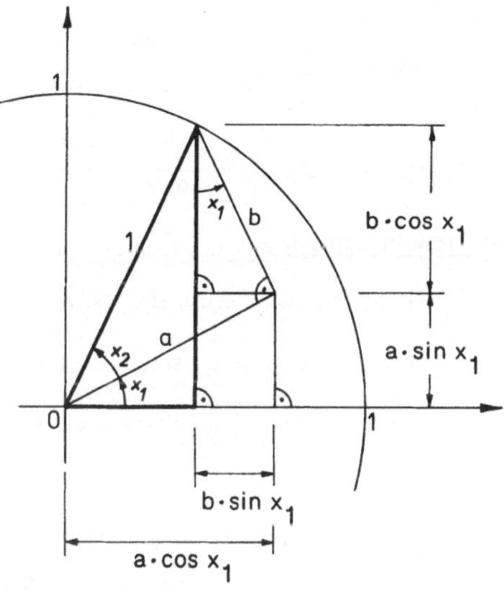

$\sin(-x_2) = \sin x_2$ und $\cos(-x_2) = \cos x_2$ die Behauptungen für $\sin(x_1 - x_2)$
und $\cos(x_1 - x_2)$.
Für den Tangens folgt die Behauptung aus $\tan(x_1 \pm x_2) = \dfrac{\sin(x_1 \pm x_2)}{\cos(x_1 \pm x_2)}$

unter Anwendung der beiden ersten Additionstheoreme.

Aus den Additionstheoremen folgen weitere für praktische Anwendun-

gen wichtige Formeln:

▶ <u>Formeln des doppelten Winkels:</u>

   a) $\sin(2x) = 2 \cdot \sin x \cdot \cos x$,

   b) $\cos(2x) = \cos^2 x - \sin^2 x = 1 - 2 \cdot \sin^2 x$,

   c) $\tan(2x) = \dfrac{2 \cdot \tan x}{1 - \tan^2 x}$.

▶ <u>Summenformeln:</u>

   d) $\sin x_1 + \sin x_2 = 2 \cdot \sin(\dfrac{x_1 + x_2}{2}) \cdot \cos(\dfrac{x_1 - x_2}{2})$,

   e) $\sin x_1 - \sin x_2 = 2 \cdot \cos(\dfrac{x_1 + x_2}{2}) \cdot \sin(\dfrac{x_1 - x_2}{2})$,

   f) $\cos x_1 + \cos x_2 = 2 \cdot \cos(\dfrac{x_1 + x_2}{2}) \cdot \cos(\dfrac{x_1 - x_2}{2})$,

$$g) \quad \cos x_1 - \cos x_2 = -2 \cdot \sin\left(\frac{x_1+x_2}{2}\right) \cdot \sin\left(\frac{x_1-x_2}{2}\right) \ ,$$

$$h) \quad \tan x_1 + \tan x_2 = \frac{\sin(x_1+x_2)}{\cos x_1 \cdot \cos x_2} \ ,$$

$$i) \quad \tan x_1 - \tan x_2 = \frac{\sin(x_1-x_2)}{\cos x_1 \cdot \cos x_2} \ .$$

▶ <u>Produktformeln:</u>

$$j) \quad \sin x_1 \cdot \sin x_2 = \tfrac{1}{2}\left(\cos(x_1-x_2) - \cos(x_1+x_2)\right) \ ,$$

$$k) \quad \sin x_1 \cdot \cos x_2 = \tfrac{1}{2}\left(\sin(x_1+x_2) + \sin(x_1-x_2)\right) \ ,$$

$$l) \quad \cos x_1 \cdot \cos x_2 = \tfrac{1}{2}\left(\cos(x_1+x_2) + \cos(x_1-x_2)\right) :$$

19   ÜBUNGEN: TRIGONOMETRIE UND IHRE ANWENDUNG IM VERMESSUNGSWESEN

(Skizzen unmaßstäblich !)

⑧ Gib die Winkelgrößen in Grad, Gon und Bogenmaß (Vielfaches von π) an:

a) $23{,}4567°$ b) $76{,}4500^g$ c) $0{,}6\pi$

⑨ Bestimme jeweils alle Lösungen (Winkelgrößen im Bogenmaß) zu den folgenden Gleichungen:

a) $\sin x = -0{,}3$ b) $\cos x = 0{,}47$ c) $\tan x = -1{,}5$

d) $\cot x = 2{,}0$ e) $\sin(2x-\pi) = 0{,}7$ f) $\tan\left(\frac{x}{2}+\frac{\pi}{4}\right) = 1{,}0$

g) $\tan x = 0{,}4$ und $\cos x > 0$ h) $\tan x = -0{,}8$ und $\sin x > 0$

⑩ Anwendung der <u>Strahlensätze:</u>

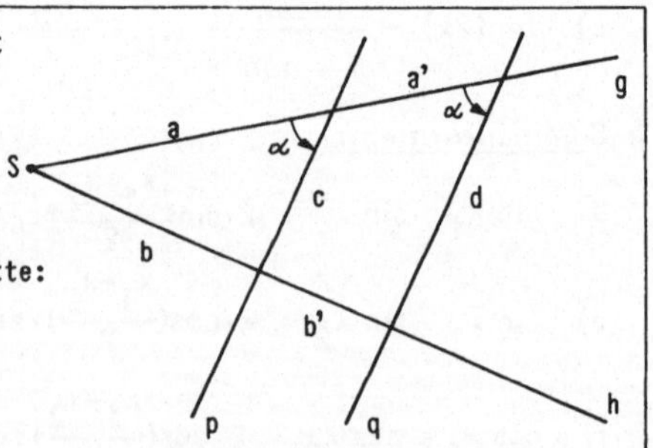

Werden zwei Strahlen g und h mit dem gemeinsamen Anfangspunkt S von zwei Parallelen p und q geschnitten, so gilt für die Strahlen- und Parallelenabschnitte:

1) $\dfrac{a}{b} = \dfrac{a+a'}{b+b'}$,

2) $\dfrac{b}{b+b'} = \dfrac{c}{d}$.

Berechne jeweils den Abstand der Geländepunkte A und B, falls folgende
Längen gemessen wurden:

a) $L(\overline{BC}) = 50{,}20\,\text{m}$

    $L(\overline{DE}) = 40{,}50\,\text{m}$

    $L(\overline{BD}) = 130{,}75\,\text{m}$

b) $L(\overline{DE}) = 80{,}00\,\text{m}$

    $L(\overline{AE}) = 150{,}60\,\text{m}$

    $L(\overline{AC}) = 45{,}80\,\text{m}$

c) $L(\overline{AD}) = 250{,}60\,\text{m}$

    $L(\overline{CD}) = 150{,}60\,\text{m}$

    $L(\overline{DE}) = 180{,}00\,\text{m}$

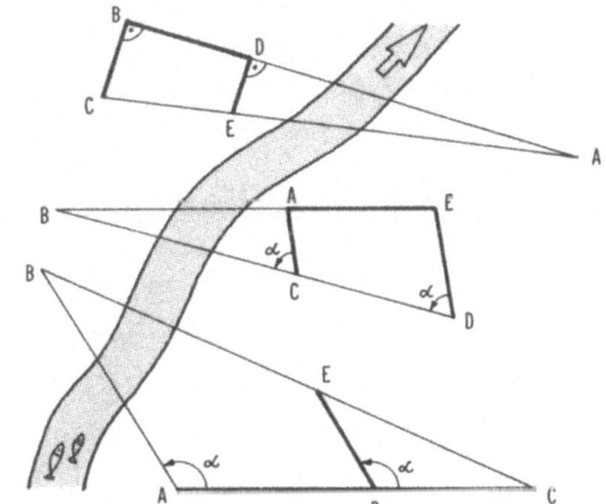

(11) Von einer Standlinie $\overline{AB}$ aus werden zu
einem unzugänglichen Geländepunkt C
(Neupunkt) die Winkel α und β gemessen.
Berechne die Entfernungen a und b, falls:
$L(\overline{AB}) = c = 225{,}05\,\text{m}$,
$\alpha = 40{,}56°$ und $\beta = 55{,}7851°$.

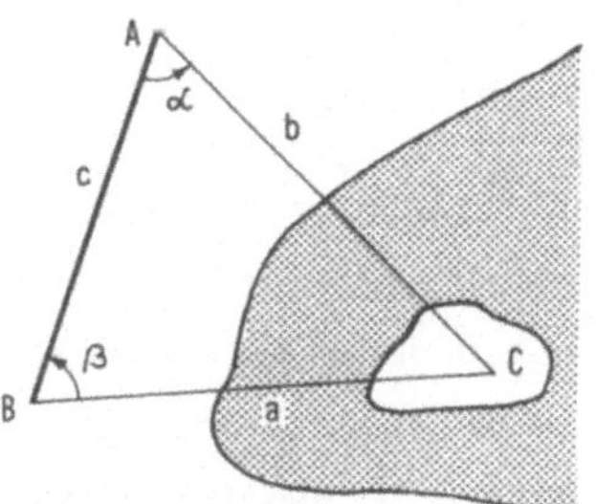

(12) Durch ein unwegsames Gebiet soll von
A nach C eine Straße gebaut werden.
Unter Verwendung des Hilfspunktes B
werden die Entfernungen a und c und
der Winkel β gemessen.
Berechne die Länge $b = L(\overline{AC})$ sowie
die Absteckwinkel α und γ , falls:
$c = 440{,}05\,\text{m}$, $a = 395{,}10\,\text{m}$ und
$\beta = 65{,}7890°$.

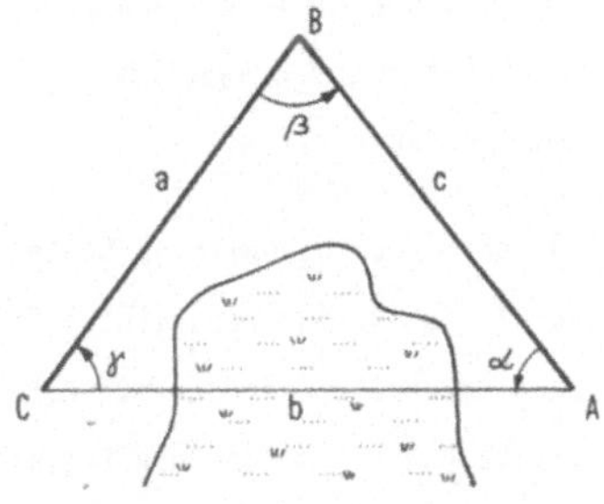

(13) Berechne für das auf der folgenden Seite skizzierte Dreieck $\triangle ABC$ mit den
Seitenlängen $a = 100{,}00\,\text{m}$, $b = 78{,}90\,\text{m}$ und $c = 130{,}00\,\text{m}$ die folgenden
Größen: Höhe h_c, Seitenhalbierende s_c, Flächeninhalt F, Radius r_u des
Umkreises und Radius r_i des Inkreises.

Skizze und Bemerkung zu Aufgabe 13:

Der Mittelpunkt M_u des Umkreises zu
$\triangle ABC$ ist der Schnittpunkt der
Mittelsenkrechten der Dreieckseiten.
Der Mittelpunkt M_i des Inkreises zu
$\triangle ABC$ ist der Schnittpunkt der
Winkelhalbierenden der Dreieck-
innenwinkel.

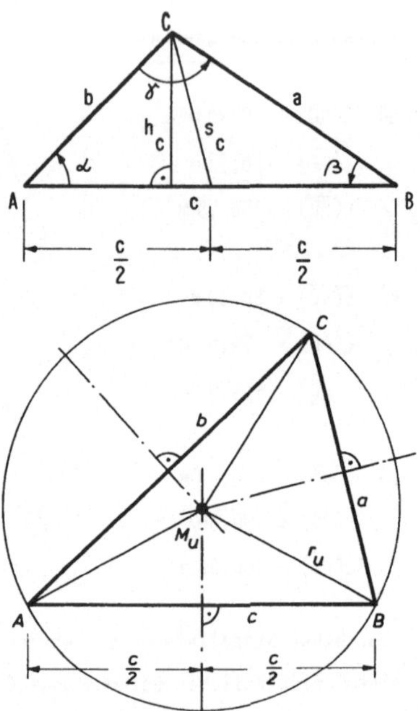

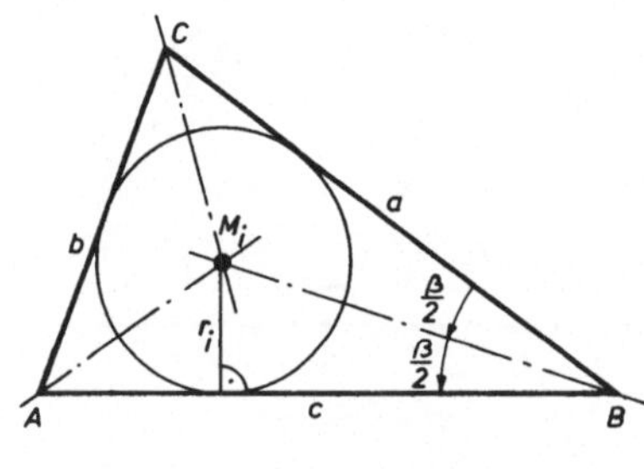

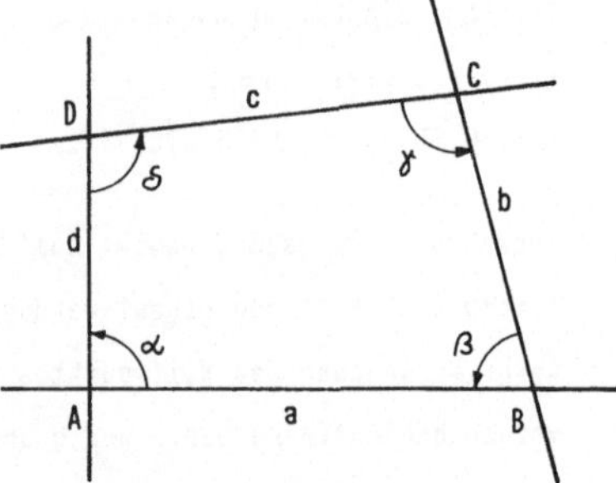

(14) Vier Straßen kreuzen sich in den
Punkten A, B, C und D. Die Entfernungen
a, b, c und d zwischen den Kreuzungen
und der Winkel α werden gemessen.
Berechne die Winkel β, γ und δ, falls:
a = 895,35 m , b = 580,00 m ,
c = 750,20 m , d = 495,10 m
und $\alpha = 90°$.

(15) Durch ein unzugängliches Gebiet soll
von A nach D eine geradlinige Verbin-
dung geschaffen werden. Mit Hilfe der
Punkte B und C werden die Entfernungen
a, b und c und die Winkel β und γ
gemessen.
Berechne die Länge $L(\overline{AD}) = d$ und die
Absteckwinkel α und δ, falls:
a = 175,50 m , b = 320,83 m , c = 100,00 m ,
$\beta = 120,4562°$ und $\gamma = 100,7340°$.

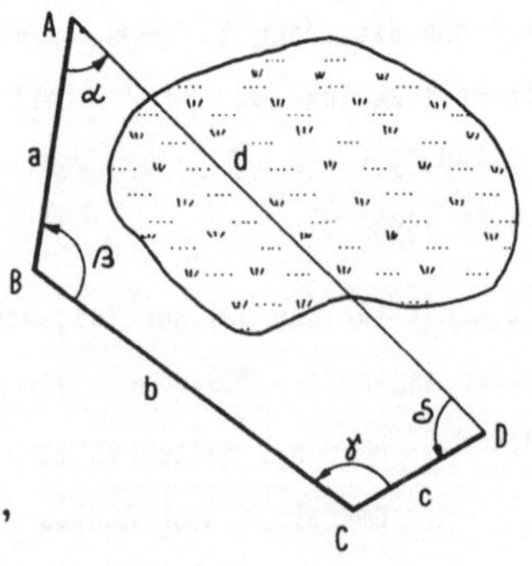

(16) Die Entfernung d der unzugänglichen
Geländepunkte C und D soll bestimmt
werden. Mit Hilfe der zugänglichen
Punkte A und B mißt man dazu die
Länge $L(\overline{AB})$ = a der Standlinie $\overline{AB}$
und die Winkel α, α', β und β'.
Wie groß ist d, falls:

a = 395,67 m , α = 103,2549° , α' = 39,7384° ,

β = 49,7443° und β' = 98,2212° .

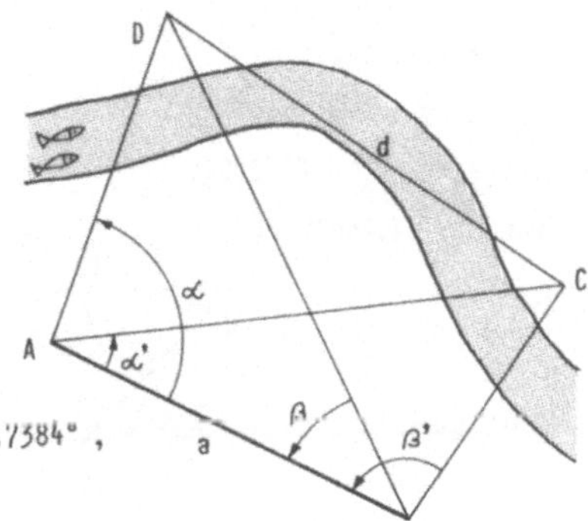

(17) Von A nach B ist eine Straße geplant.
Über den Hilfspunkt C werden die
Entfernungen a und b sowie der Winkel
γ gemessen: a = 150,75 m , b = 190,50 m
und γ = 130,0025°.
Berechne die beiden Absteckwinkel α
und β mit Hilfe

▸ des Tangenssatzes,

▸ der Höhen h_a und h_b und der
  Höhenfußpunkte D und E .

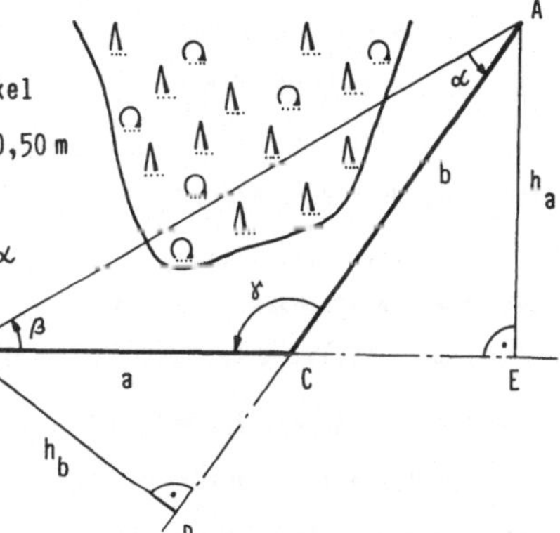

(18) Das skizzierte Grundstück AEFBC
soll durch einen neuen Grenzpunkt D
die einfachere Form AEFD erhalten.
Dabei muß der Flächeninhalt
erhalten bleiben und der Eckpunkt D
auf der Verlängerung der Strecke $\overline{FB}$
liegen.
Berechne die Länge $L(\overline{BD})$ der Strecke
$\overline{BD}$ falls:

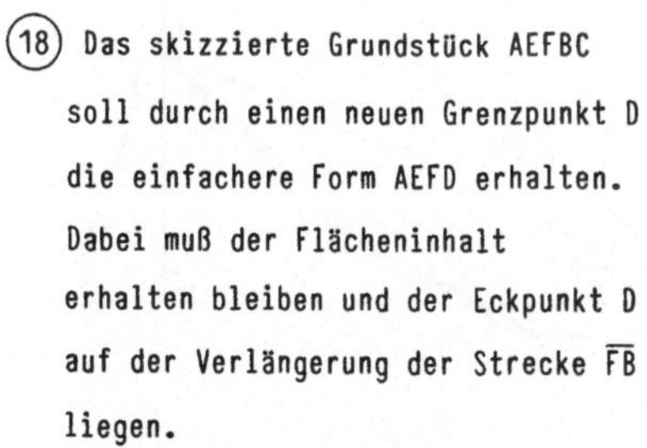

a = 210,75 m , b = 152,68 m , α = 47,4598° und δ = 80,0045° .

(19) Zur Bestimmung der Höhe H eines Turmes werden die Entfernung s = $L(\overline{AB})$
zwischen den Geländepunkten A und B sowie die Vertikalwinkel α und α' und die
Horizontalwinkel β und β' gemessen. Dabei dient der Winkel α' der Kontroll-
rechnung.

Berechne H, falls:

$s = 450$ m , $\alpha = 13,3147°$,

$\alpha' = 15,6°$, $\beta = 57,0001°$

und $\beta' = 81,6667°$.

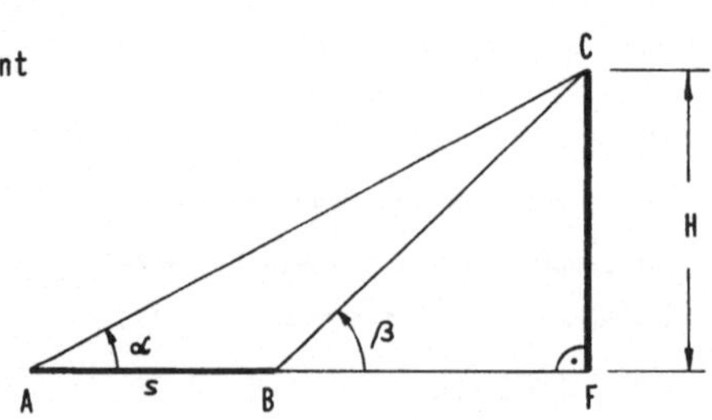

(20) Vom Punkt A bzw. B aus erscheint
die Spitze C eines Sendemastes
unter dem Vertikalwinkel α
bzw. β. Der Fußpunkt F des
Mastes liegt auf der Ver-
längerung der horizontalen
Strecke $\overline{AB}$.

Bestimme die Masthöhe H, falls:

$s = L(AB) = 42,45$ m , $\alpha = 22,6045°$ und $\beta = 32,1225°$.

(21) Der Fußpunkt A bzw. die Spitze B
eines Mastes auf der Spitze eines
Berges werden unter den Erhebungs-
winkeln α bzw. β vom Punkt C aus
gesehen.

Berechne den Höhenunterschied
H der Punkte A und C, falls:

$h = 30$ m , $\alpha = 38,745°$

und $\beta = 46,88°$.

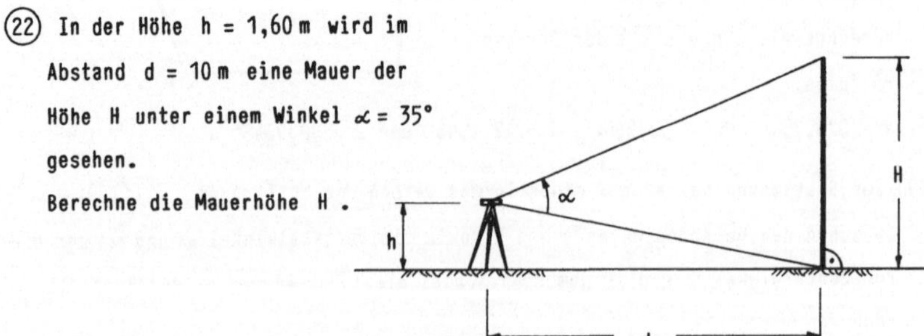

(22) In der Höhe $h = 1,60$ m wird im
Abstand $d = 10$ m eine Mauer der
Höhe H unter einem Winkel $\alpha = 35°$
gesehen.

Berechne die Mauerhöhe H .

(23) Die Punkte B und C sollen durch einen Tunnel geradlinig miteinander verbunden
werden. Der Punkt C liegt um h höher als B. Man mißt die Längen von zwei hori-
zontalen Strecken $\overline{AB}$ und $\overline{CD}$ sowie die Winkel α, β, γ und δ. Dabei liegen die
Geländepunkte A, B, C und D und die Bergspitze E in einer Ebene.

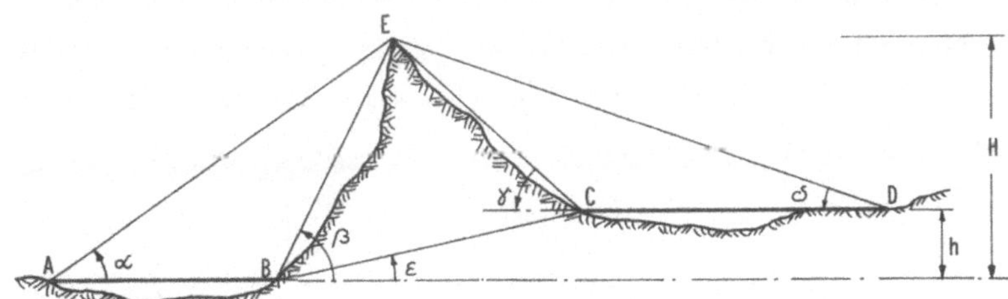

Berechne die Höhen H und h, die Tunnellänge L($\overline{BC}$) und die Steigung des Tunnels
falls: L($\overline{AB}$) = 451,50 m , L($\overline{CD}$) = 601,20 m , α = 32,052° , β = 43,104° ,
γ = 38,4° und δ = 25,3° .

(24) Auf einem Gelände mit 12 % Steigung soll ein Damm aufgeschüttet werden.
Dabei ist die Höhe h = 1,70 m vorgegeben.
Die Breite der Dammkrone beträgt b = 15 m.
Die Böschungen haben ein Gefälle
von 60 % (bezogen auf die Horizontale). Berechne die Höhe H,
die Längen der Böschungsfall-
linien $\overline{AD}$ und $\overline{BC}$, die Breite
der Dammsohle (Länge der Stecke

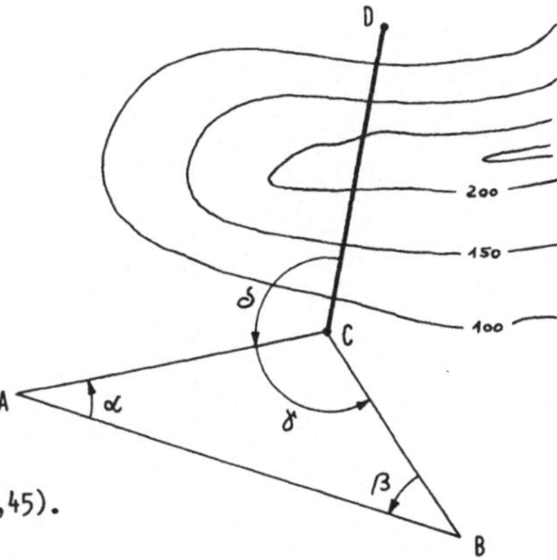

$\overline{AB}$) und den Dammquerschnitt (Inhalt der Fläche ABCD).

(25) Die Geländepunkte C und D sollen
durch einen Tunnel miteinander
verbunden werden. Die horizontale
Ebene, in der die Punkte A, B, C
und D liegen, ist mit einem recht-
winkligen Koordinatensystem versehen.
Die Punkte A, B und D sind mit
ihren Koordinaten bekannt:
A(-1400,75 ; -1000,75) ,
B(130,03 ; -1245,86) , D(-90,75 ; 200,45).

Berechne bei Vorgabe der Winkel $\alpha = 15{,}745°$ und $\beta = 40{,}4567°$ die Koordinaten x_c und y_c des Punktes C, die Tunnellänge $L(\overline{CD})$ und den Absteckwinkel δ.

(26) Ein Lichtstrahl wird beim Durchgang durch eine planparallele Glasplatte der Dicke d an der Eintrittsstelle A und an der Austrittsstelle B gebrochen. Dabei entsteht bei schrägem Einfall mit dem Einfallswinkel α eine Parallelverschiebung Δ. Zwischen Einfallswinkel α und Brechungswinkel β gilt das

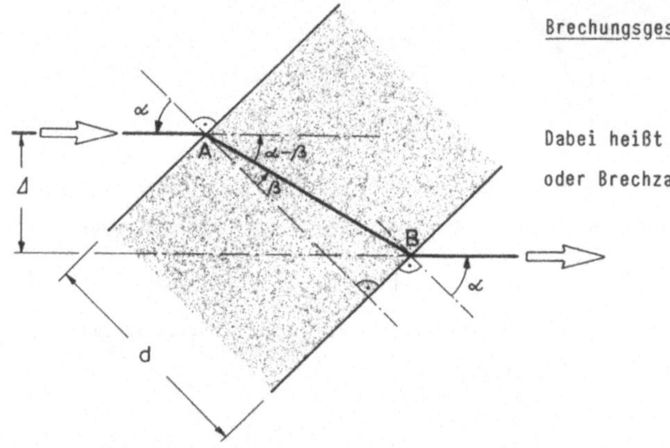

<u>Brechungsgesetz:</u>

$$\frac{\sin\alpha}{\sin\beta} = n \; .$$

Dabei heißt n Brechungsquotient oder Brechzahl.

a) Zeige: Für die Parallelverschiebung Δ gilt:

$$\Delta = d\cdot\sin\alpha \cdot \left(1 - \frac{\cos\alpha}{\sqrt{n^2 - \sin^2\alpha}}\right)$$

b) Berechne Δ für $\alpha = 35°$, $d = 1\,\mathrm{cm}$ und $n = 1{,}5$ (Plexiglas).

E   VEKTOREN

20

BEGRIFF DES VEKTORS

In Naturwissenschaft und Technik existieren Größen, die man nicht allein durch Angabe einer Maßzahl erfassen kann, denen vielmehr als wesentliche Merkmale noch eine Richtung und ein Richtungssinn zukommen (z.B. Kraft, Geschwindigkeit, Drehmoment usw.). Diese Größen führen zum Begriff des Vektors.

Als geometrische Einführung betrachten wir eine Parallelverschiebung (Translation) eines Dreiecks $\triangle$ ABC im Raum. Die Zuordnung von Bildpunkt A' zum Punkt A wird hier am besten durch einen Pfeil (Translationspfeil bzw. Schiebungspfeil) dargestellt. Dieser Pfeil ist festgelegt durch:

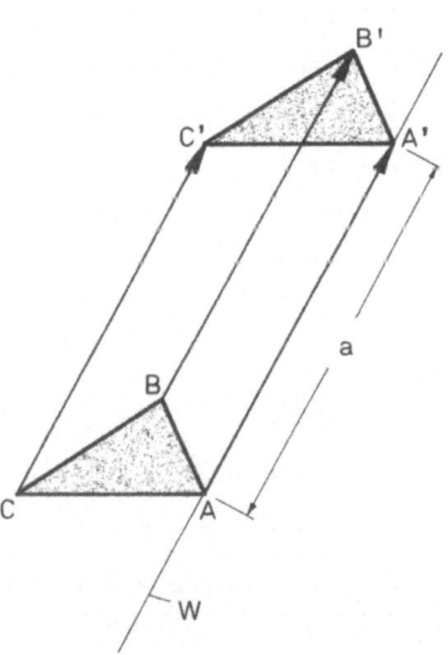

a)   seine <u>Länge</u> a,

b)   seine <u>Richtung</u>
   (Richtung der Wirkungslinie W),

c)   seinen <u>Richtungssinn</u>
   (Durchlaufungssinn).

Der Richtungssinn wird durch die Pfeilspitze angezeigt.

Die gegebene Translation kann durch beliebige Pfeile beschrieben werden, die aus der Parallelverschiebung eines der drei Pfeile entsteht.

Sie stimmen alle in Länge, Richtung und Richtungssinn mit dem Pfeil von A nach A' überein.

Solche Pfeile bezeichnen wir als <u>**parallelgleich**</u>.

Die Translation ist festgelegt, falls man einen Translationspfeil kennt.

Die Menge parallelgleicher Pfeile bezeichnen wir als <u>**Vektor**</u>.

Geometrisch wird ein Vektor also dargestellt mit Hilfe eines Pfeiles.

Den Pfeil von Punkt A nach Punkt A' kennzeichnen wir durch $\overrightarrow{AA'}$ oder $\vec{a}$.

Unter der **Länge** bzw. dem **Betrag** eines Vektors $\vec{a}$ verstehen wir die Länge eines zugehörigen Pfeiles. Für den Betrag von $\vec{a}$ schreiben wir $|\vec{a}|$ oder a. Es gilt stets: $|\vec{a}| \in \mathbb{R}_o^+$.

Der Einfachheit halber verwenden wir im folgenden für einen Pfeil und für den zugehörigen Vektor dieselbe Bezeichnung.

| 21 | ADDITION UND SUBTRAKTION VON VEKTOREN

Die **Addition** von zwei Vektoren $\vec{a}$ und $\vec{b}$ läßt sich als Hintereinanderschaltung zweier Translationen T_a und T_b deuten, wobei T_a durch $\vec{a}$ und T_b durch $\vec{b}$ charakterisiert sind. Der Zusammensetzung dieser Translationen entspricht eine Translation T_c, die ihrerseits durch einen Vektor $\vec{c}$ beschrieben wird.

Wir nennen $\vec{c}$ den **Summenvektor** der Vektoren $\vec{a}$ und $\vec{b}$, geschrieben:
$$\vec{c} = \vec{a} + \vec{b}.$$

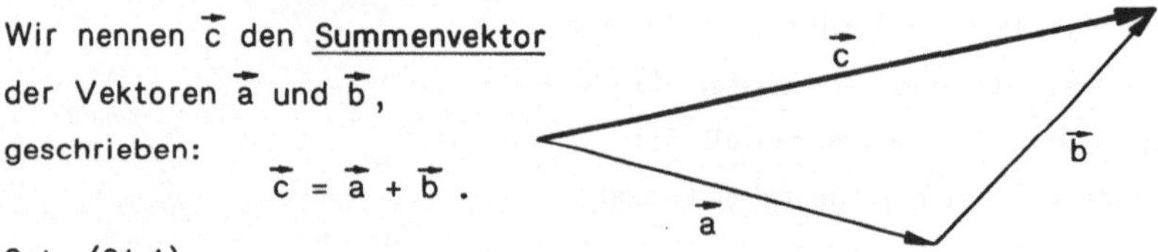

Satz (21.1):

Für die Addition zweier Vektoren $\vec{a}$ und $\vec{b}$ gilt:
1) $\vec{a} + \vec{b} = \vec{b} + \vec{a}$ Kommutativgesetz,
2) $(\vec{a} + \vec{b}) + \vec{c} = \vec{a} + (\vec{b} + \vec{c})$ Assoziativgesetz.

Beweis:

Die Behauptung ergibt sich unmittelbar, da die Reihenfolge bei der Hintereinanderschaltung von Translationen beliebig ist:

Zu 1): Kommutativgesetz

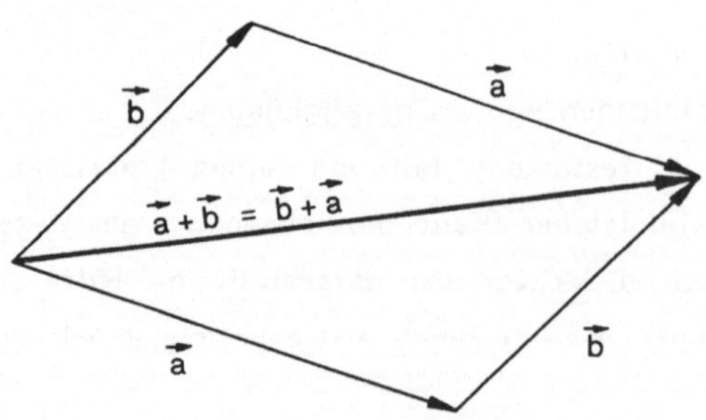

Zu 2): Assoziativgesetz

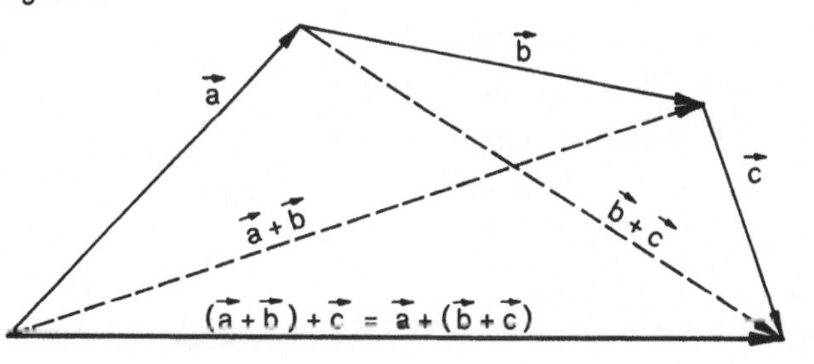

<u>Beispiele:</u>

(1) Für zwei Kräfte $\vec{F}_1$ und $\vec{F}_2$,
die in einem Punkt P angreifen,
konstruiert man die resultierende
Kraft $\vec{F} = \vec{F}_1 + \vec{F}_2$ mit Hilfe des
sog. <u>Kräfteparallelogramms</u>.

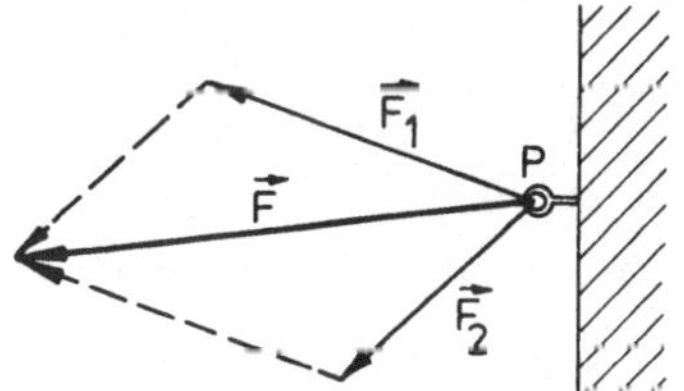

(2) Die Addition von n Vektoren $\vec{a}_1, \vec{a}_2, \dots, \vec{a}_n$ ($n \in \mathbb{N}$ mit $n \geq 2$) ergibt
eine sog. <u>Vektorkette</u>. Den Summenvektor erhält man durch eine
schrittweise Ausführung der Addition:

$$\vec{b}_1 = \vec{a}_1$$
$$\vec{b}_2 = \vec{a}_2 + \vec{b}_1 = \vec{a}_2 + \vec{a}_1$$
$$\vec{b}_3 = \vec{a}_3 + \vec{b}_2 = \vec{a}_3 + \vec{a}_2 + \vec{a}_1$$
$$\vdots$$
$$\vec{b}_n = \vec{a}_n + \vec{b}_{n-1} = \sum_{k=1}^{n} \vec{a}_k$$

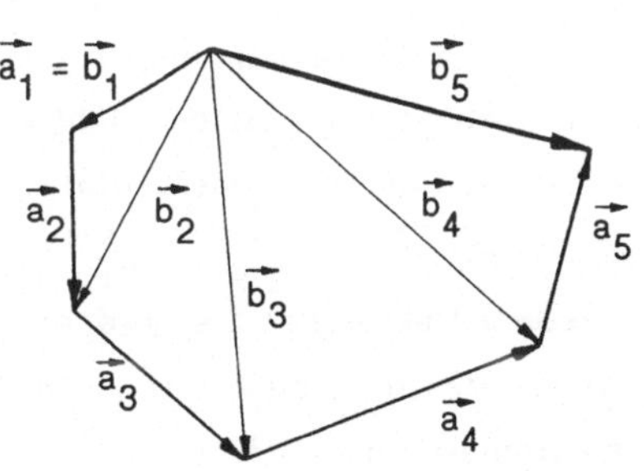

Erhalten wir bei der Addition von
mehreren Vektoren eine geschlossene
Vektorkette, d.h. stimmen Start-
und Endpunkt des Summenvektors
überein, so hat dieser den Betrag
Null. Man spricht dann vom
<u>Nullvektor</u> $\vec{0}$.

$$\sum_{k=1}^{5} \vec{a}_k = \vec{0}$$

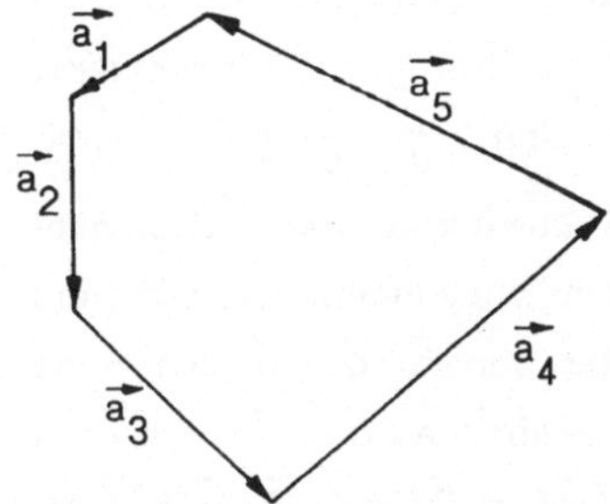

<u>Beispiel:</u>

Die graphische Darstellung dreier
Kräfte $\vec{F}_1$, $\vec{F}_2$, $\vec{F}_3$, die in einem
Punkt P angreifen, ergibt im Falle
des Kräftegleichgewichts

$$\vec{F}_1 + \vec{F}_2 + \vec{F}_3 = \vec{O}$$

ein sog. <u>Kräftedreieck.</u>

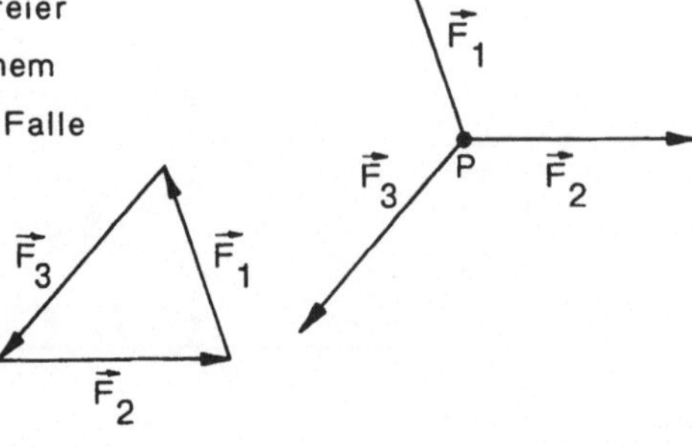

Für die <u>Subtraktion</u> zweier Vektoren bestimmen wir denjenigen Vektor
$\vec{d}$, für den bei gegebenen Vektoren
$\vec{a}$ und $\vec{b}$ gilt: $\vec{a} + \vec{d} = \vec{b}$.
Man nennt den Vektor $\vec{d}$ den
<u>Differenzvektor</u> der Vektoren
$\vec{a}$ und $\vec{b}$ und schreibt:

$$\vec{d} = \vec{b} - \vec{a} .$$

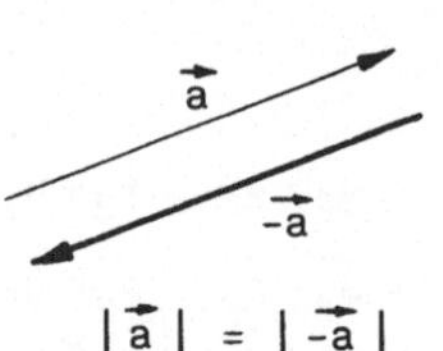

Im Falle $\vec{b} = \vec{O}$ erhalten wir als Differenzvektor $\vec{d} = \vec{O} - \vec{a}$ den sog.
<u>Gegenvektor</u> von $\vec{a}$, der in Betrag und
Richtung mit $\vec{a}$ übereinstimmt, jedoch
einen zu $\vec{a}$ entgegengesetzten Richtungssinn aufweist. Für den Gegenvektor
schreiben wir $-\vec{a}$.

Da zu jedem Vektor der Gegenvektor existiert, läßt sich die Subtraktion zweier Vektoren auch mit Hilfe des Gegenvektors definieren:
Man subtrahiert einen Vektor $\vec{a}$
von einem Vektor $\vec{b}$, indem man
zu $\vec{b}$ den Gegenvektor $-\vec{a}$ von $\vec{a}$
addiert. Für den Differenzvektor
gilt dann: $\vec{d} = \vec{b} - \vec{a} = \vec{b} + (-\vec{a})$.
Die Gültigkeit dieser Gleichung
zeigen wir, indem wir auf beiden
Seiten von $\vec{a} + \vec{d} = \vec{b}$ den Gegenvektor $-\vec{a}$
addieren: $\vec{a} + \vec{d} + (-\vec{a}) = \vec{b} + (-\vec{a})$. Denn wegen
$\vec{a} + (-\vec{a}) = \vec{O}$ und $\vec{O} + \vec{d} = \vec{d}$ folgt daraus: $\vec{d} = \vec{b} + (-\vec{a})$.

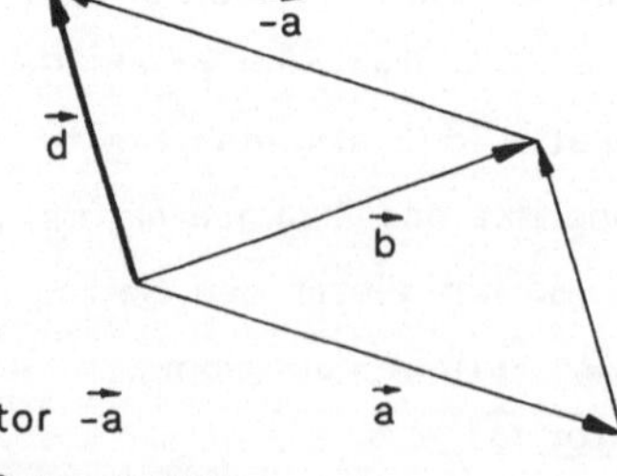

22 | MULTIPLIKATION EINES VEKTORS MIT EINEM SKALAR (S-MULTIPLIKATION)

Für die Summe $\vec{a}+\vec{a}+...+\vec{a}$ von n gleichen Vektoren (n $\in$ IN) schreiben wir n$\vec{a}$ und meinen damit den Summenvektor der n Vektoren.
Die Pfeile, die die Vektoren $\vec{a}$ und n$\vec{a}$
darstellen, verlaufen auf parallelen
Wirkungslinien. Wir sagen:
$\vec{a}$ und n$\vec{a}$ sind **kollinear**.
Da $\vec{a}$ und n$\vec{a}$ auch noch denselben
Richtungssinn besitzen, heißen sie
darüber hinaus **parallel**.
$\vec{a}$ und $-\vec{a}$ besitzen entgegengesetzte
Richtungssinne; sie heißen deshalb
antiparallel.

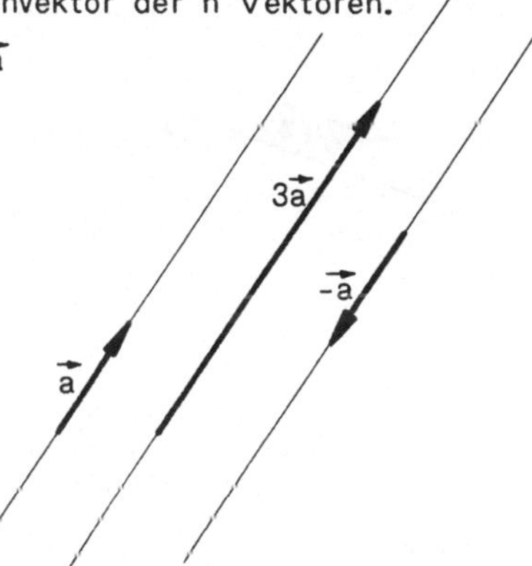

Allgemein definieren wir das Produkt $\lambda\vec{a}$ eines Vektors $\vec{a}$ mit einem Skalar $\lambda \in$ IR als einen zu $\vec{a}$ kollinear verlaufenden Vektor, für den gilt:

1)   der Betrag von $\lambda\vec{a}$ ist das $|\lambda|$-fache des Betrages von $\vec{a}$, d.h.
$$|\lambda\vec{a}| = |\lambda|\cdot|\vec{a}| \ ,$$

2) $\lambda\vec{a}$ und $\vec{a}$ sind parallel, wenn $\lambda \in$ IR^{+},

$\lambda\vec{a}$ und $\vec{a}$ sind antiparallel, wenn $\lambda \in$ IR^{-},

$\lambda\vec{a}$ = $\vec{O}$, wenn $\lambda = 0$.

Außerdem vereinbaren wir, daß allgemein gilt: $\lambda\vec{a} = \vec{a}\lambda$.

Satz (22.1):

Für die Multiplikation von Vektoren $\vec{a}$ und $\vec{b}$ mit Skalaren
$\alpha,\beta \in$ IR gilt:

1) $\alpha(\beta\vec{a}) = (\alpha\beta)\vec{a}$ Assoziativgesetz,

2) $\alpha(\vec{a}+\vec{b}) = \alpha\vec{a}+\alpha\vec{b}$

3) $(\alpha+\beta)\vec{a} = \alpha\vec{a}+\beta\vec{a}$ } Distributivgesetze.

Beweis:

Zu 1): Wir müssen zeigen, daß die beiden Vektoren $\alpha(\beta\vec{a})$ und $(\alpha\beta)\vec{a}$ parallel sind und den gleichen Betrag haben.

Die Parallelität folgt unmittelbar durch Anwendung der Definition.

Wegen $\quad |\alpha(\beta\vec{a})| = |\alpha| \cdot |\beta\vec{a}| = |\alpha| \cdot |\beta| \cdot |\vec{a}| = |\alpha\beta| \cdot |\vec{a}|$

$$= |(\alpha\beta)\vec{a}|$$

stimmen auch die Beträge überein.

<u>Zu 2)</u>: Die Behauptung ergibt sich mit Hilfe der Strahlensätze:

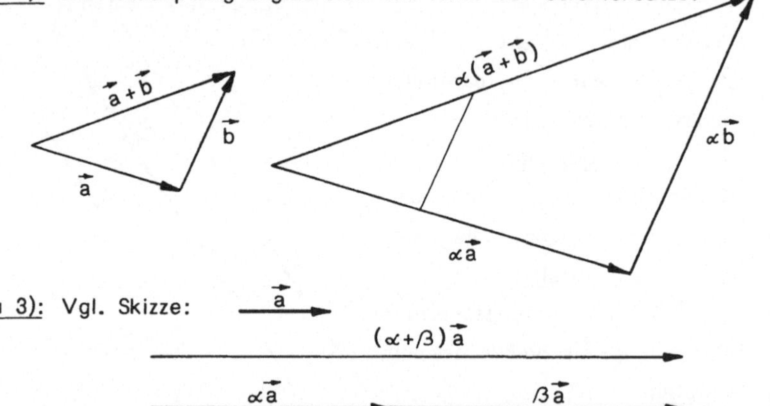

<u>Zu 3)</u>: Vgl. Skizze:

<u>Bemerkungen:</u>

a) Es gilt insbesondere: $(-1)\vec{a} = -\vec{a}$ und $1\cdot\vec{a} = \vec{a}$.

b) Ein Vektor $\vec{e}$ mit dem Betrag $e = |\vec{e}| = 1$ heißt **Einsvektor**
oder **Einheitsvektor**.

Jedem Vektor $\vec{a} \neq \vec{O}$ kann ein paralleler Einheitsvektor $\vec{a}^\circ$ zugeordnet
werden, indem man $\vec{a}$ durch seinen Betrag $|\vec{a}|$ dividiert, d.h. indem
man $\vec{a}$ mit $\dfrac{1}{|\vec{a}|}$ multipliziert: $\quad \vec{a}^\circ = \dfrac{\vec{a}}{|\vec{a}|} \quad$ mit $\quad |\vec{a}^\circ| = \dfrac{|\vec{a}|}{|\vec{a}|} = 1$.

Wegen $\vec{a} = |\vec{a}| \cdot \vec{a}^\circ$ ist jeder Vektor $\vec{a}$ skalares Vielfaches des
zugeordneten Einheitsvektors $\vec{a}^\circ$.

<u>Beispiel:</u>

Die Multiplikation eines Vektors mit einem Skalar findet sich in
zahlreichen physikalischen Gesetzen, etwa im

▶ Newtonschen Gesetz der Dynamik:

$\vec{F} = m\vec{a} \quad$ (Kraft = Masse · Beschleunigung),

▶ Impulssatz:

$\vec{p} = m\vec{v} \quad$ (Impuls = Masse · Geschwindigkeit),

▶ Drehimpuls:

$\vec{D} = \Theta\vec{\omega} \quad$ (Drehimpuls = Massenträgheitsmoment · Winkelgeschwin-
digkeit).

23   WINKEL ZWISCHEN ZWEI VEKTOREN

Zwei Vektoren $\vec{a}$ und $\vec{b}$ seien durch ihre zugehörigen Vektorpfeile im

Raum dargestellt. Durch
Parallelverschiebung erhält
man stets zwei $\vec{a}$ bzw. $\vec{b}$
repräsentierende Pfeile mit
demselben Anfangspunkt,
die in einer Ebene liegen.
Wir können somit einen
Winkel zwischen diesen
beiden Pfeilen bzw. zwischen
den Vektoren $\vec{a}$ und $\vec{b}$ definieren.

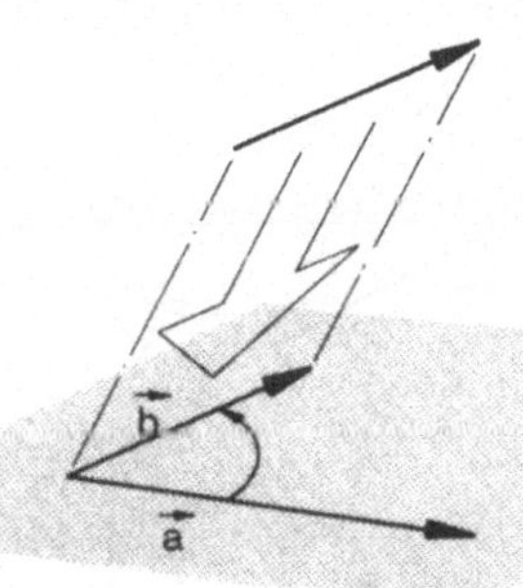

Unter dem (orientierten) __Winkel $\sphericalangle(\vec{a},\vec{b})$ zwischen zwei Vektoren__
$\vec{a}$ und $\vec{b}$ verstehen wir denjenigen Winkel, der durch die kleinste
Drehung von $\vec{a}$ nach $\vec{b}$ entsteht (vgl. Seite 58).
Dabei gilt für die Größe des Winkels $\sphericalangle(\vec{a},\vec{b})$ im Bogenmaß:
$$-\pi < \sphericalangle(\vec{a},\vec{b}) \le \pi .$$

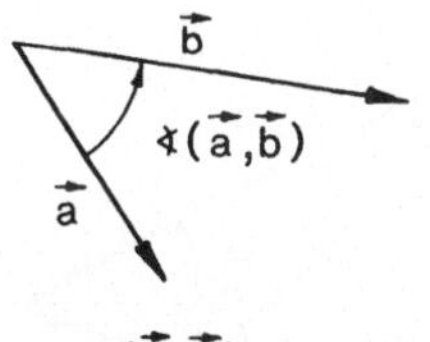

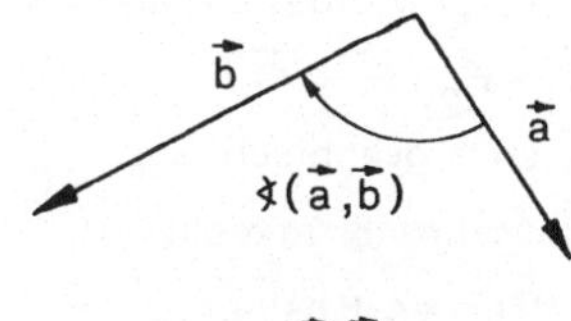

$$0 \le \sphericalangle(\vec{a},\vec{b}) \le \pi \qquad\qquad -\pi < \sphericalangle(\vec{a},\vec{b}) < 0$$

Mit den Eigenschaften von sin und cos (vgl. Seite 60) folgt daraus
z.B.:

a) $\cos \sphericalangle(\vec{a},\vec{b}) = \cos \sphericalangle(\vec{b},\vec{a})$,

b) $\sin \sphericalangle(\vec{a},\vec{b}) = -\sin \sphericalangle(\vec{b},\vec{a})$,

c) $\cos \sphericalangle(\vec{a},\vec{b}) = -\cos \sphericalangle(-\vec{a},\vec{b})$.

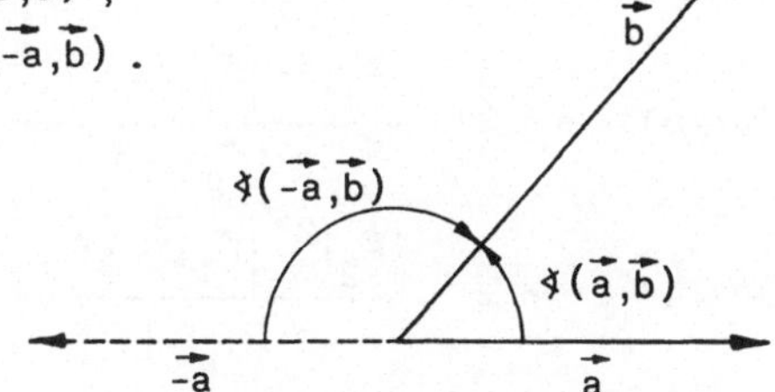

<u>Beispiel:</u>

Eine Last G = 40 N wird von zwei Seilen im Gleichgewicht gehalten.
Die Seile laufen über reibungsfreie Rollen und werden durch die
Gewichte G_1 = 30 N und G_2 = 20 N gespannt.
Wir bestimmen die Größe der Winkel α und β im Gradmaß.

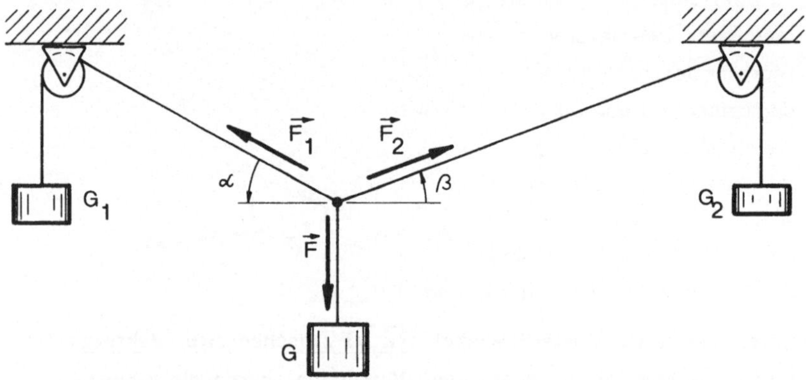

<u>Lösung:</u> Die Gewichte G_1 und G_2 bewirken die Seilkräfte $\vec{F}_1$ und $\vec{F}_2$
mit $|\vec{F}_1| = G_1$ und $|\vec{F}_2| = G_2$. Vermöge G wirkt die senkrechte Kraft
$\vec{F}$ mit $|\vec{F}| = G$.

Im Gleichgewichtszustand

$$\vec{F}_1 + \vec{F}_2 + \vec{F} = \vec{O}$$

ergibt sich graphisch ein
geschlossenes Krafteck.
Mit Hilfe des Kosinussatzes
erhalten wir in diesem
Kräftedreieck:

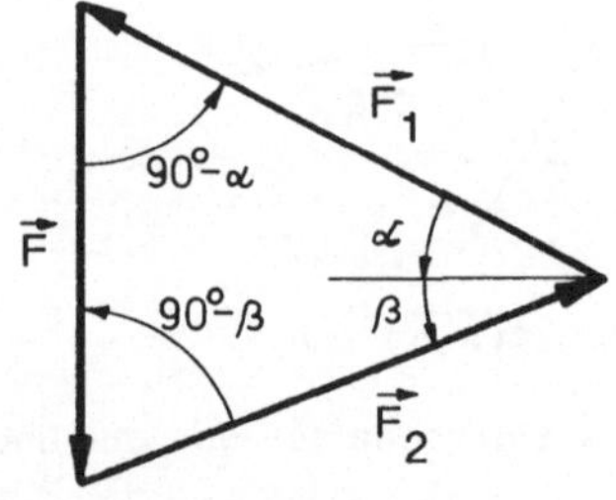

$$|\vec{F}_1|^2 = |\vec{F}_2|^2 + |\vec{F}|^2 - 2\cdot|\vec{F}_2|\cdot|\vec{F}|\cdot\cos(90°-\beta) \quad \text{und}$$

$$|\vec{F}_2|^2 = |\vec{F}_1|^2 + |\vec{F}|^2 - 2\cdot|\vec{F}_1|\cdot|\vec{F}|\cdot\cos(90°-\alpha) \quad \text{und damit}$$

$$\cos(90°-\beta) = \sin\beta = \frac{|\vec{F}_1|^2 - |\vec{F}_2|^2 - |\vec{F}|^2}{-2\cdot|\vec{F}_2|\cdot|\vec{F}|} \quad \text{bzw.}$$

$$\cos(90°-\alpha) = \sin\alpha = \frac{|\vec{F}_2|^2 - |\vec{F}_1|^2 - |\vec{F}|^2}{-2\cdot|\vec{F}_1|\cdot|\vec{F}|} \quad .$$

Einsetzen der Werte ergibt dann: α = 61,04° und β = 43,43° .

24   VEKTOREN IM KARTESISCHEN KOORDINATENSYSTEM

Wir betrachten zur Einführung eine Ebene, versehen mit einem kartesischen Koordinatensystem, in der ein Vektor $\vec{a}$ durch einen Pfeil $\vec{a} = \overrightarrow{P_1 P_2}$ von Punkt $P_1(x_1, y_1)$ nach Punkt $P_2(x_2, y_2)$ dargestellt sei:

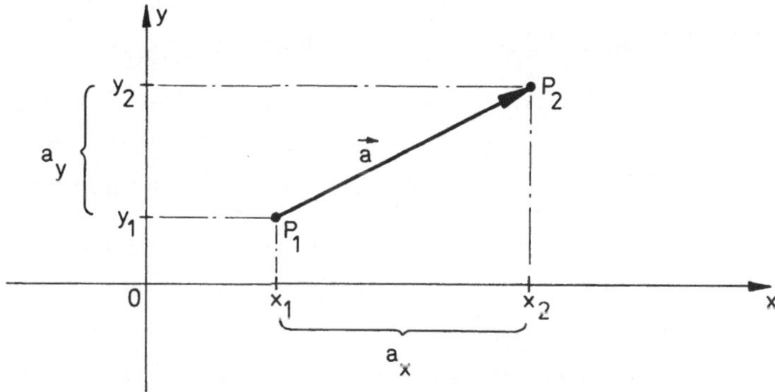

Für den Vektorpfeil erhalten wir die Koordinatendifferenzen:

$$a_x = x_2 - x_1 \quad \text{und} \quad a_y = y_2 - y_1 \ .$$

Diese Zahlwerte $a_x, a_y \in \mathbb{R}$ bleiben bei parallelgleichen Pfeilen erhalten. Jedem Zahlenpaar $(a_x, a_y) \in \mathbb{R} \times \mathbb{R}$ entspricht daher genau ein Vektor $\vec{a}$, und umgekehrt entspricht jedem Vektor $\vec{a}$ (der (x,y)-Ebene) genau ein Zahlenpaar $(a_x, a_y) \in \mathbb{R} \times \mathbb{R}$. Man schreibt:

$$\vec{a} = \begin{pmatrix} a_x \\ a_y \end{pmatrix}$$

und nennt a_x die <u>x-Koordinate</u> und a_y die <u>y-Koordinate</u> des Vektors $\vec{a}$.

Die Menge aller "ebenen" Vektoren $\vec{a} = \begin{pmatrix} a_x \\ a_y \end{pmatrix}$ mit $a_x, a_y \in \mathbb{R}$ bezeichnen wir mit $\mathbb{R}^2$.

Für den Betrag des Vektors $\vec{a} = \begin{pmatrix} a_x \\ a_y \end{pmatrix}$ gilt mit dem Satz des Pythagoras:

$$a = |\vec{a}| = \sqrt{a_x^2 + a_y^2} \in \mathbb{R}_0^+ \ .$$

<u>Beispiel:</u>

Der Vektor $\vec{a} = \begin{pmatrix} -1 \\ 2 \end{pmatrix}$ läßt sich graphisch darstellen durch einen Pfeil $\overrightarrow{P_1 P_2}$ von Punkt $P_1(3,1)$ nach Punkt $P_2(2,3)$ oder durch einen beliebigen zu $\overrightarrow{P_1 P_2}$ parallelgleichen Pfeil (vgl. Skizze).

Für den Betrag $|\vec{a}|$ des Vektors

$$\vec{a} = \begin{pmatrix} -1 \\ 2 \end{pmatrix} \text{ gilt:}$$

$$|\vec{a}| = \sqrt{(-1)^2 + 2^2} = \sqrt{5} .$$

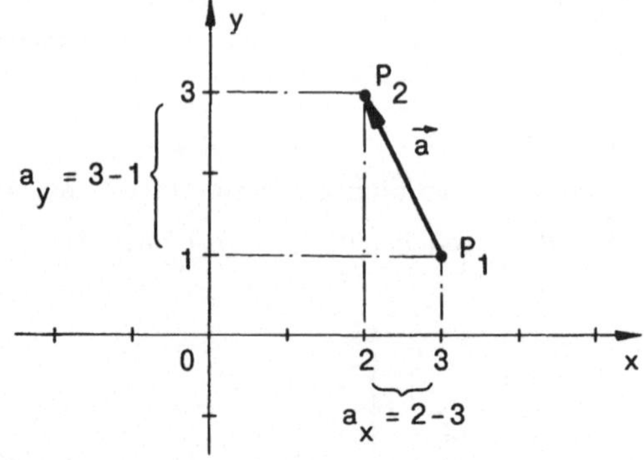

Bevor wir im folgenden auf die Menge der "räumlichen" Vektoren eingehen, definieren wir das **räumliche kartesische Koordinatensystem:**

Wählen wir zu den beiden Koordinatenachsen einer (x,y)-Ebene eine weitere Koordinatenachse, die sog. **z-Achse** (Achse der z-Werte), die im Ursprung 0 die (x,y)-Ebene senkrecht schneidet, so können wir analog zum ebenen kartesischen Koordinatensystem jedem Punkt des Raumes eindeutig ein sog. **Zahlentripel** (x,y,z) und umgekehrt jedem Zahlentripel eindeutig einen Punkt des Raumes zuordnen.

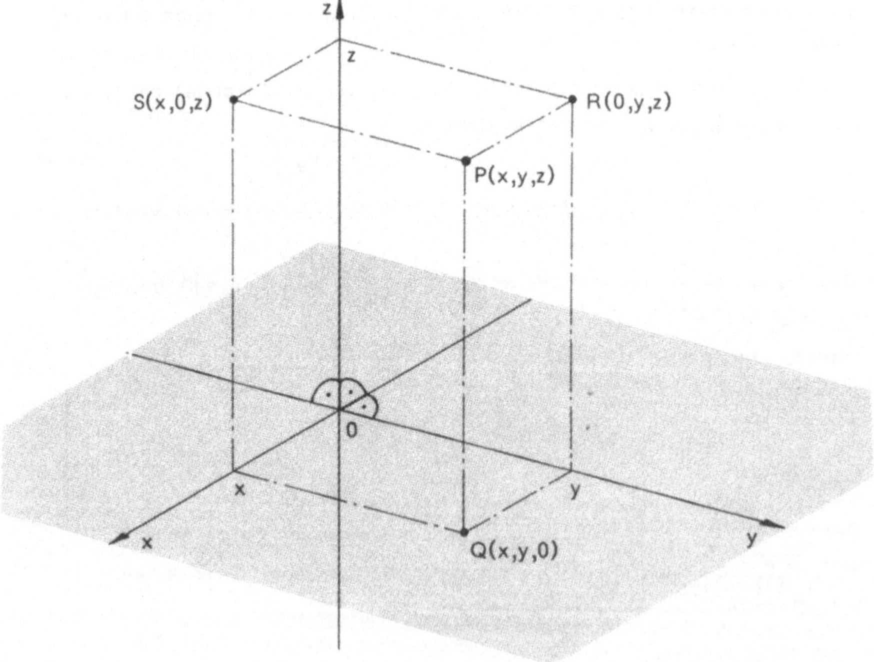

In dem so definierten räumlichen Koordinatensystem existieren offenbar drei ausgezeichnete Ebenen:

die (x,y)-Ebene, die (x,z)-Ebene und die (y,z)-Ebene.

Beispielsweise gilt für die skizzierten Punkte Q, R und S:

$Q(x,y,0) \in$ (x,y)-Ebene , $R(0,y,z) \in$ (y,z)-Ebene   und

$S(x,0,z) \in$ (x,z)-Ebene.

Bei dem skizzierten (x,y,z)-Koordinatensystem handelt es sich um ein sog. <u>Rechtssystem</u>, d.h. um ein System, dessen positive x-Achse, von einem Punkt der positiven z-Achse aus gesehen, durch eine 90°-Drehung im <u>Gegenuhrzeigersinn</u> auf die positive y-Achse fällt.

Ein **Linkssystem** liegt dann vor, wenn die positive x-Achse, von einem Punkt der positiven z-Achse aus gesehen, durch eine 90°-Drehung im <u>Uhrzeigersinn</u> auf die positive y-Achse fällt.

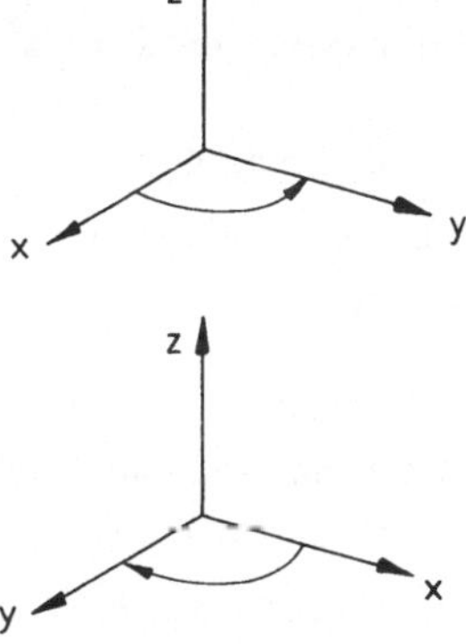

► Wir verwenden im folgenden allgemein das Rechtssystem.

Betrachten wir nun einen Vektorpfeil $\vec{a} = \overrightarrow{P_1 P_2}$ im räumlichen kartesischen Koordinatensystem:

$$a_x = x_2 - x_1$$

$$a_y = y_2 - y_1$$

$$a_z = z_2 - z_1$$

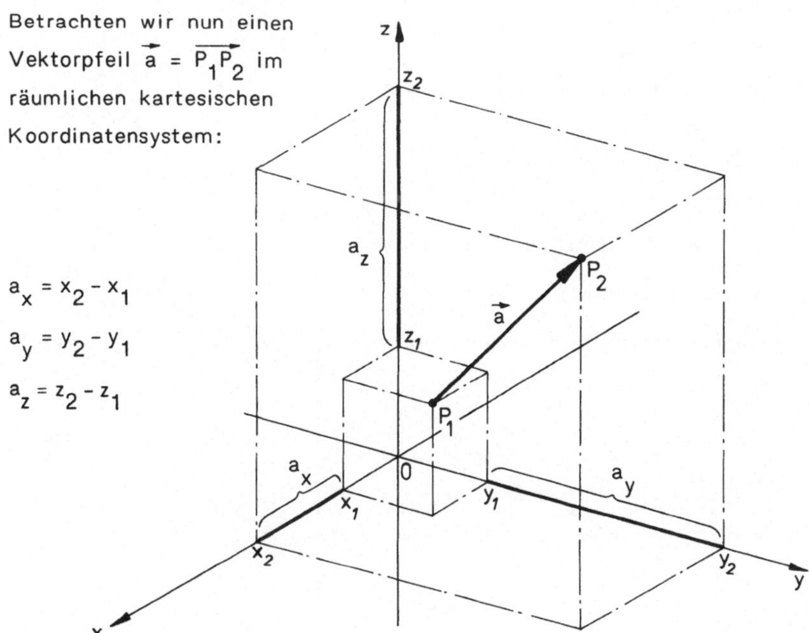

Die Koordinatendifferenzen $a_x, a_y, a_z \in \mathbb{R}$ zum Vektorpfeil $\vec{a} = \overrightarrow{P_1 P_2}$ bleiben bei allen zu $\overrightarrow{P_1 P_2}$ parallelgleichen Pfeilen erhalten.

Jedem Zahlentripel $(a_x, a_y, a_z) \in \mathbb{R} \times \mathbb{R} \times \mathbb{R}$ entspricht daher genau ein Vektor $\vec{a}$ im Raum, und umgekehrt entspricht jedem Vektor $\vec{a}$ des Raumes eindeutig ein Zahlentripel $(a_x, a_y, a_z) \in \mathbb{R} \times \mathbb{R} \times \mathbb{R}$. Daher können wir die "räumlichen" Vektoren mit den Zahlentripeln identifizieren.

Definition (24.1):

> Wir bezeichnen $\vec{a} = \begin{pmatrix} a_x \\ a_y \\ a_z \end{pmatrix}$ als **Vektor** des dreidimensionalen Raumes mit den **Koordinaten** $a_x, a_y, a_z \in \mathbb{R}$.
>
> Die Menge aller räumlichen Vektoren $\vec{a} = \begin{pmatrix} a_x \\ a_y \\ a_z \end{pmatrix}$ bezeichnen wir mit $\mathbb{R}^3$.

Bemerkungen:

a) Man beachte den Unterschied zwischen einem Punkt $P(x,y,z)$ des Raumes (Zeilenschreibweise) und einem räumlichen Vektor $\vec{a} = \begin{pmatrix} a_x \\ a_y \\ a_z \end{pmatrix}$ (Spaltenschreibweise).

Vektorpfeile, die vom Ursprung 0 ausgehen, heißen **Ortsvektoren**.

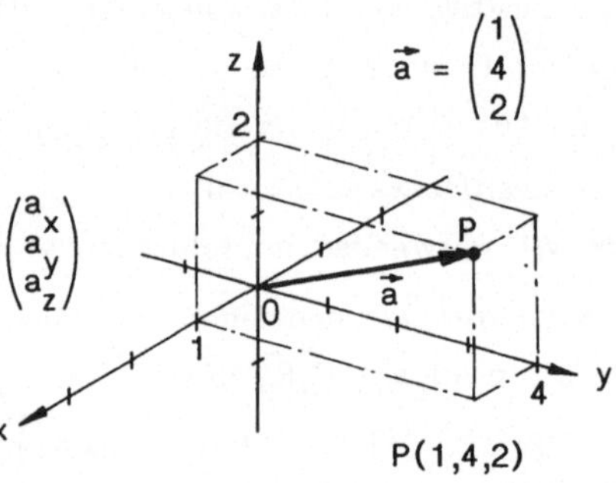

b) Man verdeutliche sich, daß die Menge aller ebenen Vektoren $\vec{a} = \begin{pmatrix} a_x \\ a_y \end{pmatrix} \in \mathbb{R}^2$ identifiziert werden kann z.B. mit der Menge der räumlichen Vektoren $\vec{a} = \begin{pmatrix} a_x \\ a_y \\ 0 \end{pmatrix} \in \mathbb{R}^3$.

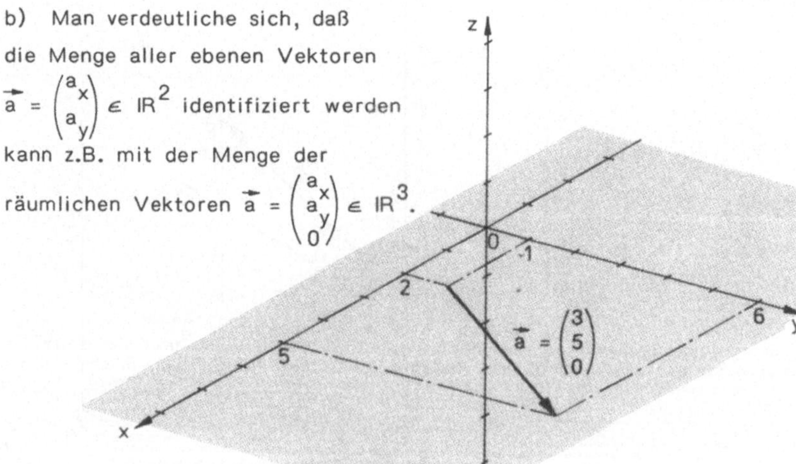

Ausgehend von Definition (24.1) werden die nachfolgenden Begriffe
(Betrag, Nullvektor etc.) vielfach über spezielle Definitionen eingeführt. Da wir diese Begriffe jedoch schon in den Abschnitten 20, 21
und 22 geometrisch eingeführt haben, werden wir uns darauf beziehen.

▶ <u>Betrag eines Vektors aus $\mathbb{R}^3$</u>:

Für den Betrag eines Vektors

$$\vec{a} = \begin{pmatrix} a_x \\ a_y \\ a_z \end{pmatrix}$$

gilt mit dem Satz des
Pythagoras:

$$a = |\vec{a}| = \sqrt{a_x^2 + a_y^2 + a_z^2}.$$

Beachte: Die Länge des
Vektorpfeils $\vec{a}$ ist die
Raumdiagonale eines

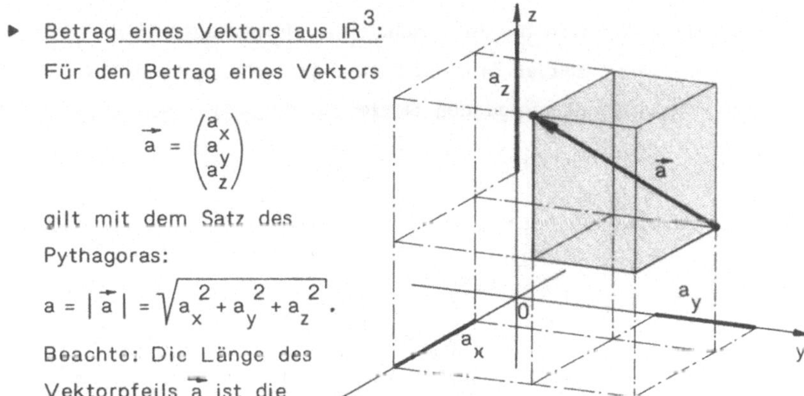

Quaders mit den Seitenlängen $|a_x|$, $|a_y|$, $|a_z|$.

▶ <u>Nullvektor in $\mathbb{R}^3$</u>:

Wegen

$$|\vec{a}| = \left|\begin{pmatrix} a_x \\ a_y \\ a_z \end{pmatrix}\right| = \sqrt{a_x^2 + a_y^2 + a_z^2} = 0 \iff a_x = a_y = a_z = 0$$

ist der Nullvektor in $\mathbb{R}^3$ gegeben mit: $\vec{O} = \begin{pmatrix} 0 \\ 0 \\ 0 \end{pmatrix}$.

▶ <u>Gleichheit zweier Vektoren aus $\mathbb{R}^3$</u>:

Der Parallelgleichheit von Vektorpfeilen entspricht die Gleichheit
von Vektoren:

Zwei Vektoren $\vec{a} = \begin{pmatrix} a_x \\ a_y \\ a_z \end{pmatrix}$ und $\vec{b} = \begin{pmatrix} b_x \\ b_y \\ b_z \end{pmatrix}$ heißen genau dann gleich,

wenn sie in ihren Koordinaten übereinstimmen, d.h.

$$\begin{pmatrix} a_x \\ a_y \\ a_z \end{pmatrix} = \begin{pmatrix} b_x \\ b_y \\ b_z \end{pmatrix} \iff a_x = b_x \wedge a_y = b_y \wedge a_z = b_z .$$

▶ <u>Addition und Subtraktion von Vektoren aus $\mathbb{R}^3$</u>:

Die Addition zweier Vektoren $\vec{a} = \begin{pmatrix} a_x \\ a_y \\ a_z \end{pmatrix}$ und $\vec{b} = \begin{pmatrix} b_x \\ b_y \\ b_z \end{pmatrix}$ verläuft über die Addition ihrer entsprechenden Koordinaten:

Die Addition der Vektoren $\vec{a}$ und $\vec{b}$ aus $\mathbb{R}^3$ ergibt den Summenvektor $\vec{a}+\vec{b}$ mit:

$$\vec{a}+\vec{b} = \begin{pmatrix} a_x \\ a_y \\ a_z \end{pmatrix} + \begin{pmatrix} b_x \\ b_y \\ b_z \end{pmatrix} = \begin{pmatrix} a_x + b_x \\ a_y + b_y \\ a_z + b_z \end{pmatrix} .$$

Daß diese Addition der in Abschnitt 21 dargestellten Hintereinanderschaltung zweier Translationen entspricht, verdeutliche man
sich mit Hilfe der folgenden Skizze.

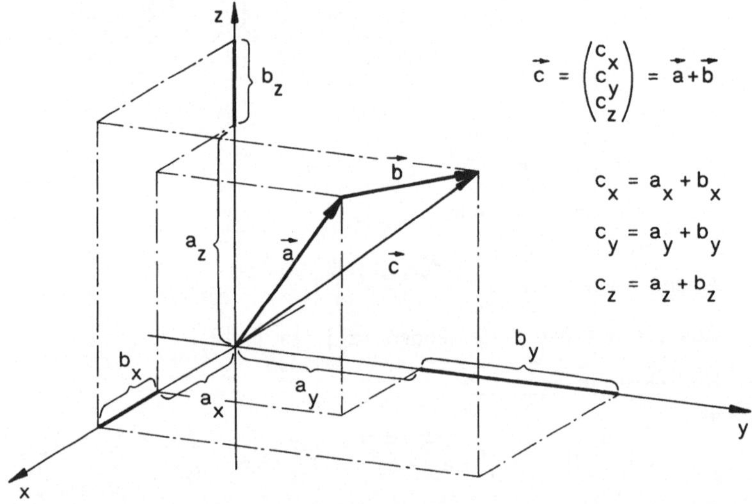

$$\vec{c} = \begin{pmatrix} c_x \\ c_y \\ c_z \end{pmatrix} = \vec{a}+\vec{b}$$

$$c_x = a_x + b_x$$
$$c_y = a_y + b_y$$
$$c_z = a_z + b_z$$

Analog erhalten wir den Differenzvektor $\vec{a}-\vec{b}$ der beiden Vektoren
$\vec{a}$ und $\vec{b}$ aus $\mathbb{R}^3$ durch Subtraktion ihrer entsprechenden Koordinaten:

$$\vec{a}-\vec{b} = \begin{pmatrix} a_x \\ a_y \\ a_z \end{pmatrix} - \begin{pmatrix} b_x \\ b_y \\ b_z \end{pmatrix} = \begin{pmatrix} a_x - b_x \\ a_y - b_y \\ a_z - b_z \end{pmatrix} .$$

<u>Beispiel:</u>
Für die Vektoren $\vec{a} = \begin{pmatrix} -1 \\ 2 \\ 3 \end{pmatrix}$ und $\vec{b} = \begin{pmatrix} 2 \\ -1 \\ 3 \end{pmatrix}$ gilt:

$$\vec{a}+\vec{b} = \begin{pmatrix} -1 \\ 2 \\ 3 \end{pmatrix} + \begin{pmatrix} 2 \\ -1 \\ 3 \end{pmatrix} = \begin{pmatrix} 1 \\ 1 \\ 6 \end{pmatrix} \quad \text{und} \quad \vec{a}-\vec{b} = \begin{pmatrix} -1 \\ 2 \\ 3 \end{pmatrix} - \begin{pmatrix} 2 \\ -1 \\ 3 \end{pmatrix} = \begin{pmatrix} -3 \\ 3 \\ 0 \end{pmatrix} .$$

▶ <u>Multiplikation eines Vektors $\vec{a}$ aus $\mathbb{R}^3$ mit einem Skalar $\lambda \in \mathbb{R}$:</u>
Auch die S-Multiplikation verläuft bei Vektoren aus $\mathbb{R}^3$ über
die Vektorkoordinaten:

Das Produkt $\lambda\vec{a}$ eines Vektors $\vec{a} = \begin{pmatrix} a_x \\ a_y \\ a_z \end{pmatrix}$ aus $\mathbb{R}^3$ mit einem

Skalar $\lambda \in \mathbb{R}$ ist ebenfalls ein Vektor aus $\mathbb{R}^3$; und zwar gilt:

$$\lambda\vec{a} = \lambda\begin{pmatrix} a_x \\ a_y \\ a_z \end{pmatrix} = \begin{pmatrix} \lambda a_x \\ \lambda a_y \\ \lambda a_z \end{pmatrix} \, .$$

Die folgende Skizze soll verdeutlichen, daß diese S-Multiplikation genau der in Abschnitt 22 geometrisch definierten S-Multiplikation entspricht (Anwendung der Strahlensätze).

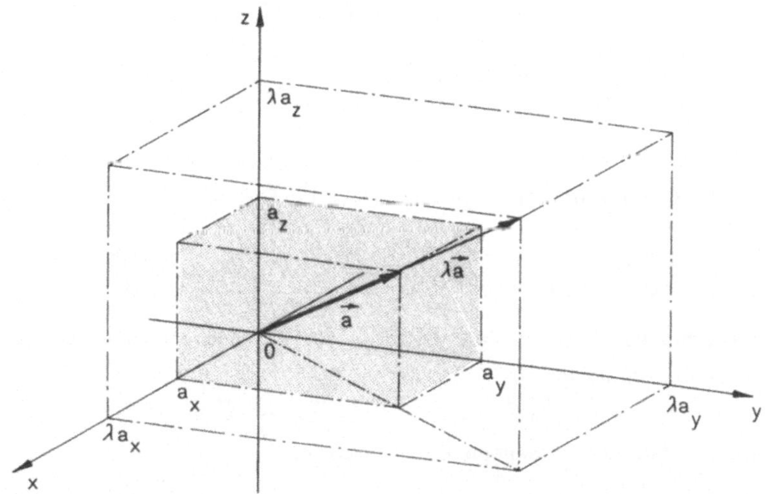

<u>Beispiele:</u>

① Die Multiplikation des Vektors $\vec{a} = \begin{pmatrix} 4 \\ -1 \\ 2 \end{pmatrix}$ mit $-1 \in \mathbb{R}$ ergibt den Gegenvektor von $\vec{a}$: $\quad -\vec{a} = \begin{pmatrix} -4 \\ 1 \\ -2 \end{pmatrix}$.

② Für $\vec{a} = \begin{pmatrix} 2 \\ -4 \\ 4 \end{pmatrix}$ mit dem Betrag $|\vec{a}| = \sqrt{2^2 + (-4)^2 + 4^2} = 6$

erhalten wir als zugeordneten (parallelen) Einheitsvektor $\vec{a}^\circ$:

$$\vec{a}^\circ = \frac{1}{|\vec{a}|}\,\vec{a} = \frac{1}{6}\begin{pmatrix} 2 \\ -4 \\ 4 \end{pmatrix} = \begin{pmatrix} \frac{1}{3} \\ -\frac{2}{3} \\ \frac{2}{3} \end{pmatrix}$$

mit dem Betrag $|\vec{a}^\circ| = \sqrt{(\frac{1}{3})^2 + (-\frac{2}{3})^2 + (\frac{2}{3})^2} = 1$.

$$\boxed{25}\qquad \textbf{BEGRIFF DES VEKTORRAUMES}$$

Wir fassen die Abschnitte 20 bis 24 folgendermaßen zusammen:

In der Menge $\mathbb{R}^3$ aller räumlichen Vektoren $\vec{a} = \begin{pmatrix} a_x \\ a_y \\ a_z \end{pmatrix}$ mit $a_x, a_y, a_z \in \mathbb{R}$ ist die Addition

$$+ : \mathbb{R}^3 \times \mathbb{R}^3 \longrightarrow \mathbb{R}^3 \quad \text{mit} \quad (\vec{a}, \vec{b}) \longmapsto \vec{a} + \vec{b}$$

erklärt mit den folgenden Eigenschaften:

1) | Es gilt das <u>Kommutativgesetz</u>,
   | d.h. für alle $\vec{a}, \vec{b} \in \mathbb{R}^3$ gilt: $\vec{a} + \vec{b} = \vec{b} + \vec{a}$

2) | Es gilt das <u>Assoziativgesetz</u>,
   | d.h. für alle $\vec{a}, \vec{b}, \vec{c} \in \mathbb{R}^3$ gilt: $(\vec{a} + \vec{b}) + \vec{c} = \vec{a} + (\vec{b} + \vec{c})$

3) | Es existiert in $\mathbb{R}^3$ bzgl. + das <u>neutrale Element</u> (Nullvektor) $\vec{O}$:
   | d.h. für alle $\vec{a} \in \mathbb{R}^3$ gilt: $\vec{a} + \vec{O} = \vec{O} + \vec{a} = \vec{a}$

4) | Es existiert für jeden Vektor $\vec{a} \in \mathbb{R}^3$ bzgl. + ein <u>inverser Vektor</u>
   | (Gegenvektor) $-\vec{a}$ $\mathbb{R}^3$ mit: $\vec{a} + (-\vec{a}) = (-\vec{a}) + \vec{a} = \vec{O}$

Weiterhin ist zwischen den Vektoren aus $\mathbb{R}^3$ und den Skalaren aus $\mathbb{R}$ die S-Multiplikation

$$\cdot : \mathbb{R} \times \mathbb{R}^3 \longrightarrow \mathbb{R}^3 \quad \text{mit} \quad (\lambda, \vec{a}) \longmapsto \lambda \vec{a}$$

erklärt mit den folgenden Eigenschaften:

5) | Es gilt das <u>Assoziativgesetz</u>,
   | d.h. für alle $\vec{a} \in \mathbb{R}^3$ und $\alpha, \beta \in \mathbb{R}$ gilt: $\alpha(\beta \vec{a}) = (\alpha\beta)\vec{a}$

6) | Es gelten die <u>Distributivgesetze</u>,
   | d.h. für alle $\vec{a}, \vec{b} \in \mathbb{R}^3$ und $\alpha, \beta \in \mathbb{R}$ gilt:
   | $\alpha(\vec{a} + \vec{b}) = \alpha\vec{a} + \alpha\vec{b}$ und $(\alpha + \beta)\vec{a} = \alpha\vec{a} + \beta\vec{a}$

7) Es gilt für alle $\vec{a} \in \mathbb{R}^3$: $1 \cdot \vec{a} = \vec{a}$

Mit diesen sieben Eigenschaften ist $\mathbb{R}^3$ als (dreidimensionaler) <u>Vektorraum über dem Skalarkörper $\mathbb{R}$</u> definiert.

<u>Bemerkungen:</u>

a) Entsprechend definiert man die Menge $\mathbb{R}^2$ der Vektoren $\vec{a} = \begin{pmatrix} a_x \\ a_y \end{pmatrix}$ mit $a_x, a_y \in \mathbb{R}$ als (zweidimensionalen) Vektorraum über dem

Skalarkörper $\mathbb{R}$.

b) Auf den Begriff der Dimension, den wir hier rein anschaulich interpretieren, gehen wir in Abschnitt 27 genauer ein.

26   LINEARE ABHÄNGIGKEIT UND LINEARE UNABHÄNGIGKEIT VON VEKTOREN

Wir betrachten die beiden von $\vec{O}$ verschiedenen, kollinearen Vektoren $\vec{a}$ und $\vec{b}$ mit $\vec{a} = \lambda \vec{b}$ $(\lambda \in \mathbb{R})$:
Jeder der beiden Vektoren ist ein (lineares) Vielfaches des anderen Vektors. Wir sagen: $\vec{a}$ und $\vec{b}$ sind <u>linear abhängig</u>.
Aus $\vec{a}$ und $\vec{b}$ läßt sich der Nullvektor $\vec{O}$ z.B. folgendermaßen linear kombinieren:

$$\vec{a} + (-\lambda)\vec{b} = \vec{O} \,.$$

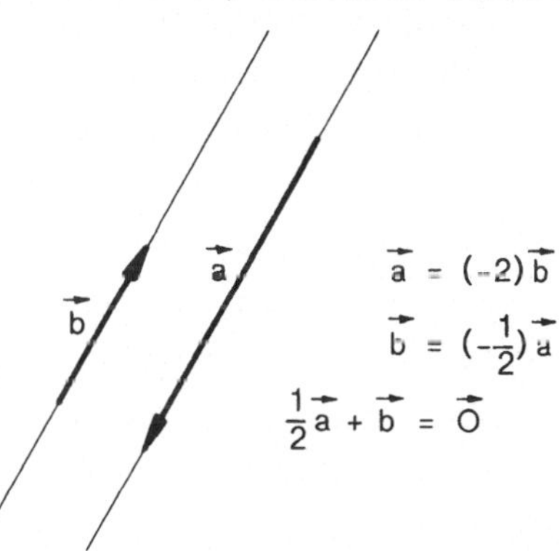

Definition (26.1):

> Sind $\vec{a}_1, \vec{a}_2, \dots, \vec{a}_n$ $(n \in \mathbb{N})$ Vektoren eines Vektorraumes, so heißt die Summe $$\vec{a} = \lambda_1 \vec{a}_1 + \lambda_2 \vec{a}_2 + \dots + \lambda_n \vec{a}_n \quad \text{mit} \quad \lambda_1, \lambda_2, \dots, \lambda_n \in \mathbb{R}$$ eine <u>**Linearkombination**</u> der Vektoren $\vec{a}_1, \dots, \vec{a}_n$.

Offenbar können wir mit einem Vektor $\vec{a} \neq \vec{O}$ jeden zu $\vec{a}$ kollinearen Vektor als Linearkombination $\lambda \vec{a}$ darstellen, jedoch keinen Vektor, der nicht zu $\vec{a}$ kollinear ist.
Sind $\vec{a}$ und $\vec{b}$ nicht kollinear (linear abhängig), so heißen sie <u>linear unabhängig</u>.
Der Nullvektor $\vec{O}$ ist in diesem Fall aus $\vec{a}$ und $\vec{b}$ <u>nur</u> (!) durch die Linearkombination

$$0 \cdot \vec{a} + 0 \cdot \vec{b} = \vec{O}$$

darstellbar.

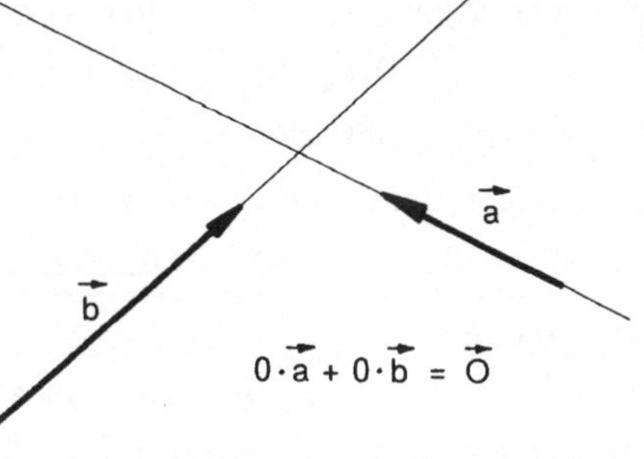

Betrachten wir nun drei von $\vec{O}$ verschiedene Vektoren $\vec{a}, , \vec{b}, \vec{c}$ in einer Ebene, so erkennen wir (vgl. Skizze), daß sich jeweils einer der drei Vektoren als Linearkombination der beiden anderen Vektoren darstellen läßt: $\vec{c} = \alpha\vec{a} + \beta\vec{b}$.

$$\vec{c} = 3\vec{a} + 2\vec{b}$$
$$3\vec{a} + 2\vec{b} + (-1)\vec{c} = \vec{O}$$

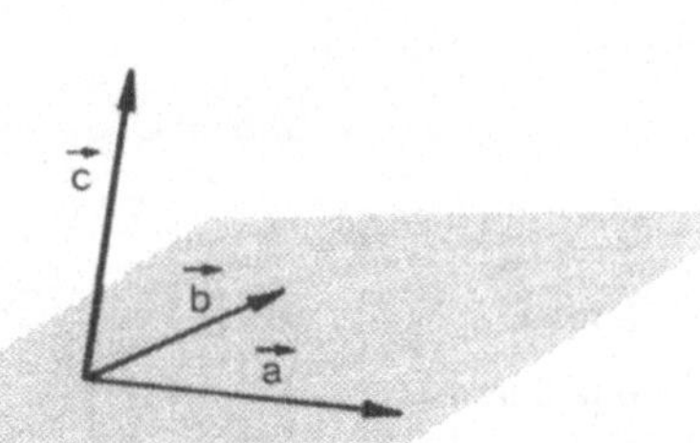

Auch hier sprechen wir von linear abhängigen Vektoren $\vec{a}, \vec{b}, \vec{c}$.

Der Nullvektor $\vec{O}$ ergibt sich dabei z.B. als Linearkombination

$$\alpha\vec{a} + \beta\vec{b} + (-1)\vec{c} = \vec{O} .$$

Liegt der Vektor $\vec{c}$ dagegen nicht in der Ebene von $\vec{a}$ und $\vec{b}$, und sind $\vec{a}, \vec{b}$ linear unabhängig (vgl. Skizze), so ist keiner der drei Vektoren

$$0\cdot\vec{a} + 0\cdot\vec{b} + 0\cdot\vec{c} = \vec{O}$$

als Linearkombination der beiden anderen Vektoren darstellbar; die Vektoren $\vec{a}, \vec{b}, \vec{c}$ sind linear unabhängig.

Der Nullvektor $\vec{O}$ ist hier <u>nur</u> (!) durch die Linearkombination

$$0\cdot\vec{a} + 0\cdot\vec{b} + 0\cdot\vec{c} = \vec{O}$$

darstellbar.

<u>Definition (26.2):</u>

Die Vektoren $\vec{a}_1, \vec{a}_2, ..., \vec{a}_n$ ($n \in$ IN) eines Vektorraumes heißen **linear abhängig**, wenn in der Vektorgleichung

$$\lambda_1\vec{a}_1 + \lambda_2\vec{a}_2 + ... + \lambda_n\vec{a}_n = \vec{O} \quad \text{mit } \lambda_1, ..., \lambda_n \in \text{IR}$$

nicht alle Koeffizienten $\lambda_1, ..., \lambda_n$ gleich Null sind.

Gilt die Vektorgleichung nur für $\lambda_1 = \lambda_2 = ... = \lambda_n = 0$, so heißen die Vektoren **linear unabhängig**.

<u>Bemerkung:</u>

n Vektoren $\vec{a}_1, ... \vec{a}_n$ sind also genau dann linear abhängig, wenn sich mindestens einer der Vektoren als Linearkombination der anderen

Vektoren darstellen läßt.

<u>Beispiele:</u>

(1) In der (x,y)-Ebene sind die beiden Einheitsvektoren

$\vec{e}_x = \begin{pmatrix} 1 \\ 0 \end{pmatrix}$ und $\vec{e}_y = \begin{pmatrix} 0 \\ 1 \end{pmatrix}$ linear unabhängig, denn aus der Vektor-

gleichung $\alpha\vec{e}_x + \beta\vec{e}_y = \vec{O}$ folgt wegen

$$\alpha\vec{e}_x + \beta\vec{e}_y = \alpha\begin{pmatrix} 1 \\ 0 \end{pmatrix} + \beta\begin{pmatrix} 0 \\ 1 \end{pmatrix} = \begin{pmatrix} \alpha \\ 0 \end{pmatrix} + \begin{pmatrix} 0 \\ \beta \end{pmatrix} = \begin{pmatrix} \alpha \\ \beta \end{pmatrix} \text{ und } \vec{O} = \begin{pmatrix} 0 \\ 0 \end{pmatrix}$$

die Gleichung $\begin{pmatrix} \alpha \\ \beta \end{pmatrix} = \begin{pmatrix} 0 \\ 0 \end{pmatrix}$, also: $\alpha = \beta = 0$.

Jeder beliebige Vektor $\vec{a} = \begin{pmatrix} a_x \\ a_y \end{pmatrix}$ aus $\mathbb{R}^2$ läßt sich wegen

$$\vec{a} = \begin{pmatrix} a_x \\ a_y \end{pmatrix} = \begin{pmatrix} a_x \\ 0 \end{pmatrix} + \begin{pmatrix} 0 \\ a_y \end{pmatrix}$$
$$= a_x\begin{pmatrix} 1 \\ 0 \end{pmatrix} + a_y\begin{pmatrix} 0 \\ 1 \end{pmatrix}$$
$$= a_x\vec{e}_x + a_y\vec{e}_y$$

als Linearkombination der
beiden Vektoren $\vec{e}_x, \vec{e}_y$
darstellen. Für alle Vektoren
$\vec{a} = \begin{pmatrix} a_x \\ a_y \end{pmatrix}$ gilt daher:

$a_x\vec{e}_x + a_y\vec{e}_y + (-1)\vec{a} = \vec{O}$,

d.h. $\vec{e}_x, \vec{e}_y, \vec{a}$ sind linear
abhängig.

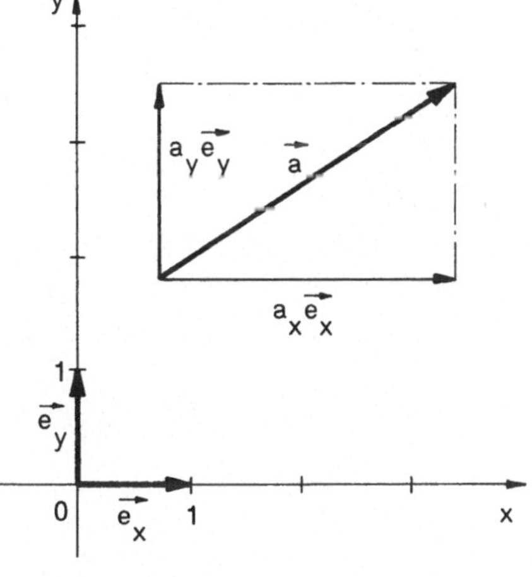

(2) Wir prüfen, ob die Vektoren

$$\vec{a} = \begin{pmatrix} 1 \\ 0 \\ 0 \end{pmatrix}, \ \vec{b} = \begin{pmatrix} 1 \\ 2 \\ 0 \end{pmatrix}, \ \vec{c} = \begin{pmatrix} 1 \\ 2 \\ 3 \end{pmatrix}$$

aus $\mathbb{R}^3$ linear abhängig sind.
Dazu lösen wir die Gleichung
$\lambda_1\vec{a} + \lambda_2\vec{b} + \lambda_3\vec{c} = \vec{O}$ bzw.

$$\lambda_1\begin{pmatrix} 1 \\ 0 \\ 0 \end{pmatrix} + \lambda_2\begin{pmatrix} 1 \\ 2 \\ 0 \end{pmatrix} + \lambda_3\begin{pmatrix} 1 \\ 2 \\ 3 \end{pmatrix} = \begin{pmatrix} 0 \\ 0 \\ 0 \end{pmatrix} .$$

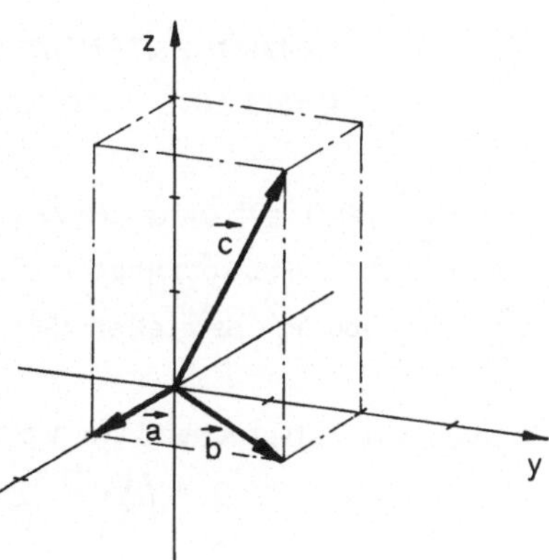

Wegen

$$\lambda_1\begin{pmatrix}1\\0\\0\end{pmatrix} + \lambda_2\begin{pmatrix}1\\2\\0\end{pmatrix} + \lambda_3\begin{pmatrix}1\\2\\3\end{pmatrix} = \begin{pmatrix}\lambda_1\\0\\0\end{pmatrix} + \begin{pmatrix}\lambda_2\\2\lambda_2\\0\end{pmatrix} + \begin{pmatrix}\lambda_3\\2\lambda_3\\3\lambda_3\end{pmatrix} = \begin{pmatrix}\lambda_1+\lambda_2+\lambda_3\\2\lambda_2+2\lambda_3\\3\lambda_3\end{pmatrix}$$

folgt

$$3\lambda_3 = 0 \ \wedge\ 2\lambda_2+2\lambda_3 = 0 \ \wedge\ \lambda_1+\lambda_2+\lambda_3 = 0$$

und damit schließlich: $\lambda_1 = \lambda_2 = \lambda_3 = 0$.

Die Vektoren $\vec{a},\vec{b},\vec{c}$ sind also linear unabhängig.

③ Sind zwei linear unabhängige Vektoren $\vec{a},\vec{b}$ gegeben, so sind auch
die Vektoren $\vec{d} = \vec{a}+\vec{b}$ und $\vec{e} = \vec{a}-\vec{b}$ linear unabhängig.
Denn aus $\alpha\vec{d}+\beta\vec{e} = \vec{O}$

folgt:

$\alpha(\vec{a}+\vec{b})+\beta(\vec{a}-\vec{b}) = \vec{O}$

bzw.

$(\alpha+\beta)\vec{a} + (\alpha-\beta)\vec{b} = \vec{O}$;

und daraus folgt wegen

der linearen Unabhängig-

keit der beiden Vektoren

$\vec{a}$ und $\vec{b}$:

$\alpha+\beta = 0$ und $\alpha-\beta = 0$,

also $\alpha = \beta = 0$.

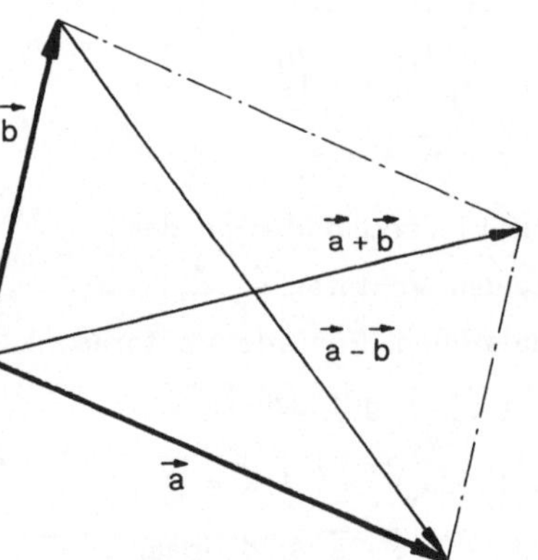

| 27 |

KOMPONENTENDARSTELLUNG EINES VEKTORS;
BASIS UND DIMENSION EINES VEKTORRAUMES

Das Beispiel 1 auf Seite 97 zeigt, daß sich jeder Vektor $\vec{a} = \begin{pmatrix}a_x\\a_y\end{pmatrix}$
aus $\mathbb{R}^2$ als Linearkombination der Einheitsvektoren $\vec{e}_x = \begin{pmatrix}1\\0\end{pmatrix}$ und
$\vec{e}_y = \begin{pmatrix}0\\1\end{pmatrix}$ aus $\mathbb{R}^2$ darstellen läßt: $\quad a_x\vec{e}_x + a_y\vec{e}_y = \vec{a}$.

Wählen wir entsprechend im Vektorraum $\mathbb{R}^3$ die linear unabhängigen

Einheitsvektoren $\vec{e}_x = \begin{pmatrix}1\\0\\0\end{pmatrix}$, $\vec{e}_y = \begin{pmatrix}0\\1\\0\end{pmatrix}$ und $\vec{e}_z = \begin{pmatrix}0\\0\\1\end{pmatrix}$, so läßt sich

jeder Vektor $\vec{a}$ aus $\mathbb{R}^3$ wegen

$$\vec{a} = \begin{pmatrix} a_x \\ a_y \\ a_z \end{pmatrix} = \begin{pmatrix} a_x \\ 0 \\ 0 \end{pmatrix} + \begin{pmatrix} 0 \\ a_y \\ 0 \end{pmatrix} + \begin{pmatrix} 0 \\ 0 \\ a_z \end{pmatrix} = a_x \begin{pmatrix} 1 \\ 0 \\ 0 \end{pmatrix} + a_y \begin{pmatrix} 0 \\ 1 \\ 0 \end{pmatrix} + a_z \begin{pmatrix} 0 \\ 0 \\ 1 \end{pmatrix}$$

$$= a_x \vec{e}_x + a_y \vec{e}_y + a_z \vec{e}_z$$

als Linearkombination dieser Einheitsvektoren $\vec{e}_x, \vec{e}_y, \vec{e}_z$ darstellen.

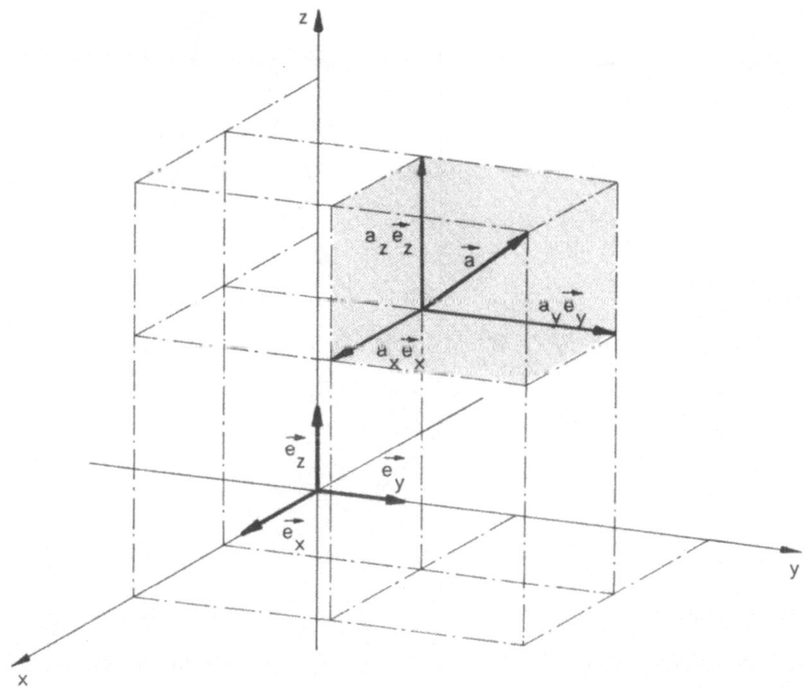

Die Vektoren $a_x \vec{e}_x$, $a_y \vec{e}_y$ und $a_z \vec{e}_z$ heißen die <u>Komponenten</u> des Vektors $\vec{a}$ bezüglich der Vektoren $\vec{e}_x$, $\vec{e}_y$ und $\vec{e}_z$.

Die Koeffizienten a_x, a_y, $a_z \in \mathbb{R}$ heißen die <u>Koordinaten</u> des Vektors $\vec{a}$ bezüglich der Vektoren $\vec{e}_x$, $\vec{e}_y$ und $\vec{e}_z$.

<u>Bemerkung:</u>

Da wir den Vektor $\vec{a}$ bezüglich der Einheitsvektoren $\vec{e}_x, \vec{e}_y, \vec{e}_z$ in Richtung der Koordinatenachsen zerlegt haben, handelt es sich bei den "Koordinaten von $\vec{a}$ bezüglich $\vec{e}_x, \vec{e}_y, \vec{e}_z$" gerade um die schon bekannten Koordinaten von $\vec{a}$ bezüglich des (x,y,z)-Koordinatensystems.

Wir können jedoch für einen Vektor $\vec{a}$ aus $\mathbb{R}^3$ (bzw. aus $\mathbb{R}^2$) stets eine Komponentendarstellung bezüglich beliebiger linear unabhängiger Vektoren $\vec{a}_1,\vec{a}_2,\vec{a}_3 \in \mathbb{R}^3$ (bzw. $\vec{a}_1,\vec{a}_2 \in \mathbb{R}^2$) finden.

<u>Beispiel:</u>

Wir bestimmen die Komponenten und Koordinaten des Vektors $\vec{a} = \begin{pmatrix} 1 \\ -6 \end{pmatrix}$ aus $\mathbb{R}^2$ bezüglich der linear unabhängigen Vektoren $\vec{a}_1 = \begin{pmatrix} 1 \\ -1 \end{pmatrix}$ und $\vec{a}_2 = \begin{pmatrix} 2 \\ 3 \end{pmatrix}$ aus $\mathbb{R}^2$.

Mit $\vec{a} = \alpha\vec{a}_1 + \beta\vec{a}_2$ folgt:

$$\begin{pmatrix} 1 \\ -6 \end{pmatrix} = \alpha\begin{pmatrix} 1 \\ -1 \end{pmatrix} + \beta\begin{pmatrix} 2 \\ 3 \end{pmatrix}$$

$$= \begin{pmatrix} \alpha \\ -\alpha \end{pmatrix} + \begin{pmatrix} 2\beta \\ 3\beta \end{pmatrix}$$

$$= \begin{pmatrix} \alpha + 2\beta \\ -\alpha + 3\beta \end{pmatrix}.$$

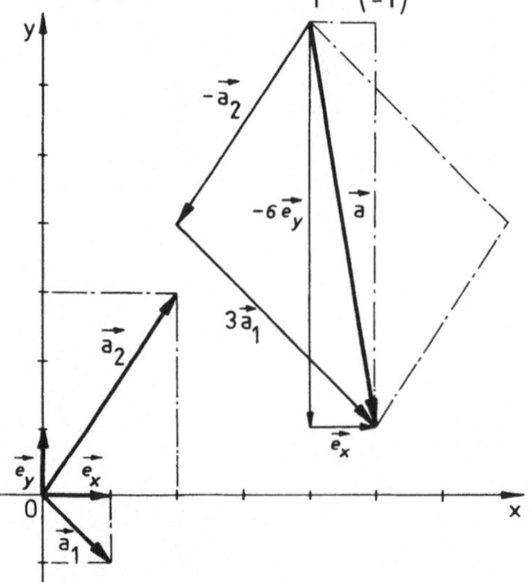

Wir erhalten damit die beiden Gleichungen

$1 = \alpha + 2\beta \,\wedge\, -6 = -\alpha + 3\beta$

und schließlich:

$\alpha = 3$ und $\beta = -1$.

Der Vektor $\vec{a}$, der bezüglich der Einheitsvektoren $\vec{e}_x = \begin{pmatrix} 1 \\ 0 \end{pmatrix}$, $\vec{e}_y = \begin{pmatrix} 0 \\ 1 \end{pmatrix}$ die Komponentendarstellung $\vec{a} = \vec{e}_x + (-6)\vec{e}_y = \begin{pmatrix} 1 \\ 0 \end{pmatrix} + \begin{pmatrix} 0 \\ -6 \end{pmatrix}$ und die Koordinatendarstellung $\vec{a} = \begin{pmatrix} 1 \\ -6 \end{pmatrix}$ aufweist, hat also bezüglich der beiden Vektoren $\vec{a}_1 = \begin{pmatrix} 1 \\ -1 \end{pmatrix}$, $\vec{a}_2 = \begin{pmatrix} 2 \\ 3 \end{pmatrix}$ die Komponentendarstellung $\vec{a} = 3\vec{a}_1 + (-1)\vec{a}_2$ und die Koordinatendarstellung $\vec{a} = \begin{pmatrix} 3 \\ -1 \end{pmatrix}$.

Das Beispiel verdeutlicht, daß sich jeder Vektor $\vec{a} = \begin{pmatrix} a_x \\ a_y \end{pmatrix} \in \mathbb{R}^2$ als Linearkombination $\vec{a} = \alpha\vec{a}_1 + \beta\vec{a}_2$ zweier <u>linear unabhängiger</u> Vektoren $\vec{a}_1,\vec{a}_2 \in \mathbb{R}^2$ mit eindeutig bestimmten Koeffizienten $\alpha,\beta \in \mathbb{R}$ darstellen läßt. Wir sagen: Die linear unabhängigen Vektoren $\vec{a}_1,\vec{a}_2 \in \mathbb{R}^2$ <u>erzeugen</u> den Vektorraum $\mathbb{R}^2$. Sie bilden damit eine sog. <u>Basis</u> $\{\vec{a}_1,\vec{a}_2\}$ des Vektorraumes $\mathbb{R}^2$.

Die Basis $B = \{\vec{e}_x,\vec{e}_y\}$ mit den Einheitsvektoren $\vec{e}_x = \begin{pmatrix} 1 \\ 0 \end{pmatrix}$ und $\vec{e}_y = \begin{pmatrix} 0 \\ 1 \end{pmatrix}$ heißt <u>kanonische Basis</u> oder <u>Standardbasis</u>.

Eine Basis des Vektorraumes IR^2 besteht also stets aus <u>zwei</u> linear unabhängigen Vektoren $\vec{a}_1,\vec{a}_2 \in \mathrm{IR}^2$, denn nur ein Vektor kann nicht ganz IR^2 erzeugen, und drei Vektoren aus IR^2 sind stets linear abhängig. Wir sagen: Der Vektorraum IR^2 hat die <u>Dimension</u> zwei .

Entsprechend hat der Vektorraum IR^3 der räumlichen Vektoren die Dimension <u>drei</u>, denn jede Basis von IR^3 besteht aus genau <u>drei</u> linear unabhängigen Vektoren $\vec{a}_1,\vec{a}_2,\vec{a}_3 \in \mathrm{IR}^3$. Weniger als drei Vektoren aus IR^3 können nicht den ganzen Vektorraum erzeugen, und vier Vektoren aus IR^3 sind stets linear abhängig.

Die spezielle Basis $\{\,\vec{e}_x,\vec{e}_y,\vec{e}_z\,\}$ mit den Einheitsvektoren

$$\vec{e}_x = \begin{pmatrix} 1 \\ 0 \\ 0 \end{pmatrix}, \quad \vec{e}_y = \begin{pmatrix} 0 \\ 1 \\ 0 \end{pmatrix} \quad \text{und} \quad \vec{e}_z = \begin{pmatrix} 0 \\ 0 \\ 1 \end{pmatrix}$$

heißt kanonische Basis oder Standardbasis des Vektorraumes IR^3.

$\boxed{28}$ **DER n-DIMENSIONALE VEKTORRAUM**

Die bisher behandelten Vektoren beziehen sich auf die Ebene oder auf den Raum, entsprechend der unmittelbaren Anschaulichkeit. Die Regeln können jedoch mit gewissen Änderungen auch auf Objekte in einem höherdimensionalen Raum übertragen werden. Die Relativitätstheorie arbeitet z.B. mit solchen Größen: zu drei Ortskoordinaten tritt hier noch die Zeit als gleichberechtigte vierte Koordinate hinzu. Mit der Vektorrechnung im höherdimensionalen Raum können auch Systeme von linearen Gleichungen und Probleme der Mechanik behandelt werden.

Dazu führen wir den Begriff des n-dimensionalen Vektorraumes ein:

Unter dem <u>**n-dimensionalen Vektorraum**</u> IR^n über dem Skalarkörper IR versteht man die Menge aller geordneten n-Tupel

$$\vec{a} = \begin{pmatrix} a_1 \\ a_2 \\ \vdots \\ a_n \end{pmatrix} \quad \text{mit} \quad a_1,a_2,\dots,a_n \in \mathrm{IR} ,$$

die wir als <u>**n-dimensionale Vektoren**</u> mit den Koordinaten $a_1,\dots,a_n$ bezeichnen.

Die beiden Verknüpfungen

$$\text{Addition} \qquad +: \mathbb{R}^n \times \mathbb{R}^n \longrightarrow \mathbb{R}^n \quad \text{mit} \quad (\vec{a},\vec{b}) \longrightarrow \vec{a}+\vec{b}$$

und $\text{S-Multiplikation} \quad \cdot: \mathbb{R} \times \mathbb{R}^n \longrightarrow \mathbb{R}^n \quad \text{mit} \quad (\lambda,\vec{a}) \longrightarrow \lambda\vec{a}$

stellen eine Verallgemeinerung der Verknüpfungen im dreidimensionalen Fall dar (vgl. die Seiten 91 und 92):

$$\vec{a}+\vec{b} = \begin{pmatrix} a_1 \\ a_2 \\ \vdots \\ a_n \end{pmatrix} + \begin{pmatrix} b_1 \\ b_2 \\ \vdots \\ b_n \end{pmatrix} = \begin{pmatrix} a_1+b_1 \\ a_2+b_2 \\ \vdots \\ a_n+b_n \end{pmatrix} \quad \text{und} \quad \lambda\vec{a} = \lambda\begin{pmatrix} a_1 \\ a_2 \\ \vdots \\ a_n \end{pmatrix} = \begin{pmatrix} \lambda a_1 \\ \lambda a_2 \\ \vdots \\ \lambda a_n \end{pmatrix} .$$

Es läßt sich leicht nachweisen, daß hierfür alle sieben auf Seite 94
aufgeführten Eigenschaften gelten.

Zwei Vektoren $\vec{a},\vec{b} \in \mathbb{R}^n$ heißen gleich, wenn sie in ihren Koordinaten
übereinstimmen:

$$\begin{pmatrix} a_1 \\ a_2 \\ \vdots \\ a_n \end{pmatrix} = \begin{pmatrix} b_1 \\ b_2 \\ \vdots \\ b_n \end{pmatrix} \quad \Longleftrightarrow \quad a_1 = b_1 \wedge a_2 = b_2 \wedge \ldots \wedge a_n = b_n .$$

Der Betrag eines Vektors $\vec{a} \in \mathbb{R}^n$ ist definiert durch:

$$|\vec{a}| = \left| \begin{pmatrix} a_1 \\ a_2 \\ \vdots \\ a_n \end{pmatrix} \right| = \sqrt{\sum_{k=1}^{n} a_k^2} .$$

Jeder Vektor $\vec{a} \in \mathbb{R}^n$ läßt sich als Linearkombination der linear
unabhängigen Einheitsvektoren

$$\vec{e}_1 = \begin{pmatrix} 1 \\ 0 \\ \vdots \\ 0 \\ 0 \end{pmatrix} , \quad \vec{e}_2 = \begin{pmatrix} 0 \\ 1 \\ 0 \\ \vdots \\ 0 \end{pmatrix} , \quad \ldots \quad , \quad \vec{e}_n = \begin{pmatrix} 0 \\ 0 \\ \vdots \\ 0 \\ 1 \end{pmatrix}$$

darstellen (vgl. hierzu auch Seite 99):

$$\vec{a} = \begin{pmatrix} a_1 \\ a_2 \\ \vdots \\ a_n \end{pmatrix} = a_1\vec{e}_1 + a_2\vec{e}_2 + \ldots + a_n\vec{e}_n .$$

Die n linear unabhängigen Einheitsvektoren $\vec{e}_1,\vec{e}_2,\ldots,\vec{e}_n$ erzeugen
also ganz $\mathbb{R}^n$; sie bilden damit eine Basis des n-dimensionalen
Vektorraumes $\mathbb{R}^n$, die sog. kanonische Basis oder Standardbasis.

| 29 |

ÜBUNGEN: ZUSAMMENSETZUNG UND ZERLEGUNG
EBENER UND RÄUMLICHER VEKTOREN

(27) Ermittle zeichnerisch und rechnerisch die folgenden Linearkombinationen der beiden Vektoren $\vec{a} = \begin{pmatrix} 3 \\ -1 \end{pmatrix}$ und $\vec{b} = \begin{pmatrix} 1 \\ 2 \end{pmatrix}$ aus $\mathbb{R}^2$:

a) $\vec{a} + \vec{b}$ b) $\vec{a} - \vec{b}$ c) $2\vec{a} + 3\vec{b}$ d) $-\vec{a} + 2\vec{b}$

(28) Prüfe rechnerisch und graphisch, ob die folgenden Vektoren aus $\mathbb{R}^2$ linear unabhängig sind:

a) $\begin{pmatrix} 4 \\ 2 \end{pmatrix}$, $\begin{pmatrix} 1 \\ -2 \end{pmatrix}$ b) $\begin{pmatrix} -1 \\ 4 \end{pmatrix}$, $\begin{pmatrix} 1 \\ -2 \end{pmatrix}$ c) $\begin{pmatrix} 1 \\ 0 \end{pmatrix}$, $\begin{pmatrix} 0 \\ 1 \end{pmatrix}$, $\begin{pmatrix} 1 \\ 3 \end{pmatrix}$

(29) An einem Ringanker sind zwei Seile befestigt, in denen Zugkräfte $\vec{F}_1$ und $\vec{F}_2$ wirken. Bestimme die (horizontalen und vertikalen) Koordinaten der resultierenden Kraft $\vec{F} = \begin{pmatrix} F_x \\ F_y \end{pmatrix}$ bezüglich der (x,y)-Achsen, falls:

$F_1 = |\vec{F}_1| = 300\,\text{N}$, $F_2 = |\vec{F}_2| = 500\,\text{N}$, $\alpha = 40°$ und $\beta = 70°$.

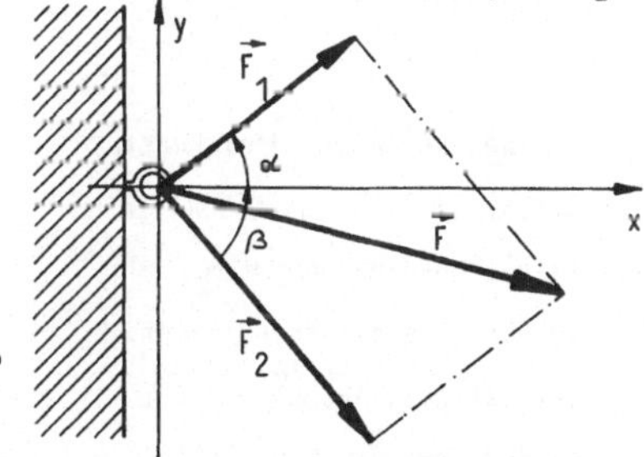

(30) M_a, M_b, M_c und M_d sind die Mittelpunkte der Seiten des skizzierten Vierecks ABCD.

a) Stelle die Vektoren $\vec{v}_1$, $\vec{v}_2$, $\vec{v}_3$ und $\vec{v}_4$ als Linearkombinationen der Vektoren $\vec{a}$, $\vec{b}$ und $\vec{c}$ dar.

b) Zeige: Das Viereck $M_a M_b M_c M_d$ ist ein Parallelogramm.

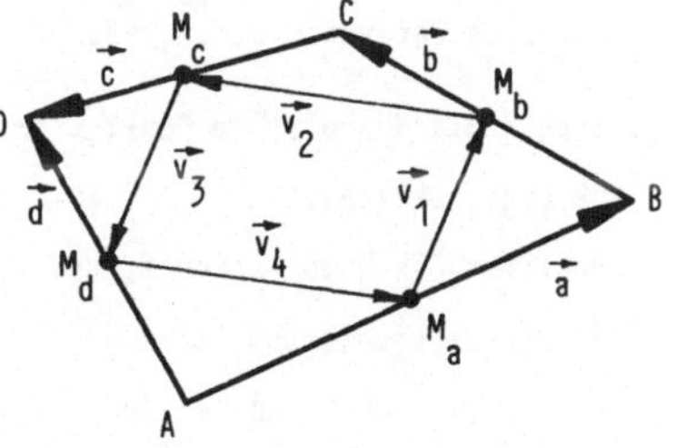

(31) Ein Flugzeug steuert nach Osten mit einer Eigengeschwindigkeit (Geschwindigkeit bei Windstille gegenüber dem Erdboden) $v_F = |\vec{v}_F| = 480\,\text{km/h}$ und wird durch einen Wind aus NW um $\alpha = 6{,}5°$ abgetrieben.

a) Berechne die Windgeschwindigkeit v_W und die resultierende Geschwindigkeit v_R des Flugzeuges.

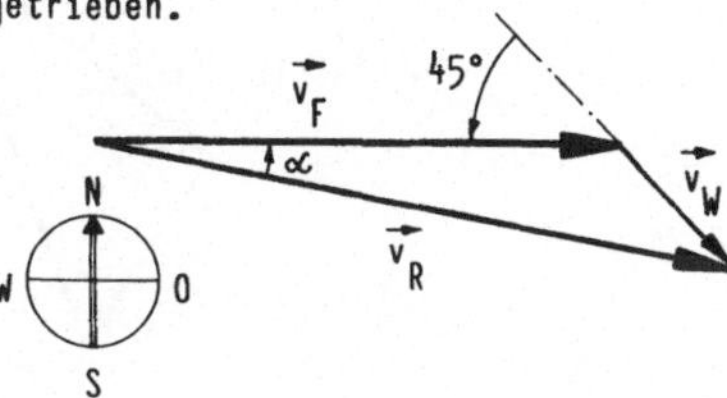

b) In welche Richtung muß das Flugzeug steuern, damit es gegen Osten fliegt ? Bestimme in diesem Falle v_R und β.

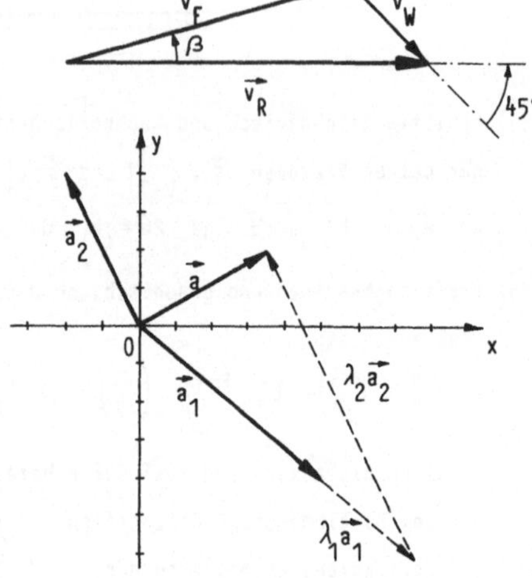

(32) Stelle den Vektor $\vec{a} = \begin{pmatrix} 3,5 \\ 2 \end{pmatrix}$ als Linearkombination

$$\vec{a} = \lambda_1 \vec{a}_1 + \lambda_2 \vec{a}_2$$

der Vektoren $\vec{a}_1 = \begin{pmatrix} 5 \\ -4 \end{pmatrix}$ und $\vec{a}_2 = \begin{pmatrix} -2 \\ 4 \end{pmatrix}$ dar, d.h. bestimme die Komponentendarstellung von $\vec{a}$ bezüglich $\vec{a}_1$, $\vec{a}_2$ (vgl. Seite 100).

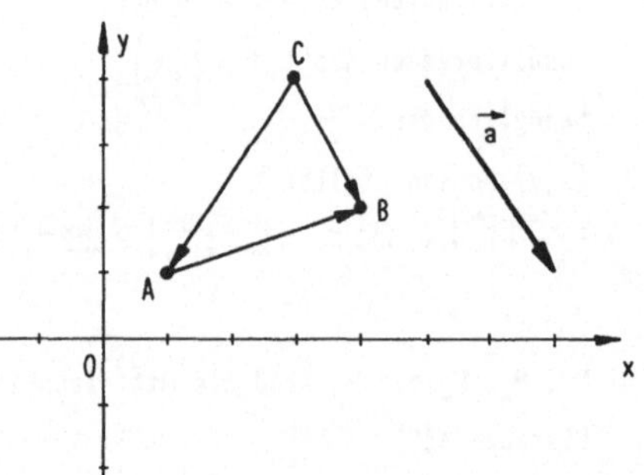

(33) Gegeben seien die drei Punkte A(1,1), B(4,2) und C(3,4) im (x,y)-Koordinatensystem.

a) Berechne die Koordinaten der Vektoren $\vec{AB}$, $\vec{CA}$ und $\vec{CB}$.

b) Bestimme die Komponenten des Vektors $\vec{a} = \begin{pmatrix} 2 \\ -3 \end{pmatrix}$ bzüglich der Vektoren $\vec{CA}$, $\vec{CB}$.

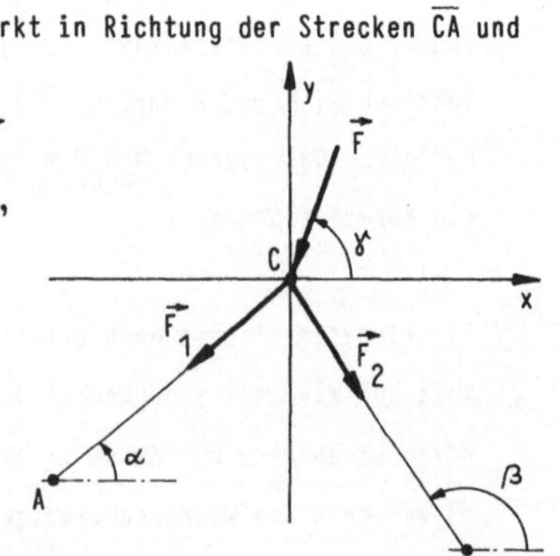

(34) Eine Kraft $\vec{F}$ greift im Punkt C an und wirkt in Richtung der Strecken $\overline{CA}$ und $\overline{CB}$ (vgl. Skizze).

Bestimme die Komponenten $\vec{F}_1$ und $\vec{F}_2$ von $\vec{F}$ in diesen Richtungen für $F = |\vec{F}| = 100\,\text{N}$, $\alpha = 40°$, $\beta = 125°$ und $\gamma = 70°$ auf zweierlei Weise:

a) Mit Hilfe eines Vektordreiecks:

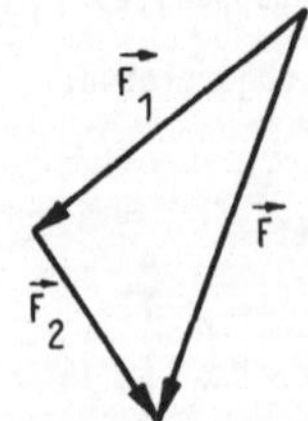

$$\vec{F} = \vec{F}_1 + \vec{F}_2$$

b) Mit Hilfe von zwei beliebigen Vektoren $\vec{a_1}$, $\vec{a_2}$ in Richtung der Strecken $\overline{CA}$ und $\overline{CB}$ in Koordinatendarstellung. Dabei muß die Linearkombination $\vec{F} = \lambda_1\vec{a_1} + \lambda_2\vec{a_2} = \vec{F_1} + \vec{F_2}$ ermittelt werden.

(35) Bilde den Summenvektor $\vec{d} = \vec{a} + \vec{b} + \vec{c}$ für $\vec{a} = \begin{pmatrix} 10 \\ 10 \\ 30 \end{pmatrix}$, $\vec{b} = \begin{pmatrix} 5 \\ -45 \\ 0 \end{pmatrix}$, $\vec{c} = \begin{pmatrix} 20 \\ 0 \\ 5 \end{pmatrix}$.

(36) Prüfe, ob die folgenden Vektoren linear unabhängig sind:

a) $\begin{pmatrix} 2 \\ 0 \\ 1 \end{pmatrix}$, $\begin{pmatrix} 2 \\ 4 \\ 0 \end{pmatrix}$, $\begin{pmatrix} -1 \\ 0 \\ 2 \end{pmatrix}$ b) $\begin{pmatrix} -3 \\ 1 \\ -3 \end{pmatrix}$, $\begin{pmatrix} 1 \\ 0 \\ 0 \end{pmatrix}$, $\begin{pmatrix} 0 \\ -2 \\ 4 \end{pmatrix}$ c) $\begin{pmatrix} 1 \\ 2 \\ 3 \end{pmatrix}$, $\begin{pmatrix} -1 \\ 0 \\ 2 \end{pmatrix}$, $\begin{pmatrix} -3 \\ -2 \\ 1 \end{pmatrix}$

(37) Gegeben sei der skizzierte Quader, der von den drei Vektoren $\vec{a}$, $\vec{b}$ und $\vec{c}$ "aufgespannt" wird. K_1, K_2 und K_3 seien Kantenmitten.

Stelle die folgenden Vektoren als Linearkombinationen von $\vec{a}$, $\vec{b}$ und $\vec{c}$ dar:

$\overline{AF}$, $\overline{BG}$, $\overline{AG}$, $\overline{BH}$, $\overline{K_1K_2}$, $\overline{K_1K_3}$, $\overline{K_1M}$.

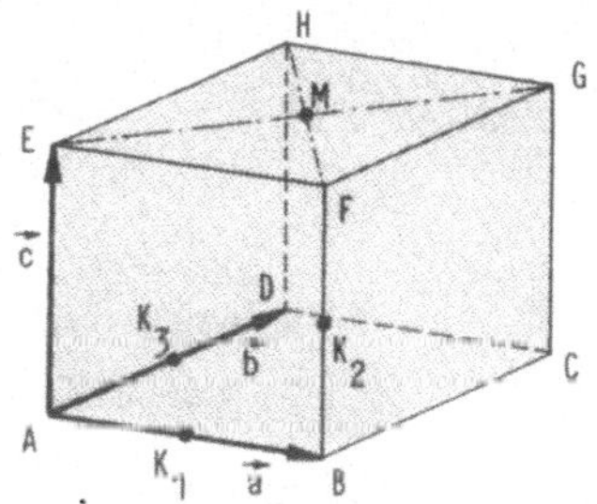

(38) Gegeben sei die skizzierte quadratische Pyramide mit den Vektoren $\vec{a}$, $\vec{b}$ und $\vec{c}$. Stelle die folgenden Vektoren als Linearkombinationen von $\vec{a}$, $\vec{b}$ und $\vec{c}$ dar:

$\overline{AB}$, $\overline{CB}$, $\overline{CD}$, $\overline{AD}$, $\overline{SD}$, $\overline{AC}$, $\overline{DB}$, $\overline{MS}$.

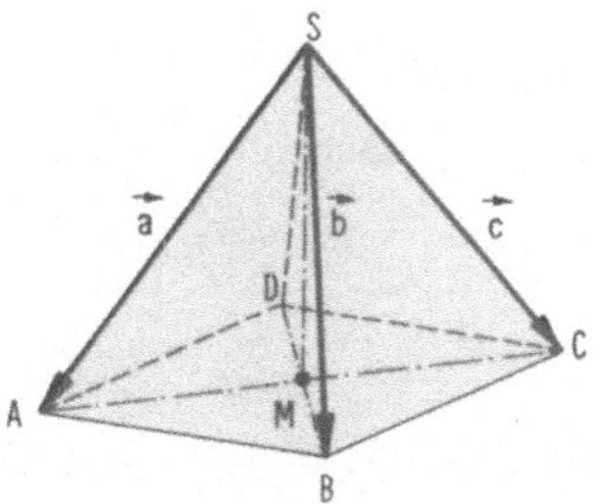

(39) Gegeben sei das skizzierte regelmäßige Tetraeder (d.h. eine von vier gleichseitigen Dreiecken begrenzte Pyramide) im (x,y,z)-Koordinatensystem. Dabei liege das Dreieck $\triangle ABC$ in der (x,y)-Ebene, der Punkt B auf der x-Achse und der Punkt D auf der z-Achse.

Bestimme die Koordinatendarstellungen der folgenden Vektoren:

$\overline{AB}$, $\overline{BC}$, $\overline{AC}$, $\overline{DA}$, $\overline{DB}$, $\overline{DC}$.

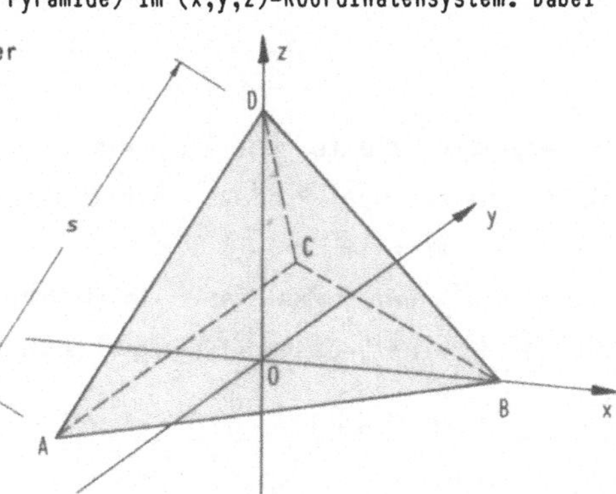

(40) Gegeben seien die vier Punkte A(0,-1,0), B(5,1,0), C(0,4,0) und D(3,1,4) im skizzierten (x,y,z)-Koordinatensystem.

a) Gib die Vektoren $\vec{a} = \overrightarrow{DA}$, $\vec{b} = \overrightarrow{DB}$ und $\vec{c} = \overrightarrow{DC}$ in Koordinatendarstellung an.

b) Bestimme die Komponentendarstellung des Vektors

$$\vec{v} = \begin{pmatrix} 3 \\ 0 \\ -1 \end{pmatrix}$$

bezüglich der drei Vektoren $\vec{a}$, $\vec{b}$, $\vec{c}$.

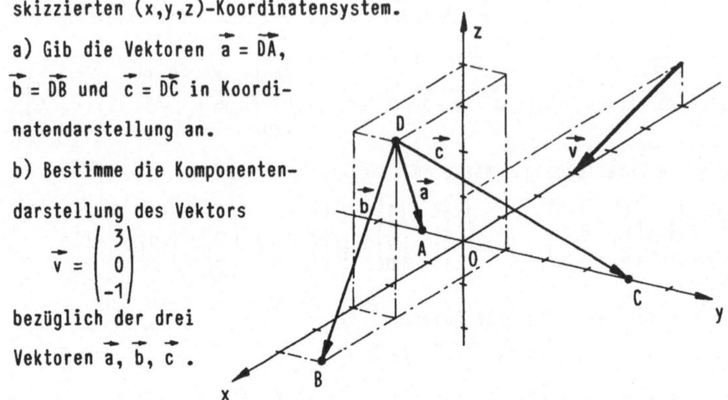

30   SKALARES PRODUKT ZWEIER VEKTOREN

30.1   BEGRIFF DES SKALAREN PRODUKTES

Einführung:

Auf einer ebenen Straße zieht ein Mann einen Karren.

Die Arbeit W, die für das Zurücklegen des Weges $\vec{S}$ notwendig ist, ergibt sich aus dem Produkt "Arbeit = Kraft · Weg", d.h.

$$W = |\vec{F}_h| \cdot |\vec{S}| .$$

Dabei ist $\vec{F}_h$ der Anteil von $\vec{F}$ in Richtung des Weges $\vec{S}$.

Mit $|\vec{F}_h| = |\vec{F}| \cdot \cos \sphericalangle(\vec{S},\vec{F})$ ergibt sich für die Arbeit W das Produkt

$$W = |\vec{S}| \cdot |\vec{F}| \cdot \cos \sphericalangle(\vec{S},\vec{F}) .$$

Die mechanische Arbeit ist also eine reelle Zahl (ein Skalar), die mit
Hilfe zweier Vektoren der Ebene oder des Raumes errechnet wird.
Eine Verallgemeinerung führt zum Begriff des skalaren Produktes.

Definition (30.1):   (Skalares Produkt, Skalarprodukt)

Das **skalare Produkt** $\vec{a}\cdot\vec{b}$ der beiden vom Nullvektor $\vec{O}$ verschiedenen
Vektoren $\vec{a}$ und $\vec{b}$ der Ebene oder des Raumes ist definiert als die
reelle Zahl:
$$\vec{a}\cdot\vec{b} = |\vec{a}|\cdot|\vec{b}|\cdot\cos\sphericalangle(\vec{a},\vec{b})\ .$$

Ist einer der Vektoren $\vec{a},\vec{b}$ der Nullvektor $\vec{O}$, so setzen wir:
$$\vec{a}\cdot\vec{b} = 0\ .$$

Eigenschaften des skalaren Produktes: $(\vec{a}\neq\vec{O},\ \vec{b}\neq\vec{O})$

1) Für $\sphericalangle(\vec{a},\vec{b})\in(-\frac{\pi}{2},\frac{\pi}{2})$

    gilt:

    $$\boxed{\vec{a}\cdot\vec{b} > 0}$$

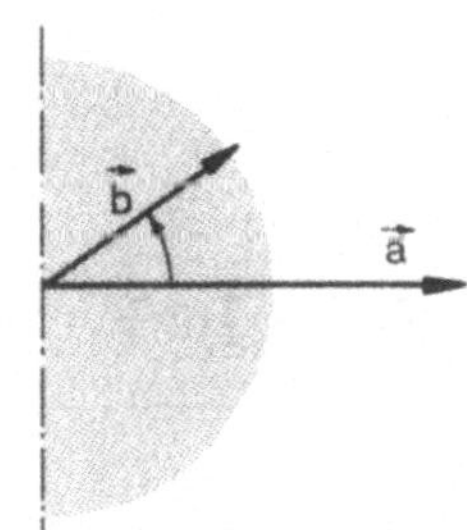

2) Für $\sphericalangle(\vec{a},\vec{b})\in(\frac{\pi}{2},\pi]$
    oder $\sphericalangle(\vec{a},\vec{b})\in(-\pi,-\frac{\pi}{2})$
    gilt:

    $$\boxed{\vec{a}\cdot\vec{b} < 0}$$

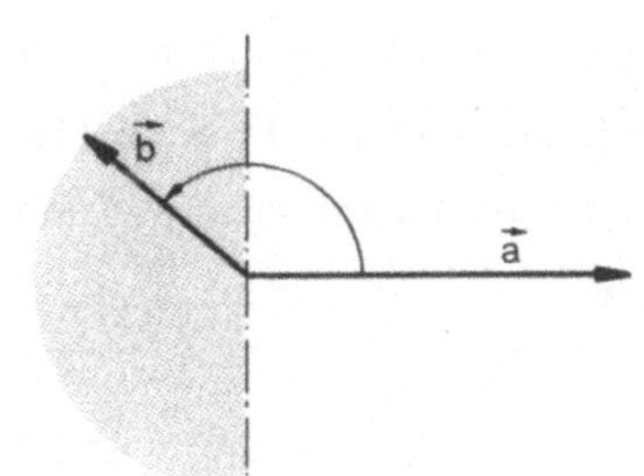

3) Für $\sphericalangle(\vec{a},\vec{b}) = \frac{\pi}{2}$
    oder $\sphericalangle(\vec{a},\vec{b}) = -\frac{\pi}{2}$
    gilt:

    $$\boxed{\vec{a}\cdot\vec{b} = 0}$$

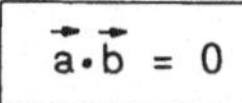
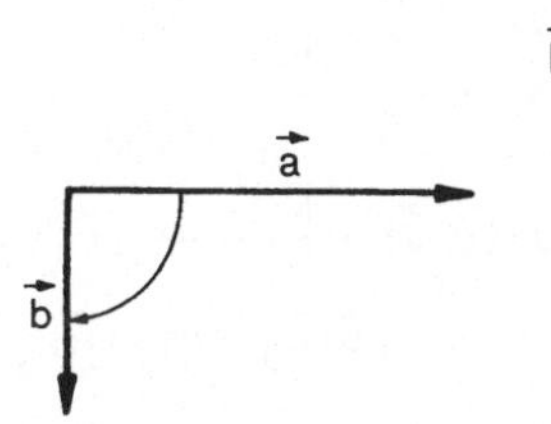
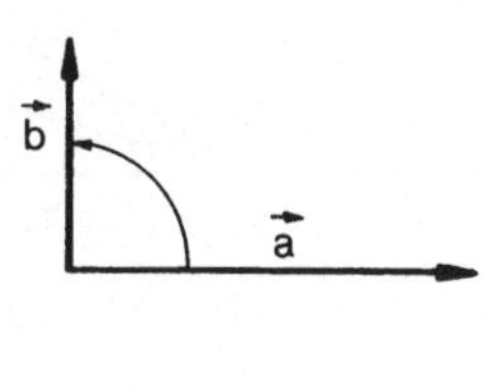

4) Verlaufen $\vec{a}$ und $\vec{b}$ parallel, dann gilt: $\vec{a}\cdot\vec{b} = |\vec{a}|\cdot|\vec{b}|$.

Insbesondere folgt mit $\vec{a} = \vec{b}$ und $|\vec{a}| = a$: $\vec{a}\cdot\vec{a} = |\vec{a}|\cdot|\vec{a}| = a^2$,

also $a = \sqrt{\vec{a}\cdot\vec{a}}$.

5) Für den Kosinus des Winkels $\sphericalangle(\vec{a},\vec{b})$ ergibt sich:

$$\cos\sphericalangle(\vec{a},\vec{b}) = \frac{\vec{a}\cdot\vec{b}}{|\vec{a}|\cdot|\vec{b}|} .$$

Bemerkung:

Mit den Eigenschaften 1) bis 3) gilt die <u>Orthogonalitätsbedingung</u>:

Das skalare Produkt $\vec{a}\cdot\vec{b}$ zweier Vektoren $\vec{a} \neq \vec{O}$ und $\vec{b} \neq \vec{O}$ wird genau dann Null, wenn $\vec{a}$ zu $\vec{b}$ orthogonal ist, d.h. wenn die Vektoren aufeinander senkrecht stehen.

Satz (30.1):

Für die Vektoren $\vec{a},\vec{b},\vec{c}$ und für $\lambda \in \mathbb{R}$ gilt:

1) $\vec{a}\cdot\vec{b} = \vec{b}\cdot\vec{a}$ <u>Kommutativgesetz</u>,

2) $\vec{a}\cdot(\vec{b}+\vec{c}) = \vec{a}\cdot\vec{b} + \vec{a}\cdot\vec{c}$ <u>Distributivgesetz</u>,

3) $(\lambda\vec{a})\cdot\vec{b} = \lambda(\vec{a}\cdot\vec{b}) = \vec{a}\cdot(\lambda\vec{b})$ <u>Assoziativgesetz</u> der Multiplikation mit $\lambda \in \mathbb{R}$.

Beweis:

<u>Zu 1)</u>: Wegen $\cos\sphericalangle(\vec{a},\vec{b}) = \cos\sphericalangle(\vec{b},\vec{a})$ gilt:

$$\vec{a}\cdot\vec{b} = |\vec{a}|\cdot|\vec{b}|\cdot\cos\sphericalangle(\vec{a},\vec{b}) = |\vec{b}|\cdot|\vec{a}|\cdot\cos\sphericalangle(\vec{b},\vec{a}) = \vec{b}\cdot\vec{a} .$$

<u>Zu 2)</u>: Für die Projektionen der Vektoren $\vec{b}$, $\vec{c}$ und $\vec{b}+\vec{c}$ auf $\vec{a}$ gilt:

$$|\vec{b}|\cdot\cos\sphericalangle(\vec{a},\vec{b}) + |\vec{c}|\cdot\cos\sphericalangle(\vec{a},\vec{c}) = |\vec{b}+\vec{c}|\cdot\cos\sphericalangle(\vec{a},\vec{b}+\vec{c}) .$$

Durch Multiplikation aller Terme mit $|\vec{a}|$ folgt dann die Behauptung.

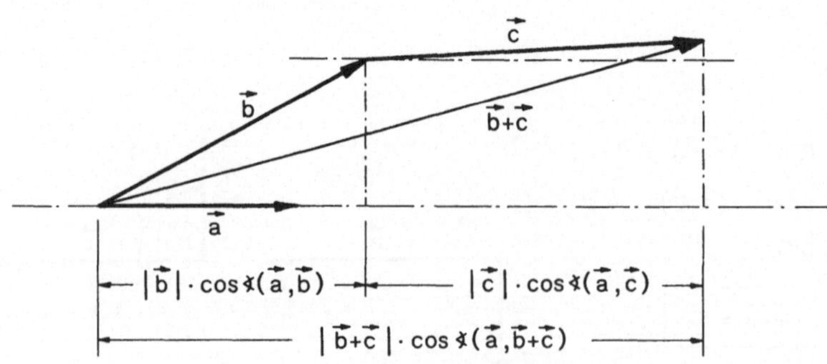

__Zu 3)__: Mit $\lambda \in \mathbb{R}_0^+$ folgt wegen $|\lambda \vec{a}| = \lambda |\vec{a}|$ und $\cos \sphericalangle(\vec{a},\vec{b}) = \cos \sphericalangle(\lambda \vec{a},\vec{b})$:

$$(\lambda \vec{a}) \cdot \vec{b} = |\lambda \vec{a}| \cdot |\vec{b}| \cdot \cos \sphericalangle(\lambda \vec{a},\vec{b}) = \lambda |\vec{a}| \cdot |\vec{b}| \cdot \cos \sphericalangle(\vec{a},\vec{b}) = \lambda(\vec{a} \cdot \vec{b}).$$

Für $\lambda \in \mathbb{R}^-$ folgt die Behauptung entsprechend wegen $|\lambda \vec{a}| = -\lambda |\vec{a}|$ und $\cos \sphericalangle(\vec{a},\vec{b}) = -\cos \sphericalangle(\lambda \vec{a},\vec{b})$.

__Bemerkung:__

Man verdeutliche sich, daß es kein skalares Produkt von drei Vektoren $\vec{a},\vec{b},\vec{c}$ geben kann, da $\vec{a} \cdot \vec{b}$, $\vec{a} \cdot \vec{c}$, $\vec{b} \cdot \vec{c}$ reelle Zahlen darstellen. Es sind lediglich S-Multiplikationen der Form $(\vec{a} \cdot \vec{b})\vec{c}$ möglich, die wiederum Vektoren ergeben.

30.2   SKALARES PRODUKT ZWEIER VEKTOREN AUS $\mathbb{R}^3$

Wir berechnen das skalare Produkt $\vec{a} \cdot \vec{b}$ von zwei Vektoren $\vec{a}$ und $\vec{b}$ aus $\mathbb{R}^3$ mit Hilfe ihrer Koordinaten bezüglich der drei Einheitsvektoren $\vec{e}_x = \begin{pmatrix} 1 \\ 0 \\ 0 \end{pmatrix}$, $\vec{e}_y = \begin{pmatrix} 0 \\ 1 \\ 0 \end{pmatrix}$ und $\vec{e}_z = \begin{pmatrix} 0 \\ 0 \\ 1 \end{pmatrix}$.

Mit $\vec{a} = \begin{pmatrix} a_x \\ a_y \\ a_z \end{pmatrix} = a_x \vec{e}_x + a_y \vec{e}_y + a_z \vec{e}_z$ und $\vec{b} = \begin{pmatrix} b_x \\ b_y \\ b_z \end{pmatrix} = b_x \vec{e}_x + b_y \vec{e}_y + b_z \vec{e}_z$

folgt wegen

$$\vec{e}_x \cdot \vec{e}_x = \vec{e}_y \cdot \vec{e}_y = \vec{e}_z \cdot \vec{e}_z = 1$$

und

$$\vec{e}_x \cdot \vec{e}_y = \vec{e}_x \cdot \vec{e}_z = \vec{e}_y \cdot \vec{e}_z = 0$$

für $\vec{a} \cdot \vec{b}$ mit Hilfe von Satz (30.1):

$$\vec{a} \cdot \vec{b} = (a_x \vec{e}_x + a_y \vec{e}_y + a_z \vec{e}_z) \cdot (b_x \vec{e}_x + b_y \vec{e}_y + b_z \vec{e}_z)$$

$$= a_x b_x (\vec{e}_x \cdot \vec{e}_x) + a_x b_y (\vec{e}_x \cdot \vec{e}_y) + a_x b_z (\vec{e}_x \cdot \vec{e}_z) +$$

$$a_y b_x (\vec{e}_y \cdot \vec{e}_x) + a_y b_y (\vec{e}_y \cdot \vec{e}_y) + a_y b_z (\vec{e}_y \cdot \vec{e}_z) +$$

$$a_z b_x (\vec{e}_z \cdot \vec{e}_x) + a_z b_y (\vec{e}_z \cdot \vec{e}_y) + a_z b_z (\vec{e}_z \cdot \vec{e}_z)$$

$$= a_x b_x + a_y b_y + a_z b_z \; .$$

Damit gilt der folgende Satz (30.2).

Satz (30.2):

Das skalare Produkt $\vec{a}\cdot\vec{b}$ der Vektoren $\vec{a} = \begin{pmatrix} a_x \\ a_y \\ a_z \end{pmatrix}$ und $\vec{b} = \begin{pmatrix} b_x \\ b_y \\ b_z \end{pmatrix}$

aus $\mathbb{R}^3$ ist gegeben durch:
$$\vec{a}\cdot\vec{b} = a_x b_x + a_y b_y + a_z b_z \; .$$

Bemerkungen:

a) Der Satz(30.2) wird oft auch als Definition des skalaren Produktes in $\mathbb{R}^3$ benutzt.

b) Für zwei Vektoren $\vec{a} = \begin{pmatrix} a_x \\ a_y \end{pmatrix}$ und $\vec{b} = \begin{pmatrix} b_x \\ b_y \end{pmatrix}$ aus $\mathbb{R}^2$ erhalten wir

entsprechend das skalare Produkt: $\vec{a}\cdot\vec{b} = a_x b_x + a_y b_y \; .$

c) Sind die Vektoren $\vec{a} = \begin{pmatrix} a_x \\ a_y \\ a_z \end{pmatrix}$ und $\vec{b} = \begin{pmatrix} b_x \\ b_y \\ b_z \end{pmatrix}$ verschieden vom Null-

vektor, so folgt mit der Eigenschaft 5) auf Seite 108 für die Berechnung des Winkels zwischen $\vec{a}$ und $\vec{b}$:

$$\cos \sphericalangle(\vec{a},\vec{b}) = \frac{\vec{a}\cdot\vec{b}}{|\vec{a}|\cdot|\vec{b}|} = \frac{a_x b_x + a_y b_y + a_z b_z}{\sqrt{a_x^2+a_y^2+a_z^2} \cdot \sqrt{b_x^2+b_y^2+b_z^2}}$$

Beispiele:

(1) Wir berechnen den Winkel

$\alpha = \sphericalangle(\vec{a},\vec{b})$ zwischen den

beiden Vektoren

$\vec{a} = \begin{pmatrix} 4 \\ 1 \\ 3 \end{pmatrix}$ und $\vec{b} = \begin{pmatrix} 1 \\ 2 \\ 4 \end{pmatrix}$.

Mit

$$\cos \sphericalangle(\vec{a},\vec{b}) = \frac{4\cdot 1 + 1\cdot 2 + 3\cdot 4}{\sqrt{4^2 + 1^2 + 3^2} \cdot \sqrt{1^2 + 2^2 + 4^2}} = 0{,}77032\ldots$$

folgt: $\alpha = \sphericalangle(\vec{a},\vec{b}) = 0{,}69145\ldots = 39{,}62°$.

(2) Die beiden Vektoren $\vec{a} = \begin{pmatrix} 1 \\ 2 \\ 4 \end{pmatrix}$ und $\vec{b} = \begin{pmatrix} -1 \\ -1 \\ \frac{3}{4} \end{pmatrix}$ sind orthogonal, denn

es gilt:
$$\vec{a}\cdot\vec{b} = 1\cdot(-1) + 2\cdot(-1) + 4\cdot\tfrac{3}{4} = 0 \; .$$

Vgl. hierzu die Orthogonalitätsbedingung auf Seite 108.

31   VEKTORIELLES PRODUKT ZWEIER VEKTOREN

31.1   BEGRIFF DES VEKTORIELLEN PRODUKTES

<u>Einführung:</u>

Wir untersuchen die Wirkung einer Kraft $\vec{F}$, die im Punkt P eines
Körpers angreift, der um einen Punkt D drehbar ist.
Die Drehachse steht senkrecht auf der durch $\vec{r}$ und $\vec{F}$ definierten
Ebene.

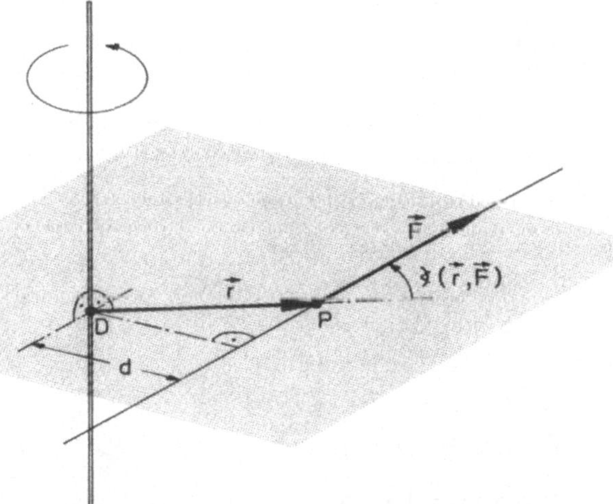

Die Kraft $\vec{F}$ bewirkt ein Drehmoment "Kraft·Hebelarm", dessen
Betrag durch das Produkt aus dem Betrag der Kraft und dem Abstand
der Kraft-Wirkungslinie vom Drehpunkt D festgelegt wird:

$$M = |\vec{F}| \cdot d = |\vec{F}| \cdot |\vec{r}| \cdot \sin \angle(\vec{r},\vec{F}) \ .$$

Mit dem Zahlwert $M \in \mathbb{R}$ wird der Drehvorgang jedoch nicht vollständig
beschrieben, da z.B. die Drehachse und der Drehsinn nicht erfaßt
werden.
Zu diesem Zweck definieren wir einen Vektor $\vec{M}$ in Richtung der
Drehachse, der also senkrecht auf $\vec{r}$ und $\vec{F}$ steht. Der Richtungssinn
von $\vec{M}$ wird so festgelegt, daß $\vec{r}$, $\vec{F}$ und $\vec{M}$ in dieser Reihenfolge ein
Rechtssystem bilden.

<u>Definition (31.1):</u> (Vektorielles Produkt, Vektorprodukt)

> Das **vektorielle Produkt** $\vec{a} \times \vec{b}$ zweier vom Nullvektor verschiedenen
> Vektoren $\vec{a}$ und $\vec{b}$ des Raumes ist ein Vektor mit den folgenden
> Eigenschaften:
>
> 1) $\vec{a} \times \vec{b}$ steht senkrecht auf $\vec{a}$ und auf $\vec{b}$,
>
> 2) die Vektoren $\vec{a}$, $\vec{b}$ und $\vec{a} \times \vec{b}$ bilden in dieser Reihenfolge ein
>   Rechtssystem,
>
> 3) $|\vec{a} \times \vec{b}| = |\vec{a}| \cdot |\vec{b}| \cdot |\sin \sphericalangle(\vec{a},\vec{b})|$, wobei $\sphericalangle(\vec{a},\vec{b}) \in (-\pi,\pi]$.
>
> Ist $\vec{a}$ oder $\vec{b}$ der Nullvektor, so setzen wir: $\vec{a} \times \vec{b} = \vec{O}$.

<u>Bemerkungen:</u>

a) Die Vektoren $\vec{a}$, $\vec{b}$ und $\vec{a} \times \vec{b}$ bilden in dieser Reihenfolge genau
dann ein Rechtssystem, wenn, von der Spitze des zu $\vec{a} \times \vec{b}$ gehörenden
Pfeiles aus gesehen, der Vektor $\vec{a}$ durch Drehung um einen Winkel
$\alpha \in [0,\pi]$ im Gegenuhrzeigersinn in den Vektor $\vec{b}$ überführt wird
(vgl. hierzu die folgende Skizze).

b) Der Betrag $|\vec{a} \times \vec{b}|$ des
Vektors $\vec{a} \times \vec{b}$ stellt geometrisch
die Maßzahl des Flächeninhaltes
des Parallelogramms dar, das
durch $\vec{a}$ und $\vec{b}$ erzeugt wird:

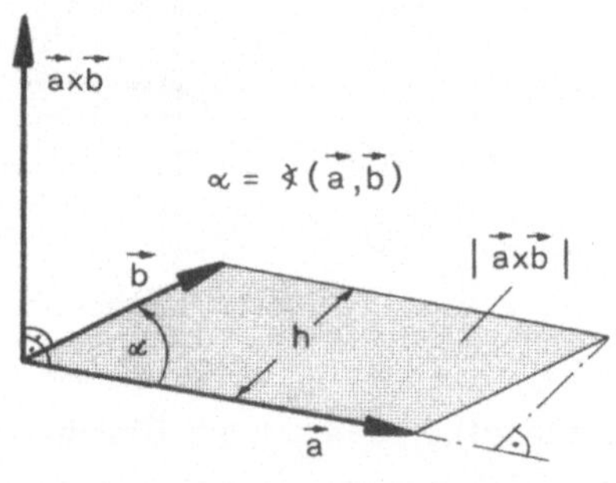

$$|\vec{a} \times \vec{b}| = |\vec{a}| \cdot h$$

mit

$$h = |\vec{b}| \cdot |\sin \sphericalangle(\vec{a},\vec{b})|$$

c) Wegen $\sin 0 = \sin \pi = 0$ folgt für zwei vom Nullvektor $\vec{O}$ verschiedene Vektoren $\vec{a}$ und $\vec{b}$:

> Es gilt $\vec{a} \times \vec{b} = \vec{O}$ genau dann, wenn $\vec{a}$ und $\vec{b}$ kollinear sind, d.h.
> wenn $\vec{a}$ und $\vec{b}$ linear abhängig sind.

<u>Satz (31.1):</u>

> Für die Vektoren $\vec{a}$, $\vec{b}$ und $\vec{c}$ sowie für $\lambda \in \mathrm{IR}$ gilt:
>
> 1) $\vec{a} \times \vec{b} = -(\vec{b} \times \vec{a})$ Alternativgesetz,
>
> 2) $(\vec{a}+\vec{b}) \times \vec{c} = \vec{a} \times \vec{c} + \vec{b} \times \vec{c}$ Distributivgesetz,
>
> 3) $\lambda(\vec{a} \times \vec{b}) = (\lambda\vec{a}) \times \vec{b} = \vec{a} \times (\lambda\vec{b})$.

<u>Beweis:</u>

Ist einer der Vektoren $\vec{a}$, $\vec{b}$ oder $\vec{c}$ der Nullvektor, so folgen die drei Behauptungen trivialerweise.

Seien also $\vec{a}$, $\vec{b}$ und $\vec{c}$ verschieden von $\vec{O}$.

<u>Zu 1)</u>: Die Vektoren $\vec{a}{\times}\vec{b}$ und $\vec{b}{\times}\vec{a}$ sind entgegengesetzt orientiert und haben den gleichen Betrag (vgl. Skizze):

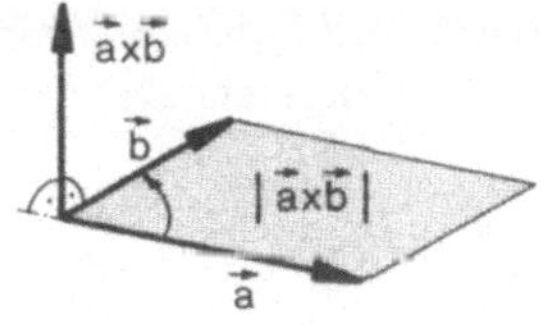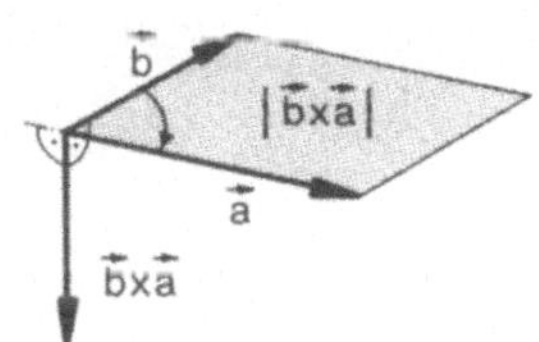

<u>Zu 2)</u>: Gegeben seien die von einem Punkt A ausgehenden Vektoren $\vec{a}$, $\vec{b}$ und $\vec{c}$ mit der zu $\vec{c}$ senkrecht verlaufenden Ebene E (vgl. Skizze).

Die Vektorprodukte $\vec{a}{\times}\vec{c}$, $\vec{b}{\times}\vec{c}$ und $(\vec{a}+\vec{b}){\times}\vec{c}$ werden nun in mehreren Schritten konstruiert:

<u>Als erstes</u> erhalten wir durch Projektion der Vektoren $\vec{a}$, $\vec{b}$ und $\vec{c}$ auf die Ebene E die drei Vektoren $\vec{a^*}$, $\vec{b^*}$ und $\vec{a^*}+\vec{b^*}$ mit:

$$|\vec{a^*}| = |\vec{a}|\cdot|\sin\sphericalangle(\vec{a},\vec{c})|,$$
$$|\vec{b^*}| = |\vec{b}|\cdot|\sin\sphericalangle(\vec{b},\vec{c})|,$$
$$|\vec{a^*}+\vec{b^*}| = |\vec{a}+\vec{b}|\cdot|\sin\sphericalangle(\vec{a}+\vec{b},\vec{c})|.$$

<u>Als zweites</u> multiplizieren wir die Vektoren $\vec{a^*}$, $\vec{b^*}$ und $\vec{a^*}+\vec{b^*}$ mit $|\vec{c}|$ und erhalten so die Vektoren $\vec{a'}$, $\vec{b'}$ und $\vec{a'}+\vec{b'}$ in der Ebene E mit:

$$|\vec{a'}| = |\vec{a}|\cdot|\vec{c}|\cdot|\sin\sphericalangle(\vec{a},\vec{c})| = |\vec{a}{\times}\vec{c}|,$$
$$|\vec{b'}| = |\vec{b}|\cdot|\vec{c}|\cdot|\sin\sphericalangle(\vec{b},\vec{c})| = |\vec{b}{\times}\vec{c}|,$$
$$|\vec{a'}+\vec{b'}| = |\vec{a}+\vec{b}|\cdot|\vec{c}|\cdot|\sin\sphericalangle(\vec{a}+\vec{b},\vec{c})| = |(\vec{a}+\vec{b}){\times}\vec{c}|.$$

<u>Als drittes</u> drehen wir die Vektoren $\vec{a'}$, $\vec{b'}$ und $\vec{a'}+\vec{b'}$ auf der Ebene E mit dem Drehpunkt A um einen rechten Winkel und erhalten so die Vektoren $\vec{a''}$, $\vec{b''}$ und $\vec{a''}+\vec{b''}$. Die Drehung erfolgt dergestalt, daß die Vektoren $\vec{a}$, $\vec{c}$, $\vec{a''}$ in dieser Reihenfolge ein Rechtssystem bilden. Entsprechend bilden dann auch $\vec{b}$, $\vec{c}$, $\vec{b''}$ und $\vec{a}+\vec{b}$, $\vec{c}$, $\vec{a''}+\vec{b''}$ Rechtssysteme.

<u>Als Ergebnis</u> dieser drei Schritte erhalten wir z.B. für $\vec{a''}$:

a) $\vec{a}''$ steht senkrecht auf $\vec{a}$ und auf $\vec{c}$,

b) $\vec{a}$, $\vec{c}$, $\vec{a}''$ bilden ein Rechtssystem ,

c) $|\vec{a}''| = |\vec{a}'| = |\vec{a} \times \vec{c}|$.

Daraus folgt: $\vec{a}'' = \vec{a} \times \vec{c}$.

Entsprechend ergibt sich: $\vec{b}'' = \vec{b} \times \vec{c}$ und $\vec{a}'' + \vec{b}'' = (\vec{a} + \vec{b}) \times \vec{c}$.

Insgesamt ergibt sich daraus die Behauptung.

Skizze: (Der Übersichtlichkeit halber werden die Vektoren, die

alle im Punkt A beginnen, versetzt gezeichnet)

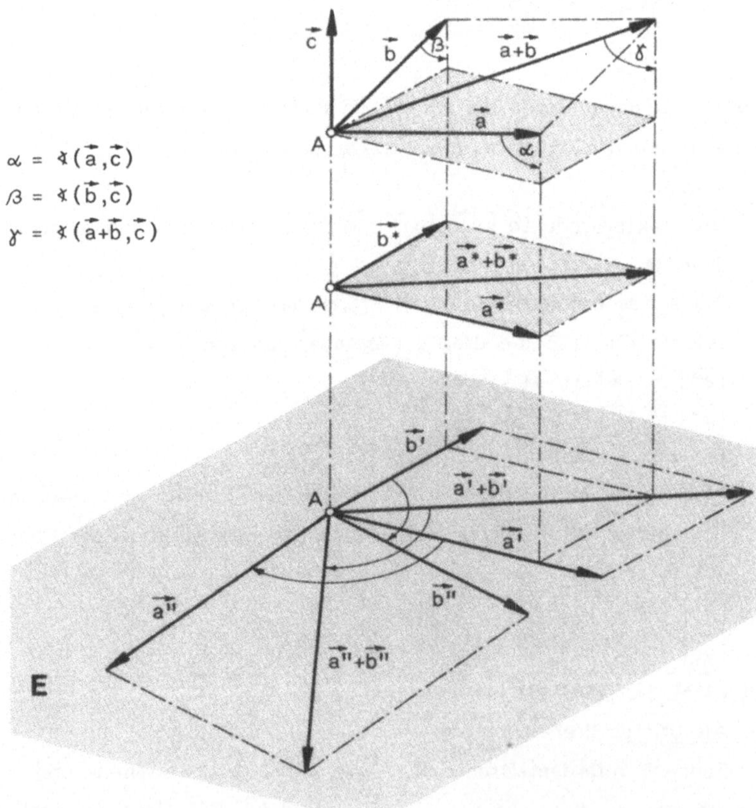

Zu 3): Die Behauptung folgt wegen der Gleichheit der Beträge und

der Parallelität der Vektoren $\lambda(\vec{a} \times \vec{b})$, $(\lambda \vec{a}) \times \vec{b}$ und $\vec{a} \times (\lambda \vec{b})$. Im Falle

$\lambda = 0$ gilt insbesondere: $\lambda(\vec{a} \times \vec{b}) = (\lambda \vec{a}) \times \vec{b} = \vec{a} \times (\lambda \vec{b}) = \vec{O}$.

Bemerkung:

Für das Vektorprodukt gilt <u>kein</u> Assoziativgesetz der Form:
$$(\vec{a}\times\vec{b})\times\vec{c} = \vec{a}\times(\vec{b}\times\vec{c}) \ .$$

Begründung: Der Vektor $(\vec{a}\times\vec{b})\times\vec{c}$ steht senkrecht auf der von $\vec{a}\times\vec{b}$ und $\vec{c}$ aufgespannten Ebene E_1. Der Vektor $\vec{a}\times(\vec{b}\times\vec{c})$ steht dagegen senkrecht auf der von $\vec{a}$ und $\vec{b}\times\vec{c}$ aufgespannten Ebene E_2, die i.a. nicht parallel zu E_1 ist.

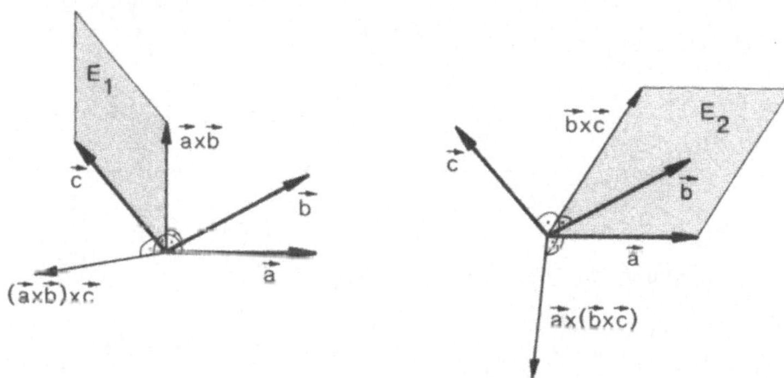

Damit sind auch die dazu senkrechten Vektoren $(\vec{a}\times\vec{b})\times\vec{c}$ und $\vec{a}\times(\vec{b}\times\vec{c})$ i.a. nicht parallel, also erst recht nicht gleich.

$\boxed{31.2}$ VEKTORIELLES PRODUKT ZWEIER VEKTOREN AUS IR^3

Wir berechnen das vektorielle Produkt $\vec{a}\times\vec{b}$ von zwei Vektoren $\vec{a}$ und $\vec{b}$ aus IR^3 mit Hilfe ihrer Koordinaten bzw. Komponenten bezüglich der drei Einheitsvektoren $\vec{e}_x = \begin{pmatrix}1\\0\\0\end{pmatrix}$, $\vec{e}_y = \begin{pmatrix}0\\1\\0\end{pmatrix}$ und $\vec{e}_z = \begin{pmatrix}0\\0\\1\end{pmatrix}$.

Mit
$$\vec{a} = \begin{pmatrix}a_x\\a_y\\a_z\end{pmatrix} = a_x\vec{e}_x + a_y\vec{e}_y + a_z\vec{e}_z \quad\text{und}\quad \vec{b} = \begin{pmatrix}b_x\\b_y\\b_z\end{pmatrix} = b_x\vec{e}_x + b_y\vec{e}_y + b_z\vec{e}_z$$

folgt wegen
$$\vec{e}_x\times\vec{e}_x = \vec{e}_y\times\vec{e}_y = \vec{e}_z\times\vec{e}_z = \vec{0}\ ,$$
$$\vec{e}_x\times\vec{e}_y = \vec{e}_z\ ,\quad \vec{e}_y\times\vec{e}_z = \vec{e}_x\ ,\quad \vec{e}_z\times\vec{e}_x = \vec{e}_y\ ,$$
$$\vec{e}_y\times\vec{e}_x = -\vec{e}_z\ ,\quad \vec{e}_z\times\vec{e}_y = -\vec{e}_x\ ,\quad \vec{e}_x\times\vec{e}_z = -\vec{e}_y$$

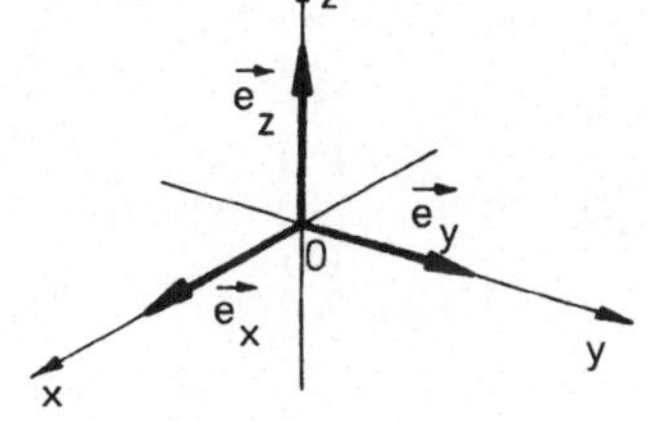

für $\vec{a} \times \vec{b}$ mit Hilfe von Satz (31.1):

$$\vec{a} \times \vec{b} = (a_x \vec{e}_x + a_y \vec{e}_y + a_z \vec{e}_z) \times (b_x \vec{e}_x + b_y \vec{e}_y + b_z \vec{e}_z)$$

$$= a_x b_x (\vec{e}_x \times \vec{e}_x) + a_x b_y (\vec{e}_x \times \vec{e}_y) + a_x b_z (\vec{e}_x \times \vec{e}_z) +$$

$$a_y b_x (\vec{e}_y \times \vec{e}_x) + a_y b_y (\vec{e}_y \times \vec{e}_y) + a_y b_z (\vec{e}_y \times \vec{e}_z) +$$

$$a_z b_x (\vec{e}_z \times \vec{e}_x) + a_z b_y (\vec{e}_z \times \vec{e}_y) + a_z b_z (\vec{e}_z \times \vec{e}_z)$$

$$= a_x b_y \vec{e}_z + a_x b_z (-\vec{e}_y) + a_y b_x (-\vec{e}_z) + a_y b_z \vec{e}_x + a_z b_x \vec{e}_y + a_z b_y (-\vec{e}_x)$$

$$= (a_y b_z - a_z b_y) \vec{e}_x + (a_z b_x - a_x b_z) \vec{e}_y + (a_x b_y - a_y b_x) \vec{e}_z \; .$$

Damit gilt

<u>Satz (31.2)</u>:

Das vektorielle Produkt der Vektoren $\vec{a} = \begin{pmatrix} a_x \\ a_y \\ a_z \end{pmatrix}$ und $\vec{b} = \begin{pmatrix} b_x \\ b_y \\ b_z \end{pmatrix}$ aus $\mathbb{R}^3$ ist gegeben durch:

$$\vec{a} \times \vec{b} = (a_y b_z - a_z b_y) \vec{e}_x + (a_z b_x - a_x b_z) \vec{e}_y + (a_x b_y - a_y b_x) \vec{e}_z$$

$$= \begin{pmatrix} a_y b_z - a_z b_y \\ a_z b_x - a_x b_z \\ a_x b_y - a_y b_x \end{pmatrix} \; .$$

Dabei gilt für den Betrag von $\vec{a} \times \vec{b}$:

$$|\vec{a} \times \vec{b}| = \sqrt{(a_y b_z - a_z b_y)^2 + (a_z b_x - a_x b_z)^2 + (a_x b_y - a_y b_x)^2} \; .$$

<u>Bemerkung</u>:

Speziell für Vektoren $\vec{a}$ und $\vec{b}$ der (x,y)-Ebene, also für Vektoren

$$\vec{a} = \begin{pmatrix} a_x \\ a_y \\ 0 \end{pmatrix} \text{ und } \vec{b} = \begin{pmatrix} b_x \\ b_y \\ 0 \end{pmatrix} \text{ aus } \mathbb{R}^3, \text{ folgt:}$$

$$\vec{a} \times \vec{b} = (a_x b_y - a_y b_x) \vec{e}_z \text{ mit } |\vec{a} \times \vec{b}| = |a_x b_y - a_y b_x| \; .$$

<u>Beispiele</u>:

① Für $\vec{a} = \begin{pmatrix} 1 \\ 2 \\ 0 \end{pmatrix}$ und $\vec{b} = \begin{pmatrix} -3 \\ 4 \\ 0 \end{pmatrix}$ gilt: $\vec{a} \times \vec{b} = \begin{pmatrix} 0 \\ 0 \\ 1 \cdot 4 - 2 \cdot (-3) \end{pmatrix} = \begin{pmatrix} 0 \\ 0 \\ 10 \end{pmatrix}$

② Für $\vec{a} = \begin{pmatrix} 1 \\ 2 \\ 3 \end{pmatrix}$ und $\vec{b} = \begin{pmatrix} -2 \\ 0 \\ 1 \end{pmatrix}$ gilt: $\vec{a} \times \vec{b} = \begin{pmatrix} 2 \cdot 1 - 3 \cdot 0 \\ 3 \cdot (-2) - 1 \cdot 1 \\ 1 \cdot 0 - 2 \cdot (-2) \end{pmatrix} = \begin{pmatrix} 2 \\ -7 \\ 4 \end{pmatrix}$

32	ANWENDUNGEN: GEOMETRIE UND MECHANIK

32.1	SÄTZE ZU PARALLELOGRAMM UND DREIECK

Die folgenden Sätze werden mit Hilfe der linearen Unabhängigkeit
von Vektoren (vgl. Abschnitt 26) hergeleitet.

▶ Diagonalen im Parallelogramm:

Wir zeigen:

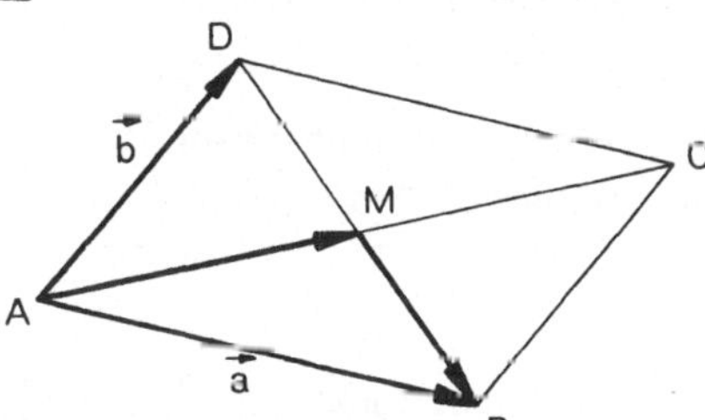

> Die Diagonalen in einem
> Parallelogramm halbieren
> sich gegenseitig.

Beweis:

Wegen $\overrightarrow{AC} = \vec{a}+\vec{b}$ und $\overrightarrow{DB} = \vec{a}-\vec{b}$ ist zu zeigen:

$$\overrightarrow{AM} = \frac{1}{2}(\vec{a}+\vec{b}) \quad \text{und} \quad \overrightarrow{MB} = \frac{1}{2}(\vec{a}-\vec{b}) .$$

Mit $\overrightarrow{AM} = \lambda_1(\vec{a}+\vec{b})$ und $\overrightarrow{MB} = \lambda_2(\vec{a}-\vec{b})$, wobei $\lambda_1, \lambda_2 \in \mathbb{R}$, erhalten wir:

$\vec{a} = \overrightarrow{AM} + \overrightarrow{MB} = \lambda_1(\vec{a}+\vec{b}) + \lambda_2(\vec{a}-\vec{b})$

bzw.

$(\lambda_1 + \lambda_2 - 1)\vec{a} + (\lambda_1 - \lambda_2)\vec{b} = \vec{O}$.

Da $\vec{a}$ und $\vec{b}$ nicht kollinear sind, sind sie linear unabhängig.

Nach Definition (26.2) gilt daher: $\lambda_1 + \lambda_2 - 1 = 0$ und $\lambda_1 - \lambda_2 = 0$.

Schließlich folgt daraus $\lambda_1 = \lambda_2 = \frac{1}{2}$, also die Behauptung.

▶ Seitenhalbierende im Dreieck:

Bevor wir einen Satz zum Schnittpunkt der Seitenhalbierenden im
Dreieck herleiten, zeigen wir:

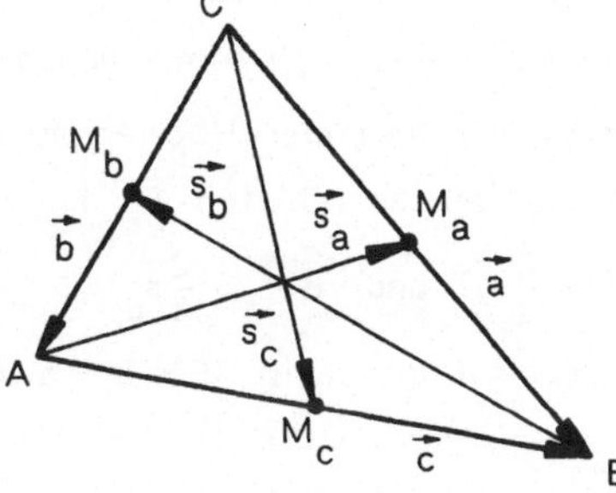

> Für die Seitenhalbierenden
> $\vec{s_a}, \vec{s_b}$ und $\vec{s_c}$ des skizzierten
> Dreiecks gilt:
>
> $\vec{s_a} = \frac{1}{2}(\vec{c}-\vec{b}), \quad \vec{s_b} = -\frac{1}{2}(\vec{a}+\vec{c})$
>
> und $\quad \vec{s_c} = \frac{1}{2}(\vec{a}+\vec{b})$.

Beweis:

Wegen $\overrightarrow{BM}_a = -\frac{1}{2}\vec{a}$ und $\vec{a} = \vec{b}+\vec{c}$ erhalten wir für $\vec{s}_a$:

$$\vec{s}_a = \vec{c}+\overrightarrow{BM}_a = \vec{c}-\frac{1}{2}\vec{a} = \vec{c}-\frac{1}{2}(\vec{b}+\vec{c}) = \frac{1}{2}(\vec{c}-\vec{b}) \ .$$

Analog folgen die Aussagen für $\vec{s}_b$ und $\vec{s}_c$.

Damit leiten wir nun folgenden Satz her:

Die Seitenhalbierenden eines Dreiecks schneiden sich in einem Punkt (dem Schwerpunkt) und teilen sich gegenseitig im Verhältnis 2:1 .

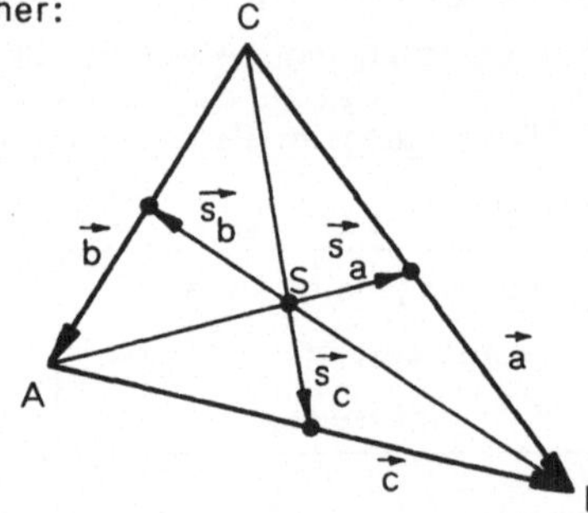

Beweis:

Sei S der Schnittpunkt von $\vec{s}_a$ und $\vec{s}_c$, so folgt mit dem Ansatz $\overrightarrow{CS} = \lambda_1\vec{s}_c$ und $\overrightarrow{AS} = \lambda_2\vec{s}_a$ ($\lambda_1,\lambda_2\in\mathbb{R}$) wegen $\vec{s}_c = \frac{1}{2}(\vec{a}+\vec{b})$ und $\vec{s}_a = \frac{1}{2}(\vec{c}-\vec{b})$:

$$\overrightarrow{CS} = \vec{b} + \overrightarrow{AS}$$
$$\lambda_1\vec{s}_c = \vec{b} + \lambda_2\vec{s}_a$$
$$\frac{1}{2}\lambda_1(\vec{a}+\vec{b}) = b + \frac{1}{2}\lambda_2(\vec{c}-\vec{b}) \ .$$

Wegen $\vec{a} = \vec{b}+\vec{c}$ ergibt sich daraus nach Umformung:

$$(\lambda_1 +\frac{1}{2}\lambda_2 - 1)\vec{b} + \frac{1}{2}(\lambda_1 - \lambda_2)\vec{c} = \vec{O} \ .$$

Die beiden Vektoren $\vec{b}$ und $\vec{c}$ sind linear unabhängig, d.h. nach Definition (26.2): $\lambda_1 +\frac{1}{2}\lambda_2 - 1 = 0$ und $\frac{1}{2}(\lambda_1 - \lambda_2) = 0$.

Wir erhalten damit schließlich $\lambda_1 = \lambda_2 = \frac{2}{3}$, also:

$$\overrightarrow{CS} = \frac{2}{3}\vec{s}_c \quad \text{und} \quad \overrightarrow{AS} = \frac{2}{3}\vec{s}_a \ .$$

$\vec{s}_c$ und $\vec{s}_a$ teilen sich somit gegenseitig im Verhältnis 2:1 .

Wenden wir dieselben Überlegungen auf $\vec{s}_c$ und $\vec{s}_b$ mit dem Schnittpunkt S* an, so erhalten wir entsprechend:

$$\overrightarrow{CS^*} = \frac{2}{3}\vec{s}_c \quad \text{und} \quad \overrightarrow{BS^*} = \frac{2}{3}\vec{s}_b \ .$$

Insgesamt folgt damit S = S*, also die Behauptung.

▶ <u>Schwerpunktkoordinaten des Dreiecks:</u>

Im (x,y,z)-Koordinatensystem seien die Eckpunkte $P_1(x_1,y_1,z_1)$, $P_2(x_2,y_2,z_2)$ und $P_3(x_3,y_3,z_3)$ eines Dreiecks $\triangle P_1P_2P_3$ durch die drei vom Ursprung ausgehenden Vektorpfeile (Ortsvektoren)

$$\vec{OP_1} = \vec{r}_1 = \begin{pmatrix} x_1 \\ y_1 \\ z_1 \end{pmatrix}, \quad \vec{OP_2} = \vec{r}_2 = \begin{pmatrix} x_2 \\ y_2 \\ z_2 \end{pmatrix} \quad \text{und} \quad \vec{OP_3} = \vec{r}_3 = \begin{pmatrix} x_3 \\ y_3 \\ z_3 \end{pmatrix}$$

festgelegt.

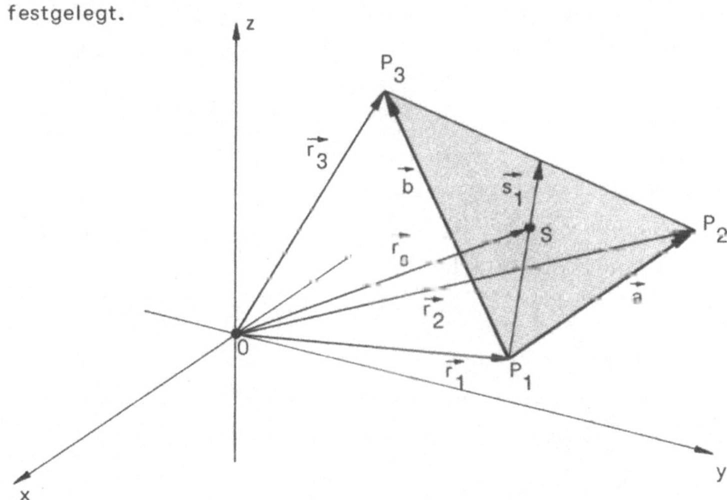

Dem Schwerpunkt $S(x_s,y_s,z_s)$, also dem Schnittpunkt der drei Seitenhalbierenden, wird der Ortsvektor $\vec{OS} = \vec{r}_s = \begin{pmatrix} x_s \\ y_s \\ z_s \end{pmatrix}$ zugeordnet.

Ist $\vec{s}_1$ die von P_1 ausgehende Seitenhalbierende, so folgt für $\vec{r}_s$ wegen

$$\vec{a} = \vec{r}_2 - \vec{r}_1, \quad \vec{b} = \vec{r}_3 - \vec{r}_1 \quad \text{und} \quad \vec{s}_1 = \frac{1}{2}(\vec{a} + \vec{b}) :$$

$$\vec{r}_s = \vec{r}_1 + \frac{2}{3}\vec{s}_1 = \vec{r}_1 + \frac{2}{3}\cdot\frac{1}{2}(\vec{a}+\vec{b}) = \vec{r}_1 + \frac{1}{3}(\vec{r}_2 - \vec{r}_1 + \vec{r}_3 - \vec{r}_1) = \frac{1}{3}(\vec{r}_1 + \vec{r}_2 + \vec{r}_3).$$

Damit folgt:

Für die Koordinaten des Schwerpunktes $S(x_s,y_s,z_s)$ eines Dreiecks mit den Eckpunkten $P_1(x_1,y_1,z_1)$, $P_2(x_2,y_2,z_2)$ und $P_3(x_3,y_3,z_3)$ gilt:
$$x_s = \frac{1}{3}(x_1 + x_2 + x_3), \quad y_s = \frac{1}{3}(y_1 + y_2 + y_3), \quad z_s = \frac{1}{3}(z_1 + z_2 + z_3).$$

32.2 — SÄTZE DER TRIGONOMETRIE

Wir leiten im folgenden einige Sätze der Trigonometrie aus Abschnitt 18 mit Hilfe des skalaren und des vektoriellen Produktes her.

▶ Satz des Thales: (vgl. Satz (18.4))

> In einem Kreis sind alle Umfangswinkel über dem Durchmesser rechte Winkel.

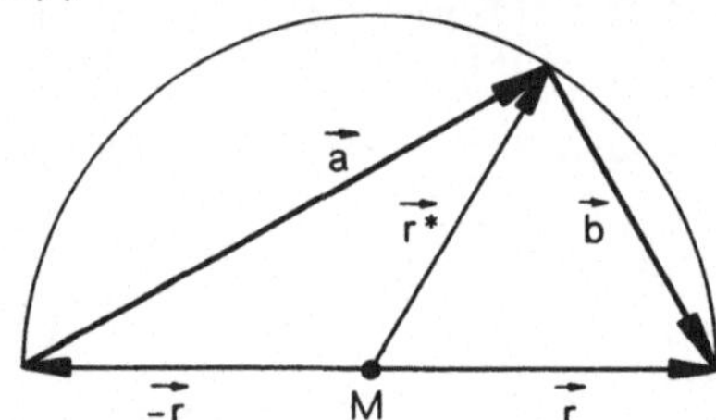

Beweis:

Wir zeigen: $\vec{a}$ und $\vec{b}$ sind zueinander orthogonal.

Wegen $\vec{a} = -(-\vec{r}) + \vec{r}^* = \vec{r} + \vec{r}^*$, $\vec{b} = -\vec{r}^* + \vec{r} = \vec{r} - \vec{r}^*$ und $|-\vec{r}| = |\vec{r}| = |\vec{r}^*|$ folgt für das Skalarprodukt $\vec{a} \cdot \vec{b}$:

$$\vec{a} \cdot \vec{b} = (\vec{r} + \vec{r}^*) \cdot (\vec{r} - \vec{r}^*) = \vec{r} \cdot \vec{r} - \vec{r} \cdot \vec{r}^* + \vec{r}^* \cdot \vec{r} - \vec{r}^* \cdot \vec{r}^* = \vec{r} \cdot \vec{r} - \vec{r}^* \cdot \vec{r}^*$$

$$= |\vec{r}|^2 - |\vec{r}^*|^2 = 0 .$$

Nach der Orthogonalitätsbedingung (vgl. Seite 108) stehen die Vektoren $\vec{a}$ und $\vec{b}$ wegen $\vec{a} \cdot \vec{b} = 0$ aufeinander senkrecht.

▶ Kosinussatz: (vgl. Satz (18.2))

> In einem beliebigen Dreieck mit den Bezeichnungen nach Skizze gilt:
> $$c^2 = a^2 + b^2 - 2ab \cdot \cos \gamma .$$

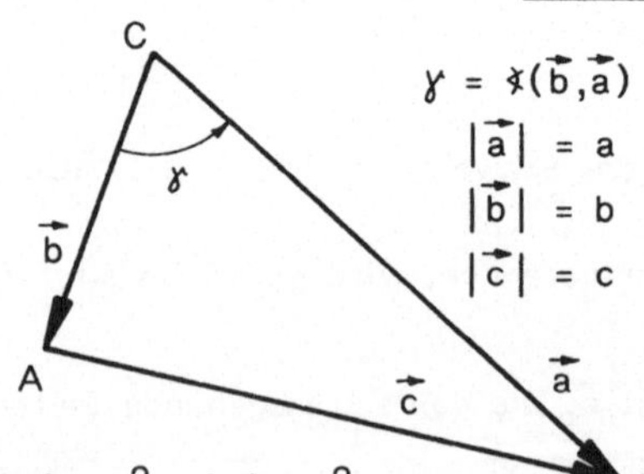

Beweis:

Mit $\vec{c} = \vec{a} - \vec{b}$ gilt wegen $\vec{a} \cdot \vec{a} = a^2$, $\vec{b} \cdot \vec{b} = b^2$, $\vec{c} \cdot \vec{c} = c^2$ und $\cos \sphericalangle(\vec{a},\vec{b}) = \cos \sphericalangle(\vec{b},\vec{a}) = \cos \gamma$:

$$c^2 = \vec{c} \cdot \vec{c} = (\vec{a} - \vec{b}) \cdot (\vec{a} - \vec{b}) = \vec{a} \cdot \vec{a} + \vec{b} \cdot \vec{b} - \vec{a} \cdot \vec{b} - \vec{b} \cdot \vec{a}$$

$$= a^2 + b^2 - 2\vec{a} \cdot \vec{b} = a^2 + b^2 - 2ab \cdot \cos \gamma .$$

▶ Sinussatz: (vgl. Satz (18.1))

> In einem Dreieck verhalten sich die Längen zweier Seiten zueinander wie die Sinuswerte der entsprechenden Gegenwinkel: $\dfrac{a}{c} = \dfrac{\sin \alpha}{\sin \gamma}$.

$|\vec{a}| = a$

$|\vec{b}| = b$

$|\vec{c}| = c$

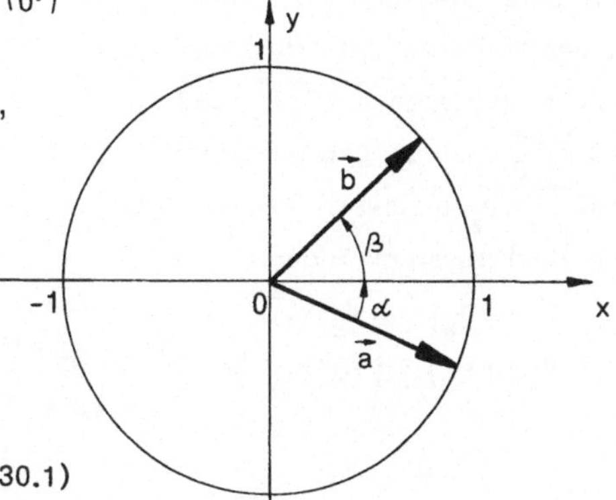

Beweis:

Der Flächeninhalt A des Dreiecks, das von den Vektoren $\vec{a}$, $\vec{b}$ und $\vec{c}$ begrenzt wird, ist gegeben durch:

$$A = \frac{1}{2}|\vec{a}\times\vec{b}| = \frac{1}{2}|\vec{b}\times\vec{c}| \qquad \text{(vgl. Bemerkung b auf Seite 112).}$$

Damit folgt $|\vec{a}\times\vec{b}| = |\vec{b}\times\vec{c}|$ bzw. $ab\cdot\sin\gamma' = bc\cdot\sin\alpha'$ und daraus wegen $\sin\gamma' = \sin\gamma$ und $\sin\alpha' = \sin\alpha$:

$$ab\cdot\sin\gamma = bc\cdot\sin\alpha\ , \quad \text{also die Behauptung}\quad \frac{a}{c} = \frac{\sin\alpha}{\sin\gamma}\ .$$

▶ **Additionstheoreme:** (vgl. Satz (18.6))

Für alle $\alpha,\beta\in\mathbb{R}$ gilt:

1) $\cos(\alpha\pm\beta) = \cos\alpha\cdot\cos\beta \mp \sin\alpha\cdot\sin\beta$,

2) $\sin(\alpha\pm\beta) = \sin\alpha\cdot\cos\beta \pm \sin\beta\cdot\cos\alpha$.

Beweis:

Wir führen den Beweis für $\alpha+\beta\in(-\pi,\pi]$ mit Hilfe von zwei Einheits-

vektoren $\vec{a} = \begin{pmatrix} a_x \\ a_y \\ 0 \end{pmatrix}$ und $\vec{b} = \begin{pmatrix} b_x \\ b_y \\ 0 \end{pmatrix}$ aus $\mathbb{R}^3$, die in der (x,y)-Ebene liegen.

$|\vec{a}| = a = 1$, $|\vec{b}| = b = 1$,

$\alpha+\beta = \sphericalangle(\vec{a},\vec{b})$,

$a_x = \cos\alpha$, $a_y = -\sin\alpha$,

$b_x = \cos\beta$, $b_y = \sin\beta$

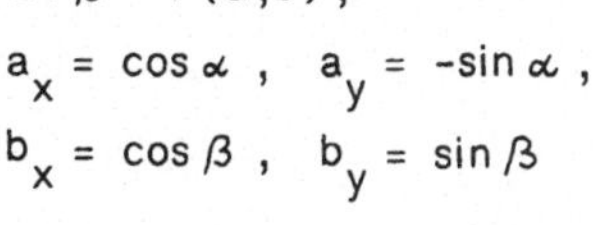

Zu 1):

Für das Skalarprodukt $\vec{a}\cdot\vec{b}$ erhalten wir mit Definition (30.1) und Satz (30.2):

$$\vec{a}\cdot\vec{b} = |\vec{a}|\cdot|\vec{b}|\cdot\cos\sphericalangle(\vec{a},\vec{b}) = \cos(\alpha+\beta)$$

und

$$\vec{a}\cdot\vec{b} = a_x b_x + a_y b_y = \cos\alpha\cdot\cos\beta - \sin\alpha\cdot\sin\beta \ .$$

Also gilt die Behauptung für $\cos(\alpha+\beta)$.

Wegen $\cos\beta = \cos(-\beta)$ und $\sin\beta = -\sin(-\beta)$ folgt auch die Behauptung für $\cos(\alpha-\beta)$.

Zu 2): Für das Vektorprodukt $\vec{a}\times\vec{b}$ erhalten wir mit Definition (31.1) und Satz (31.2):

$$\vec{a}\times\vec{b} = |\vec{a}|\cdot|\vec{b}|\cdot\sin\sphericalangle(\vec{a},\vec{b})\,\vec{e}_z = \sin(\alpha+\beta)\,\vec{e}_z$$

und

$$\vec{a}\times\vec{b} = (a_x b_y - a_y b_x)\,\vec{e}_z = (\cos\alpha\cdot\sin\beta + \sin\alpha\cdot\cos\beta)\,\vec{e}_z \ .$$

Der Koeffizientenvergleich ergibt die Behauptung für $\sin(\alpha+\beta)$.

Wegen $\cos\beta = \cos(-\beta)$ und $\sin\beta = -\sin(-\beta)$ folgt auch die Behauptung für $\sin(\alpha-\beta)$.

$\boxed{32.3}$ FLÄCHENINHALT EINES n-ECKS

▶ <u>Flächeninhalt eines Dreiecks (n = 3):</u>

Gegeben sei ein Dreieck $\triangle P_1 P_2 P_3$ in der (x,y)-Ebene mit den Eckpunkten $P_1(x_1,y_1,0)$, $P_2(x_2,y_2,0)$ und $P_3(x_3,y_3,0)$.

Wir berechnen den Flächeninhalt A des Dreiecks mit Hilfe der beiden Vektoren $\vec{a} = \overrightarrow{P_1 P_2}$ und $\vec{b} = \overrightarrow{P_1 P_3}$, die so gewählt sind, daß $\vec{a},\vec{b},\vec{e}_z$ in dieser Reihenfolge ein Rechtssystem bilden.

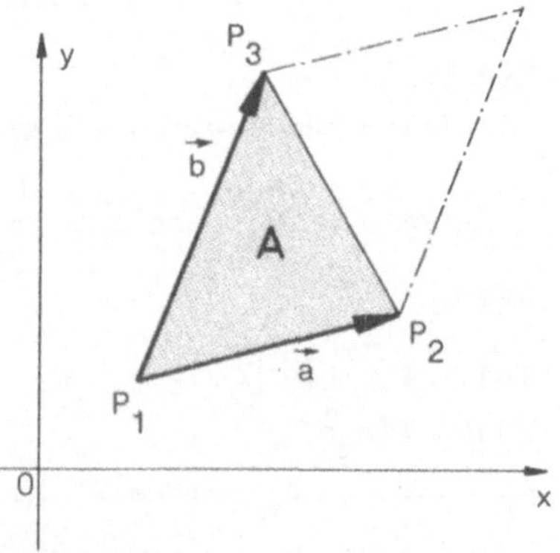

Mit $\vec{a} = \begin{pmatrix} a_x \\ a_y \\ 0 \end{pmatrix} = \begin{pmatrix} x_2-x_1 \\ y_2-y_1 \\ 0 \end{pmatrix}$ und $\vec{b} = \begin{pmatrix} b_x \\ b_y \\ 0 \end{pmatrix} = \begin{pmatrix} x_3-x_1 \\ y_3-y_1 \\ 0 \end{pmatrix}$ sowie

$$\vec{a}\times\vec{b} = \begin{pmatrix} 0 \\ 0 \\ a_x b_y - a_y b_x \end{pmatrix} = (a_x b_y - a_y b_x)\,\vec{e}_z$$

folgt wegen $(a_x b_y - a_y b_x) > 0$:

$$A = \frac{1}{2}|\vec{a} \times \vec{b}| = \frac{1}{2}(a_x b_y - a_y b_x) = \frac{1}{2}((x_2-x_1)(y_3-y_1) - (y_2-y_1)(x_3-x_1)) \; .$$

Nach Umordnung erhalten wir schließlich für den Flächeninhalt des Dreiecks $\triangle P_1 P_2 P_3$, bei dem die Eckpunkte im Gegenuhrzeigersinn angeordnet sind:

$$A = \frac{1}{2}(x_1(y_2-y_3) + x_2(y_3-y_1) + x_3(y_1-y_2))$$

bzw.

$$A = \frac{1}{2}(x_1 y_2 - x_2 y_1 + x_2 y_3 - x_3 y_2 + x_3 y_1 - x_1 y_3)$$

<u>Bemerkung</u>:

Sind die Eckpunkte des Dreiecks beliebig angeordnet, so gilt allgemein

$$A = \frac{1}{2}|x_1(y_2-y_3) + x_2(y_3-y_1) + x_3(y_1-y_2)|$$

bzw.

$$A = \frac{1}{2}|x_1 y_2 - x_2 y_1 + x_2 y_3 - x_3 y_2 + x_3 y_1 - x_1 y_3| \; .$$

▶ <u>Flächeninhalt eines ebenen n-Ecks:</u>

Vielecke lassen sich stets in Dreiecke aufteilen.

Wir wählen ein n-Eck in der (x,y)-Ebene mit den Eckpunkten $P_1(x_1,y_1,0)$, $P_2(x_2,y_2,0)$, ..., $P_n(x_n,y_n,0)$ dergestalt, daß die Eckpunkte im Gegenuhrzeigersinn angeordnet sind. Weiterhin soll im Innern des n-Ecks ein Punkt $P_o(x_o,y_o,0)$ existieren, der mit allen Eckpunkten durch Vektoren

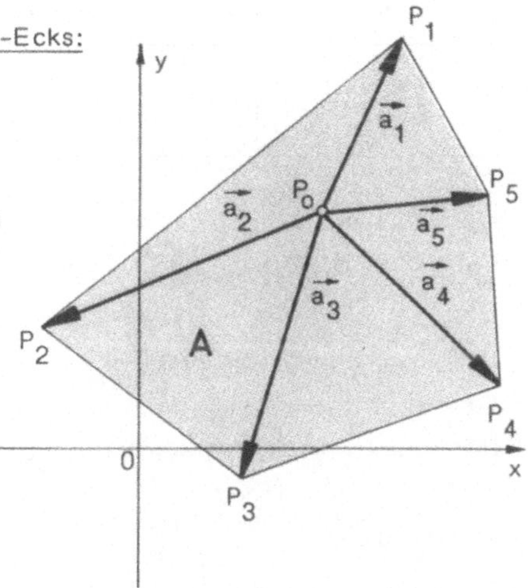

$\vec{a_1}, \vec{a_2}, ..., \vec{a_n}$ verbunden werden kann, die ganz im Innern des n-Ecks liegen (vgl. Skizze). Die vom Punkt P_o ausgehenden Vektoren $\vec{a_1}, ..., \vec{a_n}$ sind ebenfalls im Gegenuhrzeigersinn angeordnet.

Den Flächeninhalt A des n-Ecks erhalten wir dann als Summe der Inhalte der n Dreiecke $\triangle P_1 P_2 P_o$, $\triangle P_2 P_3 P_o$, ..., $\triangle P_n P_1 P_o$.

$$\text{Mit } \vec{a_1} = \begin{pmatrix} a_{1x} \\ a_{1y} \\ 0 \end{pmatrix} = \begin{pmatrix} x_1-x_0 \\ y_1-y_0 \\ 0 \end{pmatrix} , \quad \vec{a_2} = \begin{pmatrix} a_{2x} \\ a_{2y} \\ 0 \end{pmatrix} = \begin{pmatrix} x_2-x_0 \\ y_2-y_0 \\ 0 \end{pmatrix} , \dots ,$$

$$\vec{a_n} = \begin{pmatrix} a_{nx} \\ a_{ny} \\ 0 \end{pmatrix} = \begin{pmatrix} x_n-x_0 \\ y_n-y_0 \\ 0 \end{pmatrix} \text{ und mit Hilfe der obigen Überlegungen}$$

für den Flächeninhalt eines Dreiecks ergibt sich schließlich für A:

$$A = \frac{1}{2} \sum_{k=1}^{n} \left(a_{kx} a_{(k+1)y} - a_{ky} a_{(k+1)x} \right) \quad .$$

Dabei setzen wir $P_1(x_1,y_1,0) = P_{n+1}(x_{n+1},y_{n+1},0)$ und damit auch

$$\vec{a_1} = \begin{pmatrix} a_{1x} \\ a_{1y} \\ 0 \end{pmatrix} = \begin{pmatrix} a_{(n+1)x} \\ a_{(n+1)y} \\ 0 \end{pmatrix} = \vec{a}_{n+1} \quad .$$

<u>Sonderfall:</u> $(P_0(x_0,y_0,0) = 0(0,0,0))$

Kann P_0 in den Koordinatenursprung 0 gelegt werden, so folgt für A:

$$A = \frac{1}{2} \sum_{k=1}^{n} \left(x_k y_{k+1} - y_k x_{k+1} \right) \quad .$$

32.4   DREHMOMENT

Das Drehmoment, das eine
im Punkt P angreifende
Kraft $\vec{F}$ bzgl. eines Punktes 0
bewirkt, ist gleich dem
Vektorprodukt

$$\vec{M}_0 = \vec{r} \times \vec{F} \quad .$$

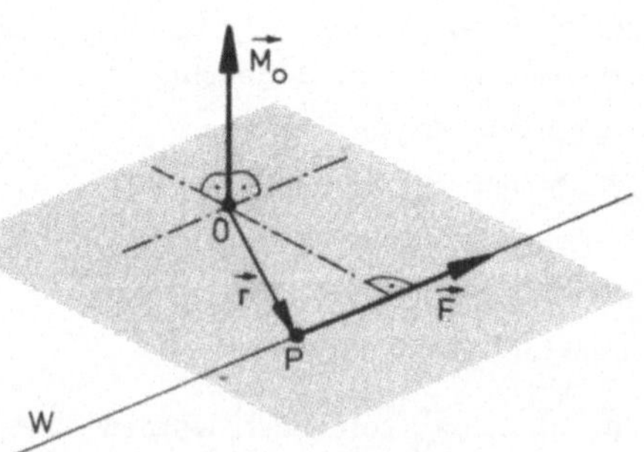

Wir zeigen:

Das Drehmoment $\vec{M}_0 = \vec{r} \times \vec{F}$ bezüglich des Punktes 0 ist unabhängig von der Lage des Angriffspunktes P auf der Wirkungslinie
W der Kraft $\vec{F}$.

Beweis:

Wir wählen zwei Angriffspunkte P_1 und P_2 der Kraft $\vec{F}$ auf der Wirkungslinie W. Dann gilt für die Momente $\overrightarrow{M}_{o1}$ und $\overrightarrow{M}_{o2}$:

$$\overrightarrow{M}_{o1} = \vec{r}_1 \times \vec{F} \quad \text{und} \quad \overrightarrow{M}_{o2} = \vec{r}_2 \times \vec{F}.$$

Wegen $\vec{r}_1 = \vec{r}_2 + \lambda\vec{F}$ mit $\lambda \in \mathbb{R}$ und $\lambda\vec{F} \times \vec{F} = \vec{0}$ folgt:

$$\begin{aligned}
\overrightarrow{M}_{o1} &= (\vec{r}_2 + \lambda\vec{F}) \times \vec{F} \\
&= \vec{r}_2 \times \vec{F} + \lambda\vec{F} \times \vec{F} \\
&= \vec{r}_2 \times \vec{F} = \overrightarrow{M}_{o2} \; .
\end{aligned}$$

Beispiele:

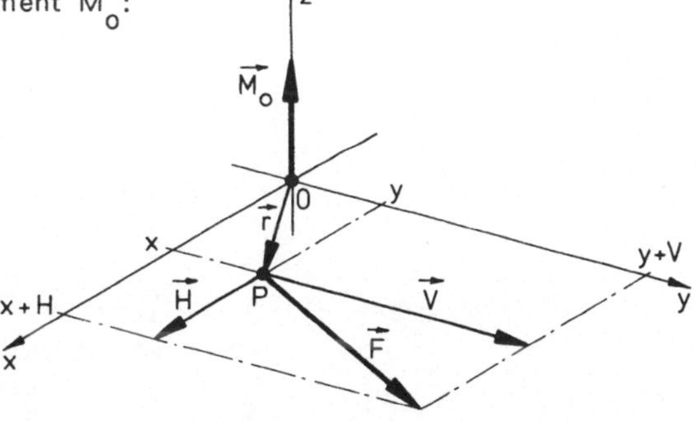

(1) Speziell mit $\vec{r} = \begin{pmatrix} x \\ y \\ 0 \end{pmatrix}$ und $\vec{F} = \begin{pmatrix} H \\ V \\ 0 \end{pmatrix}$ in der (x,y)-Ebene erhalten wir für das Drehmoment $\overrightarrow{M}_o$:

$$\begin{aligned}
\overrightarrow{M}_o &= \vec{r} \times \vec{F} \\
&= (xV - yH)\,\vec{e}_z \\
&= \begin{pmatrix} 0 \\ 0 \\ xV - yH \end{pmatrix} .
\end{aligned}$$

Diese Darstellung spielt bei Anwendungen eine große Rolle. So erhält man z.B. für das Drehmoment $\overrightarrow{M}_o$, das durch eine an einer Balkonbrüstung angreifende Kraft $\vec{F}$ im Punkt 0 (vgl. Skizze) erzeugt wird:

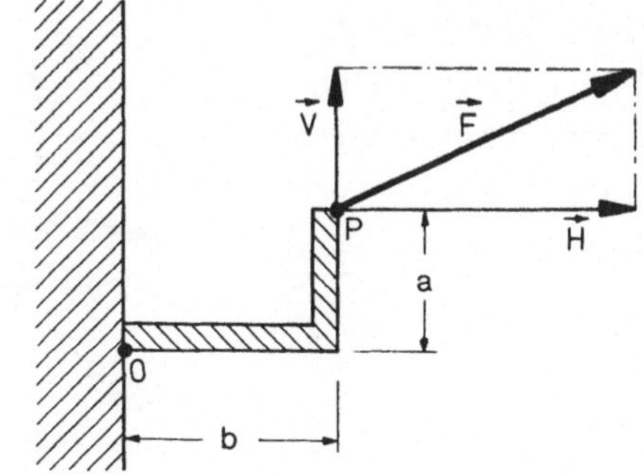

$$|\overrightarrow{M}_o| = |bV - aH| \; .$$

② Die Gerade $g = \{P(x,y,0) \mid y = -3x+6\}$ in der (x,y)-Ebene sei die

Wirkungslinie der Kraft $\vec{F} = \begin{pmatrix} 1 \\ -3 \\ 0 \end{pmatrix}$.

Wir bestimmen das Moment $\vec{M}_Q$, das von der Kraft $\vec{F}$ bezüglich des

Punktes $Q(4,9,0)$ erzeugt wird.

Da $\vec{M}_Q$ unabhängig vom Angriffs-
punkt $P \in g$ ist, wählen wir z.B.

$P(0,6,0) \in g$. Mit

$$\vec{r} = \begin{pmatrix} 0-4 \\ 6-9 \\ 0 \end{pmatrix} = \begin{pmatrix} -4 \\ -3 \\ 0 \end{pmatrix}$$

erhalten wir dann für $\vec{M}_Q$:

$$\begin{aligned}
\vec{M}_Q &= \vec{r} \times \vec{F} \\
&= (\,(-4)(-3) - (-3)\cdot 1\,)\,\vec{e}_z \\
&= 15\,\vec{e}_z = \begin{pmatrix} 0 \\ 0 \\ 15 \end{pmatrix} .
\end{aligned}$$

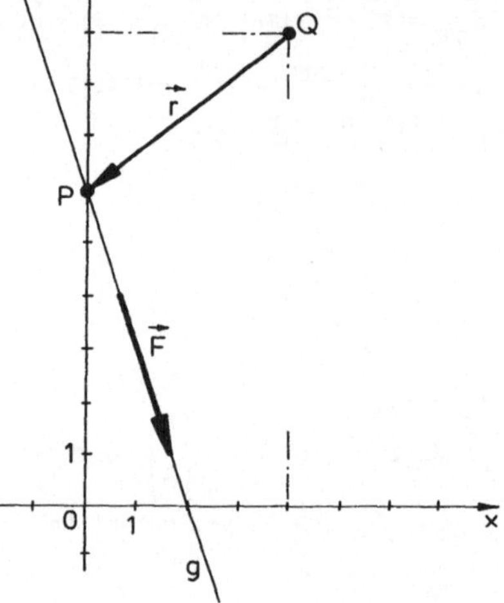

32.5   **STATISCHES GLEICHGEWICHT**

Wirken auf einen Körper n Kräfte $\vec{F}_1, \vec{F}_2, \dots, \vec{F}_n$, deren Wirkungslinien sich in einem Punkt P schneiden, so spricht man von einem
<u>zentralen Kräftesystem</u>.

In diesem Falle befindet
sich der Körper im sta-
tischen Gleichgewicht,
falls der Summenvektor
(die sog. <u>Resultierende</u>)
der n Kräfte gleich dem
Nullvektor ist:

$$\sum_{k=1}^{n} \vec{F}_k = \vec{F}_1 + \dots + \vec{F}_n = \vec{0} .$$

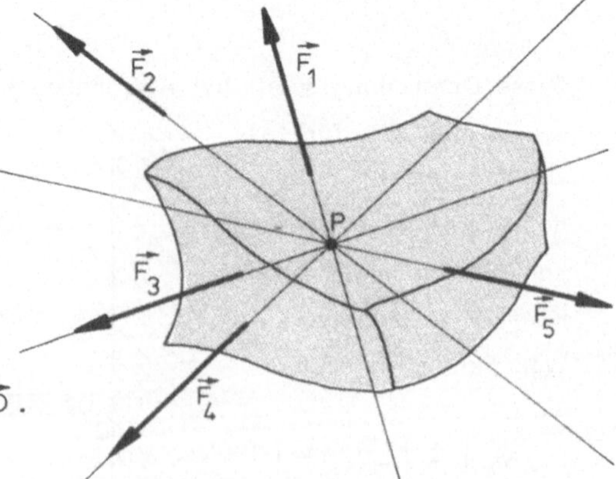

Im allgemeinen schneiden sich die Wirkungslinien der Kräfte jedoch nicht in einem Punkt, und es liegt kein zentrales Kräftesystem vor. Man kann diesen Fall aber auch durch ein zentrales Kräftesystem darstellen, indem man die Kräfte geeignet parallel verschiebt. Allerdings treten dabei zusätzlich sog. <u>Versetzungsmomente</u> auf.

Wir bestimmen zunächst das Versetzungsmoment einer Einzelkraft:

1): Gegeben sei eine Einzelkraft $\vec{F}$ auf der Wirkungslinie W und ein Punkt P auf einer im Abstand a zu W parallelen Wirkungslinie W*.

$$(1) \qquad \triangleq \qquad (2) \qquad \triangleq \qquad (3)$$

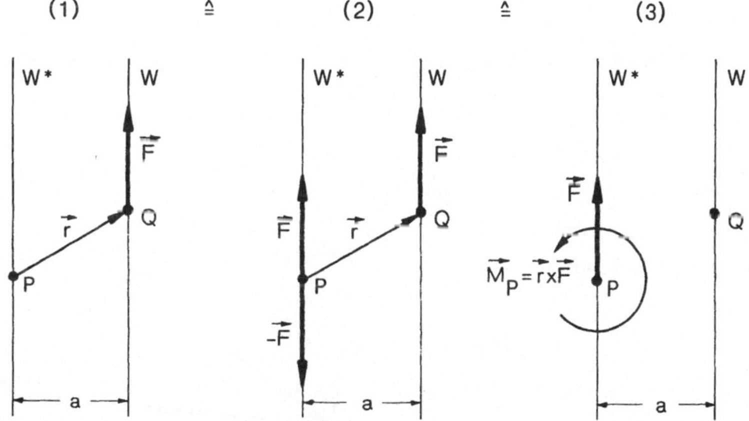

2): Der statische Zustand wird durch die Einführung der Kräfte $\vec{F}$ und $-\vec{F}$ im Punkt P nicht geändert.

3): Die Vektoren $-\vec{F}$ auf W* und $\vec{F}$ auf W bilden ein Kräftepaar, das ein Versetzungsmoment $\vec{M}_P = \vec{r} \times \vec{F}$ bezüglich des Punktes P erzeugt.

Ein System von n Kräften kann auf diese Weise reduziert werden auf:

a) die resultierende Kraft $\vec{R} = \displaystyle\sum_{k=1}^{n} \vec{F}_k$ durch den Bezugspunkt P und

b) das resultierende Versetzungsmoment $\vec{M}_P = \displaystyle\sum_{k=1}^{n} \vec{r}_k \times \vec{F}_k$ bezüglich P.

Als <u>Gleichgewichtsbedingung</u> erhalten wir damit im allgemeinen Fall bezüglich eines Punktes P:

$$\sum_{k=1}^{n} \vec{F}_k = \vec{O} \quad \text{und} \quad \sum_{k=1}^{n} \vec{M}_{kP} = \vec{O} \;.$$

Für einen Körper, auf den n Kräfte $\vec{F}_1, \dots, \vec{F}_n$ wirken, zeigen wir:

> Befindet sich ein Körper im statischen Gleichgewicht, so ist die Gleichgewichtsbedingung
> $$\sum_{k=1}^{n} \vec{F}_k = \vec{O} \quad \text{und} \quad \sum_{k=1}^{n} \vec{M}_{kP} = \vec{O}$$
> unabhängig von der Wahl des Bezugspunktes P.

<u>Beweis:</u>

Es gelte die Gleichgewichtsbedingung bezüglich des Punktes P. Wir zeigen, daß sie dann auch bezüglich eines beliebigen anderen Punktes P* gilt.

Da die Resultierende $\sum_{k=1}^{n} \vec{F}_k = \vec{O}$ ohnehin nicht vom Bezugspunkt abhängt, müssen wir den Nachweis lediglich für das resultierende Versetzungsmoment führen.

Das Moment $\vec{M}_{kP*}$, das von der Einzelkraft $\vec{F}_k$ bezüglich des Punktes P* erzeugt wird, ist gegeben durch:

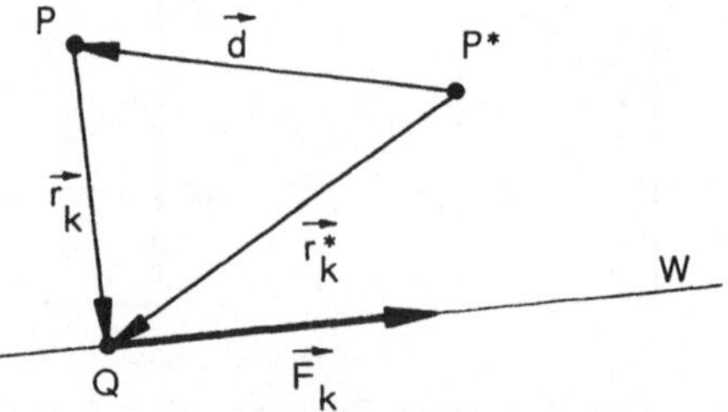

$$\begin{aligned}
\vec{M}_{kP*} &= \vec{r}_k^* \times \vec{F}_k = (\vec{d} + \vec{r}_k) \times \vec{F}_k \\
&= \vec{d} \times \vec{F}_k + \vec{r}_k \times \vec{F}_k \\
&= \vec{d} \times \vec{F}_k + \vec{M}_{kP} \, .
\end{aligned}$$

Für das resultierende Versetzungsmoment der n Kräfte $\vec{F}_1, \dots, \vec{F}_n$ erhalten wir damit:

$$\begin{aligned}
\vec{M}_{P*} &= \sum_{k=1}^{n} \vec{M}_{kP*} = \sum_{k=1}^{n} (\vec{r}_k^* \times \vec{F}_k) = \sum_{k=1}^{n} (\vec{d} \times \vec{F}_k) + \sum_{k=1}^{n} \vec{M}_{kP} \\
&= (\vec{d} \times \sum_{k=1}^{n} \vec{F}_k) + \sum_{k=1}^{n} \vec{M}_{kP} \, .
\end{aligned}$$

Wegen $\sum_{k=1}^{n} \vec{F}_k = \vec{O}$ und $\vec{M}_P = \sum_{k=1}^{n} \vec{M}_{kP} = \vec{O}$ folgt schließlich

$$\vec{M}_{P*} = \vec{M}_P = \vec{O} \, .$$

<u>Beispiele:</u>

(1) Für ein Kräftesystem im statischen Gleichgewicht kann insbesondere der Ursprung eines Koordinatensystems als Bezugspunkt gewählt werden. Bei n Kräften und Momenten erhalten wir dann

aus der allgemeinen Gleichgewichtsbedingung

$$\vec{R} = \sum_{k=1}^{n} \vec{F}_k = \vec{O} \quad \text{und} \quad \vec{M}_o = \sum_{k=1}^{n} \vec{M}_{ko} = \vec{O}$$

mit

$$\vec{F}_k = \begin{pmatrix} F_{kx} \\ F_{ky} \\ F_{kz} \end{pmatrix}, \quad \vec{r}_k = \begin{pmatrix} r_{kx} \\ r_{ky} \\ r_{kz} \end{pmatrix} \quad \text{und} \quad \vec{M}_{ko} = \begin{pmatrix} M_{kx} \\ M_{ky} \\ M_{kz} \end{pmatrix} = \vec{r}_k \times \vec{F}_k$$

im (x,y,z)-Koordinatensystem als spezielle Gleichgewichtsbedingung
ein System von sechs Gleichungen:

$$\sum_{k=1}^{n} F_{kx} = 0 \; , \quad \sum_{k=1}^{n} F_{ky} = 0 \; , \quad \sum_{k=1}^{n} F_{kz} = 0 \; ,$$

$$\sum_{k=1}^{n} M_{kx} = \sum_{k=1}^{n} (r_{ky} F_{kz} - r_{kz} F_{ky}) = 0 \; ,$$

$$\sum_{k=1}^{n} M_{ky} = \sum_{k=1}^{n} (r_{kz} F_{kx} - r_{kx} F_{kz}) = 0 \; ,$$

$$\sum_{k=1}^{n} M_{kz} = \sum_{k=1}^{n} (r_{kx} F_{ky} - r_{ky} F_{kx}) = 0 \; .$$

(2) Ein Träger BC mit konstantem Querschnitt ist drehbar in B gela-
gert und wird mit dem Seil CD in horizontaler Lage gehalten.
Wir bestimmen die Seilkraft $\vec{S}$ und die Auflagerkraft $\vec{A} = \vec{A}_x + \vec{A}_y$
für den Fall, daß auf den Träger nur sein Eigengewicht wirkt.

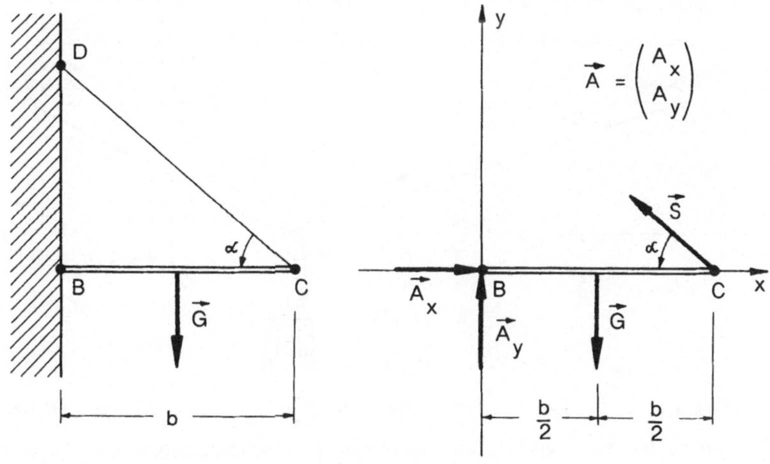

Wenden wir Beispiel 1 auf den vorliegenden ebenen Fall an, so
erhalten wir als Gleichgewichtsbedingung allgemein ein System von
drei Gleichungen:

$$\sum_{k=1}^{n} F_{kx} = 0 \ , \quad \sum_{k=1}^{n} F_{ky} = 0 \ , \quad \sum_{k=1}^{n} M_{kz} = \sum_{k=1}^{n} (r_{kx}F_{ky} - r_{ky}F_{kx}) = 0 \ .$$

Speziell mit den gegebenen Bezeichnungen heißt das:

$$A_x - |\vec{S}| \cdot \cos\alpha = 0 \ , \quad A_y + |\vec{S}| \cdot \sin\alpha - |\vec{G}| = 0 \quad \text{und}$$

$$b \cdot |\vec{S}| \cdot \sin\alpha - \frac{b}{2} \cdot |\vec{G}| = 0 \ .$$

Daraus folgt schließlich für $\vec{S}$ und $\vec{A}$:

$$|\vec{S}| = \frac{|\vec{G}|}{2 \cdot \sin\alpha} \ , \quad A_x = |\vec{S}| \cdot \cos\alpha = \frac{1}{2} \cdot |\vec{G}| \cdot \cot\alpha \quad \text{und}$$

$$A_y = |\vec{G}| - |\vec{S}| \cdot \sin\alpha = \frac{1}{2} \cdot |\vec{G}| \ .$$

32.6 ZERLEGUNG VON KRÄFTEN

In der Statik stellt sich häufig das Problem, eine gegebene Kraft in
Teilkräfte zu zerlegen, deren Richtungen bekannt sind.

<u>Beispiele:</u>

(1) Eine Last $F = 50\,\text{N}$ ist mit zwei Seilen in den Punkten A und B
aufgehängt.

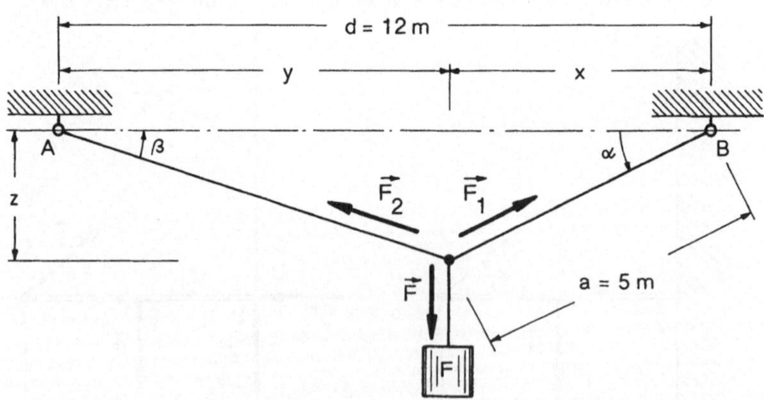

Die Länge a des rechten Seiles beträgt 5 m. Die Länge des linken
Seiles ist so gewählt, daß sich rechts ein Neigungswinkel $\alpha = 25°$

einstellt. Wir bestimmen die Zugkräfte $\vec{F}_1$ und $\vec{F}_2$ in den Seilen.

Mit $x = a \cdot \cos\alpha$, $y = d - x$ und $z = a \cdot \sin\alpha$

folgt $x = 4{,}532\,\text{m}$, $y = 7{,}468\,\text{m}$ und $z = 2{,}113\,\text{m}$.

Wegen $\tan\beta = \dfrac{z}{y}$, also $\beta = \arctan\left(\dfrac{z}{y}\right)$, erhalten wir $\beta = 15{,}8°$.

Aus dem skizzierten Kräftedreieck ergibt sich dann mit Hilfe des Sinussatzes:

$$|\vec{F}_1| = |\vec{F}| \cdot \frac{\sin\delta}{\sin(\alpha+\beta)} = 73{,}63\,\text{N}$$

und

$$|\vec{F}_2| = |\vec{F}| \cdot \frac{\sin\gamma}{\sin(\alpha+\beta)} = 69{,}35\,\text{N} .$$

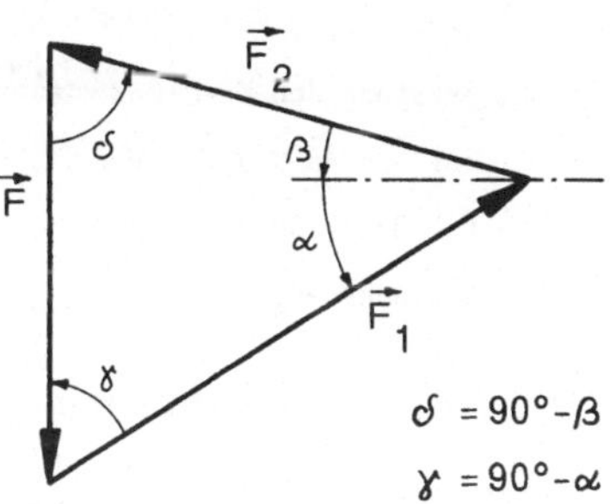

(2) Gegeben seien die beiden Vektoren $\vec{F}$ und $\vec{S}$. Wir zerlegen $\vec{F}$ in der Form

$$\vec{F} = \vec{F}_s + \vec{F}_v ,$$

wobei $\vec{F}_s$ parallel und $\vec{F}_v$ senkrecht zu $\vec{S}$ sind.

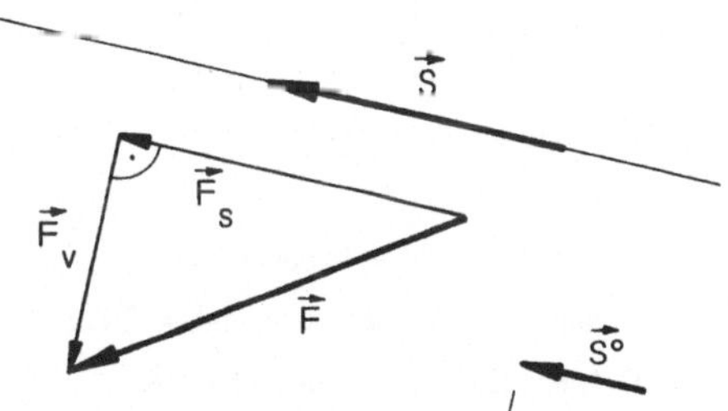

$\vec{F}_s$ ist darstellbar in der Form $\vec{F}_s = |\vec{F}_s| \cdot \vec{S}°$, wobei

$\vec{S}° = \dfrac{\vec{S}}{|\vec{S}|}$ der Einheitsvektor in Richtung von $\vec{S}$ (bzw. $\vec{F}_s$) ist.

Für den Betrag von $\vec{F}_s$ erhalten wir mit $\cos\sphericalangle(\vec{S},\vec{F}) = \dfrac{\vec{S}\cdot\vec{F}}{|\vec{S}|\cdot|\vec{F}|}$:

$$|\vec{F}_s| = |\vec{F}| \cdot \cos\sphericalangle(\vec{S},\vec{F}) = |\vec{F}| \cdot \frac{\vec{S}\cdot\vec{F}}{|\vec{S}|\cdot|\vec{F}|} = \frac{\vec{S}\cdot\vec{F}}{|\vec{S}|} .$$

Insgesamt folgt daraus:

$$\boxed{\;\vec{F}_s = \frac{\vec{S}\cdot\vec{F}}{|\vec{S}|} \cdot \frac{\vec{S}}{|\vec{S}|} = \left(\frac{\vec{S}\cdot\vec{F}}{|\vec{S}|^2}\right)\vec{S} \quad\text{und}\quad \vec{F}_v = \vec{F} - \vec{F}_s = \vec{F} - \left(\frac{\vec{S}\cdot\vec{F}}{|\vec{S}|^2}\right)\vec{S}\;}$$

Wegen

$$\vec{F}_s \cdot \vec{F}_v = \left(\frac{\vec{S}\cdot\vec{F}}{|\vec{S}|^2}\right)\vec{S} \cdot \left(\vec{F} - \left(\frac{\vec{S}\cdot\vec{F}}{|\vec{S}|^2}\right)\vec{S}\right) = \frac{\vec{S}\cdot\vec{F}}{|\vec{S}|^2}\left(\vec{S}\cdot\vec{F} - \frac{\vec{S}\cdot\vec{F}}{|\vec{S}|^2}\cdot|\vec{S}|^2\right)$$

$$= 0$$

sind die Vektoren $\vec{F}_s$ und $\vec{F}_v$ zueinander senkrecht.

33   ÜBUNGEN: SKALARPRODUKT, VEKTORPRODUKT UND ZERLEGUNG VON VEKTOREN

(41) Gegeben sei das Dreieck $\triangle ABC$ in der (x,y)-Ebene mit den Eckpunkten $A(1,2)$, $B(6,4)$ und $C(3,6)$.

a) Berechne den Winkel $\alpha = \sphericalangle(\vec{a},\vec{b})$ für $\vec{a} = \vec{AB}$ und $\vec{b} = \vec{AC}$.

b) Gib den Flächeninhalt A des Dreiecks an.

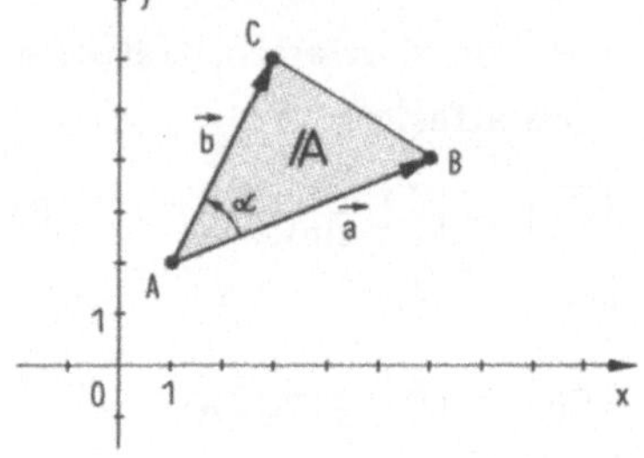

(42) Gegeben seien die räumlichen Vektoren $\vec{a} = \begin{pmatrix} 2 \\ -1 \\ -3 \end{pmatrix}$ und $\vec{b} = \begin{pmatrix} 4 \\ 2 \\ 0 \end{pmatrix}$.

a) Berechne den Winkel $\alpha = \sphericalangle(\vec{a},\vec{b})$.

b) Bestimme das Vektorprodukt $\vec{n} = \vec{a} \times \vec{b}$.

c) Zeige: $\vec{n}$ ist orthogonal zu $\vec{a}$ und zu $\vec{b}$ ($\vec{n}\cdot\vec{a} = 0 \wedge \vec{n}\cdot\vec{b} = 0$).

d) Ermittle den Flächeninhalt A des Dreiecks $\triangle OAB$ (vgl. Skizze).

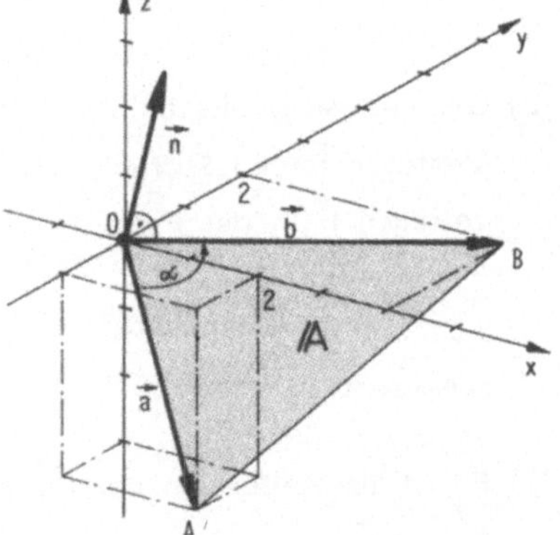

(43) Die Punkte $A(0,0,0)$, $B(4,8,4)$ und $C(6,2,4)$ sind Eckpunkte eines Dreiecks.

a) Berechne die drei Seitenlängen.

b) Gib den Winkel $\alpha = \sphericalangle(\vec{a},\vec{b})$ an für $\vec{a} = \vec{AC}$ und $\vec{b} = \vec{AB}$.

c) Zeige: Das Dreieck ist rechtwinklig.

d) Bestimme die Koordinaten des Punktes D, so daß $ACBD$ ein Rechteck ist.

e) Wie groß ist der Flächeninhalt des Dreiecks $\triangle ACB$?

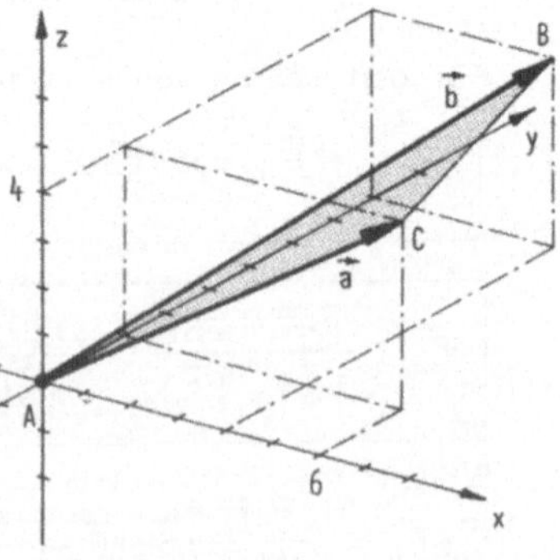

(44) Gegeben seien zwei Vektoren $\vec{F}$ und $\vec{a}$ nach Skizze. Zerlege den Vektor $\vec{F}$ in der Form $\vec{F} = \vec{F}_a + \vec{F}_s$, wobei $\vec{F}_a$ parallel und $\vec{F}_s$ senkrecht zu $\vec{a}$ sind.

a) Löse die Aufgabe für $\vec{a} = \begin{pmatrix} 4 \\ 2 \end{pmatrix}$ und $\vec{F} = \begin{pmatrix} 4 \\ 7 \end{pmatrix}$

   in der (x,y)-Ebene

   ▷ mit Hilfe irgendeines zu $\vec{a}$ orthogo-
     nalen Vektors $\vec{n}$ und einer Linear-
     kombination $\vec{F} = \lambda_1\vec{a} + \lambda_2\vec{n}$
   ▷ unter Verwendung der Formeln aus
     Beispiel 2 auf Seite 131,

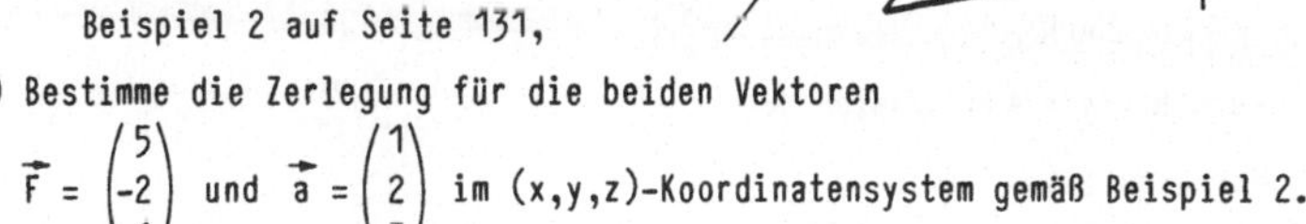

b) Bestimme die Zerlegung für die beiden Vektoren

$$\vec{F} = \begin{pmatrix} 5 \\ -2 \\ 1 \end{pmatrix} \quad \text{und} \quad \vec{a} = \begin{pmatrix} 1 \\ 2 \\ 3 \end{pmatrix} \quad \text{im (x,y,z)-Koordinatensystem gemäß Beispiel 2.}$$

(45) Zeige mit Hilfe von Vektoren:
In einem gleichschenkligen
Dreieck (vgl. Skizze) ist die
Seitenhalbierende s_c senkrecht
zur Seite $\overline{AB}$.

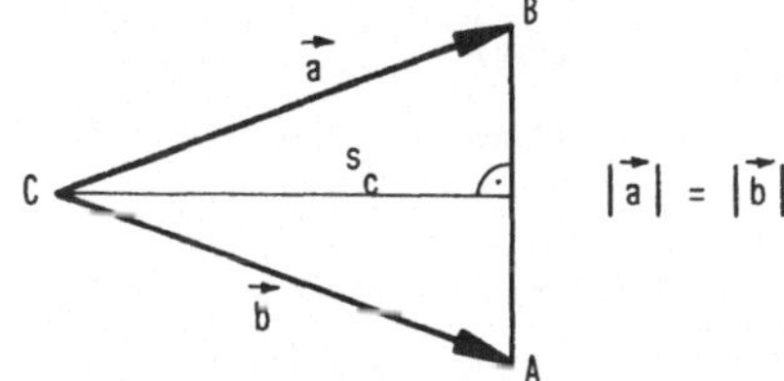

$$|\vec{a}| = |\vec{b}|$$

(46) Die drei Punkte A(0,0,0),
B(4,2,3) und C(1,5,2) liegen
in einer Ebene E des drei-
dimensionalen Raumes. $\vec{a} = \overrightarrow{AB}$
und $\vec{b} = \overrightarrow{AC}$ sind Vektoren aus E.

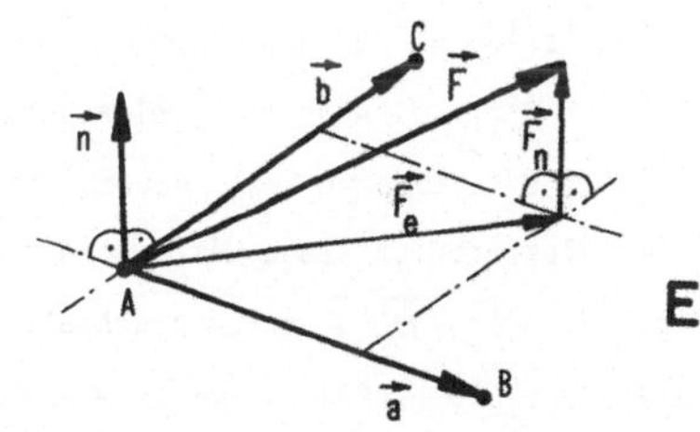

a) Gib einen Vektor $\vec{n}$ an, der
senkrecht auf der Ebene E steht.

b) Stelle den Vektor
$\vec{F} = \begin{pmatrix} 0,75 \\ 7,25 \\ 9,00 \end{pmatrix}$ als Summe $\vec{F} = \vec{F}_n + \vec{F}_e$ der Komponente $\vec{F}_n$ senkrecht zu E und der
Komponente $\vec{F}_e$ in E dar.

c) Gib die Komponenten von $\vec{F}_e$ bezüglich der Vektoren $\vec{a}$ und $\vec{b}$ an, so daß
$\vec{F}_e = \lambda_1\vec{a} + \lambda_2\vec{b}$ mit $\lambda_1,\lambda_2 \in \mathbb{R}$.

(47) Von einem Kran wird ein
Gewicht mit der Gewichts-
kraft $\vec{F}$ gehalten.

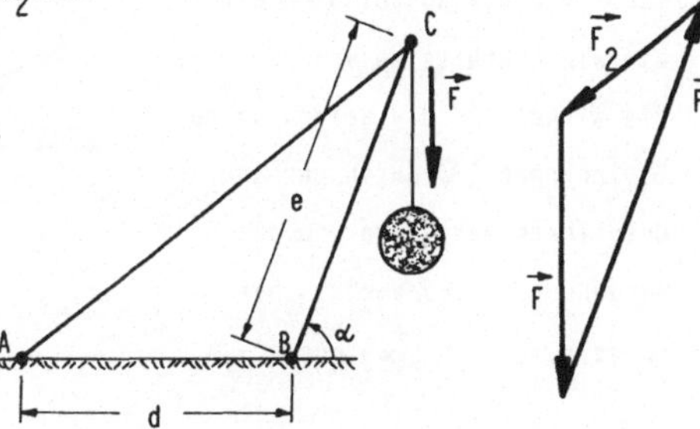

Bestimme die Kräfte $\vec{F}_1$ und $\vec{F}_2$, die in Richtung der Strecken $\overline{CA}$ und $\overline{BC}$ wirken.
Als Gleichgewichtsbedingung werde $\vec{F} + \vec{F}_1 + \vec{F}_2 = \vec{0}$ angenommen.
Löse das Problem für $F = |\vec{F}| = 5\,\text{kN}$, $d = 6\,\text{m}$, $e = 10\,\text{m}$ und $\alpha = 70°$.

(48) Ein Gewicht hängt in der Mitte eines Seiles und bewirkt eine Gewichtskraft $\vec{F}$ mit

$F = |\vec{F}| = 200\,\text{N}$.

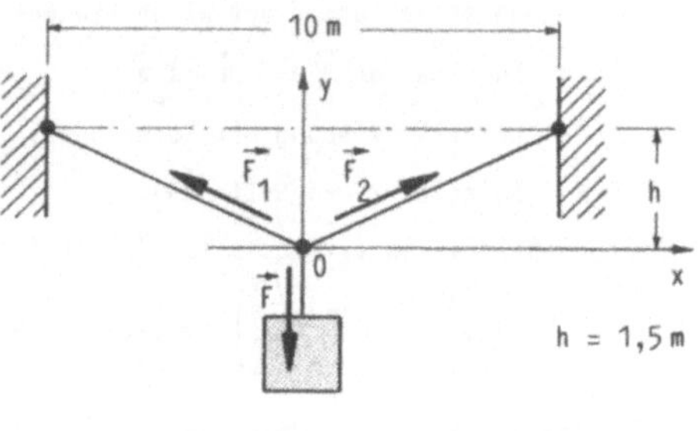

a) Berechne die Koordinaten der

der Zugkräfte

$$\vec{F}_1 = \begin{pmatrix} F_{1x} \\ F_{1y} \end{pmatrix} \quad \text{und} \quad \vec{F}_2 = \begin{pmatrix} F_{2x} \\ F_{2y} \end{pmatrix}.$$

b) Wie verändern sich die Zugkräfte $\vec{F}_1$ und $\vec{F}_2$, wenn das Gewicht verdoppelt wird ?

c) Bestimme die Zugkräfte $\vec{F}_1$ und $\vec{F}_2$, falls die Höhe h verdoppelt, das Gewicht $F = 200\,\text{N}$ aber beibehalten wird.

(49) Eine Last $G = 250\,\text{N}$ wird von zwei Seilen im Gleichgewicht gehalten. Die Seile laufen über reibungsfreie Rollen und werden durch die Gewichte $G_1 = 200\,\text{N}$ und $G_2 = 250\,\text{N}$ gespannt (vgl. hierzu die Skizze auf Seite 86).
Die Gleichgewichtslage wird durch ein geschlossenes Krafteck (Vektordreieck) mit $\vec{F}_1 + \vec{F}_2 + \vec{F} = \vec{0}$ gekennzeichnet.
Berechne die Winkel α und β in dieser Gleichgewichtslage

a) mit Hilfe des Kraftecks unter Verwendung des Kosinussatzes,

b) mit Hilfe der Gleichgewichtsbedingung in Koordinatendarstellung

$$\begin{pmatrix} F_{1x} \\ F_{1y} \end{pmatrix} + \begin{pmatrix} F_{2x} \\ F_{2y} \end{pmatrix} + \begin{pmatrix} F_x \\ F_y \end{pmatrix} = \begin{pmatrix} 0 \\ 0 \end{pmatrix}$$

bzw. $F_{1x} + F_{2x} + F_x = 0$ und $F_{1y} + F_{2y} + F_y = 0$. (*)

(Tip: Gib die Koordinaten der einzelnen Kräfte an und berechne die Winkel aus den beiden obigen Gleichungen (*) durch geeignetes Quadrieren der Terme und durch Verwendung trigonometrischer Formeln wie $\sin^2\alpha + \cos^2\alpha = 1$)

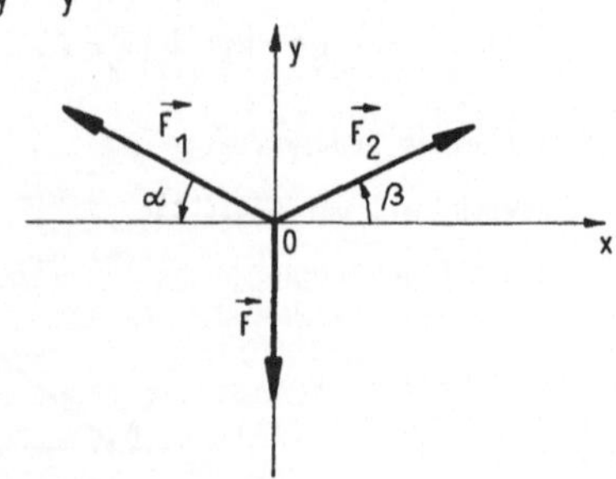

F MATRIZEN

Matrizen werden als wichtiges mathematisches Hilfsmittel in verschiedenen Bereichen verwendet. Beispiele hierfür sind:

- ▸ Systeme von linearen Gleichungen
- ▸ Methode der finiten Elemente
- ▸ CAD-Technik
- ▸ Geometrie der linearen Abbildungen
- ▸ Theorie der Netzwerke
- ▸ Statik der Fachwerke
- ▸ Kostenrechnung

Im folgenden erörtern wir die wesentlichen Begriffe und Eigenschaften.

34 BEGRIFF DER MATRIX

Einführung: (Lineares Gleichungssystem)

Unter einem linearen Gleichungssystem mit m Gleichungen und n Variablen $x_1, \ldots, x_n$ verstehen wir ein System der Form

$$a_{11}x_1 + a_{12}x_2 + \ldots + a_{1n}x_n = d_1$$
$$a_{21}x_1 + a_{22}x_2 + \ldots + a_{2n}x_n = d_2$$
$$\vdots \qquad \vdots \qquad \quad \vdots \qquad \vdots$$
$$a_{m1}x_1 + a_{m2}x_2 + \ldots + a_{mn}x_n = d_m$$

bzw. in abgekürzter Schreibweise

$$a_{i1}x_1 + a_{i2}x_2 + \ldots + a_{in}x_n = d_i \quad \text{mit } i \in \{1,2,\ldots,m\}.$$

Bei Verwendung des Summenzeichens erhält man

$$\sum_{k=1}^{n} a_{ik}x_k = d_i \quad \text{mit } i \in \{1,2,\ldots,m\} \text{ und } d_i, a_{ik} \in \mathbb{R}.$$

Die reellen Zahlen a_{ik} heißen die <u>Koeffizienten</u> und die reellen Zahlen d_i die <u>Konstanten</u> (freien Glieder) des Gleichungssystems. Man nennt a_{ik} und d_i auch <u>Formvariablen.</u>

Für die Behandlung des Gleichungssystems hat man ein Schema ent-
wickelt, das im wesentlichen nur die Koeffizienten verwendet.
Dies führt zum Begriff der Matrix.

Definition (34.1):

> Ein System von $m \cdot n$ reellen Zahlen a_{ik} mit $i \in \{1,2,...,m\}$ und
> $k \in \{1,2,...,n\}$, die in einem rechteckigen Zahlenschema von m
> Zeilen und n Spalten angeordnet sind, heißt eine __Matrix__.

Wir bezeichnen Matrizen mit großen Buchstaben $A, B, ...$

Das rechteckige Zahlenschema schließen wir in runde Klammern ein
und schreiben

$$A = \begin{pmatrix} a_{11} & a_{12} & \cdots & a_{1k} & \cdots & a_{1n} \\ a_{21} & a_{22} & \cdots & a_{2k} & \cdots & a_{2n} \\ \vdots & \vdots & & \vdots & & \vdots \\ a_{i1} & a_{i2} & \cdots & a_{ik} & \cdots & a_{in} \\ \vdots & \vdots & & \vdots & & \vdots \\ a_{m1} & a_{m2} & \cdots & a_{mk} & \cdots & a_{mn} \end{pmatrix} \begin{matrix} \\ \\ \\ \leftarrow i\text{-te Zeile} \\ \\ \\ \end{matrix}$$

$$\uparrow k\text{-te Spalte}$$

oder kürzer

$$A = (a_{ik}) \quad \text{mit} \quad i \in \{1,2,...,m\} \quad \text{und} \quad k \in \{1,2,...,n\}.$$

Die reelle Zahl a_{ik} heißt __ik-te Komponente__ oder einfach __Element__ der
Matrix. Für ein solches Element a_{ik} wird i als __Zeilenindex__ und k als
__Spaltenindex__ bezeichnet. Zeilen und Spalten werden unter der gemein-
samen Bezeichnung __Reihen__ zusammengefaßt.

Eine Matrix mit m Zeilen und n Spalten heißt __(m,n)-Matrix__ oder
__Matrix vom Typ (m,n)__, wobei das Zahlenpaar $(m,n) \in \mathbb{N} \times \mathbb{N}$ der Typ
der Matrix genannt wird.

Eine (n,n)-Matrix heißt __quadratische__ oder __n-reihige Matrix__.

Definition (34.2):

> Zwei (m,n)-Matrizen $A = (a_{ik})$ und $B = (b_{ik})$ heißen genau dann
> gleich, wenn sie in allen entsprechenden Elementen überein-
> stimmen, d.h.:
>
> $A = B \iff a_{ik} = b_{ik}$ für alle $i \in \{1,...,m\}$ und $k \in \{1,...,n\}$.

Ein Vektor $x = \begin{pmatrix} x_1 \\ \vdots \\ x_n \end{pmatrix} \in \mathbb{R}^n$ mit n Koordinaten kann als spezielle

(n,1)-Matrix gedeutet werden. Die noch zu definierenden Rechenoperationen müssen daher so eingeführt werden, daß sie mit den Operatonen der elementaren Vektorrechnung verträglich sind.

| 35 | ADDITION UND SUBTRAKTION VON MATRIZEN

In Analogie zur Vektorrechnung verläuft die Addition von Matrizen über die Addition ihrer entsprechenden Elemente.

Definition (35.1):

> Zwei (m,n)-Matrizen $A = (a_{ik})$ und $B = (b_{ik})$ werden addiert, indem man ihre entsprechenden Elemente a_{ik} und b_{ik} addiert. Die Summen $a_{ik} + b_{ik}$ bilden wieder die Elemente einer (m,n)-Matrix, der sog. **Summenmatrix**. Wir schreiben:
>
> $$A + B = (a_{ik}) + (b_{ik}) = (a_{ik} + b_{ik}) \,.$$

Beispiel:

Addition von zwei (3,3)-Matrizen:

$$\begin{pmatrix} 4 & 3 & 5 \\ 1 & 0 & 2 \\ 5 & 3 & 0 \end{pmatrix} + \begin{pmatrix} 3 & 1 & 2 \\ 0 & 7 & 3 \\ 1 & 1 & 0 \end{pmatrix} = \begin{pmatrix} 4+3 & 3+1 & 5+2 \\ 1+0 & 0+7 & 2+3 \\ 5+1 & 3+1 & 0+0 \end{pmatrix} = \begin{pmatrix} 7 & 4 & 7 \\ 1 & 7 & 5 \\ 6 & 4 & 0 \end{pmatrix} \,.$$

Die Subtraktion zweier (m,n)-Matrizen $A = (a_{ik})$ und $B = (b_{ik})$ wird analog zur Addition definiert:

$$A - B = (a_{ik}) - (b_{ik}) = (a_{ik} - b_{ik}) \,.$$

Die **Nullmatrix O** vom Typ (m,n) ist die (m,n)-Matrix, deren Elemente alle gleich Null sind. Sie bildet bezüglich der Matrizenaddition das **neutrale Element**, d.h. für jede (m,n)-Matrix A gilt:

$$A + O = O + A = A \,.$$

Satz (35.1):

> Für die (m,n)-Matrizen $A = (a_{ik})$, $B = (b_{ik})$ und $C = (c_{ik})$ gilt:
>
> 1) $A + B = B + A$ **Kommutativgesetz**,
>
> 2) $A + (B + C) = (A + B) + C$ **Assoziativgesetz**.

Beweis:

Die Behauptung folgt unmittelbar aus der Kommutativität und der
Assoziativität der Addition reeller Zahlen.

36 MULTIPLIKATION EINER MATRIX MIT EINEM SKALAR

Definition (36.1):

Eine (m,n)-Matrix $A = (a_{ik})$ wird mit einem Skalar $\lambda \in IR$ multipliziert, indem man alle Elemente a_{ik} der Matrix mit λ multipliziert. Die Produkte λa_{ik} bilden dann wieder eine (m,n)-Matrix.
Wir schreiben:
$$\lambda A = \lambda(a_{ik}) = (\lambda a_{ik}) .$$

Ferner setzen wir die Kommutativität fest, d.h. es gelte für jede
(m,n)-Matrix A und für jede reelle Zahl λ : $\lambda A = A\lambda$.

Beispiel:

Multiplikation einer (3,3)-Matrix mit $2 \in IR$:

$$2 \begin{pmatrix} 3 & 1 & 2 \\ 0 & 7 & 3 \\ 1 & 1 & 0 \end{pmatrix} = \begin{pmatrix} 2\cdot3 & 2\cdot1 & 2\cdot2 \\ 2\cdot0 & 2\cdot7 & 2\cdot3 \\ 2\cdot1 & 2\cdot1 & 2\cdot0 \end{pmatrix} = \begin{pmatrix} 6 & 2 & 4 \\ 0 & 14 & 6 \\ 2 & 2 & 0 \end{pmatrix} .$$

Satz (36.1):

Für die (m,n)-Matrizen $A = (a_{ik})$, $B = (b_{ik})$ und für $\lambda, \mu \in IR$ gilt:

1) $\lambda(\mu A) = (\lambda\mu)A$ Assoziativgesetz,

2) $\lambda(A+B) = \lambda A + \lambda B$
                                       } Distributivgesetze.
3) $(\lambda+\mu)A = \lambda A + \mu A$

Beweis:

Die Behauptung folgt unmittelbar aus der entsprechenden Assoziativität und Distributivität bei den reellen Zahlen.

37 MULTIPLIKATION VON MATRIZEN

Können wir Matrizen nur dann addieren, wenn sie vom selben Typ
sind, so ist dagegen die Matrizenmultiplikation BA nur möglich, wenn

die Anzahl der Spalten von B mit der Anzahl der Zeilen von A übereinstimmt.

<u>Definition (37.1)</u>:

Sind $B = (b_{ik})$ eine (m,n)-Matrix und $A = (a_{kj})$ eine (n,p)-Matrix,
dann heißt die (m,p)-Matrix

$$C = BA \quad \text{mit} \quad C = (c_{ij}) = \left(\sum_{k-1}^{n} b_{ik} a_{kj} \right)$$

<u>Produktmatrix</u> der Matrizen B und A.

<u>Erläuterung</u>:

Man erhält das Element c_{ij} der i-ten Zeile und j-ten Spalte der
Produktmatrix C, indem man die n Elemente der i-ten Zeile von B
mit den entsprechenden n Elementen der j-ten Spalte von A multipliziert und die so erhaltenen Produkte addiert:

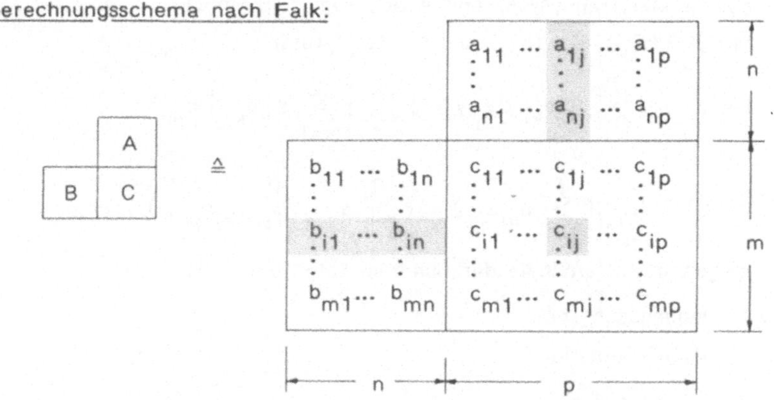

$$c_{ij} = \sum_{k=1}^{n} b_{ik} a_{kj}$$

Die Produktmatrix C = BA hat so viele Zeilen wie B und so viele
Spalten wie A. Das wird besonders deutlich im folgenden

<u>Berechnungsschema nach Falk</u>:

Beispiel:

Mit dem Schema

$$\begin{array}{c|cccc} & 2 & 1 & 0 & 3 \\ & 1 & 0 & -2 & -1 \\ & 2 & 1 & 0 & -1 \\ \hline \begin{array}{ccc}1 & 0 & 2\\ -2 & 3 & 4\end{array} & 6 & 3 & 0 & 1 \\ & 7 & 2 & -6 & -13 \end{array}$$

erhalten wir

$$\begin{pmatrix} 1 & 0 & 2 \\ -2 & 3 & 4 \end{pmatrix} \cdot \begin{pmatrix} 2 & 1 & 0 & 3 \\ 1 & 0 & -2 & -1 \\ 2 & 1 & 0 & -1 \end{pmatrix} = \begin{pmatrix} 6 & 3 & 0 & 1 \\ 7 & 2 & -6 & -13 \end{pmatrix}.$$

Bemerkung:

Für die Matrizenmultiplikation existiert kein Kommutativgesetz. So gilt z.B. für die beiden (2,2)-Matrizen $\begin{pmatrix} 1 & 1 \\ 1 & 1 \end{pmatrix}$ und $\begin{pmatrix} 1 & -1 \\ 1 & -1 \end{pmatrix}$:

$$\begin{pmatrix} 1 & 1 \\ 1 & 1 \end{pmatrix} \cdot \begin{pmatrix} 1 & -1 \\ 1 & -1 \end{pmatrix} = \begin{pmatrix} 2 & -2 \\ 2 & -2 \end{pmatrix} \quad \text{aber} \quad \begin{pmatrix} 1 & -1 \\ 1 & -1 \end{pmatrix} \cdot \begin{pmatrix} 1 & 1 \\ 1 & 1 \end{pmatrix} = \begin{pmatrix} 0 & 0 \\ 0 & 0 \end{pmatrix}.$$

Satz (37.1):

> Sind A und A* (m,n)-Matrizen, B und B* (n,p)-Matrizen und C eine (p,q)-Matrix sowie $\lambda \in \mathbb{R}$, so gilt:
>
> 1) $(AB)C = A(BC)$ Assoziativgesetz,
>
> 2) $A(B+B^*) = AB + AB^*$ $\Big\}$ Distributivgesetze,
>
> 3) $(A + A^*)B = AB + A^*B$
>
> 4) $\lambda(AB) = (\lambda A)B = A(\lambda B).$

Beweis:

Zu 1): Mit der (m,p)-Matrix AB und der (n,q)-Matrix BC sind die beiden Matrizen (AB)C und A(BC) vom Typ (m,q).

Mit $A = (a_{ik})$, $B = (b_{kj})$ und $C = (c_{js})$ folgt:

$$(AB)C = \left(\sum_{k=1}^{n} a_{ik}b_{kj} \right)(c_{js}) = \left(\sum_{j=1}^{p} \left[\sum_{k=1}^{n} a_{ik}b_{kj} \right] c_{js} \right)$$

und

$$A(BC) = (a_{ik})\left(\sum_{j=1}^{p} b_{kj}c_{js} \right) = \left(\sum_{k=1}^{n} a_{ik} \left[\sum_{j=1}^{p} b_{kj}c_{js} \right] \right).$$

Wegen der Gleichheit der Summen folgt die Behauptung.

Zu 2): Übungsaufgabe.

Zu 3): Übungsaufgabe.

Zu 4): Übungsaufgabe.

$\boxed{38}$ **SPEZIELLE MATRIZEN**

▶ <u>Einheitsmatrix:</u>

Unter der Einheitsmatrix E_n verstehen wir die (n,n)-Matrix

$$E_n = \begin{pmatrix} 1 & 0 & \dots & 0 \\ 0 & 1 & \dots & 0 \\ \vdots & \vdots & \ddots & \vdots \\ 0 & 0 & \dots & 1 \end{pmatrix} .$$

E_n ist also eine quadratische Matrix, bei der die Elemente in der sog. <u>Hauptdiagonale</u> (von links oben nach rechts unten) gleich Eins und die übrigen Elemente gleich Null sind. Dafür schreiben wir:

$$E_n = (\delta_{ik}) \quad \text{mit} \quad \delta_{ik} = \begin{cases} 1 & \text{für } i = k \\ 0 & \text{für } i \neq k \end{cases} \quad \text{und} \quad i,k \in \{1,2,\dots,n\} .$$

Die Einheitsmatrix E_n stellt das <u>neutrale Element</u> bezüglich der Multiplikation quadratischer Matrizen vom Typ (n,n) dar, d.h. für jede (n,n)-Matrix A gilt:

$$AE_n = E_n A = A .$$

<u>Beispiele:</u>

(1) Mit der Einheitsmatrix $E_2 = \begin{pmatrix} 1 & 0 \\ 0 & 1 \end{pmatrix}$ gilt:

$$\begin{pmatrix} 1 & 0 \\ 0 & 1 \end{pmatrix} \cdot \begin{pmatrix} \cos\alpha & \sin\alpha \\ -\sin\alpha & \cos\alpha \end{pmatrix} = \begin{pmatrix} \cos\alpha & \sin\alpha \\ -\sin\alpha & \cos\alpha \end{pmatrix} \cdot \begin{pmatrix} 1 & 0 \\ 0 & 1 \end{pmatrix} = \begin{pmatrix} \cos\alpha & \sin\alpha \\ -\sin\alpha & \cos\alpha \end{pmatrix} .$$

(2) Für die Matrix $A = \begin{pmatrix} 1 & 2 & 3 \\ 4 & 5 & 6 \end{pmatrix}$ gilt:

$$AE_3 = \begin{pmatrix} 1 & 2 & 3 \\ 4 & 5 & 6 \end{pmatrix} \cdot \begin{pmatrix} 1 & 0 & 0 \\ 0 & 1 & 0 \\ 0 & 0 & 1 \end{pmatrix} = \begin{pmatrix} 1 & 2 & 3 \\ 4 & 5 & 6 \end{pmatrix} = A$$

und

$$E_2 A = \begin{pmatrix} 1 & 0 \\ 0 & 1 \end{pmatrix} \cdot \begin{pmatrix} 1 & 2 & 3 \\ 4 & 5 & 6 \end{pmatrix} = \begin{pmatrix} 1 & 2 & 3 \\ 4 & 5 & 6 \end{pmatrix} = A .$$

Dagegen sind die Produkte $E_3 A$ und AE_2 nicht definiert.

▶ <u>Diagonalmatrix und Skalarmatrix:</u>

Eine <u>Diagonalmatrix</u> A ist eine quadratische Matrix, definiert durch

$$A = \begin{pmatrix} a_1 & 0 & \dots & 0 \\ 0 & a_2 & \dots & 0 \\ \vdots & \vdots & \ddots & \vdots \\ 0 & 0 & \dots & a_n \end{pmatrix} \quad \text{mit} \quad a_1, a_2, \dots, a_n \in \mathbb{R} .$$

A ist also eine Matrix, bei der höchstens in der Hauptdiagonale von Null verschiedene Elemente stehen.

Die Diagonalmatrix λE_n für $\lambda \in \mathbb{R}$ wird __Skalarmatrix__ genannt:

$$E_n = \begin{pmatrix} \lambda & 0 & \cdots & 0 \\ 0 & \lambda & \cdots & 0 \\ \vdots & \vdots & \ddots & \vdots \\ 0 & 0 & \cdots & \lambda \end{pmatrix} \, .$$

Die Multiplikation einer Matrix A mit einer passenden Skalarmatrix λE_n entspricht der Multiplikation von A mit dem Skalar λ.

__Beispiel:__

Für die Matrix $A = \begin{pmatrix} 1 & 2 & 3 \\ 0 & 4 & 2 \end{pmatrix}$ gilt:

$$2E_2 A = \begin{pmatrix} 2 & 0 \\ 0 & 2 \end{pmatrix} \cdot \begin{pmatrix} 1 & 2 & 3 \\ 0 & 4 & 2 \end{pmatrix} = \begin{pmatrix} 2 & 4 & 6 \\ 0 & 8 & 4 \end{pmatrix} = 2A \, .$$

▶ __Transponierte Matrix:__

Unter der transponierten Matrix A^T einer (m,n)-Matrix $A = (a_{ik})$ versteht man die (n,m)-Matrix $A^T = (a_{ki}^*)$, die durch Vertauschen von Zeilen und Spalten der Matrix A entsteht:

$$A = \begin{pmatrix} a_{11} & \cdots & a_{1n} \\ \vdots & & \vdots \\ a_{m1} & \cdots & a_{mn} \end{pmatrix}, \quad A^T = \begin{pmatrix} a_{11}^* & \cdots & a_{1m}^* \\ \vdots & & \vdots \\ a_{n1}^* & \cdots & a_{nm}^* \end{pmatrix} = \begin{pmatrix} a_{11} & \cdots & a_{m1} \\ \vdots & & \vdots \\ a_{1n} & \cdots & a_{mn} \end{pmatrix}$$

mit $a_{ki}^* = a_{ik}$ für alle $i \in \{1,\dots,m\}$ und $k \in \{1,\dots,n\}$.

__Beispiele:__

① Mit $A = \begin{pmatrix} 1 & 2 & 3 \\ 4 & 5 & 6 \end{pmatrix}$ folgt $A^T = \begin{pmatrix} 1 & 4 \\ 2 & 5 \\ 3 & 6 \end{pmatrix}$.

② Mit $\vec{x} = \begin{pmatrix} x_1 \\ \vdots \\ x_n \end{pmatrix}$ folgt $\vec{x}^T = (x_1 \ \dots \ x_n)$.

Wir nennen $\vec{x}$ einen __Spaltenvektor__ und $\vec{x}^T$ einen __Zeilenvektor__.

③ Für das Skalarprodukt $\vec{x} \cdot \vec{y}$ der beiden Vektoren $\vec{x}, \vec{y} \in \mathbb{R}^n$ gilt:

$$\vec{x} \cdot \vec{y} = \begin{pmatrix} x_1 \\ \vdots \\ x_n \end{pmatrix} \cdot \begin{pmatrix} y_1 \\ \vdots \\ y_n \end{pmatrix} = \sum_{k=1}^{n} x_k y_k = (x_1 \ \dots \ x_n) \begin{pmatrix} y_1 \\ \vdots \\ y_n \end{pmatrix} = \vec{x}^T \cdot \vec{y} \, .$$

Das Skalarprodukt $\vec{x} \cdot \vec{y}$ ist also darstellbar als Produkt von Matrizen.

__Satz (38.1):__

> 1) Für die (m,n)-Matrizen A und B gilt: $(A+B)^T = A^T + B^T$.
>
> 2) Für die (m,n)-Matrix A und die (n,p)-Matrix B gilt:
> $(AB)^T = B^T A^T$.

__Beweis:__ Übungsaufgabe.

<u>Beispiel:</u>

Für die Matrizen $A = \begin{pmatrix} 1 & 2 & 3 \\ 4 & 5 & 6 \end{pmatrix}$ und $B = \begin{pmatrix} 1 & 1 & 1 \\ 2 & 3 & 1 \\ 3 & 2 & 2 \end{pmatrix}$ gilt:

$$(AB)^T = \left[\begin{pmatrix} 1 & 2 & 3 \\ 4 & 5 & 6 \end{pmatrix} \begin{pmatrix} 1 & 1 & 1 \\ 2 & 3 & 1 \\ 3 & 2 & 2 \end{pmatrix} \right]^T = \begin{pmatrix} 14 & 13 & 9 \\ 32 & 31 & 21 \end{pmatrix}^T = \begin{pmatrix} 14 & 32 \\ 13 & 31 \\ 9 & 21 \end{pmatrix}$$

und

$$B^T A^T = \begin{pmatrix} 1 & 1 & 1 \\ 2 & 3 & 1 \\ 3 & 2 & 2 \end{pmatrix}^T \begin{pmatrix} 1 & 2 & 3 \\ 4 & 5 & 6 \end{pmatrix}^T = \begin{pmatrix} 1 & 2 & 3 \\ 1 & 3 & 2 \\ 1 & 1 & 2 \end{pmatrix} \begin{pmatrix} 1 & 4 \\ 2 & 5 \\ 3 & 6 \end{pmatrix} = \begin{pmatrix} 14 & 32 \\ 13 & 31 \\ 9 & 21 \end{pmatrix}.$$

▶ <u>Symmetrische und antisymmetrische Matrizen:</u>

Gegeben sei eine quadratische Matrix $B = (b_{ik})$. Wir zerlegen alle Elemente b_{ik} der Matrix in der Form

$$b_{ik} = \frac{1}{2}(b_{ik} + b_{ki}) + \frac{1}{2}(b_{ik} - b_{ki}) \ .$$

Mit den Bezeichnungen $s_{ik} = \frac{1}{2}(b_{ik} + b_{ki})$ und $a_{ik} = \frac{1}{2}(b_{ik} - b_{ki})$ folgt dann:

$$b_{ik} = s_{ik} + a_{ik} \quad \text{mit} \quad s_{ik} = s_{ki} \quad \text{und} \quad a_{ik} = -a_{ki} \ .$$

Eine quadratische Matrix $B = (b_{ik})$ vom Typ (n,n) kann also stets als Summe von zwei (n,n)-Matrizen $S = (s_{ik})$ und $A = (a_{ik})$ dargestellt werden, wobei man S wegen $s_{ik} = s_{ki}$ <u>symmetrische Matrix</u> und A wegen $a_{ik} = -a_{ki}$ <u>antisymmetrische Matrix</u> nennt.
Bei der antisymmetrischen Matrix A sind wegen $a_{ik} = -a_{ki}$ die Elemente der Hauptdiagonale gleich Null.

<u>Beispiel:</u>

$$B = \begin{pmatrix} 3 & 4 & 3 \\ 6 & 5 & 6 \\ 1 & 2 & 4 \end{pmatrix} = \begin{pmatrix} 3 & 5 & 2 \\ 5 & 5 & 4 \\ 2 & 4 & 4 \end{pmatrix} + \begin{pmatrix} 0 & -1 & 1 \\ 1 & 0 & 2 \\ -1 & -2 & 0 \end{pmatrix} = S + A \ .$$

<u>Bemerkung:</u>

Offenbar gilt für eine symmetrische Matrix S stets $S^T = S$ und für eine antisymmetrische Matrix A stets $A^T = -A$.

▶ <u>Reguläre und inverse Matrizen:</u>

Existiert für eine quadratische Matrix A vom Typ (n,n) eine quadratische Matrix B vom gleichen Typ mit

$$AB = BA = E_n,$$

so heißt A <u>invertierbare Matrix</u> oder <u>reguläre Matrix</u>. Die Matrix B heißt die <u>zu A inverse Matrix</u>. Sie ist, falls sie existiert, eindeutig bestimmt. Ist nämlich B^* ebenfalls eine zu A inverse Matrix, so folgt:

$B = BE_n = B(AB^*) = (BA)B^* = E_n B^* = B^*$.

Wegen der Eindeutigkeit der zu A inversen Matrix, bezeichnen wir diese mit A^{-1} .

<u>Bemerkungen:</u>

a) Die Bezeichnung A^{-1} ist in Analogie zu den reellen Zahlen $x \in \mathbb{R} \setminus \{0\}$ gewählt, für die gilt: $xx^{-1} = x^{-1}x = 1$ (vgl. Abschnitt 8).

b) Offenbar gilt für jede reguläre Matrix A: $(A^{-1})^{-1} = A$.

c) Nicht jede Matrix ist regulär. So besitzt z.B. die (2,2)-Matrix

$A = \begin{pmatrix} 0 & 1 \\ 0 & 0 \end{pmatrix}$ keine inverse Matrix.

<u>Beispiele:</u>

① Zur Matrix $A = \begin{pmatrix} 1 & 1 \\ 2 & 0 \end{pmatrix}$ existiert die inverse Matrix $A^{-1} = \begin{pmatrix} 0 & 0{,}5 \\ 1 & -0{,}5 \end{pmatrix}$,

denn es gilt: $AA^{-1} = A^{-1}A = E_2$

d.h. $\begin{pmatrix} 1 & 1 \\ 2 & 0 \end{pmatrix} \begin{pmatrix} 0 & 0{,}5 \\ 1 & -0{,}5 \end{pmatrix} = \begin{pmatrix} 0 & 0{,}5 \\ 1 & -0{,}5 \end{pmatrix} \begin{pmatrix} 1 & 1 \\ 2 & 0 \end{pmatrix} = \begin{pmatrix} 1 & 0 \\ 0 & 1 \end{pmatrix}$.

<u>Berechnungsschema:</u>

Zur Bestimmung von A^{-1} zu $A = \begin{pmatrix} 1 & 1 \\ 2 & 0 \end{pmatrix}$ setzen wir

$A^{-1} = X = \begin{pmatrix} x_{11} & x_{12} \\ x_{21} & x_{22} \end{pmatrix}$. Dann entsprechen der Matrixgleichung

$AX = E_2$ bzw. $\begin{pmatrix} 1 & 1 \\ 2 & 0 \end{pmatrix} \begin{pmatrix} x_{11} & x_{12} \\ x_{21} & x_{22} \end{pmatrix} = \begin{pmatrix} 1 & 0 \\ 0 & 1 \end{pmatrix}$ die vier linearen

Gleichungen

$$x_{11} + x_{21} = 1, \quad x_{12} + x_{22} = 0,$$
$$2x_{11} = 0, \quad\quad 2x_{12} = 1 .$$

Damit ergibt sich die Lösung $X = \begin{pmatrix} 0 & 0{,}5 \\ 1 & -0{,}5 \end{pmatrix}$.

② Zu $A = \begin{pmatrix} \cos\alpha & -\sin\alpha \\ \sin\alpha & \cos\alpha \end{pmatrix}$ existiert die inverse Matrix $\begin{pmatrix} \cos\alpha & \sin\alpha \\ -\sin\alpha & \cos\alpha \end{pmatrix}$,

denn es gilt:

$\begin{pmatrix} \cos\alpha & -\sin\alpha \\ \sin\alpha & \cos\alpha \end{pmatrix} \begin{pmatrix} \cos\alpha & \sin\alpha \\ -\sin\alpha & \cos\alpha \end{pmatrix} = \begin{pmatrix} \cos^2\alpha + \sin^2\alpha & 0 \\ 0 & \cos^2\alpha + \sin^2\alpha \end{pmatrix} = \begin{pmatrix} 1 & 0 \\ 0 & 1 \end{pmatrix} = E_2$

und

$\begin{pmatrix} \cos\alpha & \sin\alpha \\ -\sin\alpha & \cos\alpha \end{pmatrix} \begin{pmatrix} \cos\alpha & -\sin\alpha \\ \sin\alpha & \cos\alpha \end{pmatrix} = \begin{pmatrix} \cos^2\alpha + \sin^2\alpha & 0 \\ 0 & \cos^2\alpha + \sin^2\alpha \end{pmatrix} = \begin{pmatrix} 1 & 0 \\ 0 & 1 \end{pmatrix} = E_2$.

<u>Satz (38.2):</u>

Sind A und B reguläre Matrizen vom Typ (n,n), so ist auch die Produktmatrix AB regulär, und es gilt: $(AB)^{-1} = B^{-1}A^{-1}$.

<u>Beweis:</u>

Sind A^{-1} und B^{-1} die zu A und B inversen Matrizen, so folgt:

$$(AB)(B^{-1}A^{-1}) = A(BB^{-1})A^{-1} = AE_nA^{-1} = AA^{-1} = E_n$$

und

$$(B^{-1}A^{-1})(AB) = B^{-1}(A^{-1}A)B = B^{-1}E_nB = B^{-1}B = E_n \ .$$

<u>Beispiel:</u>

Zu den regulären Matrizen $A = \begin{pmatrix} 1 & 2 \\ 0 & 1 \end{pmatrix}$ und $B = \begin{pmatrix} 2 & 0 \\ 3 & 1 \end{pmatrix}$ existieren die inversen Matrizen $A^{-1} = \begin{pmatrix} 1 & -2 \\ 0 & 1 \end{pmatrix}$ und $B^{-1} = \begin{pmatrix} 0{,}5 & 0 \\ -1{,}5 & 1 \end{pmatrix}$.

Für die Produktmatrix AB gilt:

$$AB = \begin{pmatrix} 8 & 2 \\ 3 & 1 \end{pmatrix}, \quad (AB)^{-1} = \begin{pmatrix} 0{,}5 & -1 \\ -1{,}5 & 4 \end{pmatrix} \text{ und}$$

$$B^{-1}A^{-1} = \begin{pmatrix} 0{,}5 & 0 \\ -1{,}5 & 1 \end{pmatrix}\begin{pmatrix} 1 & -2 \\ 0 & 1 \end{pmatrix} = \begin{pmatrix} 0{,}5 & -1 \\ -1{,}5 & 4 \end{pmatrix}, \text{ d.h. } (AB)^{-1} = B^{-1}A^{-1} \ .$$

39   LINEARE ABBILDUNGEN

Im folgenden deuten wir eine geometrische Interpretation der Matrizen an. Auf dieser Grundlage können dann auch die bisher (willkürlich) definierten Rechenoperationen und weitere Anwendungen erörtert werden.

Als Einführung betrachten wir ein System von drei linearen Gleichungen: ($a_{ik} \in \mathbb{R}$ für alle $i,k \in \{1,2,3\}$)

$$y_1 = a_{11}x_1 + a_{12}x_2 + a_{13}x_3$$
$$y_2 = a_{21}x_1 + a_{22}x_2 + a_{23}x_3$$
$$y_3 = a_{31}x_1 + a_{32}x_2 + a_{33}x_3 \ .$$

Mit Hilfe der Matrizen $A = \begin{pmatrix} a_{11} & a_{12} & a_{13} \\ a_{21} & a_{22} & a_{23} \\ a_{31} & a_{32} & a_{33} \end{pmatrix}$, $\vec{x} = \begin{pmatrix} x_1 \\ x_2 \\ x_3 \end{pmatrix}$ und $\vec{y} = \begin{pmatrix} y_1 \\ y_2 \\ y_3 \end{pmatrix}$

ist das Gleichungssystem darstellbar in der Form

$$\vec{y} = A\vec{x} \ .$$

Diese Vektorgleichung kann interpretiert werden als Zuordnungsvorschrift für eine Abbildung

$$\mathcal{G}: \mathbb{R}^3 \longrightarrow \mathbb{R}^3 \quad \text{mit} \quad \vec{x} \longmapsto \vec{y} = A\vec{x} \ .$$

Wir sagen: "Dem Vektor $\vec{x}$ wird vermöge der Gleichung $\vec{y} = A\vec{x}$ der Vektor $\vec{y}$ zugeordnet."

Allgemein wird eine solche Abbildung zwischen zwei Vektorräumen $\mathbb{R}^n$ und $\mathbb{R}^m$ mit Hilfe einer (m,n)-Matrix definiert:

$$\mathcal{G}: \mathbb{R}^n \longrightarrow \mathbb{R}^m \quad \text{mit} \quad \vec{x} \longmapsto \vec{y} = A\vec{x} = \mathcal{G}(\vec{x}) \ .$$

Da diese Abbildung $\mathcal{G}$ die beiden <u>Linearitätsbedingungen</u>

1) $\quad A(\vec{x} + \vec{x}^*) = A\vec{x} + A\vec{x}^* \qquad (\vec{x}, \vec{x}^* \in \mathbb{R}^n)$

und

2) $\quad A(\lambda\vec{x}) = \lambda(A\vec{x}) \qquad\qquad (\lambda \in \mathbb{R})$

erfüllt (vgl. Satz (37.1)), heißt $\mathcal{G}$ <u>lineare Abbildung</u>.

<u>Beispiel:</u> (Drehung in der Ebene)

Gegeben sei der Vektor $\vec{x} = \begin{pmatrix} x_1 \\ x_2 \end{pmatrix} = x_1\vec{e}_1 + x_2\vec{e}_2$ aus $\mathbb{R}^2$ im skizzierten

(x_1, x_2)-Koordinatensystem. Dreht man das Koordinatensystem im Ursprung 0 um den Winkel α, so ist der gegebene Vektor $\vec{x}$ bezüglich des neuen (x_1', x_2')-Koordinatensystems darstellbar in der Form

$$\vec{x} = \begin{pmatrix} x_1' \\ x_2' \end{pmatrix} = x_1'\vec{e}_1' + x_2'\vec{e}_2' \ .$$

$$|\vec{e}_1| = |\vec{e}_1'| = 1$$

$$|\vec{e}_2| = |\vec{e}_2'| = 1$$

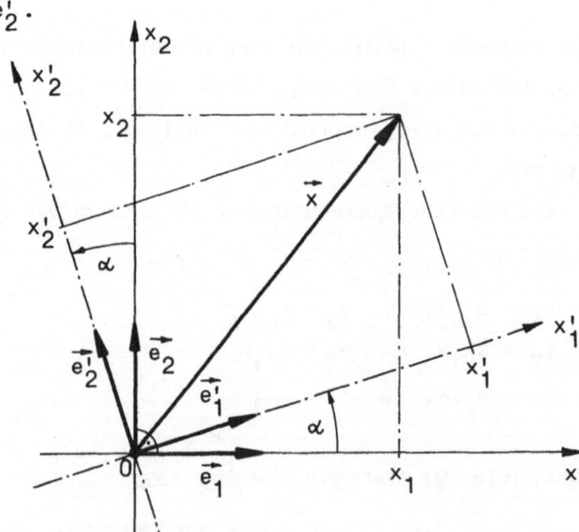

Für die Basisvektoren $\vec{e}_1',\vec{e}_2' \in \mathbb{R}^2$ gilt:

$$\vec{e}_1' = \vec{e}_1\cos\alpha + \vec{e}_2\sin\alpha \quad \text{und} \quad \vec{e}_2' = -\vec{e}_1\sin\alpha + \vec{e}_2\cos\alpha \; .$$

Daraus folgt nach Einsetzen und Umordnung für $\vec{x}$:

$$\vec{x} = x_1'\vec{e}_1' + x_2'\vec{e}_2' = (x_1'\cos\alpha - x_2'\sin\alpha)\,\vec{e}_1 + (x_1'\sin\alpha + x_2'\cos\alpha)\,\vec{e}_2 \; .$$

Wegen $\vec{x} = x_1\vec{e}_1 + x_2\vec{e}_2$ erhalten wir insgesamt durch einen Koeffizientenvergleich die folgenden <u>Transformationsgleichungen</u> für gedrehte ebene Koordinatensysteme:

$$\boxed{\begin{array}{lcl}
x_1 = x_1'\cos\alpha - x_2'\sin\alpha & & x_1' = x_1\cos\alpha + x_2\sin\alpha \\[2mm]
x_2 = x_1'\sin\alpha + x_2'\cos\alpha & \text{bzw.} & x_2' = -x_1\sin\alpha + x_2\cos\alpha
\end{array}}$$

Mit der Koeffizientenmatrix $A = \begin{pmatrix} \cos\alpha & \sin\alpha \\ -\sin\alpha & \cos\alpha \end{pmatrix}$ und den Vektoren

$\vec{x} = \begin{pmatrix} x_1 \\ x_2 \end{pmatrix}$ und $\vec{x}' = \begin{pmatrix} x_1' \\ x_2' \end{pmatrix}$ aus $\mathbb{R}^2$ entsprechen die Transformations-

gleichungen

$$\begin{aligned}
x_1' &= x_1\cos\alpha + x_2\sin\alpha, \\
x_2' &= -x_1\sin\alpha + x_2\cos\alpha
\end{aligned}$$

der Vektorgleichung

$$\vec{x}' = A\vec{x} \quad \text{bzw.} \quad \begin{pmatrix} x_1' \\ x_2' \end{pmatrix} = \begin{pmatrix} \cos\alpha & \sin\alpha \\ -\sin\alpha & \cos\alpha \end{pmatrix}\begin{pmatrix} x_1 \\ x_2 \end{pmatrix} \; .$$

Die Matrix A beschreibt den Übergang vom ursprünglichen zum neuen Koordinatensystem. Der Drehung des Koordinatensystems um den Winkel α entspricht also die Matrix A bzw. die lineare Abbildung $\varphi: \mathbb{R}^2 \longrightarrow \mathbb{R}^2$ mit $\vec{x} \longmapsto \vec{x}' = A\vec{x}$.

<u>Bemerkungen:</u>

a) Offenbar entspricht die Koeffizientenmatrix $B = \begin{pmatrix} \cos\alpha & -\sin\alpha \\ \sin\alpha & \cos\alpha \end{pmatrix}$ der Drehung des Koordinatensystems um den Winkel $-\alpha$. Nach Beispiel 2 auf Seite 144 ist B die zu A inverse Matrix.

b) Neben den Drehungen entsprechen auch andere geometrische Abbildungen wie Spiegelungen, Streckungen, Scherungen etc. linearen Abbildungen. Dabei folgt aus den Linearitätsbedingungen, daß solche geometrischen Abbildungen geradentreu sind, d.h. Geraden wieder in Geraden abbilden.

<u>Beweis:</u> Gegeben sei eine Gerade g durch die beiden Punkte P_1 und

und P_2 mit den Ortsvektoren $\vec{x_1}$ und $\vec{x_2}$ (vgl. Skizze).
Ein beliebiger Punkt P der Geraden g hat dann einen Ortsvektor

$$\vec{x} = \vec{x_1} + \lambda(\vec{x_1}-\vec{x_2})$$

mit $\lambda \in \mathbb{R}$.

Durch eine lineare Abbildung $\vec{x} \mapsto \vec{x'} = A\vec{x}$ werden mit

$$\vec{x_1'} = A\vec{x_1} \quad \text{und} \quad \vec{x_2'} = A\vec{x_2}$$

P_1 auf P_1' und P_2 auf P_2' abgebildet.

Aufgrund der Linearität der Abbildung folgt für den Ortsvektor $\vec{x'}$ des Bildpunktes P' von P:

$$\vec{x'} = A\vec{x} = A(\vec{x_1} + \lambda(\vec{x_1}-\vec{x_2}))$$
$$= A\vec{x_1} + \lambda(A\vec{x_1} - A\vec{x_2}) = \vec{x_1'} + \lambda(\vec{x_1'} - \vec{x_2'}).$$

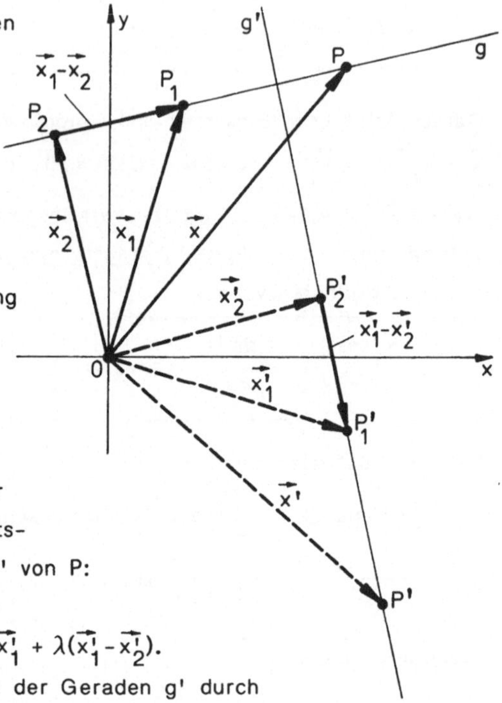

Damit ist P' also ein Punkt der Geraden g' durch P_1' und P_2', und es gilt die Behauptung.

c)   Schließlich zeigen wir noch an einem Beispiel, daß eine Produkt-matrix der Hintereinanderschaltung von zwei linearen Abbildungen entspricht, d.h. sind zwei lineare Abbildungen

$\mathbb{R}^m \longrightarrow \mathbb{R}^n$ mit $\vec{x} \mapsto \vec{y} = A\vec{x}$ (A ist vom Typ (n,m))

und

$\mathbb{R}^n \longrightarrow \mathbb{R}^p$ mit $\vec{y} \mapsto \vec{z} = B\vec{y}$ (B ist vom Typ (p,n))

gegeben, so wird die Hintereinanderschaltung der Abbildungen be-schrieben durch die lineare Abbildung

$\mathbb{R}^m \longrightarrow \mathbb{R}^p$ mit $\vec{x} \mapsto \vec{z} = (BA)\vec{x}$.

Betrachten wir etwa die beiden Drehungen des (x,y)-Koordinaten-systems um die Winkel α und β. Sie werden beschrieben durch die linearen Abbildungen

$$\vec{x} \mapsto \vec{x'} = A\vec{x} \quad \text{und} \quad \vec{x'} \mapsto \vec{x''} = B\vec{x'}$$

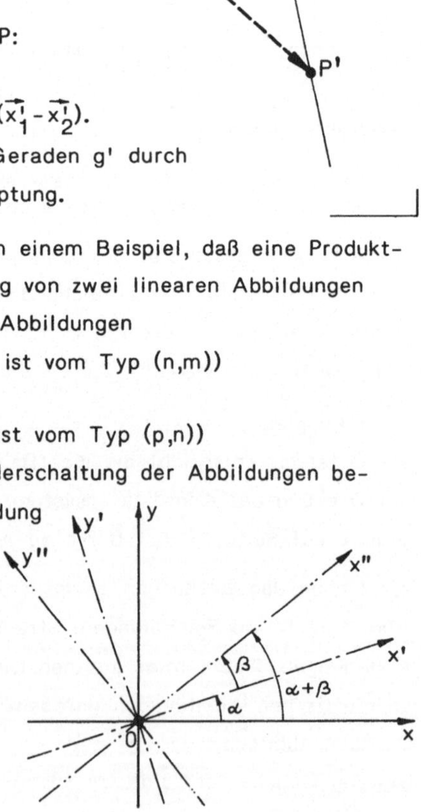

mit $A = \begin{pmatrix} \cos\alpha & \sin\alpha \\ -\sin\alpha & \cos\alpha \end{pmatrix}$ und $B = \begin{pmatrix} \cos\beta & \sin\beta \\ -\sin\beta & \cos\beta \end{pmatrix}$.

Die Drehung um den Winkel $\alpha+\beta$ wird festgelegt durch die lineare Abbildung $\vec{x} \mapsto \vec{x''} = C\vec{x}$ mit $C = \begin{pmatrix} \cos(\alpha+\beta) & \sin(\alpha+\beta) \\ -\sin(\alpha+\beta) & \cos(\alpha+\beta) \end{pmatrix}$.

Andererseits erhalten wir die gesamte Drehung durch Hintereinander-schaltung der beiden Einzeldrehungen. Dabei entspricht der Operation $\vec{x''} = B(A\vec{x})$ die Produktmatrix

$$BA = \begin{pmatrix} \cos\beta & \sin\beta \\ -\sin\beta & \cos\beta \end{pmatrix}\begin{pmatrix} \cos\alpha & \sin\alpha \\ -\sin\alpha & \cos\alpha \end{pmatrix} = \begin{pmatrix} \cos(\alpha+\beta) & \sin(\alpha+\beta) \\ -\sin(\alpha+\beta) & \cos(\alpha+\beta) \end{pmatrix} = C .$$

Bei dieser Multiplikation wurden die Additionstheoreme aus Satz (18.2) verwendet.

Die bisher als willkürlich erscheinende Multiplikation von Matrizen ist also durchaus sinnvoll und steht im Einklang mit der Verknüpfung linearer Abbildungen.

40   ANWENDUNGEN: GEOMETRISCHE ABBILDUNGEN

Beim Konstruieren und Zeichnen in der CAD-Technik werden geometrische Abbildungen wie Spiegelungen, Drehungen, Stauchungen und Scherungen als Manipulationsfunktionen verwendet. Mathematische Grundlage hierfür bilden lineare Abbildungen.

Wir stellen im folgenden einige wichtige geometrische Abbildungen in der Ebene zusammen.

Dabei entsprechen dem Punkt $P(x,y)$ und dem Bildpunkt $P'(x',y')$ die Ortsvektoren $\vec{x} = \begin{pmatrix} x \\ y \end{pmatrix}$ und $\vec{x'} = \begin{pmatrix} x' \\ y' \end{pmatrix}$.

In der Tabelle wird eine geometrische Abbildung jeweils festgelegt durch die Matrix A zur entsprechenden linearen Abbildung

$$\vec{x} \mapsto \vec{x'} = A\vec{x} \quad \text{d.h.} \quad \begin{pmatrix} x \\ y \end{pmatrix} \mapsto \begin{pmatrix} x' \\ y' \end{pmatrix} = \begin{pmatrix} a_{11} & a_{12} \\ a_{21} & a_{22} \end{pmatrix}\begin{pmatrix} x \\ y \end{pmatrix}$$

bzw. durch das entsprechende lineare Gleichungssystem

$$x' = a_{11}x + a_{12}y$$
$$y' = a_{21}x + a_{22}y .$$

Eine Skizze verdeutlicht jeweils die Abbildung, wobei nach Bemerkung b auf Seite 147 Strecken wieder auf Strecken abgebildet werden.

Bezeichnung	Matrix A	Gleichungssystem	geometrische Operation
Identische Abbildung	$\begin{pmatrix} 1 & 0 \\ 0 & 1 \end{pmatrix}$	$x' = x$ $y' = y$	
Spiegelung an der y-Achse	$\begin{pmatrix} -1 & 0 \\ 0 & 1 \end{pmatrix}$	$x' = -x$ $y' = y$	
Spiegelung an der ersten Winkelhalbierenden	$\begin{pmatrix} 0 & 1 \\ 1 & 0 \end{pmatrix}$	$x' = y$ $y' = x$	
Spiegelung am Ursprung 0	$\begin{pmatrix} -1 & 0 \\ 0 & -1 \end{pmatrix}$	$x' = -x$ $y' = -y$	
Streckung (Stauchung) **Stretch** längs der x-Achse (Skalieren)	$\begin{pmatrix} a_{11} & 0 \\ 0 & 1 \end{pmatrix}$ $a_{11} > 0$	$x' = a_{11}x$ $y' = y$	

Streckung (Stauchung) **Stretch** vom Ursprung aus (Skalieren)	$\begin{pmatrix} a & 0 \\ 0 & a \end{pmatrix}$ $a > 0$	$x' = ax$ $y' = ay$	
Scherung längs der x-Achse	$\begin{pmatrix} 1 & a_{12} \\ 0 & 1 \end{pmatrix}$	$x' = x + a_{12}y$ $y' = y$	
Drehung im Ursprung um den Winkel α	$\begin{pmatrix} \cos\alpha & -\sin\alpha \\ \sin\alpha & \cos\alpha \end{pmatrix}$	$x' = x\cos\alpha - y\sin\alpha$ $y' = x\sin\alpha + y\cos\alpha$	
Parallelverschiebung (Translation)	$\vec{x'} = A\vec{x} + \vec{d}$ mit $A = \begin{pmatrix} 1 & 0 \\ 0 & 1 \end{pmatrix}$, $\vec{d} = \begin{pmatrix} d_1 \\ d_2 \end{pmatrix}$	$x' = x + d_1$ $y' = y + d_2$	

<u>Bemerkung:</u>

Bei der Drehung um den Winkel α im Ursprung werden im vorliegenden Fall die Punkte abgebildet und das Koordinatensystem festgehalten. Das entspricht einer Drehung des Koordinatensystems um den Winkel $-\alpha$ (vgl. Seite 146).

41 **ÜBUNGEN: RECHNEN MIT MATRIZEN**

(50) Gegeben seien die Matrizen $A = \begin{pmatrix} 1 & -1 \\ 2 & 1 \end{pmatrix}$ und $B = \begin{pmatrix} 0 & -2 \\ 1 & 1 \end{pmatrix}$.

Berechne $A-2B$, AB, BA, AB^T, A^TB, A^{-1}, B^{-1} und $(AB)^{-1}$.

Hinweis: Zur Bestimmung der inversen Matrix beachte Beispiel 1 auf Seite 144.

(51) Berechne für $A = \begin{pmatrix} 1 & 0 & 2 \\ 0 & -1 & 3 \\ -2 & -1 & 0 \end{pmatrix}$ und $B = \begin{pmatrix} 0 & 1 & 2 \\ -1 & 1 & 0 \\ 1 & 0 & 3 \end{pmatrix}$

die Produkte AB, BA, AB^T, B^TA und $(AB)^T$.

(52) Berechne nach dem Schema von Falk die folgenden Produkte, sofern sie existieren:

a) $\begin{pmatrix} 1 & 0 & 2 \\ -2 & 3 & -1 \\ 1 & 0 & 4 \end{pmatrix}\begin{pmatrix} 1 & 0 \\ 2 & -1 \\ 3 & -2 \end{pmatrix}$ b) $\begin{pmatrix} -1 & 2 & 0 \\ -2 & 3 & 4 \\ 0 & -2 & 1 \end{pmatrix}\begin{pmatrix} 1 \\ 2 \\ -1 \end{pmatrix}$ c) $\begin{pmatrix} 2 & 1 \\ 4 & 0 \\ 3 & 2 \end{pmatrix}\begin{pmatrix} 2 & 0 & 1 & 4 \\ 0 & 1 & -2 & -3 \end{pmatrix}$

d) $\begin{pmatrix} 1 & 0 & 2 \\ -1 & 3 & 0 \end{pmatrix}\begin{pmatrix} 1 & -2 \\ 0 & 3 \\ 1 & 0 \end{pmatrix}\begin{pmatrix} 0 & 1 & 1 \\ 2 & -1 & 0 \end{pmatrix}$ e) $\begin{pmatrix} 1 & 0 & 2 \\ -1 & 1 & 0 \end{pmatrix}\begin{pmatrix} 1 & 0 & 2 \\ 0 & -1 & 3 \\ -2 & 2 & 0 \end{pmatrix}\begin{pmatrix} 2 \\ 1 \\ -1 \end{pmatrix}$

(53) Die Matrix $A = \begin{pmatrix} a_{11} & a_{12} \\ a_{21} & a_{22} \end{pmatrix}$ beschreibt eine Abbildung in der (x,y)-Ebene durch

$$\begin{pmatrix} x \\ y \end{pmatrix} \longmapsto \begin{pmatrix} x' \\ y' \end{pmatrix} = \begin{pmatrix} a_{11} & a_{12} \\ a_{21} & a_{22} \end{pmatrix}\begin{pmatrix} x \\ y \end{pmatrix} \qquad \text{(vgl. Abschnitt 40).}$$

Deute die Abbildung geometrisch, falls

a) $A = \begin{pmatrix} 1 & 0 \\ 0 & -1 \end{pmatrix}$ b) $A = \begin{pmatrix} 0 & -1 \\ 1 & 0 \end{pmatrix}$ c) $A = \begin{pmatrix} 1 & 0 \\ 0 & a_{22} \end{pmatrix}$ mit $a_{22} > 0$

d) $A = \begin{pmatrix} 1 & 0 \\ a_{21} & 1 \end{pmatrix}$ mit $a_{21} > 0$ e) $A = \begin{pmatrix} \cos\varphi & \sin\varphi \\ -\sin\varphi & \cos\varphi \end{pmatrix}$

G   DETERMINANTEN

Wir beschäftigen uns im folgenden mit Determinanten quadratischer Matrizen.

$\boxed{42}$ DETERMINANTEN ZWEITER ORDNUNG

Einführung:

Gegeben sei ein System von zwei linearen Gleichungen G_1 und G_2 mit zwei Variablen $x_1, x_2 \in \mathbb{R}$:

$$\begin{array}{ll} a_{11}x_1 + a_{12}x_2 = d_1 & \quad G_1 \\ a_{21}x_1 + a_{22}x_2 = d_2 & \quad G_2 \end{array} \qquad (a_{ik}, d_i \in \mathbb{R} \text{ für } i,k \in \{1,2\}).$$

Durch Multiplikation der Terme der ersten Gleichung mit a_{22} und der Terme der zweiten Gleichung mit a_{12} sowie nachfolgender Subtraktion ergibt sich:

$$\begin{array}{ll} a_{11}a_{22}x_1 + a_{12}a_{22}x_2 = a_{22}d_1 & \quad a_{22}G_1 \\ \underline{a_{12}a_{21}x_1 + a_{12}a_{22}x_2 = a_{12}d_2} & \quad \underline{a_{12}G_2} \\ (a_{11}a_{22} - a_{12}a_{21})x_1 = d_1a_{22} - d_2a_{12} & \quad a_{22}G_1 - a_{12}G_2 \end{array}$$

Setzen wir $a_{11}a_{22} - a_{12}a_{21} \neq 0$ voraus, so folgt für die Variable x_1:

$$x_1 = \frac{d_1a_{22} - d_2a_{12}}{a_{11}a_{22} - a_{12}a_{21}}\,.$$

Analog ergibt sich für die Variable x_2: $\quad x_2 = \dfrac{a_{11}d_2 - a_{21}d_1}{a_{11}a_{22} - a_{12}a_{21}}\,.$

Die auftretenden Terme werden nun vereinfacht dargestellt.

Definition (42.1):

Unter der Determinante det A einer (2,2)-Matrix $A = (a_{ik})$ versteht man die reelle Zahl $a_{11}a_{22} - a_{12}a_{21}$, geschrieben:

$$\det A = \det \begin{pmatrix} a_{11} & a_{12} \\ a_{21} & a_{22} \end{pmatrix} = \begin{vmatrix} a_{11} & a_{12} \\ a_{21} & a_{22} \end{vmatrix} = a_{11}a_{22} - a_{12}a_{21}\,.$$

Die Determinante einer (2,2)-Matrix heißt Determinante zweiter Ordnung oder auch zweireihige Determinante.

Wie bei einer Matrix spricht man auch hier von $\underline{Zeilen}$ und $\underline{Spalten}$ einer Determinante.

Die Zahl det A $= a_{11}a_{22} - a_{12}a_{21}$ ergibt sich durch Überkreuzmultiplikation der Elemente von A und nachfolgender Subtraktion der Produkte:

$$\begin{pmatrix} a_{11} & a_{12} \\ a_{21} & a_{22} \end{pmatrix} \quad \text{ergibt} \quad \Longrightarrow \quad a_{11}a_{22} - a_{12}a_{21} \ .$$

Die Lösung des obigen Gleichungssystems ist nun mit

$$D_1 = \begin{vmatrix} d_1 & a_{12} \\ d_2 & a_{22} \end{vmatrix} \ , \quad D_2 = \begin{vmatrix} a_{11} & d_1 \\ a_{21} & d_2 \end{vmatrix} \quad \text{und} \quad D = \begin{vmatrix} a_{11} & a_{12} \\ a_{21} & a_{22} \end{vmatrix} \neq 0$$

darstellbar in der Form

$$x_1 = \frac{D_1}{D} \quad \text{und} \quad x_2 = \frac{D_2}{D} \ .$$

$\underline{Beispiel:}$

Wir bestimmen die Lösungen $(x_1, x_2) \in \mathbb{R} \times \mathbb{R}$ des linearen Gleichungssystems

$$\begin{array}{ll} x_1 - x_2 = 1 & \Big| \ G_1 \\ x_1 + 2x_2 = 4 & \Big| \ G_2 \ . \end{array}$$

Mit $D = \begin{vmatrix} 1 & -1 \\ 1 & 2 \end{vmatrix} = 3$, $D_1 = \begin{vmatrix} 1 & -1 \\ 4 & 2 \end{vmatrix} = 6$ und $D_2 = \begin{vmatrix} 1 & 1 \\ 1 & 4 \end{vmatrix} = 3$

erhalten wir $x_1 = \dfrac{D_1}{D} = \dfrac{6}{3} = 2$ und $x_2 = \dfrac{D_2}{D} = \dfrac{3}{3} = 1$, also die

Lösungsmenge $\mathbb{L} = \{(2,1)\}$.

Graphisch stellt die Lösung (2,1) den Schnittpunkt P der beiden Geraden dar, die den Gleichungen G_1 und G_2 entsprechen:

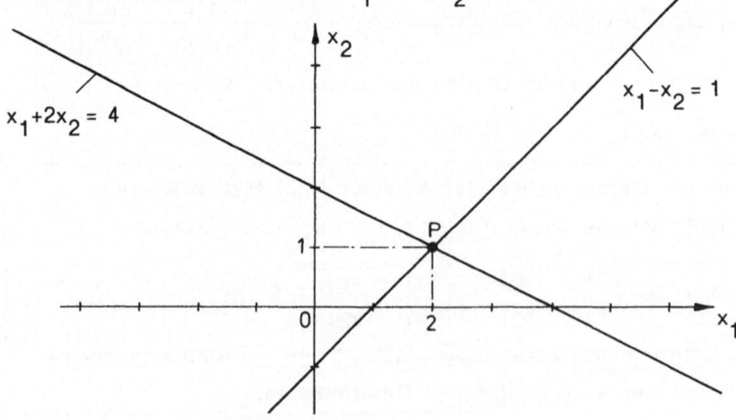

<u>Bemerkung</u>:

Nach Abschnitt 31 ist die Maßzahl A des Flächeninhaltes eines

Parallelogramms, das von zwei

Vektoren $\vec{a}$ und $\vec{b}$ aufgespannt

wird, gegeben durch

$$A = |\,\vec{a}{\times}\vec{b}\,|\ .$$

Speziell für zwei Vektoren

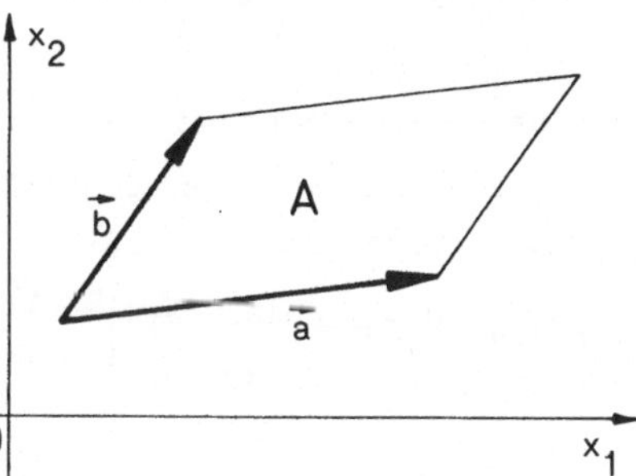

$$\vec{a} = \begin{pmatrix} a_1 \\ a_2 \\ 0 \end{pmatrix} \quad \text{und} \quad \vec{b} = \begin{pmatrix} b_1 \\ b_2 \\ 0 \end{pmatrix}$$

in der (x_1,x_2)-Ebene folgt:

$$A = |\,\vec{a}{\times}\vec{b}\,| = |\,a_1 b_2 - a_2 b_1\,| = \left|\ \det \begin{pmatrix} a_1 & b_1 \\ a_2 & b_2 \end{pmatrix}\ \right|\ .$$

Der Betrag einer zweireihigen Determinante liefert also geometrisch
den Flächeninhalt des von den entsprechenden Spaltenvektoren aufgespannten Parallelogramms.

▶ <u>Eigenschaften der Determinanten zweiter Ordnung</u>:

Für die zweireihige Determinante $\det A = \begin{vmatrix} a_{11} & a_{12} \\ a_{21} & a_{22} \end{vmatrix} = a_{11}a_{22} - a_{12}a_{21}$

einer Matrix $A = \begin{pmatrix} a_{11} & a_{12} \\ a_{21} & a_{22} \end{pmatrix}$ gelten die folgenden Eigenschaften, die

durch Nachrechnen unmittelbar überprüft werden können:

a) Die Determinante einer Matrix A ist gleich der Determinante der
   transponierten Matrix A^T:

$$\det A = \begin{vmatrix} a_{11} & a_{12} \\ a_{21} & a_{22} \end{vmatrix} = \begin{vmatrix} a_{11} & a_{21} \\ a_{12} & a_{22} \end{vmatrix} = \det A^T\ .$$

b) Eine Determinante wird mit einem Faktor $\lambda \in \mathbb{R}$ multipliziert,
   indem jedes Element einer Spalte bzw. jedes Element einer Zeile
   mit λ multipliziert wird. Es gilt z.B.:

$$\lambda \begin{vmatrix} a_{11} & a_{12} \\ a_{21} & a_{22} \end{vmatrix} = \begin{vmatrix} \lambda a_{11} & \lambda a_{12} \\ a_{21} & a_{22} \end{vmatrix} = \begin{vmatrix} \lambda a_{11} & a_{12} \\ \lambda a_{21} & a_{22} \end{vmatrix}\ .$$

c) Eine Vertauschung von zwei Zeilen oder von zwei Spalten einer
   Determinante ändert das Vorzeichen der Determinante:

$$\begin{vmatrix} a_{11} & a_{12} \\ a_{21} & a_{22} \end{vmatrix} = - \begin{vmatrix} a_{12} & a_{11} \\ a_{22} & a_{21} \end{vmatrix} = - \begin{vmatrix} a_{21} & a_{22} \\ a_{11} & a_{12} \end{vmatrix} \Bigg) \ .$$

d) Eine Determinante hat den Wert Null, falls sich die entsprechenden Elemente von zwei Zeilen bzw. von zwei Spalten durch einen
Faktor $\lambda \in \mathbb{R}$ unterscheiden:

$$\begin{vmatrix} a_{11} & a_{12} \\ \lambda a_{11} & \lambda a_{12} \end{vmatrix} = \lambda \begin{vmatrix} a_{11} & a_{12} \\ a_{11} & a_{12} \end{vmatrix} = \lambda (a_{11}a_{12} - a_{11}a_{12}) = 0 \ .$$

Insbesondere hat eine Determinante den Wert Null, deren Zeilen
oder Spalten gleich sind ($\lambda = 1$) oder falls die Elemente einer Zeile
oder einer Spalte Null sind ($\lambda = 0$).

e) Addiert man zu einer Zeile bzw. zu einer Spalte das λ-fache der
anderen Zeile bzw. Spalte, so ändert sich der Wert der Determinante nicht. Es gilt z.B.:

$$\begin{vmatrix} a_{11} & a_{12} \\ a_{21} & a_{22} \end{vmatrix} = \begin{vmatrix} a_{11} + \lambda a_{12} & a_{12} \\ a_{21} + \lambda a_{22} & a_{22} \end{vmatrix} \ .$$

43 DETERMINANTEN DRITTER ORDNUNG

<u>Geometrische Einführung:</u>

Um zum Begriff der Determinante dritter Ordnung zu gelangen, berechnen wir das Volumen eines sog. <u>Parallelepipeds</u> oder <u>Spats</u>:

Die Maßzahl V des Volumens
des Körpers, der von drei
linear unabhängigen Vektoren
$\vec{a}$, $\vec{b}$ und $\vec{c}$ aufgespannt wird,
ergibt sich durch

$$V = |\vec{a} \cdot (\vec{b} \times \vec{c})| \ .$$

<u>Beweis:</u>

Wir erhalten V als Produkt
Ah der Maßzahlen von Grundfläche und Höhe des Spats.

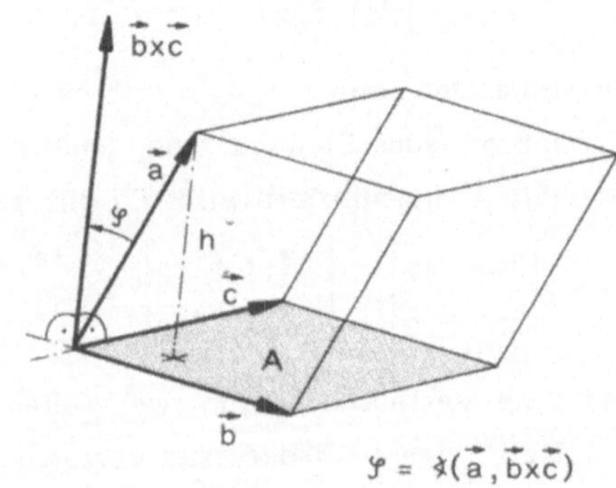

Mit $A = |\vec{b}\times\vec{c}|$ und $h = |\vec{a}|\cdot|\cos\sphericalangle(\vec{a},\vec{b}\times\vec{c})|$ gilt:

$$V = Ah = |\vec{a}|\cdot|\vec{b}\times\vec{c}|\cdot|\cos\sphericalangle(\vec{a},\vec{b}\times\vec{c})| = |\vec{a}\cdot(\vec{b}\times\vec{c})|\,.$$

Wir nennen $\vec{a}\cdot(\vec{b}\times\vec{c})$ das __Spatprodukt__ der Vektoren $\vec{a}$, $\vec{b}$ und $\vec{c}$.

Bezüglich eines räumlichen kartesischen Koordinatensystems erhalten

wir mit $\vec{a} = \begin{pmatrix} a_1 \\ a_2 \\ a_3 \end{pmatrix}$, $\vec{b} = \begin{pmatrix} b_1 \\ b_2 \\ b_3 \end{pmatrix}$ und $\vec{c} = \begin{pmatrix} c_1 \\ c_2 \\ c_3 \end{pmatrix}$ aus $\mathbb{R}^3$

das Vektorprodukt

$$\vec{b}\times\vec{c} = (b_2c_3 - b_3c_2)\vec{e}_1 + (b_3c_1 - b_1c_3)\vec{e}_2 + (b_1c_2 - b_2c_1)\vec{e}_3$$

$$= \begin{vmatrix} b_2 & c_2 \\ b_3 & c_3 \end{vmatrix}\vec{e}_1 - \begin{vmatrix} b_1 & c_1 \\ b_3 & c_3 \end{vmatrix}\vec{e}_2 + \begin{vmatrix} b_1 & c_1 \\ b_2 & c_2 \end{vmatrix}\vec{e}_3$$

und damit schließlich für das Skalarprodukt $\vec{a}\cdot(\vec{b}\times\vec{c})$:

$$\vec{a}\cdot(\vec{b}\times\vec{c}) = a_1\begin{vmatrix} b_2 & c_2 \\ b_3 & c_3 \end{vmatrix} - a_2\begin{vmatrix} b_1 & c_1 \\ b_3 & c_3 \end{vmatrix} + a_3\begin{vmatrix} b_1 & c_1 \\ b_2 & c_2 \end{vmatrix}$$

$$= a_1b_2c_3 + a_2b_3c_1 + a_3b_1c_2 - a_1b_3c_2 - a_2b_1c_3 - a_3b_2c_1\,.$$

__Definition (43.1):__

Unter der Determinante einer $(3,3)$-Matrix $A = (a_{ik})$, geschrieben

$$\det A = \det\begin{pmatrix} a_{11} & a_{12} & a_{13} \\ a_{21} & a_{22} & a_{23} \\ a_{31} & a_{32} & a_{33} \end{pmatrix} = \begin{vmatrix} a_{11} & a_{12} & a_{13} \\ a_{21} & a_{22} & a_{23} \\ a_{31} & a_{32} & a_{33} \end{vmatrix}\,,$$ verstehen wir die

reelle Zahl

$$\det A = a_{11}\begin{vmatrix} a_{22} & a_{23} \\ a_{32} & a_{33} \end{vmatrix} - a_{21}\begin{vmatrix} a_{12} & a_{13} \\ a_{32} & a_{33} \end{vmatrix} + a_{31}\begin{vmatrix} a_{12} & a_{13} \\ a_{22} & a_{23} \end{vmatrix}$$

$$= a_{11}a_{22}a_{33} + a_{13}a_{21}a_{32} + a_{12}a_{23}a_{31} - a_{11}a_{23}a_{32}$$
$$- a_{12}a_{21}a_{33} - a_{13}a_{22}a_{31}\,.$$

Die Determinante einer $(3,3)$-Matrix heißt __Determinante dritter Ordnung__ oder auch dreireihige Determinante.

Mit $\gamma \in \left[0, \frac{\pi}{2}\right]$ folgt für das Volumen des skizzierten Spats wegen

$$|\vec{a}\cdot(\vec{b}\times\vec{c})| = \vec{a}\cdot(\vec{b}\times\vec{c}): \qquad V = \vec{a}\cdot(\vec{b}\times\vec{c}) = \begin{vmatrix} a_1 & b_1 & c_1 \\ a_2 & b_2 & c_2 \\ a_3 & b_3 & c_3 \end{vmatrix}\,.$$

Bemerkungen:

a) Der Betrag einer dreireihigen Determinante liefert also geometrisch das Volumen des von den drei entsprechenden Spaltenvektoren aufgespannten Spats.

b) Die dreireihigen Determinanten finden auch bei der Lösung linearer Gleichungssysteme Anwendung (vgl. Kapitel H).

c) Es läßt sich (mit Hilfe des Spatproduktes) leicht zeigen bzw. nachrechnen, daß die dreireihigen Determinanten ebenfalls die Eigenschaften a-e (vgl.Seite 155) der zweireihigen Determinanten besitzen. Als weitere Eigenschaft sei hier aufgeführt:

> Stellt eine Zeile (Spalte) einer dreireihigen Determinante eine Linearkombination der beiden anderen Zeilen (Spalten) dar, so hat die Determinante den Wert Null.

Es gilt z.B. mit $\alpha, \beta \in \mathbb{R}$:

$$\begin{vmatrix} a_{11} & a_{12} & \alpha a_{11} + \beta a_{12} \\ a_{21} & a_{22} & \alpha a_{21} + \beta a_{22} \\ a_{31} & a_{32} & \alpha a_{31} + \beta a_{32} \end{vmatrix} = 0 .$$

Der Beweis erfolgt unmittelbar mit den Eigenschaften d und e.

▶ <u>Berechnung der Determinante dritter Ordnung:</u>

Regel von Sarrus:

Die Regel von Sarrus liefert eine einfache Methode zur Berechnung einer Determinante det A dritter Ordnung. Wir schreiben dazu die beiden ersten Spalten der Matrix A noch einmal rechts neben die Determinante von A. Damit erhalten wir ein Schema, das sechs Diagonalen mit je drei Elementen enthält. Die Produkte der Elemente der Diagonalen von links oben nach rechts unten zählen wir positiv und die der Diagonalen von links unten nach rechts oben negativ. Die Summe dieser sechs Produkte ergibt dann den Wert der Determinante det A :

$$\left.\begin{matrix} a_{11} & a_{12} & a_{13} \\ a_{21} & a_{22} & a_{23} \\ a_{31} & a_{32} & a_{33} \end{matrix}\right|\begin{matrix} a_{11} & a_{12} \\ a_{21} & a_{22} \\ a_{31} & a_{32} \end{matrix} \quad \text{ergibt} \Longrightarrow \quad \begin{aligned} & a_{11}a_{22}a_{33} + a_{12}a_{23}a_{31} \\ & + a_{13}a_{21}a_{32} - a_{13}a_{22}a_{31} \\ & - a_{11}a_{23}a_{32} - a_{12}a_{21}a_{33} \end{aligned}$$

Entwicklung nach einer Zeile oder Spalte:

Setzen wir in Definition (43.1)

$$U_{11} = \begin{vmatrix} a_{22} & a_{23} \\ a_{32} & a_{33} \end{vmatrix}, \quad U_{21} = \begin{vmatrix} a_{12} & a_{13} \\ a_{32} & a_{33} \end{vmatrix} \quad \text{und} \quad U_{31} = \begin{vmatrix} a_{12} & a_{13} \\ a_{22} & a_{23} \end{vmatrix},$$

so folgt für die Determinante der (3,3)-Matrix A :

$$\det A = a_{11}U_{11} - a_{21}U_{21} + a_{31}U_{31} \; .$$

Wir nennen U_{11}, U_{21} und U_{31} Unterdeterminanten. Ihre Anordnung und die der entsprechenden Elemente a_{11}, a_{21} und a_{31} der ersten Spalte entnehmen wir folgendem Schema:

$$\begin{array}{ccc} \oplus & \ominus & \oplus \end{array}$$

$$\begin{vmatrix} a_{11} & \cdot & \cdot \\ \cdot & a_{22} & a_{23} \\ \cdot & a_{32} & a_{33} \end{vmatrix} \qquad \begin{vmatrix} \cdot & a_{12} & a_{13} \\ a_{21} & \cdot & \cdot \\ \cdot & a_{32} & a_{33} \end{vmatrix} \qquad \begin{vmatrix} \cdot & a_{12} & a_{13} \\ \cdot & a_{22} & a_{23} \\ a_{31} & \cdot & \cdot \end{vmatrix}$$

Allgemein entsteht eine Unterdeterminante U_{ik} mit $i,k \in \{1,2,3\}$ aus det A durch "Streichen" der i-ten Zeile und der k-ten Spalte:

$$\begin{vmatrix} \cdot & \cdot & \cdot \\ \cdot & a_{22} & a_{23} \\ \cdot & a_{32} & a_{33} \end{vmatrix} \xRightarrow{\text{ergibt}} \quad U_{11} = \begin{vmatrix} a_{22} & a_{23} \\ a_{32} & a_{33} \end{vmatrix} \quad \text{usw.}$$

Führt man das sog. algebraische Komplement A_{ik} zu a_{ik} ein, definiert durch $A_{ik} = (-1)^{i+k} U_{ik}$, so erhalten wir als Entwicklung von det A nach der ersten Spalte:

$$\det A = a_{11}A_{11} + a_{21}A_{21} + a_{31}A_{31} \; .$$

Nach dem sog. Entwicklungssatz von Laplace, auf dessen Beweis wir hier verzichten, läßt sich die Determinante det A einer (3,3)-Matrix A durch die Entwicklung nach einer beliebigen Zeile oder Spalte berechnen. Für die Entwicklung von det A nach der ersten Zeile z.B. folgt:

$$\det A = a_{11}U_{11} - a_{12}U_{12} + a_{13}U_{13} = a_{11}A_{11} + a_{12}A_{12} + a_{13}A_{13} \; .$$

Schema:

$$\begin{array}{ccc} \oplus & \ominus & \oplus \end{array}$$

$$\begin{vmatrix} a_{11} & \cdot & \cdot \\ \cdot & a_{22} & a_{23} \\ \cdot & a_{32} & a_{33} \end{vmatrix} \qquad \begin{vmatrix} \cdot & a_{12} & \cdot \\ a_{21} & \cdot & a_{23} \\ a_{31} & \cdot & a_{33} \end{vmatrix} \qquad \begin{vmatrix} \cdot & \cdot & a_{13} \\ a_{21} & a_{22} & \cdot \\ a_{31} & a_{32} & \cdot \end{vmatrix}$$

<u>Beispiel:</u>

Wir berechnen det A der Matrix $A = \begin{pmatrix} 2 & 1 & 0 \\ 1 & 0 & -2 \\ 0 & -1 & 1 \end{pmatrix}$ mit Hilfe der Regel

von Sarrus und der Entwicklung von det A nach der ersten Spalte:

a)   det A = 0 + 0 + 0 - 0 - 4 - 1 = -5

   Schema:

$$\begin{vmatrix} 2 & 1 & 0 \\ 1 & 0 & -2 \\ 0 & -1 & 1 \end{vmatrix} \begin{matrix} 2 & 1 \\ 1 & 0 \\ 0 & -1 \end{matrix}$$

b)   det A $= 2 \begin{vmatrix} 0 & -2 \\ -1 & 1 \end{vmatrix} - 1 \begin{vmatrix} 1 & 0 \\ -1 & 1 \end{vmatrix} + 0 \begin{vmatrix} 1 & 0 \\ 0 & -2 \end{vmatrix} = -4 - 1 = -5$

   Schema:

$$\oplus \qquad \ominus \qquad \oplus$$

$$\begin{vmatrix} 2 & \cdot & \cdot \\ \cdot & 0 & -2 \\ \cdot & -1 & 1 \end{vmatrix} \quad \begin{vmatrix} \cdot & 1 & 0 \\ 1 & \cdot & \cdot \\ \cdot & -1 & 1 \end{vmatrix} \quad \begin{vmatrix} \cdot & 1 & 0 \\ \cdot & 0 & -2 \\ 0 & \cdot & \cdot \end{vmatrix}$$

| 44 |

DETERMINANTEN n–TER ORDNUNG

Wir deuten im folgenden an, wie der Begriff der Determinante zweiter und dritter Ordnung mit Hilfe der "Entwicklung nach der ersten
Spalte" verallgemeinert werden kann zum Begriff der Determinante
n-ter Ordnung einer (n,n)-Matrix mit $n \in \mathbb{N} \setminus \{1\}$.

Sind Determinanten (n-1)-ter Ordnung erklärt, so führt man Determinanten n-ter Ordnung mit Hilfe von Unterdeterminanten (n-1)-ter
Ordnung ein:

   Unter der Determinante det A n-ter Ordnung einer (n,n)-Matrix

   $A = (a_{ik})$ verstehen wir die reelle Zahl

$$\det A = \begin{vmatrix} a_{11} & a_{12} & \cdots & a_{1n} \\ a_{21} & a_{22} & \cdots & a_{2n} \\ \vdots & \vdots & & \vdots \\ a_{n1} & a_{n2} & \cdots & a_{nn} \end{vmatrix} = a_{11} A_{11} + a_{21} A_{21} + \ldots + a_{n1} A_{n1} \; .$$

Dabei ist A_{i1} das algebraische Komplement des Elements a_{i1} der
ersten Spalte, definiert durch $A_{i1} = (-1)^{i+1} U_{i1}$, wobei U_{i1} die
Unterdeterminante (n-1)-ter Ordnung ist, die wir aus det A durch
Streichung der ersten Spalte und der i-ten Zeile erhalten:

$$\left|\begin{array}{cccc} \blacksquare & a_{12} & \cdots & a_{1n} \\ \blacksquare & \vdots & & \vdots \\ \blacksquare & a_{(i-1)2} & \cdots & a_{(i-1)n} \\ \blacksquare\blacksquare\blacksquare & & & \\ \blacksquare & a_{(i+1)2} & \cdots & a_{(i+1)n} \\ \blacksquare & \vdots & & \vdots \\ \blacksquare & a_{n2} & \cdots & a_{nn} \end{array}\right| \quad \overset{\text{ergibt}}{\Longrightarrow} \quad \left|\begin{array}{ccc} a_{12} & \cdots & a_{1n} \\ \vdots & & \vdots \\ a_{(i-1)2} & \cdots & a_{(i-1)n} \\ a_{(i+1)2} & \cdots & a_{(i+1)n} \\ \vdots & & \vdots \\ a_{n2} & \cdots & a_{nn} \end{array}\right| = U_{i1} \; .$$

erste Spalte   i-te Zeile
gestrichen   gestrichen

Die Berechnung einer n-reihigen Determinante kann auf diese Weise durch schrittweises Reduzieren auf Determinanten niedrigeren Grades durchgeführt werden.

Dabei zeigt sich, daß jeder Summand $a_{i1}A_{i1}$ ein Produkt aus genau n Elementen der entsprechenden Matrix darstellt, wobei aus jeder Zeile und jeder Spalte genau ein Faktor gewählt wird (vgl. für eine (3,3)-Matrix die Definition (43.1)).

Für eine eingehendere Beschäftigung mit Determinanten n-ter Ordnung verweisen wir auf die weiterführende Literatur.

<u>Beispiel:</u>

Wir berechnen die Determinante der (4,4)-Matrix $A = \begin{pmatrix} 1 & 0 & 0 & 2 \\ 0 & -1 & 3 & 0 \\ 2 & 0 & 2 & 1 \\ 0 & 3 & 1 & 1 \end{pmatrix}$.

$$\det A = 1\begin{vmatrix} -1 & 3 & 0 \\ 0 & 2 & 1 \\ 3 & 1 & 1 \end{vmatrix} - 0 + 2\begin{vmatrix} 0 & 0 & 2 \\ -1 & 3 & 0 \\ 3 & 1 & 1 \end{vmatrix} - 0$$

$$= 1\cdot 8 + 2\cdot(-20) = -32 \; .$$

<u>Bemerkungen:</u>

a) Die Eigenschaften der zweireihigen und dreireihigen Determinanten gelten auch allgemein für n-reihige Determinanten.

b) Für die Determinante einer Produktmatrix gilt die folgende Aussage, auf deren Beweis wir hier jedoch verzichten:

Sind A und B (n,n)-Matrizen, so gilt:

$$\det(AB) = (\det A)\cdot(\det A) \; .$$

Insbesondere gilt damit für eine reguläre (n,n)-Matrix A wegen $AA^{-1} = E_n$ bzw. $(\det A)\cdot(\det A^{-1}) = \det E_n = 1$:

$$\det A^{-1} = \frac{1}{\det A} \; .$$

H LINEARE GLEICHUNGSSYSTEME

Zahlreiche Probleme in der Technik und Wirtschaft erfordern die Lösung linearer Gleichungssysteme, z.B. bei der Planungsrechnung, bei der Berechnung statischer Systeme und elektrischer Netzwerke usw.

Im folgenden werden zwei Verfahren behandelt, die sich sowohl für einfache Rechenhilfsmittel als auch für moderne Rechenanlagen verwenden lassen.

45 BEGRIFF DES LINEAREN GLEICHUNGSSYSTEMS

Wir verstehen unter einem System mit m linearen Gleichungen $G_1, \ldots$ $\ldots, G_m$ und n Variablen $x_1, \ldots, x_n \in \mathrm{I\!R}$, das wir kurz $\underline{(m,n)\text{-System}}$ nennen, die Gleichungen

$$
\begin{array}{ll}
a_{11}x_1 + \ldots + a_{1n}x_n = d_1 & \quad G_1 \\
a_{21}x_1 + \ldots + a_{2n}x_n = d_2 & \quad G_2 \\
\quad \vdots \qquad\qquad \vdots \qquad\quad \vdots & \quad \vdots \\
a_{m1}x_1 + \ldots + a_{mn}x_n = d_m & \quad G_m
\end{array}
\qquad
\begin{array}{l}
\text{mit } a_{ik} \in \mathrm{I\!R} \text{ für} \\
i \in \{1,\ldots,m\} \text{ und} \\
k \in \{1,\ldots,n\}.
\end{array}
$$

Mit $A = \begin{pmatrix} a_{11} & \cdots & a_{1n} \\ \vdots & & \vdots \\ a_{m1} & \cdots & a_{mn} \end{pmatrix}$, $\vec{x} = \begin{pmatrix} x_1 \\ \vdots \\ x_n \end{pmatrix}$ und $\vec{d} = \begin{pmatrix} d_1 \\ \vdots \\ d_m \end{pmatrix}$ erhalten wir für

das lineare Gleichungssystem die Matrizendarstellung

$$
\begin{pmatrix} a_{11} & \cdots & a_{1n} \\ \vdots & & \vdots \\ a_{m1} & \cdots & a_{mn} \end{pmatrix} \begin{pmatrix} x_1 \\ \vdots \\ x_n \end{pmatrix} = \begin{pmatrix} d_1 \\ \vdots \\ d_m \end{pmatrix} \quad \text{bzw.} \quad A\vec{x} = \vec{d}.
$$

Ist $\vec{d} = \vec{O}$, gilt also $A\vec{x} = \vec{O}$, so heißt das lineare Gleichungssystem __homogen__, andernfalls heißt es __inhomogen__.

Als __Lösungsmenge__ $\mathrm{I\!L}$ eines (m,n)-Systems bezeichnet man die Menge seiner Lösungen:
$$
\mathrm{I\!L} = \{\vec{x} \mid A\vec{x} = \vec{d}\} \subset \mathrm{I\!R}^n.
$$

Zwei lineare Gleichungssysteme heißen __äquivalent__, wenn ihre Lösungsmengen gleich sind.

| 46 |

CRAMERSCHE REGEL

Im folgenden bestimmen wir die Lösungsmenge $\mathbb{L}$ eines linearen Gleichungssystems mit n Gleichungen und n Variablen $A\vec{x} = \vec{d}$ mit $\det A \neq 0$.

Dazu behandeln wir zunächst das (3,3)-System

$$\begin{array}{ll} a_{11}x_1 + a_{12}x_2 + a_{13}x_3 = d_1 & \quad G_1 \\ a_{21}x_1 + a_{22}x_2 + a_{23}x_3 = d_2 & \quad G_2 \\ a_{31}x_1 + a_{32}x_2 + a_{33}x_3 = d_3 & \quad G_3 \end{array}$$

mit der Matrizendarstellung $A\vec{x} = \vec{d}$, wobei

$$A = \begin{pmatrix} a_{11} & a_{12} & a_{13} \\ a_{21} & a_{22} & a_{23} \\ a_{31} & a_{32} & a_{33} \end{pmatrix} , \quad \vec{x} = \begin{pmatrix} x_1 \\ x_2 \\ x_3 \end{pmatrix} \quad \text{und} \quad \vec{d} = \begin{pmatrix} d_1 \\ d_2 \\ d_3 \end{pmatrix} .$$

Zur Berechnung der Lösungen verwenden wir Eigenschaften der dreireihigen Determinanten.

Multiplizieren wir die Gleichungen G_1, G_2 und G_3 jeweils mit den algebraischen Komplementen A_{11}, A_{21} und A_{31} der Elemente a_{11}, a_{21} und a_{31} der ersten Spalte von A (vgl. Seite 159), so folgt:

$$\begin{array}{ll} a_{11}A_{11}x_1 + a_{12}A_{11}x_2 + a_{13}A_{11}x_3 = d_1A_{11} & \quad G_1A_{11} \\ a_{21}A_{21}x_1 + a_{22}A_{21}x_2 + a_{23}A_{21}x_3 = d_2A_{21} & \quad G_2A_{21} \\ a_{31}A_{31}x_1 + a_{32}A_{31}x_2 + a_{33}A_{31}x_3 = d_3A_{31} & \quad G_3A_{31} \; . \end{array}$$

Addition der drei Gleichungen ergibt

$$\begin{aligned} d_1A_{11} + d_2A_{21} + d_3A_{31} = \; & x_1(a_{11}A_{11} + a_{21}A_{21} + a_{31}A_{31}) \\ & + x_2(a_{12}A_{11} + a_{22}A_{21} + a_{32}A_{31}) \\ & + x_3(a_{13}A_{11} + a_{23}A_{21} + a_{33}A_{31}) \; . \end{aligned}$$

Dabei gilt:

$$d_1A_{11} + d_2A_{21} + d_3A_{31} = \begin{vmatrix} d_1 & a_{12} & a_{13} \\ d_2 & a_{22} & a_{23} \\ d_3 & a_{32} & a_{33} \end{vmatrix} ,$$

$$a_{11}A_{11} + a_{21}A_{21} + a_{31}A_{31} = \begin{vmatrix} a_{11} & a_{12} & a_{13} \\ a_{21} & a_{22} & a_{23} \\ a_{31} & a_{32} & a_{33} \end{vmatrix} = \det A \; ,$$

$$a_{12}A_{11} + a_{22}A_{21} + a_{32}A_{31} = \begin{vmatrix} a_{12} & a_{12} & a_{13} \\ a_{22} & a_{22} & a_{23} \\ a_{32} & a_{32} & a_{33} \end{vmatrix} = 0$$

(wegen der Gleichheit zweier Spalten) und

$$a_{13}A_{11} + a_{23}A_{21} + a_{33}A_{31} = \begin{vmatrix} a_{13} & a_{12} & a_{13} \\ a_{23} & a_{22} & a_{23} \\ a_{33} & a_{32} & a_{33} \end{vmatrix} = 0$$

(wegen der Gleichheit zweier Spalten).

Setzen wir

$$d_1 A_{11} + d_2 A_{21} + d_3 A_{31} = D_1 \text{ und}$$

$$a_{11}A_{11} + a_{21}A_{21} + a_{31}A_{31} = \det A = D,$$

so folgt, da nach Voraussetzung $\det A = D \neq 0$:

$$x_1 D = D_1 \quad \text{bzw.} \quad x_1 = \frac{D_1}{D}.$$

Entsprechend berechnen wir die Variablen x_2 und x_3. Wir vertauschen z.B. im gegebenen (3,3)-System die beiden ersten Spalten:

$$\begin{array}{ll}
a_{12}x_2 + a_{11}x_1 + a_{13}x_3 = d_1 & \quad G_1 \\
a_{22}x_2 + a_{21}x_1 + a_{23}x_3 = d_2 & \quad G_2 \\
a_{32}x_2 + a_{31}x_1 + a_{33}x_3 = d_3 & \quad G_3 \; .
\end{array}$$

Jetzt ist x_2 die erste Variable des Gleichungssystems, und wir erhal—ten analog zu $x_1 D = D_1$:

$$x_2 \begin{vmatrix} a_{12} & a_{11} & a_{13} \\ a_{22} & a_{21} & a_{23} \\ a_{32} & a_{31} & a_{33} \end{vmatrix} = \begin{vmatrix} d_1 & a_{11} & a_{13} \\ d_2 & a_{21} & a_{23} \\ d_3 & a_{31} & a_{33} \end{vmatrix} .$$

Nach Vertauschen der jeweils ersten beiden Spalten in beiden Determinanten erhalten wir mit

$$\begin{vmatrix} a_{12} & a_{11} & a_{13} \\ a_{22} & a_{21} & a_{23} \\ a_{32} & a_{31} & a_{33} \end{vmatrix} = - \begin{vmatrix} a_{11} & a_{12} & a_{13} \\ a_{21} & a_{22} & a_{23} \\ a_{31} & a_{32} & a_{33} \end{vmatrix} = -\det A = -D$$

und mit

$$\begin{vmatrix} d_1 & a_{11} & a_{13} \\ d_2 & a_{21} & a_{23} \\ d_3 & a_{31} & a_{33} \end{vmatrix} = - \begin{vmatrix} a_{11} & d_1 & a_{13} \\ a_{21} & d_2 & a_{23} \\ a_{31} & d_3 & a_{33} \end{vmatrix} = -D_2$$

für x_2: $x_2(-D) = -D_2$ bzw. $x_2 D = D_2$ bzw. $x_2 = \dfrac{D_2}{D}$.

Entsprechend folgt für die Variable x_3 :

$$x_3 D = D_3 \quad \text{bzw.} \quad x_3 = \frac{D_3}{D} \quad \text{mit} \quad D_3 = \begin{vmatrix} a_{11} & a_{12} & d_1 \\ a_{21} & a_{22} & d_2 \\ a_{31} & a_{32} & d_3 \end{vmatrix} .$$

Für das gegebene (3,3)-System $A\vec{x} = \vec{d}$ erhalten wir also unter der

Voraussetzung $\det A = D \neq 0$ genau eine Lösung $\vec{x} = \begin{pmatrix} x_1 \\ x_2 \\ x_3 \end{pmatrix}$ mit

$$\boxed{\quad x_1 = \frac{D_1}{D} \, , \quad x_2 = \frac{D_2}{D} \quad \text{und} \quad x_3 = \frac{D_3}{D} \quad} \quad .$$

Die verwendete Berechnungsmethode wird <u>Cramersche Regel</u> genannt.

<u>Beispiel:</u>

Für das Gleichungssystem

$$\begin{array}{rcl} x_1 + x_2 + x_3 &=& 3 \qquad G_1 \\ x_1 - x_2 + 2x_3 &=& 2 \qquad G_2 \\ 4x_1 + 6x_2 - x_3 &=& 9 \qquad G_3 \end{array}$$

existiert wegen $D = \det \begin{pmatrix} 1 & 1 & 1 \\ 1 & -1 & 2 \\ 4 & 6 & -1 \end{pmatrix} = \begin{vmatrix} 1 & 1 & 1 \\ 1 & -1 & 2 \\ 4 & 6 & -1 \end{vmatrix} = 8 \neq 0$

eine eindeutig definierte Lösung $\vec{x} = \begin{pmatrix} x_1 \\ x_2 \\ x_3 \end{pmatrix}$.

Mit den Determinanten

$$D_1 = \begin{vmatrix} 3 & 1 & 1 \\ 2 & -1 & 2 \\ 9 & 6 & -1 \end{vmatrix} = 8 , \quad D_2 = \begin{vmatrix} 1 & 3 & 1 \\ 1 & 2 & 2 \\ 4 & 9 & -1 \end{vmatrix} = 8 \text{ und } D_3 = \begin{vmatrix} 1 & 1 & 3 \\ 1 & -1 & 2 \\ 4 & 6 & 9 \end{vmatrix} = 8$$

folgt für die Variablen x_1, x_2 und x_3 :

$$x_1 = \frac{D_1}{D} = \frac{8}{8} = 1 , \quad x_2 = \frac{D_2}{D} = \frac{8}{8} = 1 \text{ und } x_3 = \frac{D_3}{D} = \frac{8}{8} = 1 .$$

Die Lösungsmenge des Gleichungssystems lautet also $\mathbb{L} = \left\{ \begin{pmatrix} 1 \\ 1 \\ 1 \end{pmatrix} \right\}$.

Analog zum (3,3)-System kann mit Hilfe der Cramerschen Regel ein

lineares Gleichungssystem mit n Variablen $x_1,...,x_n \in \mathbb{R}$ und n Gleichungen $G_1,...,G_n$ gelöst werden, falls die Determinante det A der Koeffizientenmatrix A verschieden von Null ist.

<u>Satz (46.1):</u>

Gegeben sei ein (n,n)-System $A\vec{x} = \vec{d}$ mit

$$A = \begin{pmatrix} a_{11} & \cdots & a_{1n} \\ \vdots & & \vdots \\ a_{n1} & \cdots & a_{nn} \end{pmatrix} \quad \text{sowie} \quad \vec{x} = \begin{pmatrix} x_1 \\ \vdots \\ x_n \end{pmatrix} \quad \text{und} \quad \vec{d} = \begin{pmatrix} d_1 \\ \vdots \\ d_n \end{pmatrix}.$$

Gilt $D = \det A \neq 0$, so hat das lineare Gleichungssystem eine

eindeutig definierte Lösung $\vec{x} = \begin{pmatrix} x_1 \\ \vdots \\ x_n \end{pmatrix}$ mit $x_k = \dfrac{D_k}{D} = \dfrac{\det A_k}{\det A}$

für $k \in \{1,...,n\}$.

Dabei ist A_k die Matrix, die aus der Matrix A dadurch entsteht, daß man die Elemente der k-ten Spalte von A durch die entsprechenden Elemente des Spaltenvektors $\vec{d}$ ersetzt.

Der Beweis wird entsprechend dem Fall $n = 3$ geführt.

<u>Bemerkung</u>: (Lösbarkeit linearer Gleichungssysteme)

Wir betrachten das (n,n)-System $A\vec{x} = \vec{d}$.

<u>1. Fall:</u> $D = \det A \neq 0$

Nach Satz (46.1) hat das Gleichungssystem eine <u>eindeutig definierte</u> Lösung.

Handelt es sich um ein homogenes Gleichungssystem, gilt also $\vec{d} = \vec{O}$, so ist diese eindeutige Lösung gegeben mit $\vec{x} = \vec{O}$.

Die Lösung $\vec{x} = \vec{O}$ heißt <u>triviale Lösung</u>, da jedes homogene Gleichungssystem wenigstens diese Lösung hat.

<u>2. Fall:</u> $D = \det A = 0$

Das Gleichungssystem hat <u>keine eindeutige</u> Lösung.

Im Falle $n = 3$ z.B. gelten die Gleichungen $x_1 D = D_1$, $x_2 D = D_2$ und $x_3 D = D_3$ (siehe oben).

▷ Ist mindestens eine der Determinanten D_1, D_2 oder D_3 verschieden von Null, so existiert <u>keine</u> Lösung.

▷ Für $D_1 = D_2 = D_3 = 0$ gibt es <u>beliebig viele</u> Lösungen des linearen Gleichungssystems.

<u>Beispiele:</u> (D = det A = 0 im Falle n = 2)

(1) Für das lineare Gleichungssystem

$$x_1 - x_2 = 1 \qquad \big| G_1$$
$$2x_1 - 2x_2 = 0 \qquad \big| G_2$$

erhalten wir die Determinanten

$$D = \begin{vmatrix} 1 & -1 \\ 2 & -2 \end{vmatrix} = 0, \quad D_1 = \begin{vmatrix} 1 & -1 \\ 0 & -2 \end{vmatrix} \neq 0 \quad \text{und} \quad D_2 = \begin{vmatrix} 1 & 1 \\ 2 & 0 \end{vmatrix} \neq 0 .$$

Das Gleichungssystem hat
somit keine Lösung.
Die Geraden zu den beiden
Gleichungen G_1 und G_2
verlaufen parallel.

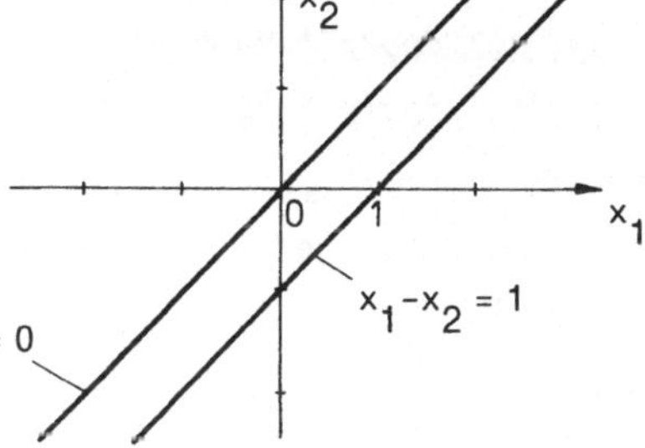

(2) Für das lineare Gleichungssystem

$$x_1 - x_2 = 1 \qquad \big| G_1$$
$$2x_1 - 2x_2 = 2 \qquad \big| G_2$$

folgt für die entsprechenden
Determinanten:

$$D = D_1 = D_2 = 0 .$$

Das Gleichungssystem hat
somit unendlich viele
Lösungen.
Die Geraden zu den beiden
Gleichungen G_1 und G_2
sind identisch.

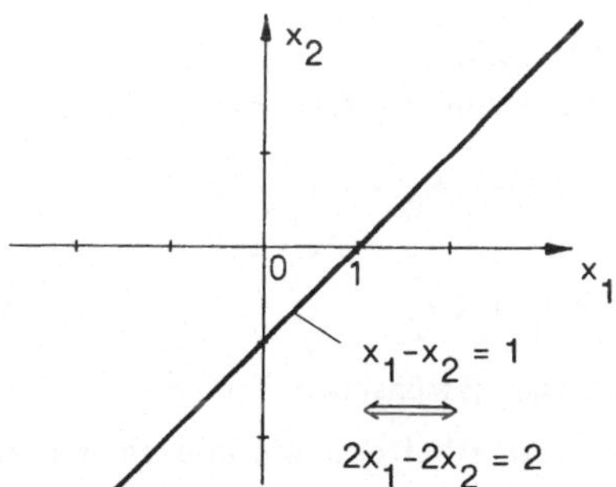

47 GAUSS-ALGORITHMUS

Die Lösung eines linearen Gleichungssystems kann nicht immer mit
Hilfe von Determinanten berechnet werden. So versagt z.B. die
Cramersche Methode für ein lineares Gleichungssystem $\vec{A}\vec{x} = \vec{d}$
mit det A = 0. Darüber hinaus ist diese Methode auch vielfach zu
aufwendig.
Im folgenden wird deshalb ein anderes Verfahren vorgestellt, das sog.

__Gaußsche Eliminationsverfahren__, das auch __Gauß-Algorithmus__ genannt
wird, bei dem keine Voraussetzungen für die Anzahl der Gleichungen
und Variablen erforderlich sind.

Wir erläutern das Verfahren an drei Beispielen von (3,3)-Systemen.
Das Prinzip der Lösung eines (3,3)-Systems

$$\begin{array}{lll}
a_{11}x_1 + a_{12}x_2 + a_{13}x_3 = d_1 & & G_1 \\
a_{21}x_1 + a_{22}x_2 + a_{23}x_3 = d_2 & & G_2 \\
a_{31}x_1 + a_{32}x_2 + a_{33}x_3 = d_3 & & G_3
\end{array}$$

nach dem Gauß-Algorithmus besteht darin, das gegebene Gleichungssystem mit Hilfe geeigneter Umformungen in ein äquivalentes System
in Dreiecksform

$$\begin{array}{lll}
a'_{11}x_1 + a'_{12}x_2 + a'_{13}x_3 = d'_1 & & G'_1 \\
\phantom{a'_{11}x_1 + {}} a'_{22}x_2 + a'_{23}x_3 = d'_2 & & G'_2 \\
\phantom{a'_{11}x_1 + a'_{22}x_2 + {}} a'_{33}x_3 = d'_3 & & G'_3
\end{array}$$

zu überführen, deren Lösungen leicht berechnet werden können.

__Beispiel 1:__

Wir bestimmen die Lösungsmenge $\mathbb{L}$ des (3,3)-Systems

$$\begin{array}{lll}
x_1 + x_2 + x_3 = 3 & & G_1 \\
x_1 - x_2 + 2x_3 = 2 & & G_2 \\
4x_1 + 6x_2 - x_3 = 9 & & G_3 \; .
\end{array}$$

Um das gewünschte äquivalente lineare Gleichungssystem in Dreiecks-
form zu erhalten, eliminieren wir zunächst die Variable x_1 aus den
Gleichungen G_2 und G_3, indem wir geeignete Vielfache der ersten
Gleichung addieren (vgl. Schema).

Neben der ursprünglichen Gleichung G_1 mit drei Variablen x_1, x_2 und
x_3 erhalten wir auf diese Weise die beiden Gleichungen G'_2 und G'_3
mit zwei Variablen x_2 und x_3.

Aus der Gleichung G'_3 wird nun nach demselben Verfahren die Variable x_2 eliminiert, und wir erhalten die Gleichung G''_3 mit nur einer
Variablen x_3:

$$
\begin{array}{|c|}
\hline
x_1 + x_2 + x_3 = 3 \\
\hline
\end{array}
\qquad G_1
$$

$$
\begin{aligned}
x_1 - x_2 + 2x_3 &= 2 && G_2 \\
-x_1 - x_2 - x_3 &= -3 && (-1)G_1
\end{aligned}
$$

$$
\begin{aligned}
4x_1 + 6x_2 - x_3 &= 9 && G_3 \\
-4x_1 - 4x_2 - 4x_3 &= -12 && (-4)G_1
\end{aligned}
$$

$$
\boxed{-2x_2 + x_3 = -1} \qquad G_2' = G_2 + (-1)G_1
$$

$$
2x_2 - 5x_3 = -3 \qquad G_3' = G_3 + (-4)G_1
$$

$$
\boxed{-4x_3 = -4} \qquad G_3'' = G_3' + G_2'
$$

Damit ergibt sich ein (3,3)-System in Dreiecksform, bei dem die
Variable x_3 unmittelbar aus G_3'' berechnet werden kann:

$$
\begin{aligned}
x_1 + x_2 + x_3 &= 3 && G_1 \\
-2x_2 + x_3 &= -1 && G_2' \\
-4x_3 &= -4 && G_3'' \;.
\end{aligned}
$$

Setzen wir den Wert von x_3 in G_2' ein, so erhalten wir den Wert von
x_2. Entsprechend ergibt sich schließlich der Wert von x_1 durch Einsetzen der Werte von x_2 und x_3 in die Gleichung G_1.

Wir erhalten so die Lösungsmenge $\mathbb{L} = \left\{ \begin{pmatrix} 1 \\ 1 \\ 1 \end{pmatrix} \right\}$.

In diesem Beispiel gilt für die Determinante der Koeffizientenmatrix:

$$
\det A = \begin{vmatrix} 1 & 1 & 1 \\ 1 & -1 & 2 \\ 4 & 6 & -1 \end{vmatrix} = \begin{vmatrix} 1 & 1 & 1 \\ 0 & -2 & 1 \\ 0 & 0 & -4 \end{vmatrix} = 1 \cdot (-2) \cdot (-4) = 8
$$

(vgl. hierzu auch das Beispiel auf Seite 165).

Die Gleichheit der Determinanten der beiden Koeffizientenmatrizen
ergibt sich, weil den durchgeführten sog. elementaren Umformungen
der Gleichungen elementare Zeilenumformungen der ursprünglichen
Koeffizientenmatrix entsprechen, bei denen sich der Wert der Determinante nicht ändert (vgl. Eigenschaften der Determinanten, insbesondere Eigenschaft e auf Seite 156).

Der Einfachheit halber verwendet man statt der Gleichungen lediglich
die Koeffizienten, die in einem geeigneten Schema zusammengefaßt
werden. Dabei ordnet man die Gleichungen so an, daß die Koeffizienten derselben Variablen jeweils untereinander stehen. Tritt in einer
Zeile eine Variable nicht auf, so ist an der betreffenden Stelle im
Schema eine Null zu setzen:

x_1	x_2	x_3	d_i	$\sum$	
1	1	1	3	6	G_1
1	-1	2	2	4	G_2
-1	-1	-1	-3	-6	$(-1)G_1$
4	6	-1	9	18	G_3
-4	-4	-4	-12	-24	$(-4)G_1$
0	-2	1	-1	-2	$G_2' = G_2 + (-1)G_1$
0	2	-5	-3	-6	$G_3' = G_3 + (-4)G_1$
0	0	-4	-4	-8	$G_3'' = G_3' + G_2'$

In der Spalte "$\sum$" trägt man zur Kontrolle für die Richtigkeit der
Rechnungen die Summen der Koeffizienten und Konstanten der jeweiligen Zeile ein. Den Umformungen der Gleichungen entsprechen die
zugeordneten Summen in der Spalte "$\sum$".

Als Schema der Koeffizienten des Gleichungssystems in Dreiecksform
erhalten wir also

x_1	x_2	x_3	d_i
1	1	1	3
	-2	1	-1
		-4	-4

.

<u>Beispiel 2:</u>

Wir bestimmen die Lösungsmenge $\mathbb{L}$ des $(3,3)$-Systems

$$
\begin{array}{rl}
x_1 - 2x_2 + 5x_3 = 1 & \quad G_1 \\
7x_1 + 3x_2 + 2x_3 = -13 & \quad G_2 \\
17x_1 + 19x_3 = -23 & \quad G_3
\end{array}
$$
.

Mit dem Schema

x_1	x_2	x_3	d_i	$\sum$	
1	-2	5	1	5	G_1
7	3	2	-13	-1	G_2
-7	14	-35	-7	-35	$(-7)G_1$
17	0	19	-23	13	G_3
-17	34	-85	-17	-85	$(-17)G_1$
0	17	-33	-20	-36	$G_2' = G_2 + (-7)G_1$
0	34	-66	-40	-72	$G_3' = G_3 + (-17)G_1$
0	-34	66	40	72	$(-2)G_2'$
0	0	0	0	0	$G_3'' = G_3' + (-2)G_2'$

ergibt sich ein (3,3)-System in Dreiecksform:

$$
\begin{aligned}
x_1 - 2x_2 + 5x_3 &= 1 && G_1 \\
17x_2 - 33x_3 &= -20 && G_2' \\
0x_3 &= 0 && G_3'' \; .
\end{aligned}
$$

Als zugehöriges Koeffizientenschema erhalten wir

x_1	x_2	x_3	d_i
1	-2	5	1
	17	-33	-20
		0	0 .

Der Gleichung G_3'' entnehmen wir, daß x_3 jeden beliebigen reellen
Wert annehmen kann. Einsetzen eines beliebigen, aber fest gewählten
Wertes für x_3 in G_2' und G_1 ergibt dann

$$
x_2 = \frac{33}{17}x_3 - \frac{20}{17} \quad \text{und} \quad x_1 = 2x_2 - 5x_3 + 1 = -\frac{19}{17}x_3 - \frac{23}{17} \; .
$$

Damit erhalten wir schließlich die Lösungsmenge

$$
\mathbb{L} = \left\{ \begin{pmatrix} x_1 \\ x_2 \\ x_3 \end{pmatrix} \;\middle|\; x_3 \in \mathbb{R} \;\wedge\; x_2 = \frac{33}{17}x_3 - \frac{20}{17} \;\wedge\; x_1 = -\frac{19}{17}x_3 - \frac{23}{17} \right\} \; .
$$

In diesem Beispiel ist die Gleichung G_3' ein Zweifaches der Gleichung
G_2'. Man sagt: Die Gleichungen G_2' und G_3' sind <u>linear abhängig</u>.

Definition (47.1):

> n lineare Gleichungen $G_1,...,G_n$ heißen <u>linear abhängig</u>, wenn sich
> mindestens eine der Gleichungen als Linearkombination der anderen
> n-1 Gleichungen darstellen läßt $(1 \le i \le n)$:
>
> $G_i = \lambda_1 G_1 +...+ \lambda_{i-1} G_{i-1} + \lambda_{i+1} G_{i+1} +...+ \lambda_n G_n$ mit $\lambda_1,...,\lambda_n \in IR$.
>
> Andernfalls heißen die n Gleichungen <u>linear unabhängig</u>.

Im Gegensatz zu Beispiel 1 sind die Gleichungen G_1, G_2 und G_3 in
Beispiel 2 linear abhängig, und zwar folgt aus $G_3' = 2G_2'$ und

$G_3' = G_3 - 17G_1$: $G_3 = 2G_2 + 3G_1$.

Entsprechend folgt für die Elemente der Koeffizientenmatrix:

$$A = \begin{pmatrix} 1 & -2 & 5 \\ 7 & 3 & 2 \\ 17 & 0 & 19 \end{pmatrix} = \begin{pmatrix} 1 & -2 & 5 \\ 7 & 3 & 2 \\ 2 \cdot 7 + 3 \cdot 1 & 2 \cdot 3 + 3 \cdot (-2) & 2 \cdot 2 + 3 \cdot 5 \end{pmatrix} .$$

Die dritte Zeile von A ist also eine Linearkombination der beiden
ersten Zeilen. Nach Bemerkung c auf Seite 158 ist damit der Wert
der Determinante det A von A gleich Null:

$$\det A = \begin{vmatrix} 1 & -2 & 5 \\ 7 & 3 & 2 \\ 17 & 0 & 19 \end{vmatrix} = \begin{vmatrix} 1 & -2 & 5 \\ 0 & 17 & -33 \\ 0 & 0 & 0 \end{vmatrix} = 0$$

(vgl. hierzu auch die Bemerkung auf Seite 166).

Bisher behandelten wir ein lineares Gleichungssystem mit einer eindeutig definierte Lösung (Beispiel 1 mit $\det A \ne 0$) und ein lineares
Gleichungssystem mit unendlich vielen Lösungen (Beispiel 2 mit
$\det A = 0$).

Es bleibt also noch ein System zu behandeln, das keine Lösung aufweist.

<u>Beispiel 3:</u>

Wir bestimmen die Lösungsmenge IL des (3,3)-Systems

$$\begin{array}{rcll} x_1 - x_2 + 3x_3 & = & 8 & \qquad G_1 \\ x_1 + x_2 + x_3 & = & 6 & \qquad G_2 \\ 6x_1 + 2x_2 + 10x_3 & = & 20 & \qquad G_3 \;. \end{array}$$

Mit den folgenden elementaren Umformungen der drei Gleichungen
G_1, G_2 und G_3

x_1	x_2	x_3	d_i	$\sum$	
1	-1	3	8	11	G_1
1	1	1	6	9	G_2
-1	1	-3	-8	-11	$(-1)G_1$
6	2	10	20	38	G_3
-6	6	-18	-48	-66	$(-6)G_1$
0	2	-2	-2	-2	$G_2' = G_2 + (-1)G_1$
0	8	-8	-28	-28	$G_3' = G_3 + (-6)G_1$
0	-8	8	8	8	$(-4)G_2'$
0	0	0	-20	-20	$G_3'' = G_3' + (-4)G_2'$

erhalten wir ein äquivalentes (3,3)-System in Dreiecksform:

$$x_1 - x_2 + 3x_3 = 8 \qquad G_1$$
$$2x_2 - 2x_3 = -2 \qquad G_2'$$
$$0x_3 = -20 \qquad G_3'' .$$

Als zugehöriges Koeffizientenschema ergibt sich

x_1	x_2	x_3	d_i
1	-1	3	8
	2	-2	-2
		0	-20

Da es in der Gleichung G_3'' keine Lösung x_3 gibt, existiert auch kein Lösungsvektor $\vec{x} \in \mathbb{R}^3$ des gegebenen linearen Gleichungssystems, d.h. die Lösungsmenge $\mathbb{L}$ ist leer: $\mathbb{L} = \emptyset$.

Wie in Beispiel 2 gilt auch hier für die Determinante der Koeffizientenmatrix A :

$$\det A = \begin{vmatrix} 1 & -1 & 3 \\ 1 & 1 & 1 \\ 6 & 2 & 10 \end{vmatrix} = \begin{vmatrix} 1 & -1 & 3 \\ 0 & 2 & -2 \\ 0 & 0 & 0 \end{vmatrix} = 0$$

(vgl. hierzu auch die Bemerkung auf Seite 166).

<u>Allgemeines Prinzip</u>:

Zur Erläuterung des allgemeinen Prinzips der Lösung eines (m,n)-Systems mit dem Gauß-Algorithmus verwenden wir den Begriff des Rangs eines linearen Gleichungssystems.

Definition (47.2):

> Unter dem **Rang** r eines (m,n)-Systems verstehen wir die (maximale) Anzahl linear unabhängiger Gleichungen des Systems.

Offenbar gilt in einem (m,n)-System: $\quad r \leq m \quad$ und $\quad r \leq n$.

Im Beispiel 1 ist $r = 3$, und in den Beispielen 2 und 3 gilt jeweils $r = 2$.

Im allgemeinen Fall gehen wir zur Bestimmung der Lösungsmenge eines (m,n)-Systems

$$
\begin{array}{ll}
a_{11}x_1 + a_{12}x_2 + \dots + a_{1n}x_n = d_1 & \quad G_1 \\
a_{21}x_1 + a_{22}x_2 + \dots + a_{2n}x_n = d_2 & \quad G_2 \\
\quad\vdots \qquad\quad \vdots \qquad\qquad \vdots \qquad\quad \vdots & \quad\vdots \\
a_{m1}x_1 + a_{m2}x_2 + \dots + a_{mn}x_n = d_m & \quad G_m
\end{array}
$$

mit dem Rang r folgendermaßen vor:

Es sei $a_{11} \neq 0$ (ist das nicht der Fall, so ändert man die Reihenfolge der Gleichungen). Wir addieren zur zweiten, dritten, ... , letzten Gleichung G_2, G_3, ... , G_m jeweils das

$$
(-\frac{a_{21}}{a_{11}})\text{-fache}, \quad (-\frac{a_{31}}{a_{11}})\text{-fache}, \quad \dots \quad , \quad (-\frac{a_{m1}}{a_{11}})\text{-fache der ersten Zeile}
$$

und erhalten dann folgendes System:

$$
\begin{array}{ll}
a_{11}x_1 + a_{12}x_2 + \dots + a_{1n}x_n = d_1 & \quad G_1 \\
\qquad\quad\; a'_{22}x_2 + \dots + a'_{2n}x_n = d'_2 & \quad G'_2 \\
\qquad\qquad\quad\; \vdots \qquad\qquad \vdots \qquad\quad \vdots & \quad\vdots \\
\qquad\quad\; a'_{m2}x_2 + \dots + a'_{mn}x_n = d'_m & \quad G'_m \quad .
\end{array}
$$

Wir wenden nun das Verfahren auf die letzten $m-1$ Gleichungen erneut an usw. und erhalten in Verallgemeinerung der in den drei Beispielen behandelten $(3,3)$-Systeme ein sog. <u>reduziertes Gleichungssystem</u> in "gestaffelter" Form, das zum Ausgangssystem äquivalent ist, und dessen Koeffizientenschema folgendermaßen aussieht:

$$
\begin{array}{ccccc|c|c}
a_{11}^* & a_{12}^* & \cdots & a_{1r}^* & \cdots & a_{1n}^* & d_1^* & G_1^* \\
 & a_{22}^* & \cdots & a_{2r}^* & \cdots & a_{2n}^* & d_2^* & G_2^* \\
 & & \ddots & \vdots & & \vdots & \vdots & \vdots \\
 & & & a_{rr}^* & \cdots & a_{rn}^* & d_r^* & G_r^* \\
 & & & & & 0 & d_{r+1}^* & G_{r+1}^* \\
 & & & & & \vdots & \vdots & \vdots \\
 & & & & & 0 & d_m^* & G_m^*
\end{array}
$$

> Das Gleichungssystem ist nur dann lösbar, falls gilt:
>
> $d_{r+1}^* = \ldots = d_m^* = 0$.
>
> Ist wenigstens eine der Konstanten $d_{r+1}^*,\ldots,d_m^*$ verschieden von Null, so existiert keine Lösung (vgl. Beispiel 3).

Im Falle der Lösbarkeit des Gleichungssystems unterscheiden wir die vier Fälle: (r = Rang des (m,n)-Systems)

1) $r = m = n$ 2) $r = m < n$ 3) $r = n < m$ 4) $r < m \wedge r < n$.

<u>Im 1. und 3. Fall</u> ist das Gleichungssystem mit

$$
\begin{array}{l|l}
a_{11}^* x_1 + a_{12}^* x_2 + \ldots + a_{1r}^* x_r = d_1^* & G_1^* \\
\qquad\quad a_{22}^* x_2 + \ldots + a_{2r}^* x_r = d_2^* & G_2^* \\
\qquad\qquad\quad \ddots \qquad \vdots \qquad\quad \vdots & \vdots \\
\qquad\qquad\qquad\qquad\quad a_{rr}^* x_r = d_r^* & G_r^*
\end{array}
$$

eindeutig lösbar (vgl. Beispiel 1).

<u>Im 2. und 4. Fall</u> erhalten wir das reduzierte Gleichungssystem

$$
\begin{array}{l|l}
a_{11}^* x_1 + a_{12}^* x_2 + \ldots + a_{1r}^* x_r + \ldots + a_{1n}^* x_n = d_1^* & G_1^* \\
\qquad\quad a_{22}^* x_2 + \ldots + a_{2r}^* x_r + \ldots + a_{2n}^* x_n = d_2^* & G_2^* \\
\qquad\qquad\quad \ddots \qquad \vdots \qquad\qquad\quad \vdots \qquad\quad \vdots & \vdots \\
\qquad\qquad\qquad\qquad\quad a_{rr}^* x_r + \ldots + a_{rn}^* x_n = d_r^* & G_r^* \ .
\end{array}
$$

Wir haben in diesem Fall zur Bestimmung von n Variablen lediglich r Gleichungen (r < n). Das Gleichungssystem hat unendlich viele Lösungen, die von n-r Parametern abhängen, nämlich von den frei wählbaren Variablen $x_{r+1},\ldots,x_n$ (vgl. Beispiel 2).

$\boxed{48}$ **ANWENDUNG: BERECHNUNG DER INVERSEN MATRIX**
NACH GAUSS-JORDAN

Eine Erweiterung des Gauß-Algorithmus ermöglicht die einfache Berechnung der inversen Matrix A^{-1} zu einer vorgegebenen regulären
Matrix A mit det A $\neq$ 0 .

Für die inverse Matrix A^{-1} von A gilt bekanntlich $A^{-1}A = AA^{-1} = E_n$,
wobei E_n die Einheitsmatrix vom Typ (n,n) ist. Setzen wir $A = (a_{ik})$
und $A^{-1} = X = (x_{ik})$ mit $i,k \in \{1,...,n\}$, so gilt also

$$AX = \begin{pmatrix} a_{11} & \cdots & a_{1n} \\ \vdots & & \vdots \\ a_{n1} & \cdots & a_{nn} \end{pmatrix}\begin{pmatrix} x_{11} & \cdots & x_{1n} \\ \vdots & & \vdots \\ x_{n1} & \cdots & x_{nn} \end{pmatrix} = \begin{pmatrix} 1 & 0 & \cdots & 0 \\ 0 & \ddots & \ddots & \vdots \\ \vdots & \ddots & \ddots & 0 \\ 0 & \cdots & 0 & 1 \end{pmatrix} = E_n .$$

Multiplizieren wir beide Seiten der Gleichung $AX = E_n$ jeweils mit
einem der n Einheitsvektoren ((n,1)-Matrizen)

$$\vec{e}_1 = \begin{pmatrix} 1 \\ 0 \\ \vdots \\ 0 \end{pmatrix} , \quad \vec{e}_2 = \begin{pmatrix} 0 \\ 1 \\ 0 \\ \vdots \\ 0 \end{pmatrix} , \quad ... \quad , \quad \vec{e}_n = \begin{pmatrix} 0 \\ \vdots \\ 0 \\ 1 \end{pmatrix} ,$$

so erhalten wir unter Beachtung des Assoziativgesetzes der Matrizenmultiplikation die n Gleichungen $A(X\vec{e}_k) = E_n\vec{e}_k$ mit $k \in \{1,...,n\}$,

d.h.
$$\begin{pmatrix} a_{11} & \cdots & a_{1n} \\ \vdots & & \vdots \\ a_{n1} & \cdots & a_{nn} \end{pmatrix}\left[\begin{pmatrix} x_{11} & \cdots & x_{1n} \\ \vdots & & \vdots \\ x_{n1} & \cdots & x_{nn} \end{pmatrix}\begin{pmatrix} 0 \\ \vdots \\ 0 \\ 1 \\ 0 \\ \vdots \\ 0 \end{pmatrix}\right] = \begin{pmatrix} 1 & 0 & \cdots & 0 \\ 0 & \ddots & \ddots & \vdots \\ \vdots & \ddots & \ddots & 0 \\ 0 & \cdots & 0 & 1 \end{pmatrix}\begin{pmatrix} 0 \\ \vdots \\ 0 \\ 1 \\ 0 \\ \vdots \\ 0 \end{pmatrix} \quad \longleftarrow \begin{matrix} \text{k-te} \\ \text{Zeile} \end{matrix}$$

bzw.
$$\begin{pmatrix} a_{11} & \cdots & a_{1n} \\ \vdots & & \vdots \\ a_{n1} & \cdots & a_{nn} \end{pmatrix}\begin{pmatrix} x_{1k} \\ x_{2k} \\ \vdots \\ x_{nk} \end{pmatrix} = \begin{pmatrix} 0 \\ \vdots \\ 0 \\ 1 \\ 0 \\ \vdots \\ 0 \end{pmatrix} .$$

Die k-te Spalte der Matrix $A^{-1} = X$ erhalten wir also als Lösungsvektor eines inhomogenen linearen Gleichungssystems, das wegen
det A $\neq$ 0 eindeutig lösbar ist. Wir haben somit n inhomogene Gleichungssysteme mit der Koeffizientenmatrix A zu lösen.

Der Gauß-Algorithmus wird nun so erweitert, daß diese n Gleichungssysteme gleichzeitig gelöst werden können.

Wir erläutern dieses sog. Verfahren nach Gauß-Jordan an dem
folgenden Beispiel.

<u>Beispiel:</u>

Zu der regulären Matrix $A = \begin{pmatrix} 1 & 0 & 1 \\ -2 & 1 & 4 \\ 1 & 0 & 2 \end{pmatrix}$ ermitteln wir die inverse

Matrix $A^{-1} = (x_{ik})$ mit $i,k \in \{1,2,3\}$.

Hierfür sind die folgenden Gleichungssysteme zu lösen:

$$\begin{pmatrix} 1 & 0 & 1 \\ -2 & 1 & 4 \\ 1 & 0 & 2 \end{pmatrix}\begin{pmatrix} x_{11} \\ x_{21} \\ x_{31} \end{pmatrix} = \begin{pmatrix} 1 \\ 0 \\ 0 \end{pmatrix}, \quad \begin{pmatrix} 1 & 0 & 1 \\ -2 & 1 & 4 \\ 1 & 0 & 2 \end{pmatrix}\begin{pmatrix} x_{12} \\ x_{22} \\ x_{32} \end{pmatrix} = \begin{pmatrix} 0 \\ 1 \\ 0 \end{pmatrix}, \quad \begin{pmatrix} 1 & 0 & 1 \\ -2 & 1 & 4 \\ 1 & 0 & 2 \end{pmatrix}\begin{pmatrix} x_{13} \\ x_{23} \\ x_{33} \end{pmatrix} = \begin{pmatrix} 0 \\ 0 \\ 1 \end{pmatrix}.$$

Für die Lösung eines Gleichungssystems wenden wir das Gaußsche
Verfahren solange an, bis die Diagonalelemente der Matrix A gleich
Eins und alle übrigen Elemente von A gleich Null sind. Das geht bei
regulären Matrizen immer und ermöglicht ein direktes Ablesen der
Lösungen.

Für die gleichzeitige Behandlung der drei Gleichungssysteme treten im
Rechenschema an die Stelle der Spalte für die Konstanten d_i die drei
Spalten der Einheitsvektoren:

A			$\vec{e}_1$	$\vec{e}_2$	$\vec{e}_3$	
1	0	1	1	0	0	G_1
-2	1	4	0	1	0	G_2
1	0	2	0	0	1	G_3
1	0	1	1	0	0	G_1
0	1	6	2	1	0	$G_2' = G_2 + 2G_1$
0	0	1	-1	0	1	$G_3' = G_3 + (-1)G_1$
1	0	0	2	0	-1	$G_1'' = G_1 + (-1)G_3'$
0	1	0	8	1	-6	$G_2'' = G_2' + (-6)G_3'$
0	0	1	-1	0	1	G_3'

$$A^{-1}$$

Für das erste Gleichungssystem $A\begin{pmatrix} x_{11} \\ x_{21} \\ x_{31} \end{pmatrix} = \vec{e}_1$ erhalten wir also die

Lösungsmenge $\mathbb{L}_1 = \left\{ \begin{pmatrix} 2 \\ 8 \\ -1 \end{pmatrix} \right\}$. Entsprechend folgt für die anderen

Gleichungssysteme: $\mathbb{L}_2 = \left\{ \begin{pmatrix} 0 \\ 1 \\ 0 \end{pmatrix} \right\}$ und $\mathbb{L}_3 = \left\{ \begin{pmatrix} -1 \\ -6 \\ 1 \end{pmatrix} \right\}$.

Man kann also die Matrix A^{-1} unmittelbar ablesen:

$$A^{-1} = \begin{pmatrix} 2 & 0 & -1 \\ 8 & 1 & -6 \\ -1 & 0 & 1 \end{pmatrix}.$$

49   ÜBUNGEN: DETERMINANTEN, LINEARE GLEICHUNGS-SYSTEME, CRAMERSCHE REGEL, GAUSS-ALGORITHMUS

(54) Berechne die Werte der folgenden Determinanten:

a) $\begin{vmatrix} 1 & 4 \\ 3 & 2 \end{vmatrix}$ b) $\begin{vmatrix} \cos\varphi & \sin\varphi \\ -\sin\varphi & \cos\varphi \end{vmatrix}$ c) $\begin{vmatrix} 1 & 0 & -1 \\ 0 & 2 & -2 \\ 3 & -3 & 0 \end{vmatrix}$ d) $\begin{vmatrix} a_{11} & a_{12} & a_{13} \\ 0 & a_{22} & a_{23} \\ 0 & 0 & a_{33} \end{vmatrix}$

(55) Für welche $s \in \mathbb{R}$ sind die folgenden Determinanten verschieden von Null ?

a) $\begin{vmatrix} s-1 & 2 \\ 3 & s-2 \end{vmatrix}$ b) $\begin{vmatrix} s+3 & 1 & 2 \\ s+2 & s-1 & 3 \\ 2s+1 & 1 & s \end{vmatrix}$

(56) Gegeben sei ein lineares Gleichungssystem $A\vec{x} = \vec{b}$ mit

$$A = \begin{pmatrix} a_{11} & a_{12} & a_{13} \\ a_{21} & a_{22} & a_{23} \\ a_{31} & a_{32} & a_{33} \end{pmatrix}, \quad \vec{x} = \begin{pmatrix} x_1 \\ x_2 \\ x_3 \end{pmatrix} \quad \text{und} \quad \vec{b} = \begin{pmatrix} b_1 \\ b_2 \\ b_3 \end{pmatrix}.$$

Prüfe in den folgenden Fällen, ob eindeutig definierte Lösungen existieren und bestimme ggf. diese mit Hilfe der Cramerschen Regel.

Wende unabhängig davon in allen Fällen den Gauß-Algorithmus an:

a) $\vec{b} = \begin{pmatrix} 1 \\ 1 \\ 1 \end{pmatrix}$, $A = \begin{pmatrix} 5 & -1 & -1 \\ -2 & 4 & -2 \\ 1 & 1 & 1 \end{pmatrix}$ b) $\vec{b} = \begin{pmatrix} 0 \\ -13 \\ 15 \end{pmatrix}$, $A = \begin{pmatrix} 1 & 3 & 0 \\ -2 & 7 & 1 \\ 5 & 0 & 10 \end{pmatrix}$

c) $\vec{b} = \begin{pmatrix} 0 \\ 0 \\ -5 \end{pmatrix}$, $A = \begin{pmatrix} 1 & 2 & -3 \\ 2 & -1 & 9 \\ -1 & 0 & 2 \end{pmatrix}$

(57) Löse das lineare Gleichungssystem

$$x_1' = x_1\cos\alpha - x_2\sin\alpha$$
$$x_2' = x_1\sin\alpha + x_2\cos\alpha$$

nach x_1 und x_2 auf.

Gib eine geometrische Deutung.

(58) Für welche $s \in \mathbb{R}$ ist das lineare Gleichungssystem

$$(1-s)x_1 + \frac{1}{2}x_2 = 0$$
$$\frac{1}{2}x_1 + (1-s)x_2 = 0$$

nichttrivial lösbar ?

(Eine nichttriviale Lösung ist hier eine Lösung $\vec{x} \in \mathbb{R}^2$ mit $\vec{x} \neq \vec{0}$)

(59) Im Punkt D eines räumlichen Fachwerkes (Bockgerüstes) mit den Knotenpunkten

A(3,-2,0), B(5,2,1), C(-6,3,2) und D(0,0,7) greift eine Kraft $\vec{F}$ an mit

$$\vec{F} = \begin{pmatrix} F_x \\ F_y \\ F_z \end{pmatrix} \quad \text{und } F_x = 4 \text{ kN}, \ F_y = 0,125 \text{ kN und } F_z = -4,125 \text{ kN}.$$

In Richtung der Stäbe, die durch die Vektoren $\vec{a}$, $\vec{b}$ und $\vec{c}$ gekennzeichnet sind, wirken Kräfte $\vec{F}_a$, $\vec{F}_b$ und $\vec{F}_c$, für die im Knotenpunkt D die Gleich-gewichtsbedingung $\quad \vec{F}_a + \vec{F}_b + \vec{F}_c + \vec{F} = \vec{0}$ gilt.

Berechne diese Kräfte.

J GEOMETRIE IN DER EBENE

50 GERADEN IN DER EBENE

Der Begriff der Geraden in der Ebene wird wegen der großen praktischen Bedeutung zunächst ohne Verwendung der Vektorrechnung behandelt, während später die Gerade im Raum auf vektorieller Grundlage
bestimmt wird. Hieraus ergibt sich dann als Spezialfall auch die
vektorielle Darstellung der Geraden in der Ebene.

50.1 GERADENGLEICHUNGEN

Für eine Gerade g in der (x,y)-Ebene können verschiedene Gleichungen
angegeben werden. Dabei werden zunächst die Geraden ausgeschlossen,
die parallel zur y-Achse verlaufen.

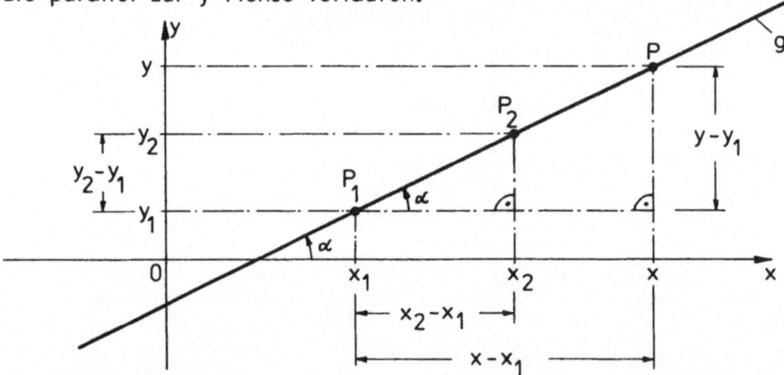

▶ Punktrichtungsform:

Eine Gerade g wird festgelegt durch einen Punkt $P_1(x_1,y_1) \in g$ und
durch ihre Richtung, die mit der sog. Steigung $m = \tan \alpha$ von g
beschrieben wird (vgl. Skizze). Wir erhalten so die Punktrichtungsform
der Geradengleichung:

$$m = \frac{y - y_1}{x - x_1} \qquad \text{bzw.} \qquad y - y_1 = m(x - x_1)$$

Alle Punkte P(x,y), deren Koordinaten dieser Gleichung genügen, sind

Punkte der Geraden g. Umgekehrt genügen die Koordinaten eines jeden Punktes von g dieser Gleichung.

▶ **Zweipunkteform:**

Eine Gerade ist durch zwei verschiedene Punkte $P_1(x_1,y_1)$ und $P_2(x_2,y_2)$ festgelegt (vgl. Skizze). Anwendung eines Strahlensatzes (vgl. Seite 72) ergibt die Zweipunkteform der Geradengleichung:

$$\frac{y - y_1}{x - x_1} = \frac{y_2 - y_1}{x_2 - x_1}$$

Aus dieser Gleichung folgt wegen $m = \dfrac{y_2 - y_1}{x_2 - x_1}$ unmittelbar die

Punktrichtungsform der Geradengleichung für g.

▶ **Achsenabschnittsform:**

Schneidet die Gerade g die beiden Koordinatenachsen in den Punkten $P_1(0,b)$ und $P_2(a,0)$ mit $a,b \in \mathbb{R}\setminus\{0\}$ (vgl. Skizze), so folgt aus der Zweipunkteform $\dfrac{y - b}{x - 0} = \dfrac{0 - b}{a - 0}$

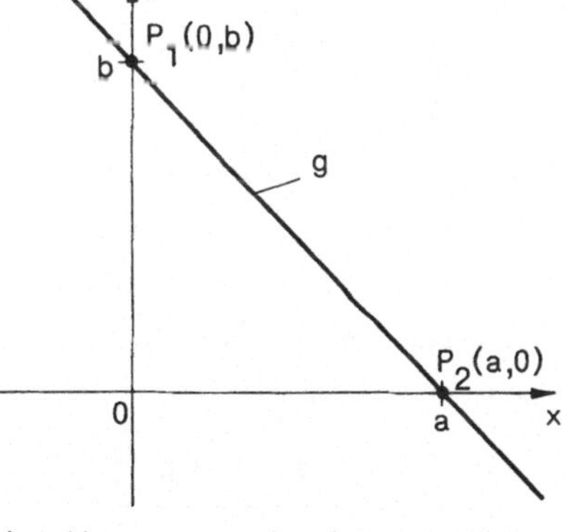

die Achsenabschnittsform der Geradengleichung:

$$\frac{x}{a} + \frac{y}{b} = 1$$

Hierbei werden also Geraden durch den Ursprung und achsenparallele Geraden nicht erfaßt.

▶ **Grundform - Funktionsform:**

Aus der Punktrichtungsform folgt für g mit $y = m(x-x_1)+y_1$ bzw. $y = mx + (y_1 - mx_1)$ die Grundform der Geradengleichung:

$$y = mx + b \qquad\qquad (b = y_1 - mx_1)$$

Diese Gleichung hat die Form einer Funktionsgleichung (vgl. hierzu Abschnitt 13.1). m gibt die Steigung der Geraden g an, während die Konstante b die y-Koordinate des Schnittpunktes von g mit der y-Achse darstellt (für x = 0 folgt nämlich y = b).
Parallelen zur y-Achse werden nicht erfaßt.

▶ **Normalform – Implizite Form:**

Die obigen Gleichungen einer Geraden g, die im allgemeinen nicht äquvalent sind, können als Spezialfälle einer allgemeinen Form aufgefaßt werden, der sog. Normalform der Geradengleichung:

$$\boxed{Ax + By + C = 0}\qquad (\,A,B,C\in\mathbb{R}\ \text{und}\ A^2+B^2\neq 0\,)$$

Mit dieser Gleichung werden alle Geraden in der (x,y)-Ebene erfaßt. So ist z.B. $x = D$ mit $D\in\mathbb{R}^+$ die Gleichung einer Parallelen zur y-Achse im Abstand D.

▶ **Hessesche Normalform:**

Eine Gerade g, die nicht durch den Ursprung verläuft, läßt sich festlegen durch ihren Abstand $p > 0$ vom Ursprung und durch den Winkel φ des Lotes auf g mit der positiven Richtung der x-Achse (vgl. Skizze).
Wegen $\cos\varphi = \dfrac{p}{a}$ und $\sin\varphi = \dfrac{p}{b}$ $(\varphi\neq k\tfrac{\pi}{2}$ mit $k\in\mathbb{Z})$ folgt mit Hilfe der Abschnittsform die Hessesche Normalform der Geradengleichung:

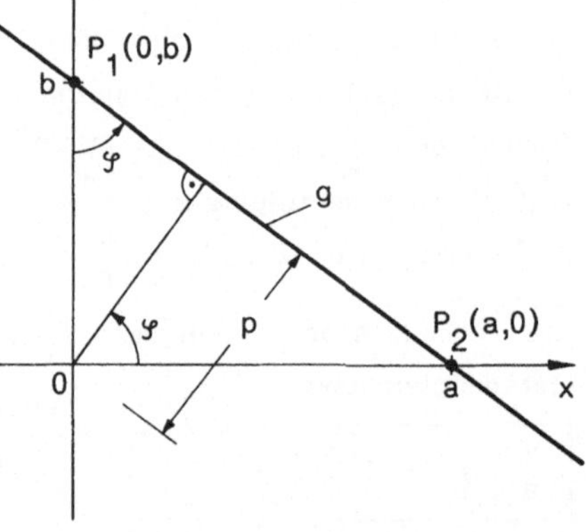

$$\boxed{x\cdot\cos\varphi + y\cdot\sin\varphi = p}$$

Diese Gleichung gilt für alle Geraden der (x,y)-Ebene, die nicht durch den Ursprung verlaufen.

Bemerkung:

Ist für eine Gerade g die Normalform $Ax + By + C = 0$ mit $A^2+B^2\neq 0$ und $C\neq 0$ gegeben, so folgt daraus als Hessesche Normalform der Geradengleichung:

$$\boxed{\frac{Ax+By+C}{\mp\sqrt{A^2+B^2}} = 0}\ ,\quad \text{wobei}\quad \frac{-C}{\mp\sqrt{A^2+B^2}} = p > 0\ .$$

Dabei ist im Falle $C > 0$ das Minuszeichen zu wählen, im Falle $C < 0$ das Pluszeichen. Vgl. hierzu auch die Hessesche Normalform der Ebenengleichung auf Seite 206.

Beispiel:

Mit der Normalform $3x + 4y - 10 = 0$

erhalten wir die Hessesche Normal-

form

$$\frac{3x + 4y - 10}{\sqrt{3^2 + 4^2}} = 0$$

bzw.

$$\frac{3}{5}x + \frac{4}{5}y - 2 = 0 \; .$$

Die Gerade hat damit vom Ursprung

den Abstand $p = 2$. Mit $\cos \varphi = \frac{3}{5}$

und $\sin \varphi = \frac{4}{5}$ folgt für φ:

$\varphi = 0{,}92729 \; .$ $(53{,}13°)$

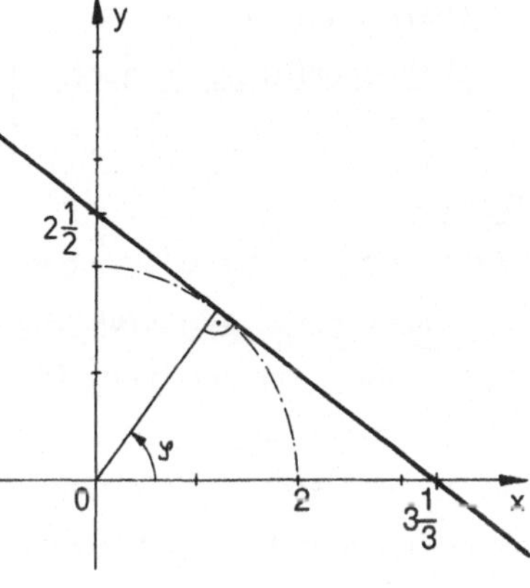

$\boxed{50.2}$ **SCHNITTWINKEL ZWISCHEN GERADEN**

In der (x,y)-Ebene seien zwei Geraden g_1 und g_2 mit den Gleichungen

$y = m_1 x + b_1$ $(m_1 = \tan \alpha_1)$

und

$y = m_2 x + b_2$ $(m_2 = \tan \alpha_2)$

gegeben, die sich in einem

Punkt P schneiden und den

Schnittwinkel $\varphi = \alpha_1 - \alpha_2$

bilden. Wegen

$$\tan(\alpha_1 - \alpha_2) = \frac{\tan \alpha_1 - \tan \alpha_2}{1 + \tan \alpha_1 \tan \alpha_2}$$

(vgl. Satz (18.6) gilt für den

Schnittwinkel φ:

$$\boxed{\tan \varphi = \frac{m_1 - m_2}{1 + m_1 m_2}} \; .$$

Für Geraden g_1 und g_2 in der (x,y)-Ebene existieren zwei ausgezeichnete Lagebeziehungen:

▶ Die beiden Geraden liegen parallel zueinander:
    Hierfür ergibt sich die **Parallelitätsbedingung** $\boxed{m_1 = m_2}$.

▶ **Die beiden Geraden stehen senkrecht aufeinander:**

Hierfür erhalten wir $1 + m_1 m_2 = 0$ und damit die

Orthogonalitätsbedingung

$$\boxed{m_1 = -\frac{1}{m_2}} \qquad (m_2 \neq 0).$$

Beispiel:

Wir bestimmen die Gleichungen (Grundform) der Geraden, die durch
den Punkt $P(4,9)$ verlaufen und mit der Geraden $g = \{P(x,y) \mid y = -3x+6\}$
einen Winkel von 90° bzw. 45° bilden (vgl. Skizze).

Gleichung von g_1:

Da g_1 senkrecht zur Geraden g
verläuft, folgt für die Steigung
m_1 von g_1: $\quad m_1 = -\frac{1}{m} = -\frac{1}{-3} = \frac{1}{3}$.

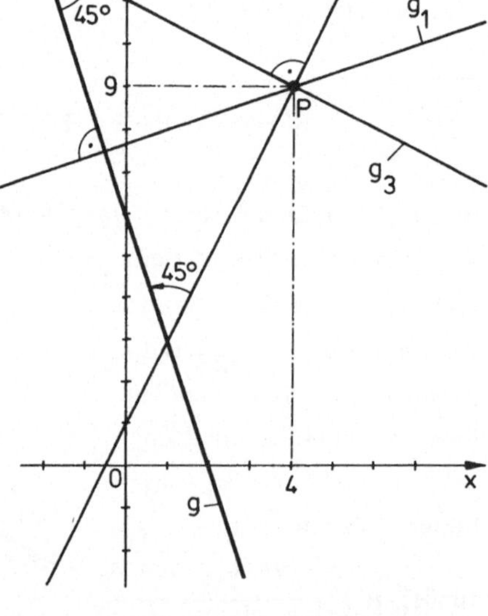

Anwendung der Punktrichtungs-
form ergibt: $\quad y - 9 = \frac{1}{3}(x - 4)$
bzw.
$$y = \frac{1}{3}x + \frac{23}{3} .$$

Gleichungen von g_2 und g_3:

Mit
$$\tan 45° = 1 = \frac{m - m_2}{1 + m m_2} = \frac{-3 - m_2}{1 - 3m_2}$$
erhalten wir $m_2 = 2$.

Anwendung der Punktrichtungsform ergibt die Gleichung für g_2:
$$y = 2x + 1 .$$

Da g_3 senkrecht auf g_2 steht, erhalten wir analog zu g_1 die Gleichung
für g_3: $\quad y = -\frac{1}{2}x + 11$.

50.3   **ABSTAND EINES PUNKTES VON EINER GERADEN**

Gegeben sei eine Gerade g, die nicht durch den Ursprung verläuft,
und ein Punkt $P_0(x_0, y_0)$ im Abstand d von der Geraden. P_0 ist so
gewählt, daß der Ursprung und P_0 auf verschiedenen Seiten der Geraden g liegen (vgl. Skizze).

Für die Gerade g lautet die
Hessesche Normalform:

$x \cdot \cos \varphi + y \cdot \sin \varphi = p$.

Entsprechend gilt für die
Parallele g* zu g durch P_o:

$x \cdot \cos \varphi + y \cdot \sin \varphi = p+d$.

Wegen $P_o \in g^*$ erfüllen die
Koordinaten x_o und y_o von
P_o diese Gleichung, so daß
für den Abstand d zwischen
P_o und g gilt:

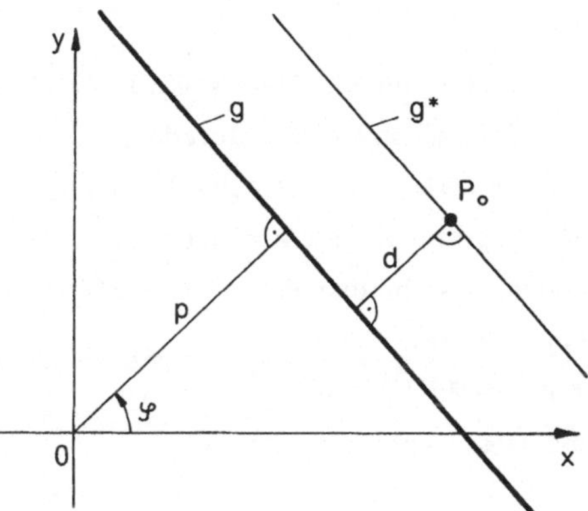

$$d = x_o \cdot \cos \varphi + y_o \cdot \sin \varphi - p$$.

Liegen P_o und der Ursprung
auf derselben Seite von g,
so folgt für die Parallele g*
durch P_o:

$x \cdot \cos \varphi + y \cdot \sin \varphi = p-d$.

Für den Abstand d zwischen
P_o und g erhalten wir dann
entsprechend:

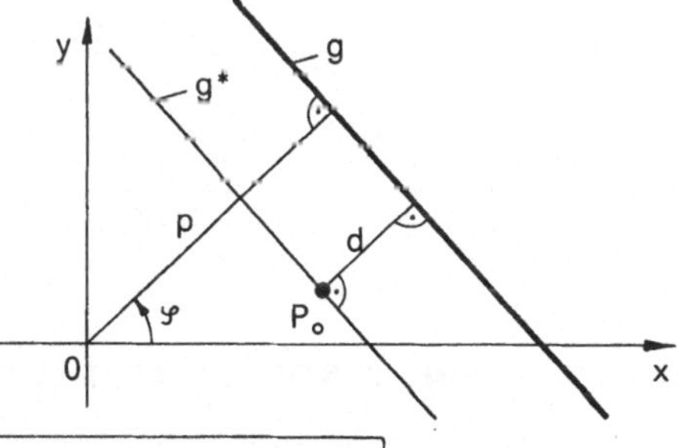

$$d = -(x_o \cdot \cos \varphi + y_o \cdot \sin \varphi - p)$$.

Allgemein gilt also für den Abstand d eines Punktes $P_o(x_o,y_o)$ von
einer Geraden g:

$$d = |x_o \cdot \cos \varphi + y_o \cdot \sin \varphi - p|$$.

Das Vorzeichen von $(x_o \cdot \cos \varphi + y_o \cdot \sin \varphi - p)$ gibt dabei an, auf wel-
cher Seite der Geraden g der Punkt P_o liegt.

<u>Bemerkung</u>:

Ist die Gleichung der Geraden g in der Normalform $Ax + By + C = 0$
gegeben, so folgt für den Abstand d des Punktes $P_o(x_o,y_o)$ von g:

$$d = \left| \frac{Ax_o + By_o + C}{\sqrt{A^2 + B^2}} \right|$$.

Vgl. hierzu den Zusammenhang zwischen Normalform und Hessescher
Normalform der Geradengleichung.

Beispiel:

Gegeben seien die Punkte $P_1(3,-2)$
und $P_2(2,4)$ sowie die Gerade g
mit der Gleichung $x - 3y - 3 = 0$.
Wir bestimmen die Abstände d_1
und d_2 der beiden Punkte von g
(vgl. Skizze).

Aus $x - 3y - 3 = 0$ erhalten wir
die Hessesche Normalform

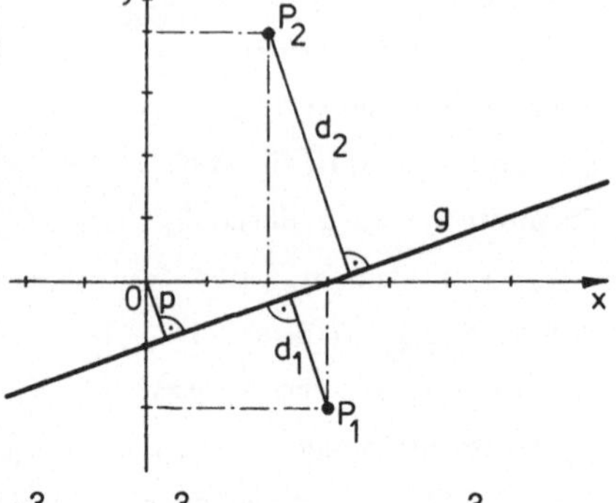

$$\frac{x - 3y - 3}{\sqrt{1 + 9}} = 0 \qquad \text{bzw.} \qquad \frac{1}{\sqrt{10}} x + \frac{-3}{\sqrt{10}} y = \frac{3}{\sqrt{10}} \qquad \text{mit} \quad p = \frac{3}{\sqrt{10}} \; .$$

Damit folgt für die beiden Abstände d_1 und d_2:

$$d_1 = \left| \frac{x_1 - 3y_1 - 3}{\sqrt{10}} \right| = \left| \frac{3 - 3 \cdot (-2) - 3}{\sqrt{10}} \right| = \left| \frac{6}{\sqrt{10}} \right| = \frac{6}{\sqrt{10}}$$

und

$$d_2 = \left| \frac{x_2 - 3y_2 - 3}{\sqrt{10}} \right| = \left| \frac{2 - 3 \cdot 4 - 3}{\sqrt{10}} \right| = \left| \frac{-13}{\sqrt{10}} \right| = \frac{13}{\sqrt{10}} \; .$$

51   EBENE KOORDINATENSYSTEME

Vielfach treten in der analytischen Geometrie, Technik und Informatik
Probleme auf, die sich vorteilhafter mit Hilfe eines Koordinatensystems lösen lassen, das vom kartesischen verschieden ist. Deshalb
geben wir in diesem Abschnitt eine Zusammenstellung einiger üblicher
Koordinatensysteme.

51.1   KARTESISCHE KOORDINATEN
UND POLARKOORDINATEN

Neben den bisher verwendeten kartesischen Koordinaten (vgl. hierzu
Seite 46) spielen in der Ebene die sog. Polarkoordinaten eine wichtige
Rolle. Hierbei werden den Punkten einer Ebene ebenfalls Zahlenpaare
aus $\mathbb{R} \times \mathbb{R}$ zugeordnet.

Definition (51.1):

Nach Festlegung eines Punktes 0 in der Ebene, Pol genannt, und
eines von 0 ausgehenden Strahles S, der sog. Polachse, sowie einer
positiven Drehrichtung (Gegenuhrzeigersinn) läßt sich die Lage
eines beliebigen Punktes $P \neq 0$ der Ebene bestimmen durch:

1) die Maßzahl r der Strecke $\overline{OP}$ und
2) das Bogenmaß φ des Winkels zwischen der Polachse und der
    Strecke $\overline{OP}$.

Die Größen r und φ heißen Polarkoordinaten des Punktes $P(r,\varphi)$.

Mit der positiven x-Achse
als Polachse und dem
Koordinatenursprung als Pol
erhalten wir für einen Punkt
P in der (x,y)-Ebene das
nebenstehende Bild der
Polarkoordinaten.

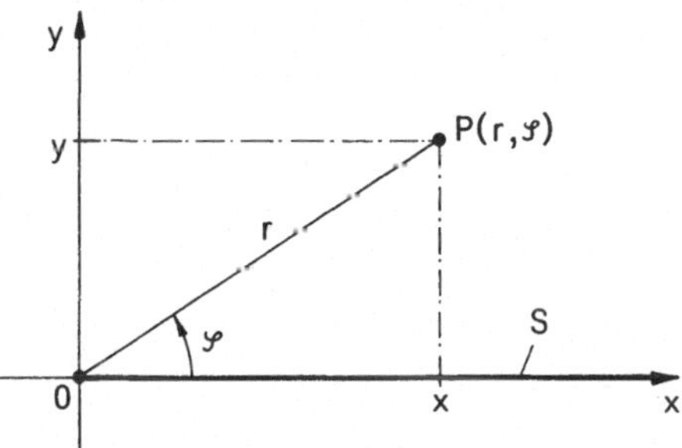

Die Definition (51.1) gibt noch keine umkehrbar eindeutige Zuordnung
zwischen den Punkten der Ebene und den Zahlenpaaren (r,φ) mit $r>0$.
Zwar entspricht jedem solchen Zahlenpaar eindeutig ein Punkt P der
Ebene, aber einem Punkt P entsprechen beliebig viele Zahlenpaare, da
φ nur bis auf ein ganzzahliges Vielfaches von 2π bestimmt ist.
Die Zuordnung zwischen einem vom Pol verschiedenen Punkt P und
einem Zahlenpaar (r,φ) wird durch folgende Einschränkung umkehrbar
eindeutig: $r \in \mathbb{R}^+$ und $\varphi \in [0,2\pi)$.
Für den Pol 0 setzen wir $r = \varphi = 0$.
Der obigen Skizze entnehmen wir unmittelbar die folgenden Beziehungen zwischen den kartesischen Koordinaten und den Polarkoordinaten
eines Punktes P der Ebene:

$$x = r \cdot \cos\varphi , \qquad y = r \cdot \sin\varphi ,$$

$$r = \sqrt{x^2 + y^2} , \qquad \tan\varphi = \frac{y}{x} \quad (x \neq 0) .$$

Für $x = 0 \wedge y \neq 0$ ist $\varphi = \frac{\pi}{2}$ oder $\varphi = \frac{3}{2}\pi$. Für $x = y = 0$ gilt auch $r = \varphi = 0$.

Bemerkung:

Bei der Bestimmung des Winkels φ aus den kartesischen Koordinaten x und y eines Punktes P mit Hilfe der Beziehung $\tan \varphi = \frac{y}{x}$ ist darauf zu achten, in welchem Quadranten der Punkt P liegt. Wegen der Periodizität der Tangensfunktion folgt zunächst (vgl. die Abschnitte 16 und 17):

$$\varphi = \arctan\left(\frac{y}{x}\right) + k\pi \quad \text{mit} \quad k \in \{0,1,2\} \qquad \left(\varphi \in [0,2\pi) \setminus \{\tfrac{\pi}{2}, \tfrac{3}{2}\pi\}\right).$$

Für φ kann der entsprechende Wert k der folgenden Tabelle entnommen weden:

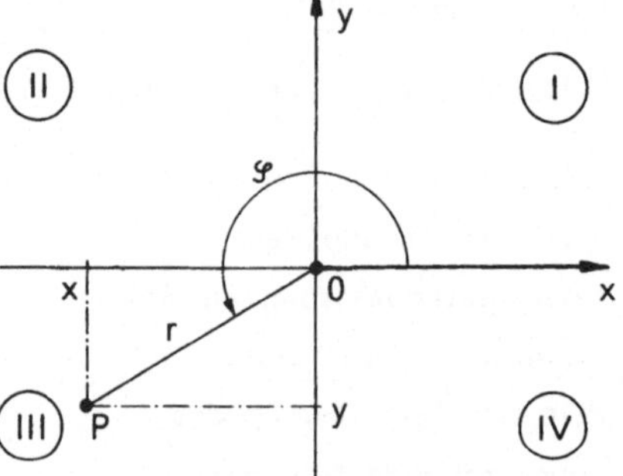

Quadrant	I	II	III	IV
x	+	−	−	+
y	+	+	−	−
k	0	1	1	2

Beispiel:

Für den Punkt $P_0(x_0, y_0)$ mit $x_0 = -2$ und $y_0 = 1$ in der (x,y)-Ebene erhalten wir wegen $x_0 < 0$ und $y_0 > 0$ die Polarkoordinaten r und φ mit:

$$\varphi = \arctan\left(-\frac{1}{2}\right) + \pi = -0{,}4636 + \pi$$
$$= 2{,}6779 \qquad (153{,}43°)$$

und

$$r = \sqrt{(-2)^2 + 1^2} = \sqrt{5}\,.$$

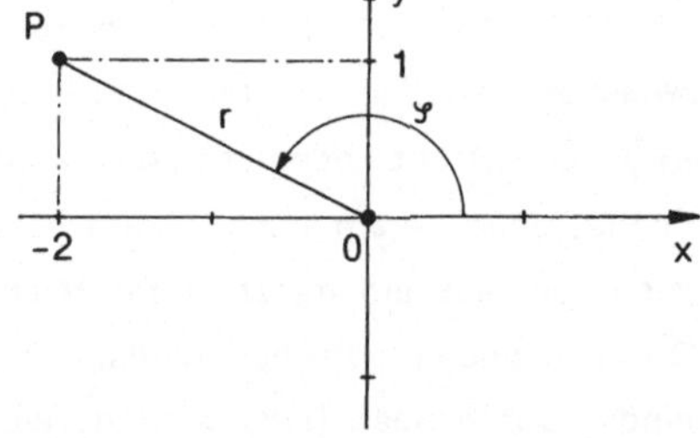

51.2	**GEODÄTISCHE KOORDINATEN UND RICHTUNGSWINKEL**

Unter einem geodätischen Koordinatensystem versteht man ein kartesisches (x,y)-System, bei dem die positive x-Achse nach oben (Norden) und die positive y-Achse nach rechts (Osten) zeigen. Die vier Quadranten haben damit die in der Skizze dargestellte Reihenfolge.

Die Richtung einer Strecke $\overline{AE}$ wird durch den Winkel t_A^E zwischen der

Parallelen zur x-Achse durch
A und der Strecke $\overline{AE}$ gekennzeichnet (vgl. Skizze).

t_A^E heißt <u>Richtungswinkel der
Strecke $\overline{AE}$</u> und wird in Gon
gemessen.

Man nennt s und t_A^E die
<u>auf den Punkt A bezogenen
Polarkoordinaten.</u>

Analog zu den Beziehungen
zwischen den kartesischen

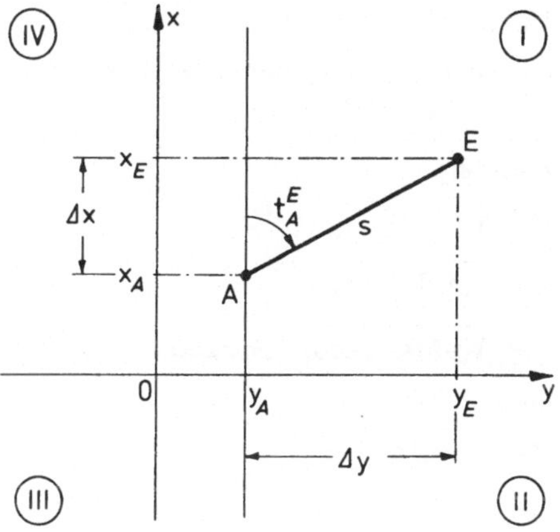

Koordinaten und den Polarkoordinaten in Abschnitt 51.1 gilt hier mit

$\Delta x = x_E - x_A$ und $\Delta y = y_E - y_A$:

$$\Delta x = s \cdot \cos t_A^E , \qquad \Delta y = s \cdot \sin t_A^E ,$$
$$s = \sqrt{(\Delta x)^2 + (\Delta y)^2} , \quad \tan t_A^E = \frac{\Delta y}{\Delta x} \quad (\Delta x \neq 0) .$$

<u>Bemerkung:</u>

In der Praxis hat man es häufig mit den folgenden beiden Grundauf-
gaben zu tun:

<u>Grundaufgabe 1:</u> (Berechnung geodätischer Koordinaten
aus Polarkoordinaten)

Sind in der obigen Skizze die Koordinaten x_A und y_A des Punktes A
sowie die Polarkoordinaten s und t_A^E bekannt, so erhalten wir für die
Koordinaten des Punktes E:

$$x_E = x_A + s \cdot \cos t_A^E \quad \text{und} \quad y_E = y_A + s \cdot \sin t_A^E .$$

<u>Grundaufgabe 2:</u> (Berechnung von Polarkoordinaten
aus geodätischen Koordinaten)

Sind die Koordinaten x_A, y_A und x_E, y_E der beiden Punkte A und E
bekannt, so folgt für s und t_A^E:

$$s = \sqrt{(\Delta x)^2 + (\Delta y)^2} \quad \text{und} \quad \tan t_A^E = \frac{\Delta y}{\Delta x} .$$

Entsprechend der Bemerkung auf Seite 188 erhalten wir für den
Winkel t_A^E: $t_A^E = \arctan\left(\frac{\Delta y}{\Delta x}\right) + k(200^g) \quad \text{mit } k \in \{0,1,2\} .$

Dabei richtet sich die Wahl von k nach der Lage des Punktes E
bezüglich des Punktes A: Führen wir eine Translation der Strecke $\overline{AE}$

durch, so daß A in den Ursprung 0 verschoben wird, dann gilt bei der obigen Anordnung der Quadranten für E(x,y) ebenfalls die Tabelle auf Seite 188.

<u>Beispiel:</u>

Mit $x_A = 10$, $y_A = 15$, $x_E = 1$ und $y_E = 2$ folgt für s und t_A^E :

$$s = \sqrt{(\Delta x)^2 + (\Delta y)^2}$$

$$= \sqrt{(-9)^2 + (-13)^2} = \sqrt{250}$$

und

$$\tan t_A^E = \frac{\Delta y}{\Delta x} = \frac{-13}{-9}.$$

Wegen $\Delta x < 0$ und $\Delta y < 0$ erhalten wir schließlich

$$t_A^E = \arctan\left(\frac{-13}{-9}\right) + 200^g$$

$$= 261{,}45^g.$$

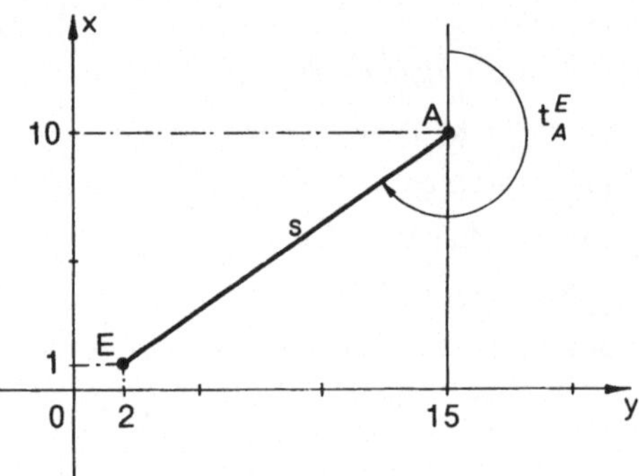

51.3	**ABSOLUTE UND RELATIVE (INKREMENTALE) KOORDINATEN**

Bei den bisherigen Koordinatensystemen ist der Ursprung (Nullpunkt) fester Bezugspunkt. Man spricht von <u>absoluten Koordinaten</u>.

Wählt man dagegen beim Durchlaufen einer Punktfolge $P_1, P_2, \dots, P_n$ jeweils P_k als Bezugspunkt (Nullpunkt) für den nachfolgenden Punkt P_{k+1}, so spricht man von <u>relativen</u> oder <u>inkrementalen Koordinaten</u>. Dadurch können z.B. für einen Streckenzug die Gleichungen vereinfacht dargestellt und der Rechenaufwand erheblich eingeschränkt werden.

<u>Beispiel:</u>

Gegeben sei die Punktfolge $P_1(1,1)$, $P_2(4,2)$, $P_3(5,4)$, $P_4(7,4)$ in der (x,y)-Ebene. Mit P_k ($k \in \{1,2,3\}$) als Nullpunkt für P_{k+1} erhalten wir als relative Koordinaten:

	P_1	P_2	P_3	P_4
x	1	3	1	2
y	1	1	2	0

(vgl. Skizze).

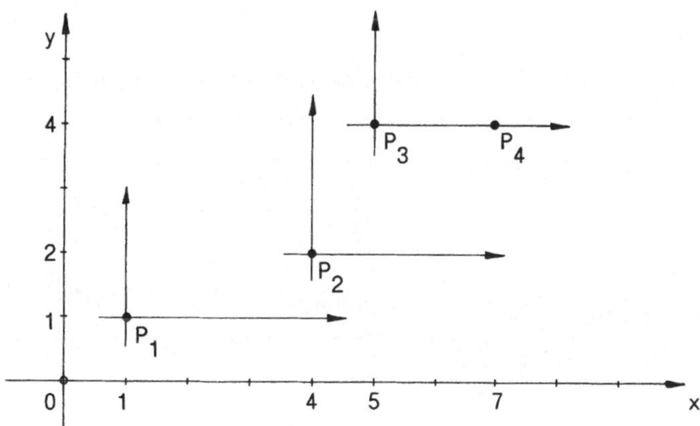

51.4 LOGARITHMISCHE SKALEN (SKALIERUNG)

Die Graphen von Exponential- und Potenzfunktionen können bei loga-
rithmischer Einteilung (Skalierung) der Koordinatenachsen mittels
Geraden dargestellt werden. Das erleichtert in der Praxis die Auswer-
tung von Meßdaten.

▶ Einfachlogarithmisches Papier:
Das einfachlogarithmische Papier hat eine logarithmisch und eine
regulär geteilte Achse (vgl. Skizze). Es wird auch halblogarithmisches
Papier oder Exponentialpapier genannt und dient zur vereinfachten
Darstellung von Exponentialfunktionen.
Gegeben sei die Exponentialfunktion $f: \mathbb{R} \longrightarrow \mathbb{R}^+$ mit $y = f(x) = b \cdot a^x$,
wobei $a, b \in \mathbb{R}^+$.
Logarithmieren ergibt (vgl. Seite 40): $\lg y = x \cdot \lg a + \lg b$.
Führt man die neuen Variablen $X = x$ und $Y = \lg y$ ein, d.h. behält
man die reguläre Einteilung der x-Achse bei und wählt auf der
y-Achse eine logarithmische Einteilung ($\lg$), so folgt bezüglich der
neuen Variablen die lineare Gleichung

$$\boxed{Y = MX + N}\qquad \text{mit } M = \lg a \text{ und } N = \lg b .$$

Die Graphen sind also Geraden, wobei man an der y-Achse $\lg y$
abträgt, aber weiterhin das ursprüngliche Argument hinschreibt.

<u>Beispiele:</u>

(1) Für einen festen Wert b und eine variable Basis a, d.h. für einen
konstanten Wert N = lg b und eine variable Steigung M = lg a,
erhält man ein Büschel von Geraden durch einen Punkt:

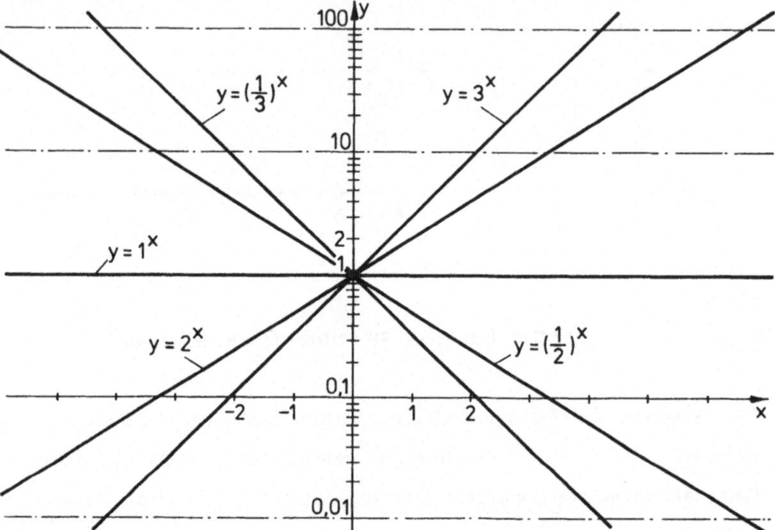

(2) Wählt man hingegen die Basis a konstant, also auch die Steigung
M = lg a , und variiert den Wert b und damit N = lg b, so erhält
man eine Schar paralleler Geraden:

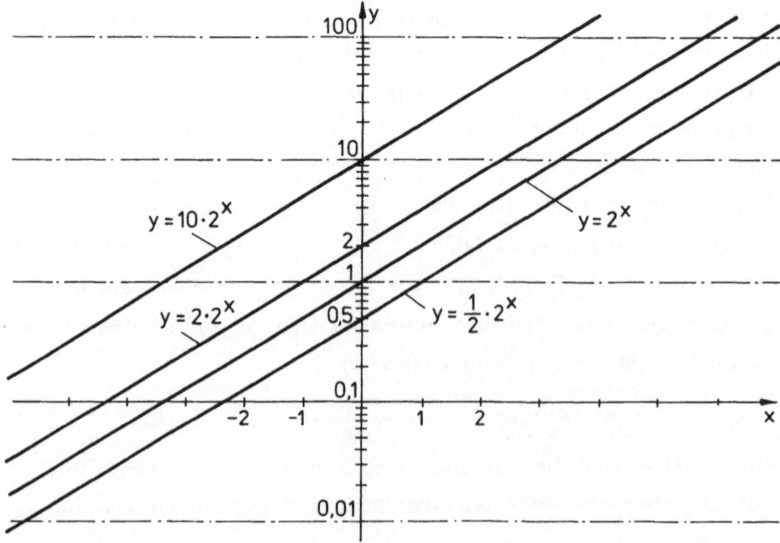

▶ <u>Doppeltlogarithmisches Papier:</u>

Beim doppeltlogarithmischen Papier sind beide Achsen logarithmisch
geteilt. Es wird auch <u>Potenzpapier</u> oder nur <u>logarithmisches Papier</u>
genannt und dient zur vereinfachten Darstellung von Potenzfunktionen.

Gegeben sei die Potenzfunktion $f: \mathbb{R}^+ \rightarrow \mathbb{R}^+$ mit $y = b \cdot x^r$, wobei
$b \in \mathbb{R}^+$ und $r \in \mathbb{R}$.

Logarithmieren ergibt (vgl. Seite 40): $\lg y = r \cdot \lg x + \lg b$.

Mit den neuen Variablen $X = \lg x$ und $Y = \lg y$ erhalten wir die
lineare Gleichung

$$\boxed{Y = MX + N}$$ mit $M = r$ und $N = \lg b$.

<u>Beispiel:</u>

Für den konstanten Wert $b = 1$ und für variablen Exponenten r , also
variable Steigung $M = r$, erhalten wir ein Büschel von Geraden durch
einen Punkt:

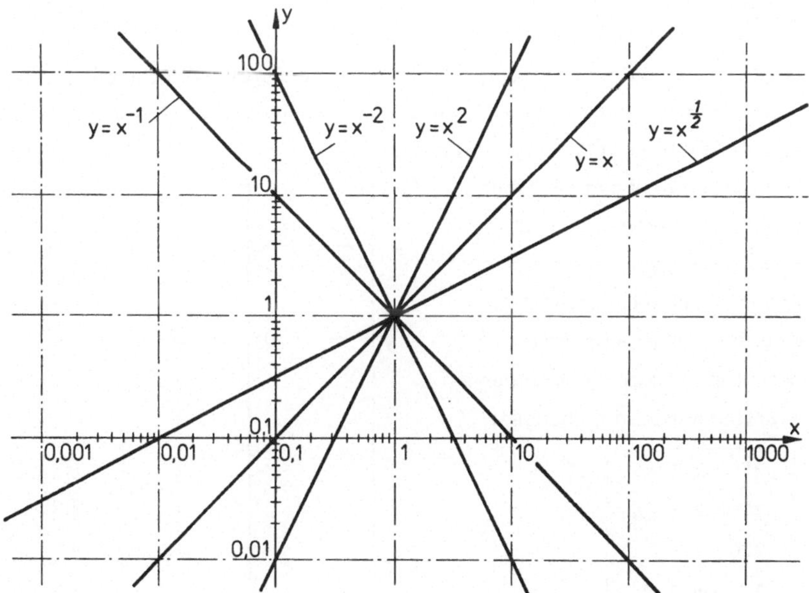

<u>Bemerkung:</u>

Die Wahl der Lage der Koordinatenachsen erfolgt in der Praxis so,
daß der vom Experiment her zu erwartende Bereich der Meßwerte
geeignet abgedeckt wird.

$\boxed{52}$ ABBILDUNGEN IN DER EBENE

In der Komputergraphik werden geometrische Objekte mit Hilfe von Abbildungen erzeugt, die sich aus Translationen, Rotationen, zentrischen Streckungen, Drehstreckungen, Spiegelungen usw. zusammensetzen.

Andererseits wird in der Ingenieurpraxis dasselbe geometrische Objekt bezüglich verschiedener Koordinatensysteme, die durch eine Transformation auseinander hervorgehen, analytisch beschrieben.

Auf diese verschiedenen Aspekte wird im folgenden kurz eingegangen.

$\boxed{52.1}$ PARALLELVERSCHIEBUNG UND DREHUNG KARTESISCHER KOORDINATENSYSTEME

▶ <u>Parallelverschiebung (Translation):</u>

Gegeben sei die skizzierte (x,y)-Ebene. Eine Parallelverschiebung des (x,y)-Systems längs der x-Achse um x_0 und längs der y-Achse um y_0 ergibt das skizzierte (x',y')-System.

Der Zusammenhang zwischen den Koordinaten x, y und x', y' eines beliebigen Punktes P der Ebene bezüglich der beiden Koordinatensysteme wird beschrieben durch die folgenden Transformationsgleichungen:

$$\boxed{\begin{aligned} x' &= x - x_0 \\ y' &= y - y_0 \\ \text{bzw.}& \\ x &= x_0 + x' \\ y &= y_0 + y' \end{aligned}}$$

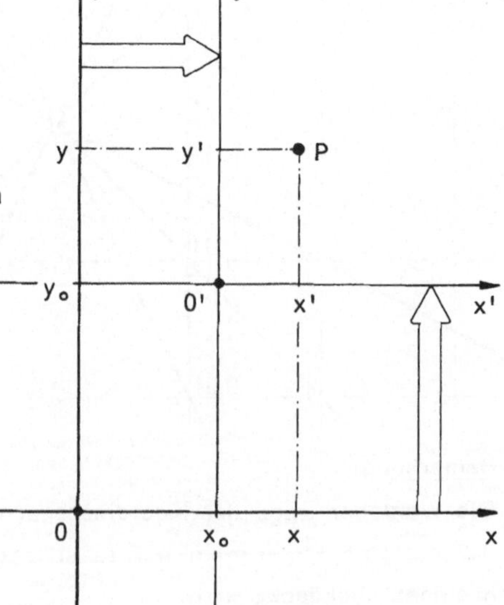

Vgl. hierzu auch Seite 151.

<u>Beispiel:</u>

In der (x,y)-Ebene sei die Gerade g mit der Gleichung <u>y = x</u> gegeben.

Durch die Transformationsgleichungen

$x = 1 + x'$ und $y = 2 + y'$

werde gleichzeitig ein paralleles

(x',y')-System festgelegt.

Wegen $2 + y' = 1 + x'$ hat die Gerade

g bezüglich des (x',y')-Systems die

Gleichung <u>y' = x' - 1</u> .

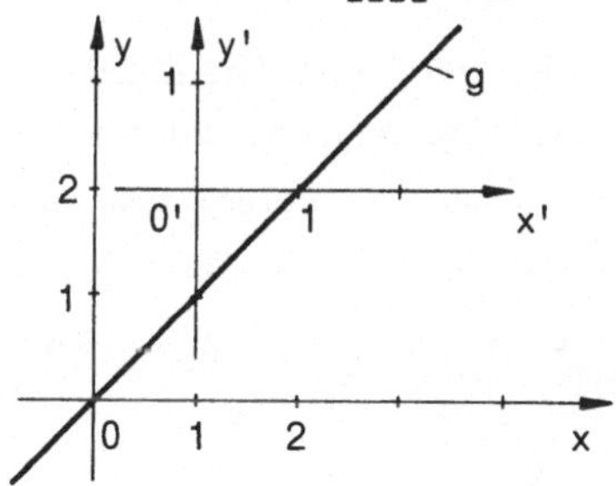

▶ <u>Drehung (Rotation):</u>

Die Drehung eines (x,y)-Systems im Ursprung 0 um den Winkel α
wird beschrieben durch die folgenden Transformationsgleichungen
(vgl. Skizze):

$$x' = x \cos \alpha + y \sin \alpha \qquad \text{bzw.} \qquad x = x' \cos \alpha - y' \sin \alpha$$
$$y' = -x \sin \alpha + y \cos \alpha \qquad \qquad y = x' \sin \alpha + y' \cos \alpha$$

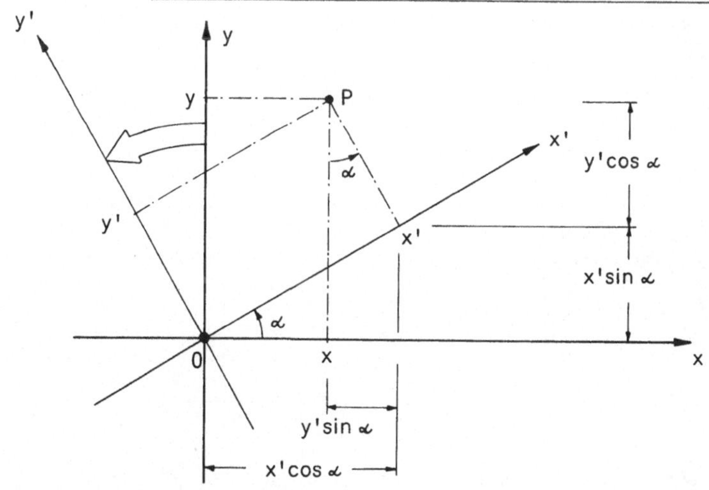

Vgl. hierzu auch Abschnitt 39.

<u>Beispiel:</u>

Der Punkt P(x,y) der (x,y)-Ebene mit $x = 2$ und $y = 4$ hat bezüglich
eines um $\alpha = 30°$ gedrehten (x',y')-Systems die Koordinaten

$x' = 2 \cos 30° + 4 \sin 30° = 3{,}732$ und

$y' = -2 \sin 30° + 4 \cos 30° = 2{,}464$ (vgl. obige Skizze).

52.2 DREHSTRECKUNG UND ZENTRISCHE STRECKUNG

Unter einer <u>Drehstreckung</u> verstehen wir eine Abbildung, die sich aus einer <u>Drehung</u> und einer <u>zentrischen Streckung</u> (Streckung von einem Punkt aus, Skalieren) zusammensetzt.

Bezeichnen wir in der folgenden Skizze die Bildpunkte von P(x,y) mit P'(x',y') und P''(x'',y''), so erhalten wir mit den beiden Transformationsgleichungen (vgl. Seite 151)

$$x' = x \cos\alpha - y \sin\alpha \quad \text{und} \quad y' = x \sin\alpha + y \cos\alpha$$

für die Drehung im Ursprung 0 um den Winkel α und mit den beiden Transformationsgleichungen

$$x'' = kx' \quad \text{und} \quad y'' = ky' \qquad (\text{Streckungsfaktor } k \in \mathbb{R}^+)$$

für die zentrische Streckung mit dem Streckungszentrum im Ursprung insgesamt zur Beschreibung der Drehstreckung die folgenden beiden

Transformationsgleichungen:

$$x'' = kx \cos\alpha - ky \sin\alpha$$
$$y'' = kx \sin\alpha + ky \cos\alpha$$

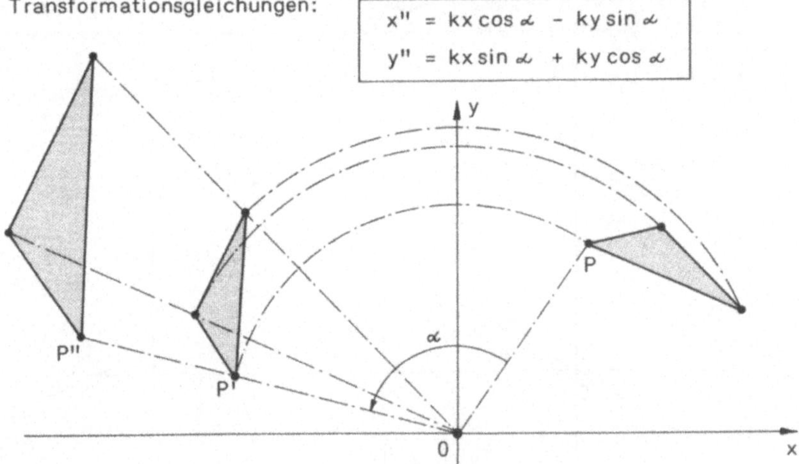

Setzen wir $a = k \cos\alpha$ und $b = k \sin\alpha$, so folgt für x'' und y'':

$$\begin{aligned} x'' &= ax - by \\ y'' &= bx + ay \end{aligned} \qquad \text{mit} \quad \begin{vmatrix} a & -b \\ b & a \end{vmatrix} = a^2 + b^2 = k^2 > 0 \; .$$

Sind umgekehrt die beiden Gleichungen gegeben mit $a,b \in \mathbb{R}$ und $a^2 + b^2 = \begin{vmatrix} a & -b \\ b & a \end{vmatrix} > 0$ (d.h. a und b sind nicht gleichzeitig Null), so lassen sich der Streckungsfaktor k und der Drehwinkel α bestimmen mit $k = \sqrt{a^2+b^2}$, $\cos\alpha = \dfrac{a}{k}$ und $\sin\alpha = \dfrac{b}{k}$.

<u>Bemerkungen:</u>

a) Im Vermessungswesen finden Drehstreckungen Anwendung bei der Berechnung der Koordinaten von Geländepunkten bezüglich transformierter Koordinatensysteme.

b) Bei der Drehstreckung handelt es sich um eine sog. <u>Ähnlichkeits-abbildung</u>, die dadurch charakterisiert ist, daß sie ein Dreieck stets auf ein ähnliches Dreieck bzw. eine Strecke stets auf ein Vielfaches der Strecke abbildet, wobei der Streckungsfaktor (auch Skalierungs-faktor oder Maßstab genannt) für alle Strecken gleich bleibt.

Eine Erweiterung der Ähnlichkeitsabbildungen stellen die geradentreuen sog. <u>affinen Abbildungen</u> dar, bei denen auch unterschiedliche Skalie-rungsfaktoren zugelassen sind.

---

53 ÜBUNGEN: GERADEN, SCHNITTPUNKTE UND SCHNITTWINKEL VON GERADEN

Im folgenden handelt es sich bei den gesuchten Geradengleichungen jeweils um die Grundform $y = mx + b$.

(60) Die Geraden g_1 und g_2 in der (x,y)-Ebene werden durch die Punkte $P_1(2,3)$, $P_2(8,10)$ und die Steigungswinkel $\alpha_1 = 30°$, $\alpha_2 = 130°$ festgelegt (vgl. Skizze).

Gib für g_1 und g_2 jeweils die Geraden-gleichung an und bestimme die Koordinaten des Schnittpunktes S.

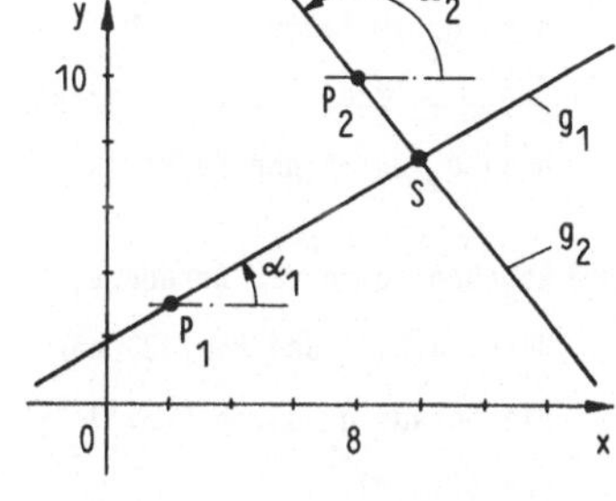

(61) Gegeben seien der Punkt $P(3,8)$ und die Gerade g mit der Gleichung $y = 2x - 1$. Bestimme die Gleichung der Geraden g_1, die durch P verläuft und g senkrecht schneidet (g_1 heißt <u>Lot</u> von P auf g).

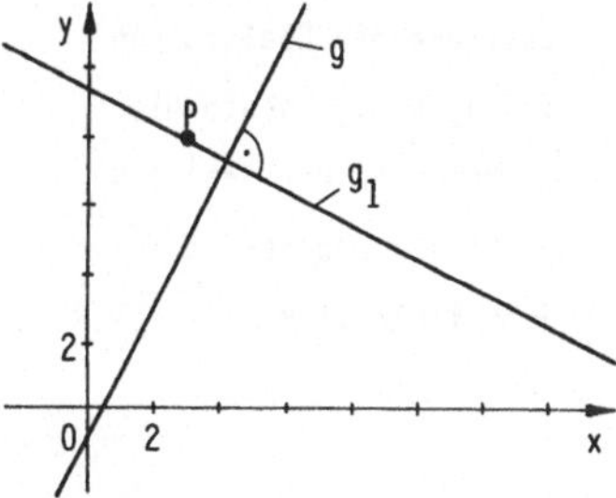

62) Gegeben sei die Strecke $\overline{AB}$ mit
A(2,3) und B(6,8).
Bestimme die Gleichung der
Mittelsenkrechten g von $\overline{AB}$.

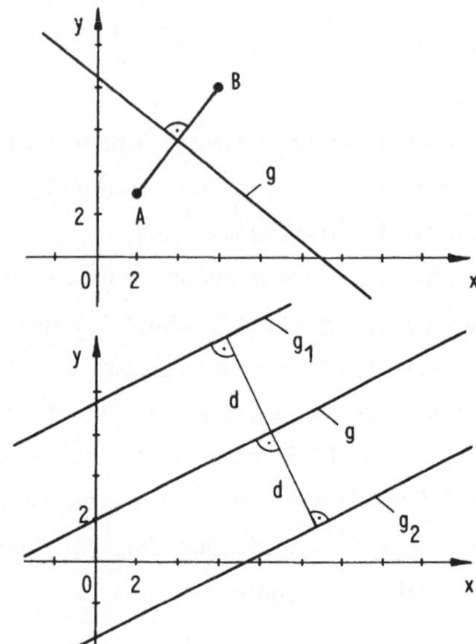

63) Gegeben sei die Gerade g mit
der Gleichung $y = \frac{1}{2}x + 2$.
Bestimme die Gleichungen der
Parallelen g_1 und g_2 zu g, die
von g den Abstand d = 5 haben.

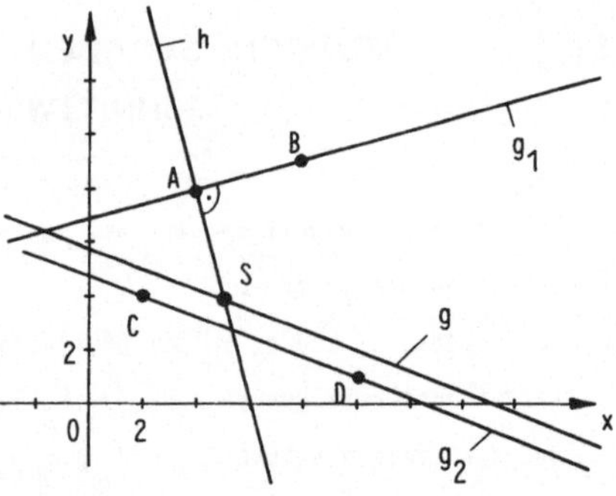

64) Gegeben seien die Gerade g_1
durch A(4,8) und B(8,9) und
die Gerade g_2 durch C(2,4)
und D(10,1).
Bestimme die Koordinaten des
Schnittpunktes S der Parallelen
g zu g_2 im Abstand d = 1
(vgl. Skizze) und der Senkrechten
h zu g_1 durch den Punkt A.

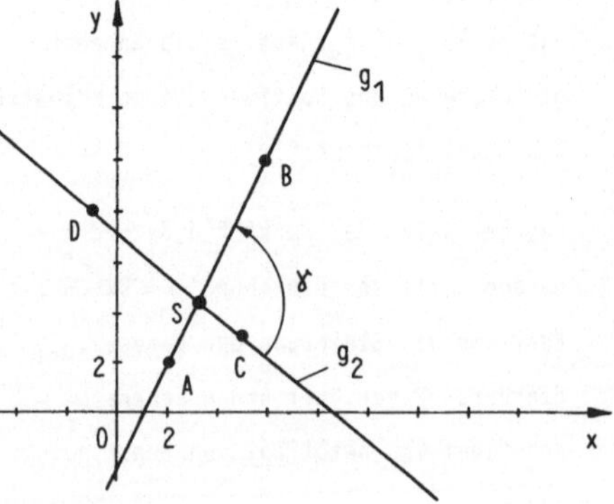

65) Gegeben seien die Gerade g_1
durch A(2,2) und B(6,10) und
die Gerade g_2 durch C(5,3)
und D(-1,8).
Bestimme die Gleichungen
von g_1 und g_2 sowie die
Koordinaten des Schnitt-
punktes S und den
Schnittwinkel γ .

66) Gegeben seien die Punkte A(2,6), B(20,30), C(10,15) und D(18,1). Die Verlängerung der Strecke $\overline{DC}$ schneidet die Strecke $\overline{AB}$ im Punkt S.
Berechne die Koordinaten von S. In welchem Verhältnis wird die Strecke $\overline{AB}$ durch den Punkt S geteilt?

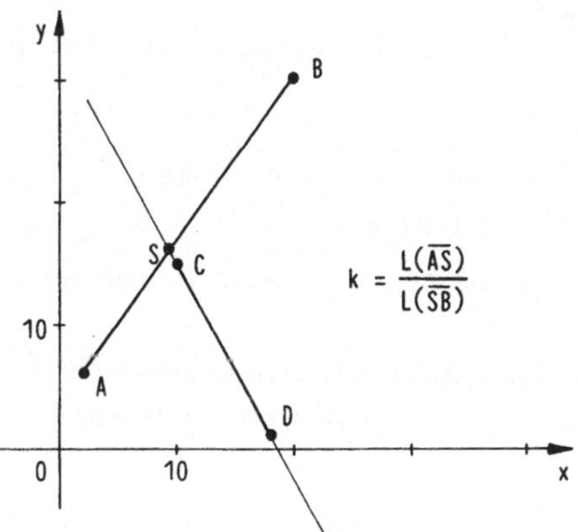

67) Gegeben seien die Punkte A(4,6) und B(8,8), die Winkel $\alpha = 110°$ und $\beta = 140°$ sowie die Längen $L(\overline{AD}) = a = 4$ und $L(\overline{BC}) = b = 10$ (vgl. Skizze).
Gib die Gleichungen der Geraden g_1 durch A und D sowie g_2 durch B und C an.
Berechne die Koordinaten der Punkte C und D.

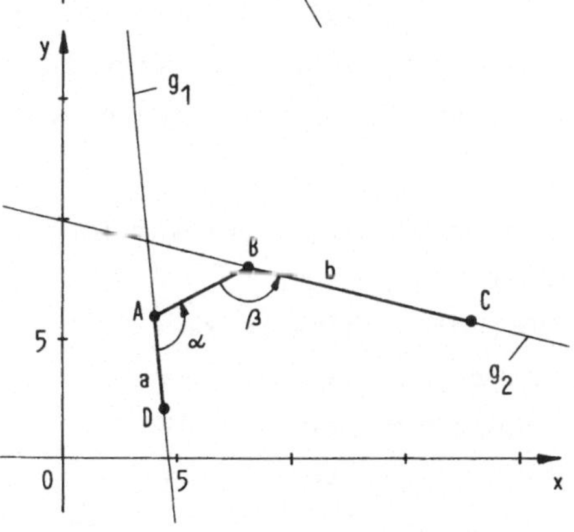

K GEOMETRIE IM RAUM

Bevor wir im Kapitel L die Geometrie in der Ebene mit der Behandlung der Kurven zweiter Ordnung fortsetzen, betrachten wir Geraden, Ebenen und Koordinatensysteme im Raum.

$\boxed{54}$ GERADEN IM RAUM

Im folgenden legen wir bei der vektoriellen Herleitung verschiedener Formen von Geradengleichungen den dreidimensionalen Raum mit einem (x,y,z)-Koordinatensystem zugrunde.

▶ <u>Punktrichtungsform:</u>

Eine Gerade g im Raum wird festgelegt durch einen Punkt $P_0 \in g$ und einen Richtungsvektor $\vec{r}$ (vgl. Skizze).

Mit Hilfe der Ortsvektoren $\vec{x_0}$ und $\vec{x}$, die den Ursprung 0 mit den Punkten P_0 und P von g verbinden, erhalten wir als Punktrichtungsform der Geradengleichung:

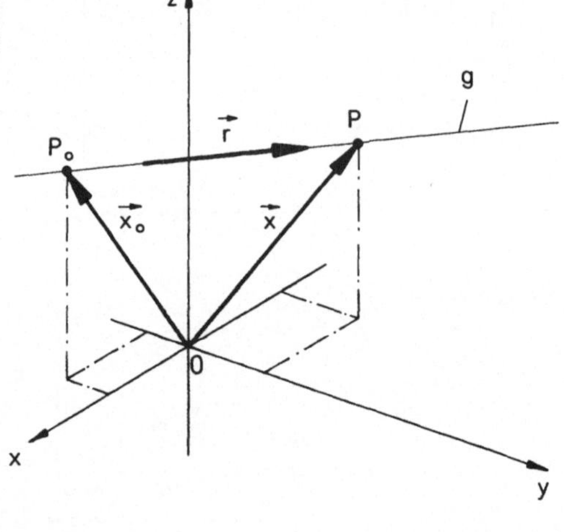

$$\boxed{\vec{x} = \vec{x_0} + \lambda \vec{r}} \qquad (\lambda \in \mathbb{R}).$$

Mit $\vec{x_0} = \begin{pmatrix} x_0 \\ y_0 \\ z_0 \end{pmatrix}$, $\vec{r} = \begin{pmatrix} r_x \\ r_y \\ r_z \end{pmatrix}$

und $\vec{x} = \begin{pmatrix} x \\ y \\ z \end{pmatrix}$ folgt

daraus für die Koordinaten von $\vec{x}$:

$$x = x_0 + \lambda r_x \ , \quad y = y_0 + \lambda r_y \quad \text{und} \quad z = z_0 + \lambda r_z \ .$$

<u>Spezialfall:</u>

Gilt $z = z_0 = r_z = 0$, so liegt die Gerade g in der (x,y)-Ebene, und wir erhalten aus $x = x_0 + \lambda r_x$ und $y = y_0 + \lambda r_y$ im Falle $r_x \neq 0$ die

Gleichung $\underline{y - y_o = m(x - x_o)}$ mit $m = \dfrac{r_y}{r_x}$ (vgl. Seite 180).

▶ <u>Zweipunkteform:</u>

Eine Gerade g im Raum wird durch zwei Punkte P_1 und P_2 festgelegt (vgl. Skizze).

Mit Hilfe der Ortsvektoren $\vec{x}_1$, $\vec{x}_2$ und $\vec{x}$ erhalten wir als Zweipunkteform der Geradengleichung:

$$\boxed{\vec{x} = \vec{x}_1 + \lambda(\vec{x}_2 - \vec{x}_1)}$$

mit $\lambda \in \mathbb{R}$.

Daraus folgt mit

$$\vec{x}_1 = \begin{pmatrix} x_1 \\ y_1 \\ z_1 \end{pmatrix}, \quad \vec{x}_2 = \begin{pmatrix} x_2 \\ y_2 \\ z_2 \end{pmatrix}$$

und $\vec{x} = \begin{pmatrix} x \\ y \\ z \end{pmatrix}$ für die

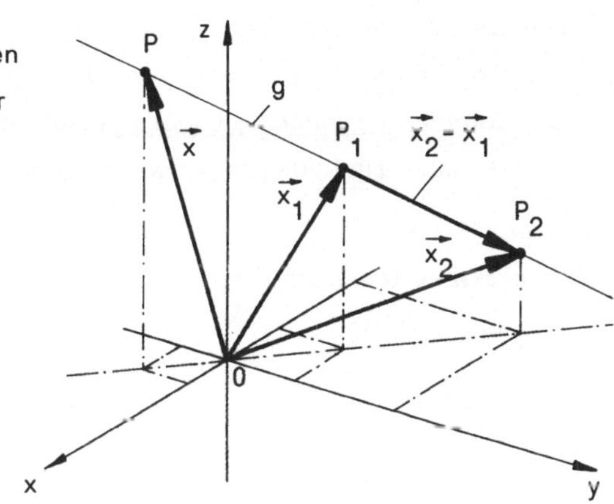

Koordinaten von $\vec{x}$:

$$x = x_1 + \lambda(x_2 - x_1),$$
$$y = y_1 + \lambda(y_2 - y_1),$$
$$z = z_1 + \lambda(z_2 - z_1).$$

<u>Spezialfall:</u>

Gilt $z = z_1 = z_2 = 0$, so liegt g in der (x,y)-Ebene, und wir erhalten die Gleichung $\dfrac{y - y_1}{x - x_1} = \dfrac{y_2 - y_1}{x_2 - x_1}$ (vgl. Seite 181).

<u>Beispiel:</u>

Für die Gerade g durch die beiden Punkte $P_1(1,2,3)$ und $P_2(4,3,-2)$ erhalten wir als Zweipunkteform der Geradengleichung:

$$\vec{x} = \vec{x}_1 + \lambda(\vec{x}_2 - \vec{x}_1) = \begin{pmatrix} 1 \\ 2 \\ 3 \end{pmatrix} + \lambda \begin{pmatrix} 3 \\ 1 \\ -5 \end{pmatrix}.$$

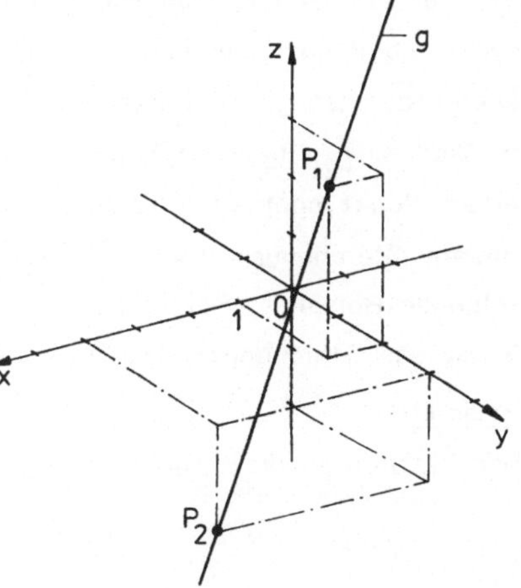

▶ **Gegenseitige Lage von zwei Geraden:**

Für zwei Geraden g_1 und g_2 im Raum mit den Gleichungen

$$\vec{x} = \vec{x_1} + \lambda_1 \vec{r_1} \quad \text{und} \quad \vec{x} = \vec{x_2} + \lambda_2 \vec{r_2} \quad (\lambda_1, \lambda_2 \in \mathbb{R})$$

unterscheiden wir die folgenden vier verschiedenen Lagebeziehungen:

1) Die Geraden sind <u>gleich</u>: $g_1 = g_2$.

2) Die Geraden sind zueinander (echt) <u>parallel</u>: $g_1 \| g_2$ und $g_1 \neq g_2$.

3) Die Geraden <u>schneiden sich</u> in (genau) einem Punkt S: $g_1 \cap g_2 = \{S\}$.

4) Die Geraden sind zueinander <u>windschief</u>: $g_1 \not\| g_2$ und $g_1 \cap g_2 = \emptyset$.

<u>Beispiel:</u>

Für die skizzierten Geraden

g_1, g_2 und g_3 gilt:

g_1 ist parallel zu g_2,

g_2 schneidet g_3 im

Punkt S und

g_1 ist windschief zu g_3.

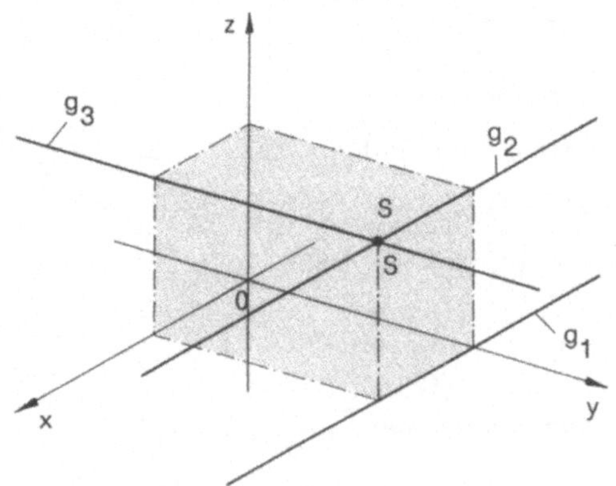

Sind zwei Geraden g_1 und g_2 mit den obigen Gleichungen gegeben, so kann man zur Überprüfung ihrer Lagebeziehung im Raum den folgenden Weg wählen:

▶ <u>Sind r_1, r_2 linear abhängig</u>, so sind g_1 und g_2 gleich oder echt parallel zueinander. Man wähle einen beliebigen Punkt $P \in g_1$ und untersuche, ob P auch ein Punkt von g_2 ist. Trifft dies zu, so gilt $g_1 = g_2$, andernfalls ist g_1 echt parallel zu g_2.

▶ <u>Sind r_1, r_2 linear unabhängig</u>, so schneiden sich g_1 und g_2 in genau einem Punkt oder sie sind zueinander windschief. Hierzu hat man das lineare Gleichungssystem $\vec{x_1} + \lambda_1 \vec{r_1} = \vec{x_2} + \lambda_2 \vec{r_2}$ zu lösen (vgl. das folgende Beispiel). Bei eindeutiger Lösung existiert ein Schnittpunkt S. Ist das Gleichungssystem nicht lösbar, so ist g_1 windschief zu g_2.

<u>Beispiel:</u>

Wir bestimmen die Lagebeziehung der beiden Geraden g_1 und g_2 mit den Gleichungen $\vec{x} = \vec{x}_1 + \lambda_1\vec{r}_1$ und $\vec{x} = \vec{x}_2 + \lambda_2\vec{r}_2$, wobei

$$\vec{x}_1 = \begin{pmatrix} 0 \\ 1 \\ 2 \end{pmatrix}, \quad \vec{r}_1 = \begin{pmatrix} 1 \\ -1 \\ 2 \end{pmatrix}, \quad \vec{x}_2 = \begin{pmatrix} -1 \\ 0 \\ 2 \end{pmatrix} \quad \text{und} \quad \vec{r}_2 = \begin{pmatrix} 1 \\ 1 \\ 1 \end{pmatrix}.$$

Wegen $\vec{r}_1 \neq \alpha\vec{r}_2$ für alle $\alpha \in \mathbb{R}$ sind $\vec{r}_1, \vec{r}_2$ linear unabhängig.
Das lineare Gleichungssystem

$$\vec{x}_1 + \lambda_1\vec{r}_1 = \vec{x}_2 + \lambda_2\vec{r}_2 \quad \text{bzw.} \quad \begin{pmatrix} 0 \\ 1 \\ 2 \end{pmatrix} + \lambda_1\begin{pmatrix} 1 \\ -1 \\ 2 \end{pmatrix} = \begin{pmatrix} -1 \\ 0 \\ 2 \end{pmatrix} + \lambda_2\begin{pmatrix} 1 \\ 1 \\ 1 \end{pmatrix}$$

$$\begin{aligned} \lambda_1 - \lambda_2 &= -1 \\ \text{bzw.} \quad -\lambda_1 - \lambda_2 &= -1 \qquad \text{hat keine Lösung.} \\ 2\lambda_1 - \lambda_2 &= 0 \end{aligned}$$

Die Geraden g_1 und g_2 sind also zueinander windschief.

55   EBENEN IM RAUM

Im Raum mit dem (x,y,z)-Koordinatensystem lassen sich nicht nur die Geraden, sondern auch Ebenen durch Gleichungen darstellen. Dabei unterscheidet man auch bei den Ebenengleichungen verschiedene Formen.

▶ <u>Punktrichtungsform:</u>

Eine Ebene E im Raum wird durch zwei sich schneidende Geraden g_1 und g_2 festgelegt.

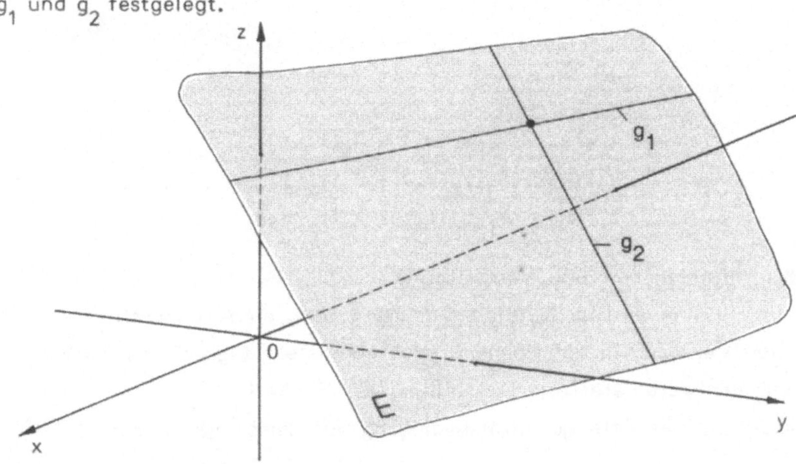

Bezeichnen wir den Schnittpunkt der Geraden g_1 und g_2
mit P_0 und den zugehörigen
Ortsvektor mit $\vec{x}_0$, so folgt
mit den Richtungsvektoren
$\vec{r}_1$ und $\vec{r}_2$ von g_1 und g_2
als Punktrichtungsform der
Ebenengleichung:

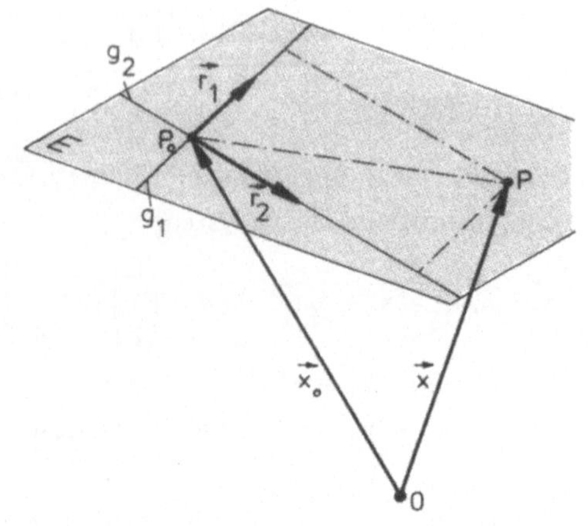

$$\boxed{\vec{x} = \vec{x}_0 + \lambda_1\vec{r}_1 + \lambda_2\vec{r}_2}$$

$(\lambda_1,\lambda_2 \in \mathbb{R})$.

▶ <u>Dreipunkteform</u>:

Eine Ebene E im Raum wird
andererseits auch durch drei
Punkte P_0, P_1 und P_2, die
nicht auf einer Geraden
liegen, festgelegt.
Analog zur Punktrichtungsform
erhalten wir damit als Dreipunkteform der Ebenengleichung:

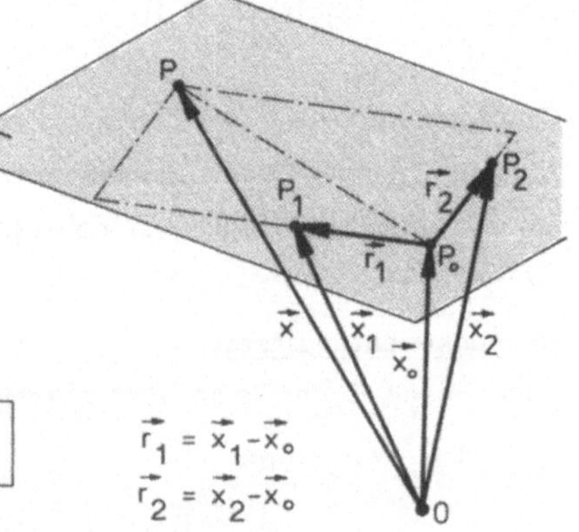

$$\boxed{\vec{x} = \vec{x}_0 + \lambda_1(\vec{x}_1 - \vec{x}_0) + \lambda_2(\vec{x}_2 - \vec{x}_0)}$$

$(\lambda_1,\lambda_2 \in \mathbb{R})$.

Für die Koordinaten von $\vec{x}$ heißt das:

$$x = x_0 + \lambda_1(x_1 - x_0) + \lambda_2(x_2 - x_0) \, ,$$
$$y = y_0 + \lambda_1(y_1 - y_0) + \lambda_2(y_2 - y_0) \, ,$$
$$z = z_0 + \lambda_1(z_1 - z_0) + \lambda_2(z_2 - z_0) \, .$$

▶ <u>Normalenform und Normalform</u>:

Mit Hilfe eines sog. <u>Normalenvektors</u> $\vec{n}$, d.h. eines Vektors, der auf
allen Vektoren in der Ebene E senkrecht steht (vgl. Skizze), erhalten
wir eine parameterfreie Darstellung der Ebene E.
Aufgrund der Orthogonalitätsbedingung auf Seite 108 ist das Skalar-

produkt von $\vec{n}$ mit jedem beliebigen Vektor in der Ebene E gleich Null. Damit folgt für E als Normalenform der Ebenengleichung:

$$\boxed{\vec{n}\cdot(\vec{x}-\vec{x}_0) = 0}\ .$$

Mit der Koordinatendarstellung

$$\vec{n} = \begin{pmatrix} n_x \\ n_y \\ n_z \end{pmatrix},\quad \vec{x} = \begin{pmatrix} x \\ y \\ z \end{pmatrix}\ \text{und}\ \vec{x}_0 = \begin{pmatrix} x_0 \\ y_0 \\ z_0 \end{pmatrix}$$

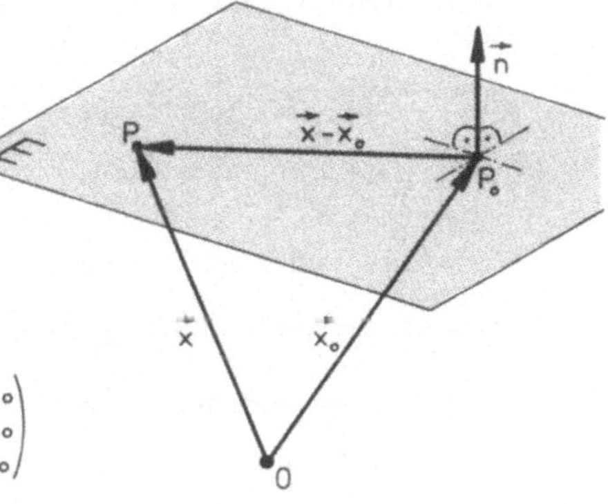

folgt (vgl. die Sätze (30.1) und (30.2)):

$$\vec{n}\cdot(\vec{x}-\vec{x}_0) = \vec{n}\cdot\vec{x} - \vec{n}\cdot\vec{x}_0 = n_x x + n_y y + n_z z - (n_x x_0 + n_y y_0 + n_z z_0) = 0\ .$$

Setzen wir $A = n_x$, $B = n_y$, $C = n_z$ und $D = -(n_x x_0 + n_y y_0 + n_z z_0)$, so ergibt sich für E die folgende Normalform der Ebenengleichung:

$$\boxed{Ax + By + Cz + D = 0}\qquad (A^2+B^2+C^2 \neq 0).$$

▶ <u>Hessesche Normalform:</u>

Eine Ebene E im Raum, die nicht durch den Ursprung 0 verläuft, ist festgelegt, falls der Abstand $p > 0$ der Ebene vom Ursprung und der Einheitsvektor $\vec{n}^{\,\circ}$ (mit $|\vec{n}^{\,\circ}| = 1$), der vom Ursprung aus senkrecht zur Ebene E weist, gegeben sind.

Für jeden Punkt $P \in E$ mit dem Ortsvektor $\vec{x}$ gilt dann

$$\begin{aligned}
p &= |\vec{x}|\cdot\cos\sphericalangle(\vec{n}^{\,\circ},\vec{x})\\
&= |\vec{n}^{\,\circ}|\cdot|\vec{x}|\cdot\cos\sphericalangle(\vec{n}^{\,\circ},\vec{x})\\
&= \vec{n}^{\,\circ}\cdot\vec{x}\ .
\end{aligned}$$

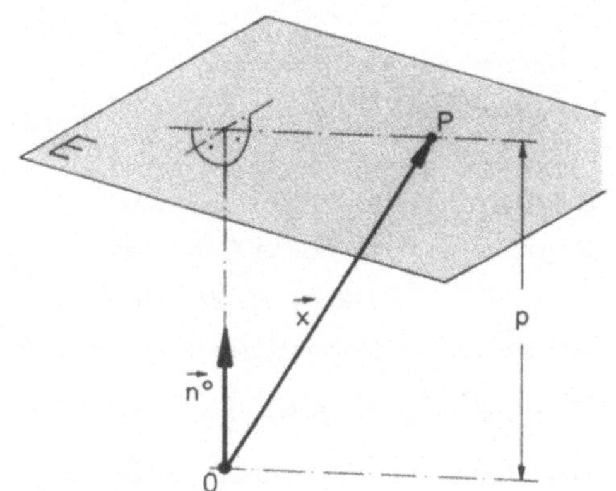

Wir erhalten damit als Hessesche Normalform der Ebenengleichung:

$$\boxed{\vec{n}^{\,\circ}\cdot\vec{x} = p}\ .$$

Mit der Koordinatendarstellung $\vec{n}^{\,\circ} = \begin{pmatrix} n^\circ_x \\ n^\circ_y \\ n^\circ_z \end{pmatrix}$ und $\vec{x} = \begin{pmatrix} x \\ y \\ z \end{pmatrix}$ erhalten

wir aus $\vec{n}^{\,\circ} \cdot \vec{x} = p$ die Gleichung $n^\circ_x x + n^\circ_y y + n^\circ_z z = p$.

Wegen $|\vec{n}^{\,\circ}| = 1$ gilt andererseits

$\vec{n}^{\,\circ} = \begin{pmatrix} \cos \alpha \\ \cos \beta \\ \cos \gamma \end{pmatrix}$, wobei α, β und γ

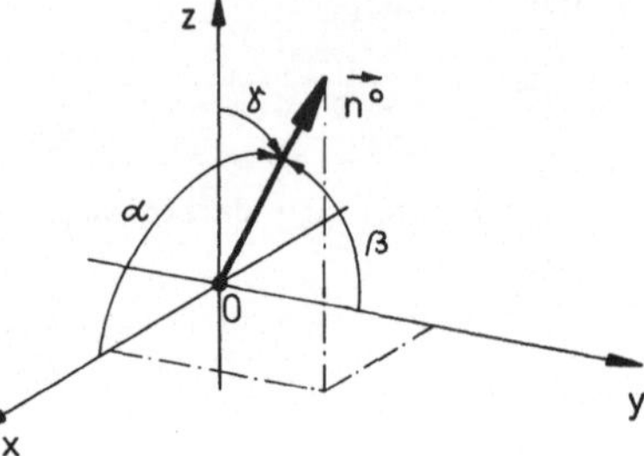

die Winkel sind, die der Einheits-
vektor $\vec{n}^{\,\circ}$ mit den drei Koordinatenachsen einschließt.

Insgesamt erhalten wir damit als

weitere Schreibweise der Hesseschen Normalform der Ebenengleichung

für E:

$$\boxed{\; x \cdot \cos \alpha + y \cdot \cos \beta + z \cdot \cos \gamma = p \;}$$.

Eine dritte Schreibweise der Hesseschen Normalform für E zeigt einen
Zusammenhang mit der Normalform $Ax + By + Cz + D = 0$.

Mit A, B, C als Koordinaten eines Normalenvektors $\vec{n}$ zur Ebene E
(vgl. Seite 205) ergibt sich für den zugehörigen Einheitsvektor $\vec{n}^{\,\circ}$:

$$\vec{n}^{\,\circ} = \frac{\vec{n}}{\pm |\vec{n}|} = \frac{\vec{n}}{\pm \sqrt{A^2 + B^2 + C^2}} \;.$$

Hierbei wählen wir das Vorzeichen im Nenner so, daß der Wert
$\vec{n}^{\,\circ} \cdot \vec{x} = n^\circ_x x + n^\circ_y y + n^\circ_z z = p$ positiv ist. Wir erhalten damit die
Hessesche Normalform für E in der folgenden Gestalt:

$$\boxed{\; \frac{Ax + By + Cz + D}{\pm \sqrt{A^2 + B^2 + C^2}} = 0 \;} \text{, wobei } \frac{-D}{\pm \sqrt{A^2 + B^2 + C^2}} = p > 0 \;.$$

<u>Beispiel:</u>

Gegeben sei eine Ebene E mit der Normalform

$$-2x + y - 2z + 9 = 0 \;.$$

Als Hessesche Normalform für E erhalten wir

$$\frac{-2x + y - 2z + 9}{-\sqrt{9}} = 0 \text{ bzw. } \frac{2}{3}x - \frac{1}{3}y + \frac{2}{3}z = 3 \;.$$

Die Ebene E hat also den Abstand $p = 3$ vom Koordinatenursprung.

▶ <u>Achsenabschnittsform:</u>

Für eine Ebene E im Raum, die alle drei Koordinatenachsen schneidet
und nicht durch den Ursprung 0 verläuft, folgt aus der Hesseschen
Normalform $x \cdot \cos \alpha + y \cdot \cos \beta + z \cdot \cos \gamma = p$ wegen $\cos \alpha = \dfrac{p}{a}$,
$\cos \beta = \dfrac{p}{b}$ und $\cos \gamma = \dfrac{p}{c}$ die Gleichung $\dfrac{p}{a}x + \dfrac{p}{b}y + \dfrac{p}{c}z = p$ bzw.
als Achsenabschnittsform der Ebenengleichung:

$$\boxed{\dfrac{x}{a} + \dfrac{y}{b} + \dfrac{z}{c} = 1}\ .$$

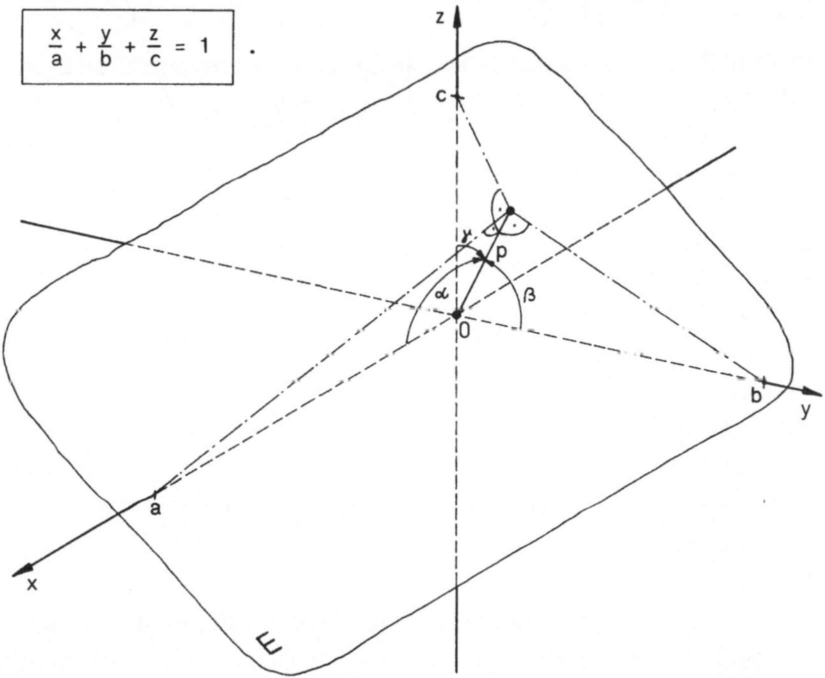

56   **ABSTAND ZWISCHEN PUNKTEN, GERADEN
UND EBENEN**

56.1   **ABSTAND EINES PUNKTES VON EINER EBENE**

Gegeben seien eine Ebene E und ein Punkt P im Raum, der nicht in
E liegt. Wir nehmen zunächst an, daß der Punkt P und der Ursprung 0
auf verschiedenen Seiten der Ebene E liegen (vgl. Skizze). Dann erhalten wir mit Hilfe der Hesseschen Normalform:

$\vec{n}^{\circ} \cdot \vec{x} = d+p$ bzw. $d = \vec{n}^{\circ} \cdot \vec{x} - p > 0$.

Liegen P und der Ursprung 0 auf derselben Seite der Ebene E, so gilt:

$\vec{n}^{\circ} \cdot \vec{x} - p < 0$.

Für den Abstand d ist dann $d = |\vec{n}^{\circ} \cdot \vec{x} - p|$ zu nehmen.

Allgemein gilt also:

$$\boxed{d = |\vec{n}^{\circ} \cdot \vec{x} - p|}\;.$$

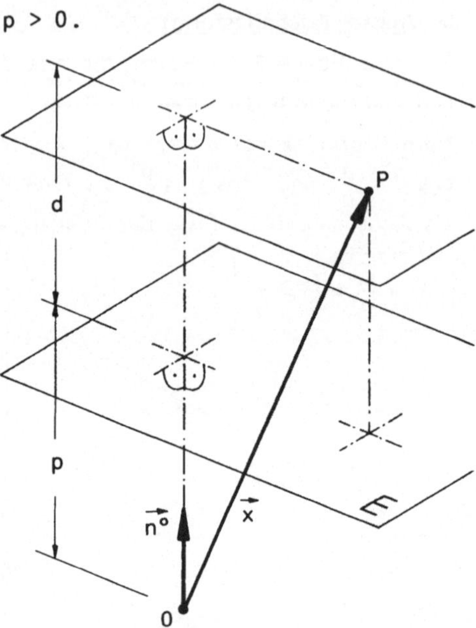

Bemerkungen:

a) Den Abstand zwischen einer Ebene E und einer zu E parallel verlaufenden Geraden g kann man ermitteln, indem die obige Formel für einen beliebigen Punkt P der Geraden g angewendet wird.

b) Entsprechend wird der Abstand zwischen zwei parallelen Ebenen berechnet (vgl. Skizze).

Beispiel:

Gegeben sei der Punkt P(3,3,3) und die Ebene E mit der Gleichung

$x + 2y + 2z - 6 = 0$.

Wir erhalten als Hessesche Normalform für E:

$$\frac{x+2y+2z-6}{\sqrt{9}} = 0 \quad \text{bzw.} \quad \frac{1}{3}x + \frac{2}{3}y + \frac{2}{3}z = 2\;.$$

Damit erhalten wir für die Ebene E: $p = 2$ und $\vec{n}^{\circ} = \frac{1}{3}\begin{pmatrix}1\\2\\2\end{pmatrix}$.

Mit dem Ortsvektor $\vec{x} = \begin{pmatrix}3\\3\\3\end{pmatrix}$ von P folgt schließlich für den Abstand d zwischen P und der Ebene E:

$$d = |\vec{n}^{\circ} \cdot \vec{x} - p| = \left|\frac{1}{3}\begin{pmatrix}1\\2\\2\end{pmatrix} \cdot \begin{pmatrix}3\\3\\3\end{pmatrix} - 2\right| = \left|\frac{1}{3}\cdot 3 + \frac{2}{3}\cdot 3 + \frac{2}{3}\cdot 3 - 2\right| = 3\;.$$

56.2   ABSTAND EINES PUNKTES VON EINER GERADEN

Gegeben sei eine Gerade g im Raum mit der Punktrichtungs-Gleichung $\vec{x} = \vec{x_o} + \lambda \vec{r}^{\,o}$, wobei der Richtungsvektor $\vec{r}^{\,o}$ ein Einheitsvektor ist ($|\vec{r}^{\,o}| = 1$). Wir bestimmen den Abstand d zwischen der Geraden g und einem Punkt P, der nicht auf g liegt ($P \notin g$).

In der von P und g fest-
gelegten Ebene E spannen
die beiden Vektoren $\vec{r}^{\,o}$
und $\vec{x} - \vec{x_o}$ ein Parallelogramm mit dem Flächen-
inhalt $|\vec{r}^{\,o} \times (\vec{x} - \vec{x_o})|$ auf
(vgl. Seite 112).

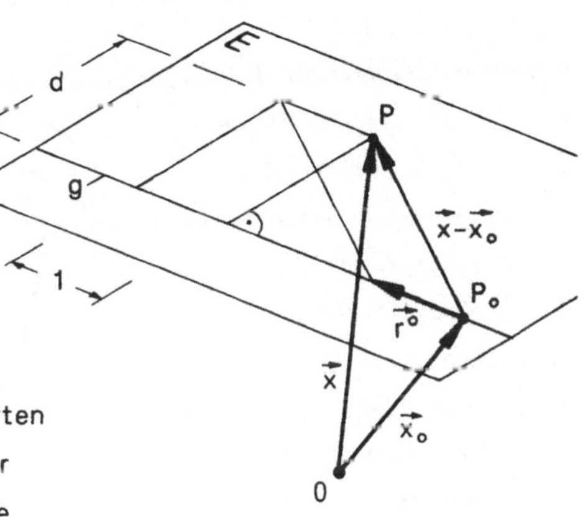

Dieses Parallelogramm ist
flächengleich mit dem skizzierten
Rechteck der Breite 1 und der
Länge d, wobei d der gesuchte
Abstand zwischen P und g ist. Es gilt somit für d:

$$\boxed{d = |\vec{r}^{\,o} \times (\vec{x} - \vec{x_o})|} \quad .$$

<u>Beispiel:</u>

Wir bestimmen den Abstand d zwischen dem Punkt $P(0,1,2)$ und der Geraden g mit der Gleichung
$\vec{x} = \vec{x_o} + \lambda \vec{r}^{\,o}$, wobei

$$\vec{x_o} = \begin{pmatrix} 1 \\ -1 \\ 1 \end{pmatrix} \quad \text{und} \quad \vec{r}^{\,o} = \begin{pmatrix} 0 \\ 1 \\ 0 \end{pmatrix} .$$

Mit $d = |\vec{r}^{\,o} \times (\vec{x} - \vec{x_o})|$
folgt (vgl. Seite 116):

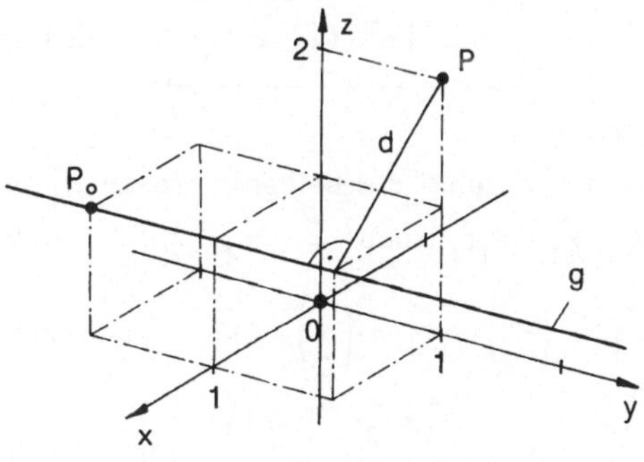

$$d = \left| \begin{pmatrix} 0 \\ 1 \\ 0 \end{pmatrix} \times \begin{pmatrix} 0-1 \\ 1+1 \\ 2-1 \end{pmatrix} \right|$$

$$= \left| \begin{pmatrix} 0 \\ 1 \\ 0 \end{pmatrix} \times \begin{pmatrix} -1 \\ 2 \\ 1 \end{pmatrix} \right| = \sqrt{1^2 + 0^2 + 1^2} = \sqrt{2} .$$

56.3   ABSTAND ZWISCHEN ZWEI WINDSCHIEFEN GERADEN

Gegeben seien zwei windschiefe Geraden g_1 und g_2 mit den Gleichungen $\vec{x} = \vec{x_1} + \lambda_1\vec{r_1}$ und $\vec{x} = \vec{x_2} + \lambda_2\vec{r_2}$.

Unter dem Abstand d zwischen den beiden Geraden verstehen wir die Länge der Strecke $\overline{AB}$ ($A \in g_1$ und $B \in g_2$), die rechtwinklig zu g_1 und g_2 ist (vgl. Skizze).

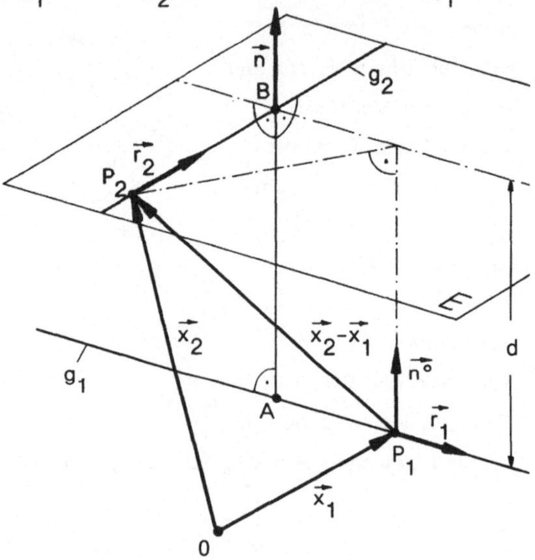

Zur Bestimmung von d betrachten wir die Ebene E, die g_2 enthält und zu der g_1 parallel verläuft. Das Vektorprodukt $\vec{n} = \vec{r_1} \times \vec{r_2}$ ist ein Normalenvektor zu E (vgl. Seite 112).

Mit dem zugehörigen Einheitsvektor

$$\vec{n}^{\,\circ} = \frac{\vec{n}}{|\vec{n}|} = \frac{\vec{r_1} \times \vec{r_2}}{|\vec{r_1} \times \vec{r_2}|}$$

folgt dann

$$d = |\vec{x_2} - \vec{x_1}| \cdot |\cos \sphericalangle(\vec{n}^{\,\circ}, \vec{x_2} - \vec{x_1})| = |\vec{n}^{\,\circ}| \cdot |\vec{x_2} - \vec{x_1}| \cdot |\cos \sphericalangle(\vec{n}^{\,\circ}, \vec{x_2} - \vec{x_1})| ,$$

also:

$$\boxed{d = |\vec{n}^{\,\circ} \cdot (\vec{x_2} - \vec{x_1})|} \qquad \text{mit} \quad \vec{n}^{\,\circ} = \frac{\vec{r_1} \times \vec{r_2}}{|\vec{r_1} \times \vec{r_2}|} .$$

<u>Beispiel:</u>

Gegeben seien die beiden Geraden g_1 und g_2 mit den Gleichungen $\vec{x} = \vec{x_1} + \lambda_1\vec{r_1}$ und $\vec{x} = \vec{x_2} + \lambda_2\vec{r_2}$, wobei

$$\vec{x_1} = \begin{pmatrix} 2 \\ -1 \\ 1 \end{pmatrix}, \quad \vec{r_1} = \begin{pmatrix} 0 \\ 1 \\ 0 \end{pmatrix}, \quad \vec{x_2} = \begin{pmatrix} 0 \\ 0 \\ 2 \end{pmatrix} \quad \text{und} \quad \vec{r_2} = \begin{pmatrix} 0 \\ -2 \\ 2 \end{pmatrix} .$$

Mit $\vec{n}^{\,\circ} = \dfrac{\vec{r_1} \times \vec{r_2}}{|\vec{r_1} \times \vec{r_2}|} = \begin{pmatrix} 1 \\ 0 \\ 0 \end{pmatrix}$ folgt für den Abstand d zwischen den

Geraden g_1 und g_2: $\quad d = |\vec{n}^{\,\circ} \cdot (\vec{x_2} - \vec{x_1})| = \left| \begin{pmatrix} 1 \\ 0 \\ 0 \end{pmatrix} \cdot \begin{pmatrix} -2 \\ -1 \\ 1 \end{pmatrix} \right| = 2$

(vgl. Skizze).

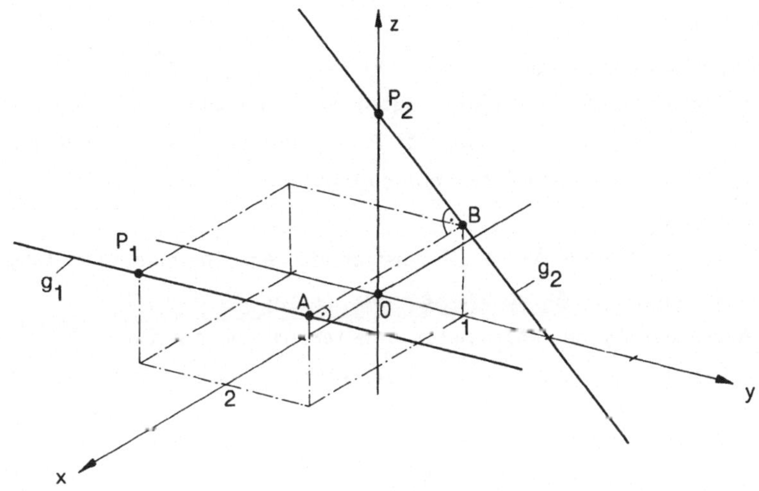

57 RÄUMLICHE KOORDINATENSYSTEME

Neben dem räumlichen kartesischen Koordinatensystem (vgl. Seite 88) existieren noch weitere räumliche Koordinatensysteme, von denen wir zwei häufig verwendete im folgenden kurz vorstellen.

57.1 ZYLINDERKOORDINATEN

Wählen wir zu den Polarkoordinaten (vgl. Seite 187) einer Ebene E eine Koordinatenachse, die im Pol 0 die Ebene E senkrecht schneidet, so können wir auch hier, wie beim kartesischen Koordinatensystem, jedem Punkt P des Raumes durch ein Zahlentripel (r, φ, z) festlegen. Hierbei sind r und φ die Polarkoordinaten der Projektion $Q(r, \varphi, 0)$ von $P(r, \varphi, z)$ auf die Ebene E, und z ist die 'Höhe' von P über der

Ebene E.

Mit den Einschränkungen $z \in \mathbb{R}$, $r \in \mathbb{R}^+ \cup \{0\}$ und $\mathcal{Y} \in [0,2\pi)$ erhalten
wir eine umkehrbar eindeutige Zuordnung von Zahlentripeln $(r,\mathcal{Y},z)$ und
Punkten P des Raumes, wobei für Punkte der z-Achse $r = \mathcal{Y} = 0$ gesetzt
wird. r, $\mathcal{Y}$ und z heißen <u>Zylinderkoordinaten</u>.

<u>Bemerkung:</u>

Mit der positiven x-Achse als Polstrahl S, dem Koordinatenursprung 0
als Pol und der z-Achse des kartesischen Koordinatensystems als
z-Achse der Zylinderkoordinaten erhalten wir die auf Seite 187 notier-
ten Beziehungen zwischen den einzelnen Koordinaten beider Systeme.

57.2 KUGELKOORDINATEN

Eine dritte Möglichkeit, Punkte im Raum durch Zahlentripel festzu-
legen, erhalten wir mit Hilfe der sog. Kugelkoordinaten.

Nach Festlegung eines Pols 0 und
einer Polachse S in einer Ebene
E (vgl. Polarkoordinaten) sind
die <u>Kugelkoordinaten</u> R, $\mathcal{Y}$ und ϑ
eines Punktes $P(R,\mathcal{Y},\vartheta)$ folgendermaßen definiert:

R ist der Abstand des Punktes
P vom Pol 0.

$\mathcal{Y}$ ist der sog. <u>Horizon-
talwinkel</u> zwischen
der Polachse S und der
Projektion $\overline{0Q}$ der Strecke $\overline{0P}$
auf die Ebene E.

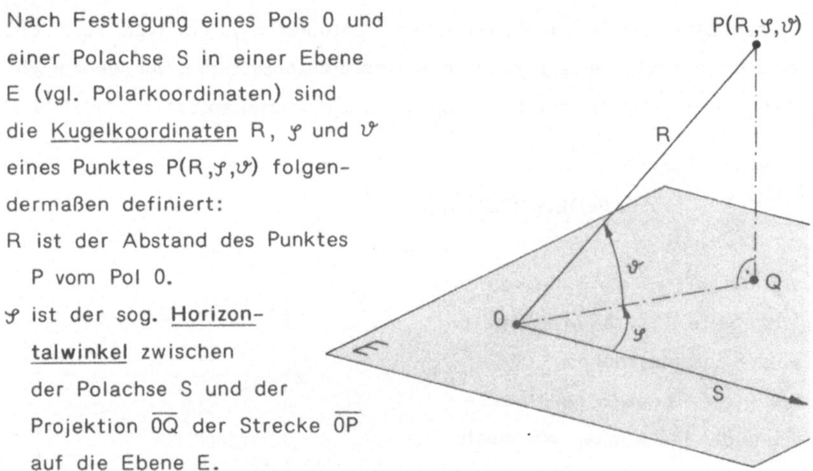

ϑ ist der sog. <u>Vertikalwinkel</u> zwischen $\overline{0P}$ und der
Projektion $\overline{0Q}$.

Man verdeutliche sich, daß mit den Einschränkungen $R \in \mathbb{R}^+ \cup \{0\}$,
$\mathcal{Y} \in [0,2\pi)$ und $\vartheta \in \left[-\frac{\pi}{2},\frac{\pi}{2}\right]$ eine umkehrbar eindeutige Zuordnung
von Zahlentripeln $(R,\mathcal{Y},\vartheta)$ und Punkten P des Raumes vorliegt, wobei
für den Pol $R = \mathcal{Y} = \vartheta = 0$ gesetzt wird, und alle Punkte $P(R,\mathcal{Y},\vartheta)$

mit $\vartheta = \frac{\pi}{2}$ oder $\vartheta = -\frac{\pi}{2}$ die Koordinate $\varphi = 0$ erhalten.

Mit der positiven x-Achse als Polachse S, dem Ursprung 0 als Pol und der (x,y)-Ebene als Ebene E der Polarkoordinaten r und φ ergeben sich zwischen der Kugelkoordinaten und den Zylinderkoordinaten bzw. den kartesischen Koordinaten die folgenden Beziehungen (vgl. Skizze):

▶ <u>Kugelkoordinaten – Zylinderkoordinaten:</u>

$$r = R \cdot \cos \vartheta \ , \quad \varphi = \varphi \ , \quad z = R \cdot \sin \vartheta \ ,$$

$$R = \sqrt{r^2 + z^2} \ , \quad \cos \vartheta = \frac{r}{\sqrt{r^2 + z^2}} \ .$$

▶ <u>Kugelkoordinaten – kartesische Koordinaten:</u>

$$x = R \cdot \cos \vartheta \cdot \cos \varphi \ , \quad y = R \cdot \cos \vartheta \cdot \sin \varphi \ , \quad z = R \cdot \sin \vartheta \ ,$$

$$R = \sqrt{x^2 + y^2 + z^2} \ , \quad \tan \varphi = \frac{y}{x} \ , \quad \tan \vartheta = \frac{z}{\sqrt{x^2 + y^2}} \ .$$

<u>Anwendungsbeispiel:</u>

Das Gradnetz der Erde entspricht den Kugelkoordinaten. Dabei stellen R den Erdradius, φ die 'geographische Länge' und ϑ die 'geographische Breite' dar (vgl. Skizze). φ hat vom Nullmeridian aus nach Osten und nach Westen jeweils die Größe 0° bis 180°, und ϑ hat vom Äquator aus nach Norden und nach Süden jeweils die Größe 0° bis 90°.

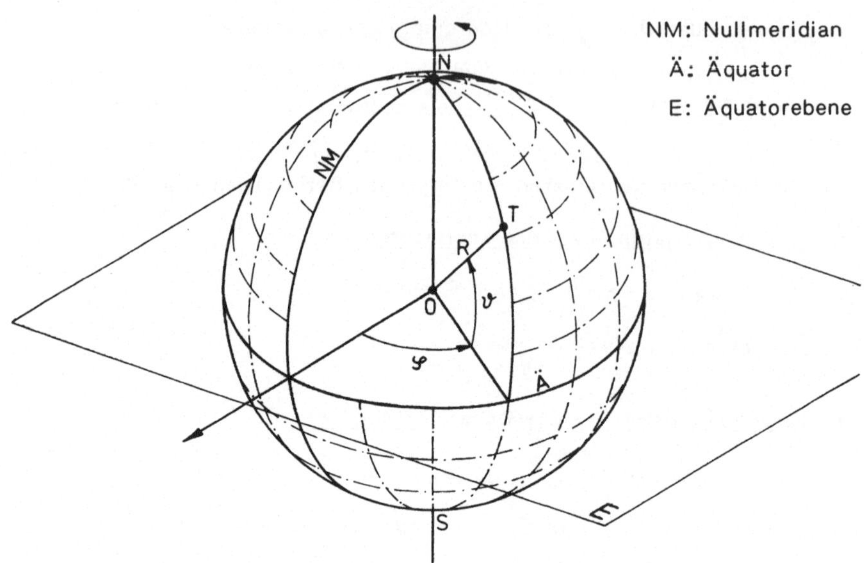

Beispielsweise hat TSCHERNOBYL (T) die folgenden Koordinaten:

R ca. 6365 km, φ ca. 30°15' und ϑ ca. 51°20' .

Für OCHSENHAUSEN ist dagegen

R ca. 6365 km, φ ca. 9°57' und ϑ ca. 48°04' .

58 ANWENDUNGEN: FINITE ELEMENTE UND NATÜRLICHE KOORDINATEN

Im Maschinenbau, Bauwesen, Auto-, Flugzeug und Schiffsbau wird zur Berechnung von Material- und Konstruktionseigenschaften das zu untersuchende oder zu konstruierende Objekt in endliche (finite) Elemente zerlegt. Geometrisch wählt man als **finite Elemente** z.B. Strecken bei Stabwerken, Dreiecke und Vierecke bei ebenen Problemen und Quader und Tetraeder bei räumlichen Problemen. Die Eckpunkte nennt man **Knoten**, über die die Wechselwirkungen erfolgen.

Zur Beschreibung der finiten Elemente verwendet man sog. **natürliche Koordinaten** (Flächen- und Volumenkoordinaten), die dem jeweiligen Problem besonders angepaßt sind und eine universelle Verwendbarkeit der z.T. sehr umfangreichen Rechenprogramme sicherstellen.

Wir geben im folgenden mit der Erörterung von Flächenkoordinaten und Volumenkoordinaten einen Einblick in die geometrischen Grundlagen der umfangreichen Theorie der finiten Elemente.

58.1 FLÄCHENKOORDINATEN FÜR DREIECKSELEMENTE

Zur Konstruktion von Dreieckselementen und zur Beschreibung eines Punktes im Innern eines Dreiecks verwendet man sog. <u>Flächenkoordinaten</u>, die in natürlicher Weise aus der Vektordarstellung einer Ebene hergeleitet werden.

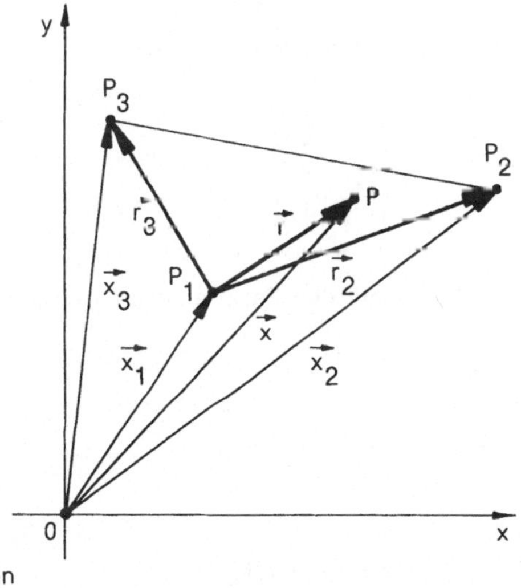

Das Dreieck $\triangle P_1P_2P_3$ wird durch die drei Eckpunkte (Knoten) $P_1(x_1,y_1)$, $P_2(x_2,y_2)$ und $P_3(x_3,y_3)$ festgelegt, die nicht auf einer Geraden liegen. Die beiden Vektoren $\vec{r}_2 = \overrightarrow{P_1P_2}$ und $\vec{r}_3 = \overrightarrow{P_1P_3}$ sind linear unabhängig und erzeugen einen zweidimensionalen Vektorraum. Für den beliebigen Vektor $\vec{r} = \overrightarrow{P_1P}$ gilt:

$$\vec{r} = r\cdot\vec{r}_2 + s\cdot\vec{r}_3 \quad \text{mit } r,s\in\mathbb{R}.$$

Verwenden wir die Ortsvektoren

$$\vec{x} = \begin{pmatrix} x \\ y \end{pmatrix}, \quad \vec{x}_1 = \begin{pmatrix} x_1 \\ y_1 \end{pmatrix}, \quad \vec{x}_2 = \begin{pmatrix} x_2 \\ y_2 \end{pmatrix} \quad \text{und} \quad \vec{x}_3 = \begin{pmatrix} x_3 \\ y_3 \end{pmatrix},$$

so erhalten wir für die (x,y)-Ebene die Dreipunkteform der Ebenengleichung: $\vec{x} = \vec{x}_1 + r(\vec{x}_2-\vec{x}_1) + s(\vec{x}_3-\vec{x}_1)$.

Nach Umordnung folgt daraus die Gleichung:

$$\vec{x} = (1-r-s)\vec{x}_1 + r\cdot\vec{x}_2 + s\cdot\vec{x}_3 .$$

Mit den Bezeichnungen $L_1 = 1-r-s$, $L_2 = r$ und $L_3 = s$ aus der Theorie der finiten Elemente ergibt sich schließlich der lineare Zusammenhang:

$$\begin{aligned}
1 &= L_1 + L_2 + L_3 \\
x &= L_1x_1 + L_2x_2 + L_3x_3 \\
y &= L_1y_1 + L_2y_2 + L_3y_3 .
\end{aligned}$$

Für Punkte $P(x,y)$ im Innern des Dreiecks gilt: $L_1, L_2, L_3 \in [0,1]$.

Wir deuten nun die Parameter L_1, L_2 und L_3 als Flächenkoordinaten:

Dazu betrachten wir einen Punkt $P(x,y)$ im Innern des Dreiecks $\triangle P_1 P_2 P_3$ (vgl. Skizze) und setzen:

$$\vec{r} = \begin{pmatrix} r_x \\ r_y \end{pmatrix}, \quad \vec{r_2} = \begin{pmatrix} r_{2x} \\ r_{2y} \end{pmatrix} \quad \text{und} \quad \vec{r_3} = \begin{pmatrix} r_{3x} \\ r_{3y} \end{pmatrix} .$$

Damit erhalten wir aus der Vektorgleichung $\vec{r} = r \cdot \vec{r_2} + s \cdot \vec{r_3}$ bzw. aus dem linearen Gleichungssystem

$$r \cdot r_{2x} + s \cdot r_{3x} = r_x$$
$$r \cdot r_{2y} + s \cdot r_{3y} = r_y$$

nach der Cramerschen Regel:

$$L_2 = r = \frac{\begin{vmatrix} r_x & r_{3x} \\ r_y & r_{3y} \end{vmatrix}}{\begin{vmatrix} r_{2x} & r_{3x} \\ r_{2y} & r_{3y} \end{vmatrix}} = \frac{D_2}{D} \quad \text{und} \quad L_3 = s = \frac{\begin{vmatrix} r_{2x} & r_x \\ r_{2y} & r_y \end{vmatrix}}{\begin{vmatrix} r_{2x} & r_{3x} \\ r_{2y} & r_{3y} \end{vmatrix}} = \frac{D_3}{D} .$$

Nach Abschnitt 42 ist $|D| = |r_{2x} r_{3y} - r_{2y} r_{3x}| = |\vec{r_2} \times \vec{r_3}|$ der Flächeninhalt des Parallelogramms, das von den beiden Vektoren $\vec{r_2}$

und $\vec{r_3}$ aufgespannt wird. Damit ist $A = \frac{1}{2}|D|$ der Flächeninhalt des Dreiecks $\triangle P_1 P_2 P_3$.
Entsprechend gilt für den Inhalt der Teilflächen:

$$|D_2| = 2A_2 \quad \text{und} \quad |D_3| = 2A_3 ,$$

so daß

$$L_2 = r = \frac{A_2}{A} \quad \text{und} \quad L_3 = s = \frac{A_3}{A} .$$

Ferner ist

$$L_1 = 1 - r - s = \frac{A - A_2 - A_3}{A} = \frac{A_1}{A} ,$$

wobei A_1 der Inhalt des Dreiecks $\triangle P_2 P_3 P$ ist.

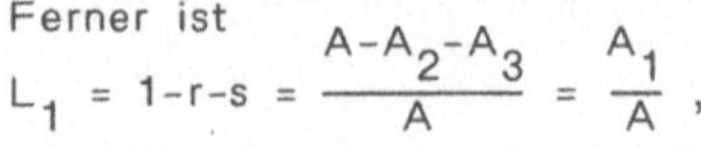

Daher nennt man $L_1 = \dfrac{A_1}{A}$, $L_2 = \dfrac{A_2}{A}$ und $L_3 = \dfrac{A_3}{A}$

Flächenkoordinaten des Punktes P.

Bezüglich der natürlichen Koordinaten r und s mit $r, s \in [0,1]$ erhält

man das skizzierte "Einheitsdreieck",
auf das das Dreieck $\triangle P_1P_2P_3$ in
der (x,y)-Ebene abgebildet wird.

Die Flächenkoordinaten werden
u.a. bei Interpolationsproblemen
verwendet.

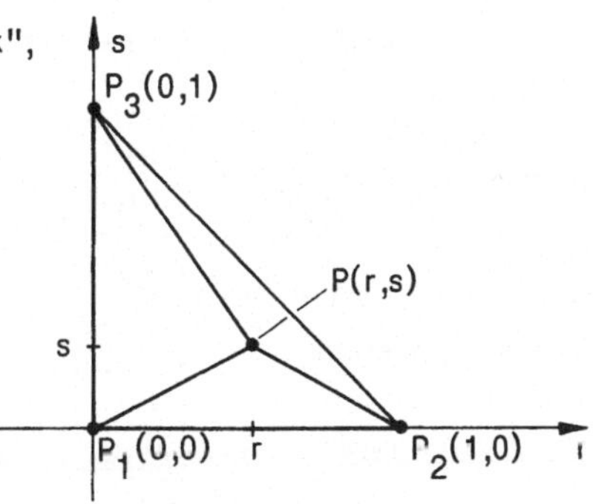

58.2   VOLUMENKOORDINATEN FÜR TETRAEDER

Analog zu den Flächenkoordinaten werden für Tetraederelemente
Volumenkoordinaten eingeführt. Dazu betrachten wir das skizzierte
(nicht notwendig regelmäßige) Tetraeder.

Die drei Vektoren $\vec{r}_2 = \overrightarrow{P_1P_2}$, $\vec{r}_3 = \overrightarrow{P_1P_3}$ und $\vec{r}_4 = \overrightarrow{P_1P_4}$, die nicht in
einer Ebene liegen, sind linear unabhängig und erzeugen einen drei-

dimensionalen Vektorraum.

Für jeden Vektor $\vec{r} = \overrightarrow{P_1P}$
gilt:

$$\vec{r} = r\cdot\vec{r}_2 + s\cdot\vec{r}_3 + t\cdot\vec{r}_4$$

mit $r,s,t \in \mathbb{R}$.

Mit den Ortsvektoren $\vec{x}$,
$\vec{x}_2$, $\vec{x}_3$ und $\vec{x}_4$ erhalten
wir analog zum ebenen
Fall:

$$\vec{x} = \vec{x}_1 + \vec{r}$$
$$= (1-r-s-t)\vec{x}_1 + r\vec{x}_2 + s\vec{x}_3 + t\vec{x}_4.$$

Mit $L_1 = 1-r-s-t$, $L_2 = r$,
$L_3 = s$ und $L_4 = t$
ergibt sich für einen

Punkt $P(x,y,z)$ im Innern des

Tetraeders:

$$1 = L_1 + L_2 + L_3 + L_4 \quad \text{mit } L_1, L_2, L_3, L_4 \in [0,1]$$
$$\vec{x} = L_1\vec{x}_1 + L_2\vec{x}_2 + L_3\vec{x}_3 + L_4\vec{x}_4$$

Geometrische Deutung der Parameter L_1, L_2, L_3 und L_4 als Volumen-koordinaten:

Setzen wir $\vec{r} = \begin{pmatrix} r_x \\ r_y \\ r_z \end{pmatrix}$ und $\vec{r_k} = \begin{pmatrix} r_{kx} \\ r_{ky} \\ r_{kz} \end{pmatrix}$ für $k \in \{2,3,4\}$, so erhalten wir

aus der Vektorgleichung $\vec{r} = r \cdot \vec{r_2} + s \cdot \vec{r_3} + t \cdot \vec{r_4}$ bzw. aus dem linearen Gleichungssystem

$$r \cdot r_{2x} + s \cdot r_{3x} + t \cdot r_{4x} = r_x$$
$$r \cdot r_{2y} + s \cdot r_{3y} + t \cdot r_{4y} = r_y$$
$$r \cdot r_{2z} + s \cdot r_{3z} + t \cdot r_{4z} = r_z$$

mit Hilfe der Cramerschen Regel:

$$L_2 = r = \frac{D_2}{D}, \quad L_3 = s = \frac{D_3}{D} \quad \text{und} \quad L_4 = t = \frac{D_4}{D} \quad \text{mit}$$

$$D = \begin{vmatrix} r_{2x} & r_{3x} & r_{4x} \\ r_{2y} & r_{3y} & r_{4y} \\ r_{2z} & r_{3z} & r_{4z} \end{vmatrix}, \quad D_2 = \begin{vmatrix} r_x & r_{3x} & r_{4x} \\ r_y & r_{3y} & r_{4y} \\ r_z & r_{3z} & r_{4z} \end{vmatrix}, \quad D_3 = \begin{vmatrix} r_{2x} & r_x & r_{4x} \\ r_{2y} & r_y & r_{4y} \\ r_{2z} & r_z & r_{4z} \end{vmatrix} \quad \text{und}$$

$$D_4 = \begin{vmatrix} r_{2x} & r_{3x} & r_x \\ r_{2y} & r_{3y} & r_y \\ r_{2z} & r_{3z} & r_z \end{vmatrix}.$$

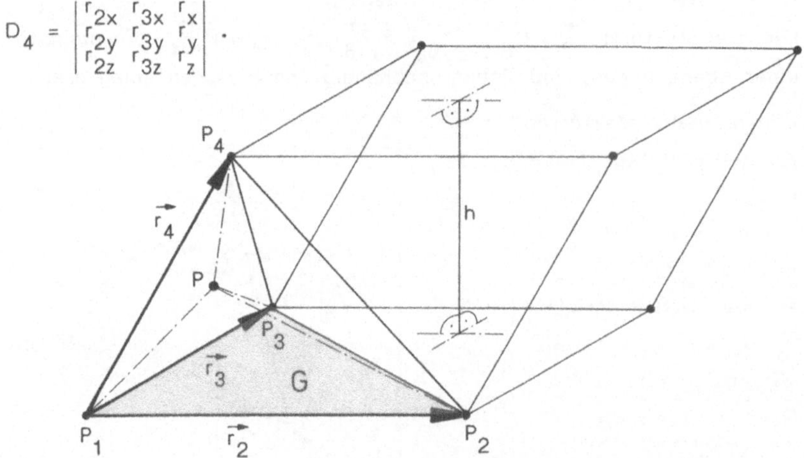

Nach Abschnitt 43 liefert der Betrag der Determinante D das Volumen V_s des Spats, der von den drei Vektoren $\vec{r_2}$, $\vec{r_3}$ und $\vec{r_4}$ aufgespannt wird (vgl. Skizze). Mit der Grundfläche G und der Höhe h des Tetraeders $P_1 P_2 P_3 P_4$ folgt für sein Volumen V: $V = \frac{1}{3} Gh$.
Da die Grundfläche des Spats doppelt so groß ist, wie diejenige des Tetraeders, folgt $V_s = 2Gh = 6V$. Es gilt damit für das Volumen des Tetraeders: $|D| = 6V$ bzw. $V = \frac{1}{6}|D|$.

Entsprechend gilt:

$|D_2| = 6V_2$ mit V_2 als Volumen des Tetraeders $P_1P_3P_4P$,

$|D_3| = 6V_3$ mit V_3 als Volumen des Tetraeders $P_1P_2P_4P$,

$|D_4| = 6V_4$ mit V_4 als Volumen des Tetraeders $P_1P_2P_3P$.

Für einen Punkt P im Innern des Tetraeders $P_1P_2P_3P_4$ ergibt sich damit:

$$L_2 = r = \frac{V_2}{V}, \quad L_3 = s = \frac{V_3}{V} \quad \text{und} \quad L_4 = t = \frac{V_4}{V} .$$

Wegen $L_1 = 1-r-s-t$ gilt ferner $L_1 = \dfrac{V-V_2-V_3-V_4}{V} = \dfrac{V_1}{V}$, wobei V_1 das Volumen des Tetraeders $P_2P_3P_4P$ ist.

Daher heißen die Parameter L_1, L_2, L_3 und L_4 <u>Volumenkoordinaten</u> des Punktes P.

---

59   ÜBUNGEN: GERADEN UND EBENEN IM RAUM

(68) Gib für die folgenden Geraden g jeweils die Zweipunkteform bzw. die Punkt-richtungsform der Geradengleichung an, falls

   a) der Punkt P(1,1,1) auf g und der Richtungsvektor $\vec{r} = \begin{pmatrix} 2 \\ 1 \\ -3 \end{pmatrix}$ gegeben sind,

   b) P(1,-2,2) und Q(2,3,4) auf g liegen,

   c) g parallel zur Geraden g_1 mit der Gleichung $\vec{x} = \begin{pmatrix} 1 \\ -1 \\ 2 \end{pmatrix} + \lambda_1 \begin{pmatrix} 1 \\ 2 \\ -3 \end{pmatrix}$ verläuft

     und der Punkt P(2,3,5) auf g gegeben ist.

Berechne zusätzlich den Abstand der Geraden g und g_1 in Aufgabe c.

(69) Gegeben seien die beiden Geraden g_1 und g_2 im Raum mit den Gleichungen

$$\vec{x} = \begin{pmatrix} 5 \\ 3 \\ 0 \end{pmatrix} + \lambda_1 \begin{pmatrix} -6 \\ 4 \\ -8 \end{pmatrix} \quad \text{und} \quad \vec{x} = \begin{pmatrix} -1 \\ 0 \\ 3 \end{pmatrix} + \lambda_2 \begin{pmatrix} -2 \\ -1 \\ 1 \end{pmatrix} .$$

Bestimme den Schnittpunkt S und den Schnittwinkel α der Geraden g_1 und g_2 .

(70) Gegeben seien die beiden Geraden g_1 und g_2 im Raum mit den Gleichungen

$$\vec{x} = \begin{pmatrix} 0 \\ -2 \\ 3 \end{pmatrix} + \lambda_1 \begin{pmatrix} -1 \\ -2 \\ 1 \end{pmatrix} \quad \text{und} \quad \vec{x} = \begin{pmatrix} 2 \\ 2 \\ 3 \end{pmatrix} + \lambda_2 \begin{pmatrix} -1 \\ 2 \\ 1 \end{pmatrix} .$$

   a) Zeige: g_1 und g_2 sind zueinander windschief.

   b) Berechne den Abstand d der beiden Geraden g_1 und g_2 .

71 Die Punkte $P_1(4,3,-8)$, $P_2(-2,3,4)$ und $P_3(3,-3,2)$ liegen auf einer Ebene E im Raum.

a) Gib die Dreipunkteform, Normalform und Achsenabschnittsform der Ebenengleichung für E an.

b) Berechne den Abstand p der Ebene E vom Koordinatenursprung O.

c) Bestimme den Schnittwinkel zwischen der Ebene E und der (x,y)-Ebene, d.h. den Winkel zwischen den Normalenvektoren der beiden Ebenen.

d) Gib den Abstand des Punktes $P(3,4,5)$ von der Ebene E an.

e) Wie lautet die Gleichung der zu E parallelen Ebene E* durch den Punkt $P(3,4,5)$.

f) Gib die Zweipunkteform bzw. Punktrichtungsform der zur Ebene E senkrecht verlaufenden Geraden g duch den Punkt $P(3,4,5)$ an.

g) Berechne die Koordinaten des Schnittpunktes S dieser Geraden g mit der Ebene E.

72 Löse die Aufgaben 71a bis 71g für die Ebene E mit der Gleichung

$$\vec{x} = \begin{pmatrix} -5 \\ 4 \\ 7 \end{pmatrix} + \lambda_1 \begin{pmatrix} -12 \\ 2 \\ 5 \end{pmatrix} + \lambda_2 \begin{pmatrix} -3 \\ 2 \\ 2 \end{pmatrix}.$$

L   KURVEN ZWEITER ORDNUNG

Unter einer Kurve zweiter Ordnung verstehen wir in der (x,y)-Ebene einen Graphen der quadratischen Relation

$$\{(x,y)\mid Ax^2 + Bxy + Cy^2 + Dx + Ey + F = 0 \text{ mit } A,B,C,D,E,F \in \mathbb{R} \text{ und}$$
$$A^2 + B^2 + C^2 > 0\}.$$

Wie wir zeigen, umfaßt dieser Begriff die üblichen **Kegelschnitte**:

▶   Kreis, Ellipse, Hyperbel und Parabel,

aber auch gewisse Grenzfälle der Kegelschnitte (die sog. "entarteten" Kegelschnitte), z.B. sich schneidende oder parallele Geraden sowie Punkte.

60   KREIS

60.1   KOORDINATEN- UND PARAMETERDARSTELLUNG DES KREISES

<u>Definition (60.1)</u>:

> Unter einem <u>Kreis</u> mit dem Radius r und dem Mittelpunkt M versteht man die Menge aller Punkte einer Ebene E, die von dem festen Punkt $M \in E$ den Abstand r haben.

Bezüglich eines kartesischen Koordinatensystems erhalten wir für den Kreis mit dem Mittelpunkt $M(x_m, y_m)$ und dem Radius r die Gleichung:

$$(x - x_m)^2 + (y - y_m)^2 = r^2 \quad .$$

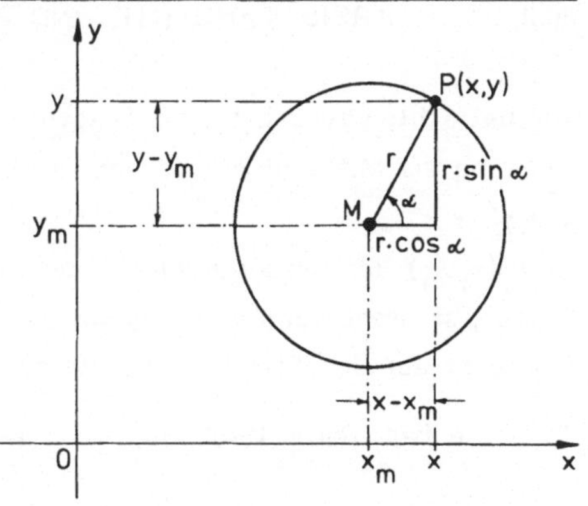

Ist der Kreismittelpunkt der Koordinatenursprung, gilt also $x_m = y_m = 0$, so ergibt sich als Sonderfall der Kreisgleichung die sog.

Mittelpunktsgleichung des Kreises: $\boxed{x^2 + y^2 = r^2}$.

Häufig erweist sich statt der obigen **Koordinatendarstellung** die sog. **Parameterdarstellung** des Kreises als vorteilhaft, bei der die gegebenen Variablen in Abhängigkeit einer zusätzlichen Variablen (Parameter) formuliert werden. Wählen wir den Winkel α (vgl. Skizze) als Parameter, so folgt für den gegebenen Kreis:

$$\boxed{x = x_m + r \cdot \cos \alpha \quad \text{und} \quad y = y_m + r \cdot \sin \alpha}$$.

Beispiel:

Wir bestimmen die Gleichung des Kreises, der den Mittelpunkt $M(4,-1)$ hat und durch den Punkt $P(7,3)$ verläuft.

Mit $r^2 = (7-4)^2 + (3-(-1))^2 = 25$ erhalten wir $r = 5$ und damit die Koordinatendarstellung

$$(x-4)^2 + (y+1)^2 = 5^2$$

und die Parameterdarstellung

$$x = 4 + 5\cos \alpha , \quad y = -1 + 5\sin \alpha .$$

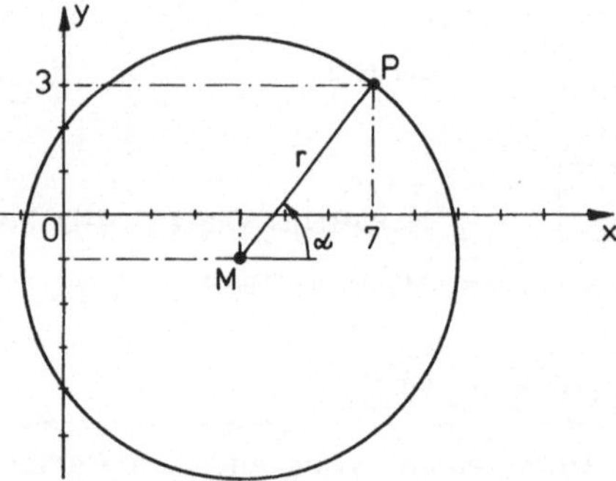

$\boxed{60.2}$ **KREIS, TANGENTE UND POLARE**

Wir betrachten zunächst eine Tangente an einen Kreis mit dem Ursprung als Mittelpunkt und dem Radius r, also mit der Gleichung $x^2 + y^2 = r^2$.

Ist $P_t(x_t, y_t)$ der Berührungspunkt der Tangente an den Kreis (vgl. Skizze), so steht der Berührungsradius $\overline{OP_t}$ mit der Steigung $m_r = \dfrac{y_t}{x_t}$ senkrecht auf der Tangente. Damit gilt für die Steigung der

Tangente (vgl. Seite 184): $m_t = -\dfrac{1}{m_r} = -\dfrac{x_t}{y_t} \quad (m_r \neq 0)$.

Mit der Punktrichtungsform

$$y - y_t = m_t(x - x_t)$$

der Tangente folgt dann:

$$y - y_t = -\frac{x_t}{y_t}(x - x_t)$$

bzw.

$$xx_t + yy_t = x_t^2 + y_t^2 \ .$$

Da $P_t(x_t, y_t)$ auf dem

Kreis liegt, gilt

$x_t^2 + y_t^2 = r^2$, und wir

erhalten als Gleichung

für die Kreistangente im Punkt $P_t(x_t, y_t)$:

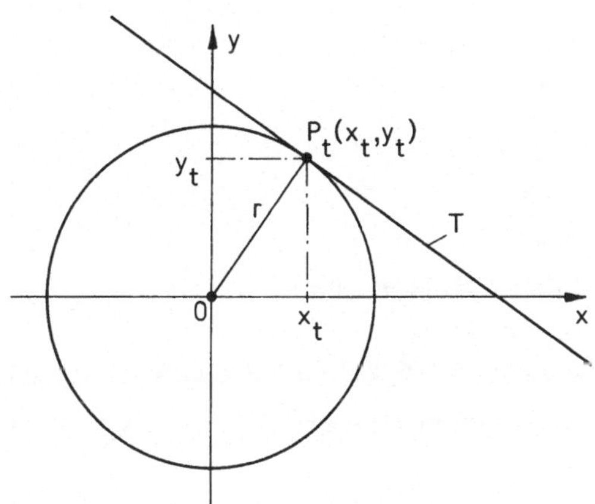

$$\boxed{xx_t + yy_t = r^2} \ .$$

Für eine Tangente an einen Kreis in allgemeiner Lage mit der Glei-

chung $(x - x_m)^2 + (y - y_m)^2 = r^2$ ergibt sich mit Hilfe einer Parallel-

verschiebung des Koor-

dinatensystems mit den

Transformationsgleichungen

$x' = x - x_m$ und $y' = y - y_m$

(vgl. Skizze und Seite 194)

aus $x'x_t' + y'y_t' = r^2$

bezüglich des (x, y)-Systems

als Gleichung der Tangente

im Punkt $P_t(x_t, y_t)$:

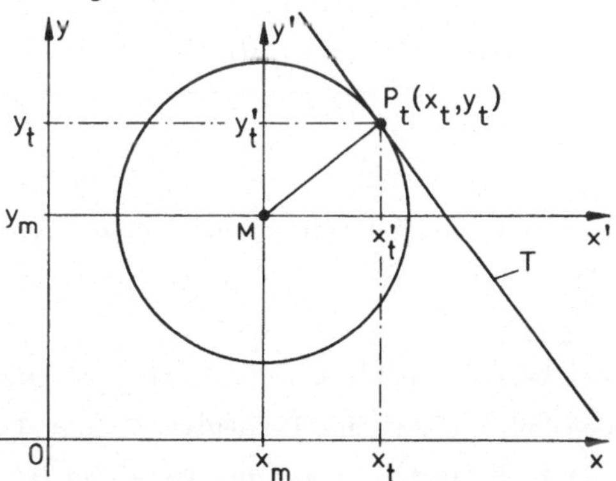

$$\boxed{(x - x_m)(x_t - x_m) + (y - y_m)(y_t - y_m) = r^2} \ .$$

Wir betrachten nun wieder einen Kreis mit dem Ursprung als Mittelpunkt. Von einem Punkt P_o außerhalb des Kreises gehen zwei Tangenten T_1 und T_2 mit den Berührungspunkten $P_1(x_1, y_1)$ und $P_2(x_2, y_2)$
aus (vgl. Skizze). Die Strecke $\overline{P_1 P_2}$ heißt **Berührungssehne**. Die Gerade
durch P_1 und P_2 nennt man **Polare zum Pol P_o** bezüglich des Kreises.
Da P_o auf beiden Tangenten T_1 und T_2 liegt, folgt aus den Tangentengleichungen $xx_1 + yy_1 = r^2$ und $xx_2 + yy_2 = r^2$:

$$x_o x_1 + y_o y_1 = r^2$$

und

$$x_o x_2 + y_o y_2 = r^2 \ .$$

Folglich liegen die
Punkte P_1 und P_2
auf der Geraden mit
der Gleichung
$x_o x + y_o y = r^2$.
Wir erhalten also als
Gleichung der Polare
zum Pol $P_o(x_o,y_o)$:

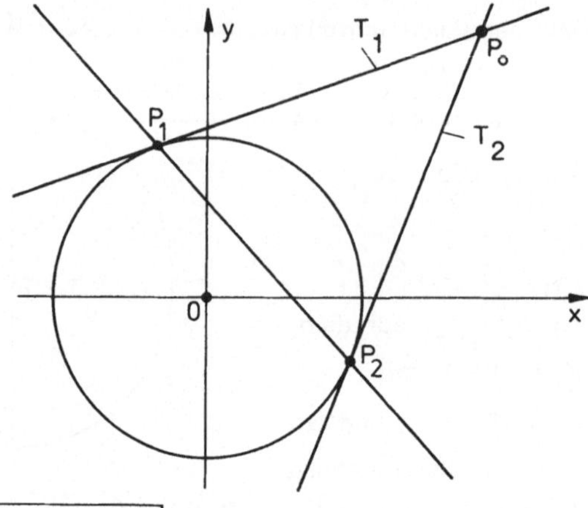

$$\boxed{x x_o + y y_o = r^2} \ .$$

Bezüglich eines Kreises in allgemeiner Lage mit dem Mittelpunkt
$M(x_m,y_m)$ lautet die Gleichung der Polare zum Pol $P_o(x_o,y_o)$:

$$\boxed{(x-x_m)(x_o-x_m) + (y-y_m)(y_o-y_m) = r^2} \ .$$

<u>Bemerkung:</u>

Liegt im Grenzfall P_o auf dem Kreis, so ergibt sich aus der Polaren-
gleichung die Tangentengleichung, d.h. die Polare geht in die Tangente
über.

<u>Beispiel:</u>

Wir bestimmen für den Kreis mit der Gleichung $x^2 + y^2 = 25$ und
den Pol $P_o(7,-1)$ die Tangenten T_1 und T_2 durch P_o, die Berührungspunkte P_1 und P_2 sowie die Polare zu P_o.

Mit $x x_o + y y_o = r^2$ erhalten
wir für die Polare die
Gleichung $7x - y = 25$.
Die Koordinaten der
Schnittpunkte P_1 und P_2
ergeben sich als Lösungen
des Gleichungssystems

$$7x - y = 25$$
$$x^2 + y^2 = 25 \ .$$

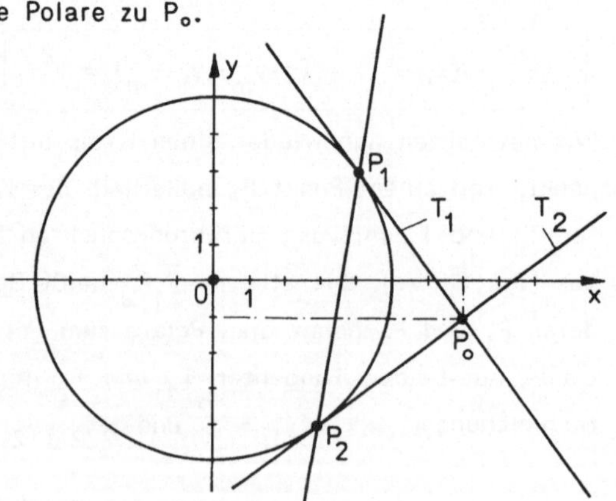

Wir erhalten nach einfacher Rechnung: $P_1(4,3)$ und $P_2(3,-4)$.

Für die Tangentengleichungen von T_1 und T_2 folgt damit schließlich:

$4x + 3y = 25$ und $3x - 4y = 25$.

---

61   ELLIPSE

Ein Kreis kann als Spezialfall einer Ellipse gedeutet werden. Dazu untersuchen wir statt des Kreises mit der Parameterdarstellung

$x = r \cdot \cos \alpha$ und $y = r \cdot \sin \alpha$ für $\alpha \in [0, 2\pi)$ und einen festen Wert $r \in \mathbb{R}^+$

die Kurve mit der Parameterdarstellung

$x = a \cdot \cos \alpha$ und $y = b \cdot \sin \alpha$ für $\alpha \in [0, 2\pi)$ und feste Werte $a, b \in \mathbb{R}^+$.

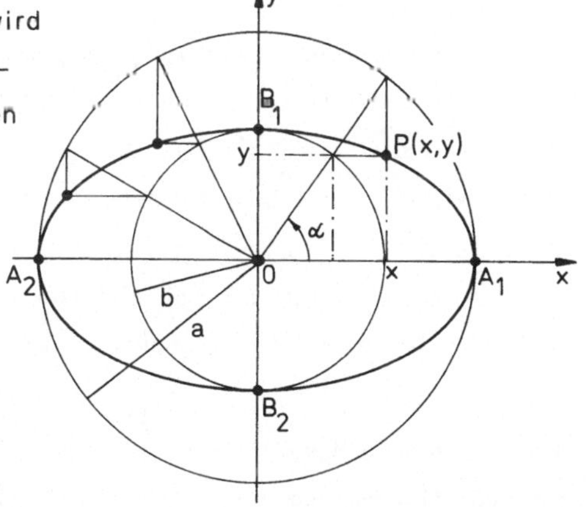

Die graphische Darstellung wird mit Hilfe von zwei konzentrischen Kreisen mit den Radien a und b durchgeführt. Die so definierte Kurve heißt **Ellipse** mit den **Halbachsen** a und b und dem Ursprung als Mittelpunkt. Die Punkte $A_1(a,0)$ und $A_2(-a,0)$ bzw. $B_1(0,b)$ und $B_2(0,-b)$ werden **Haupt-** bzw. **Nebenscheitelpunkte** genannt.

Mit Hilfe der Parameterdarstellung $x = a \cdot \cos \alpha$ und $y = b \cdot \sin \alpha$ erhalten wir wegen $\cos \alpha = \dfrac{x}{a}$, $\sin \alpha = \dfrac{y}{b}$ und $\cos^2 \alpha + \sin^2 \alpha = 1$ die sog. **Mittelpunktsgleichung** der Ellipse:

$$\frac{x^2}{a^2} + \frac{y^2}{b^2} = 1 \quad .$$

Für Anwendungen ist auch die folgende Definition einer Ellipse von Bedeutung, die zur obigen Definition äquivalent ist.

Definition (61.1):

> Die **Ellipse** ist die Menge aller Punkte einer Ebene E, für die die Summe ihrer Abstände r_1 und r_2 von zwei festen Punkten F_1 und F_2 der Ebene, den sog. **Brennpunkten**, konstant ist.

Zum Nachweis der Äquivalenz der beiden Definitionen setzen wir $L(\overline{F_1 F_2}) = 2e$ und $r_1 + r_2 = 2a$, wobei $a, e \in \mathbb{R}^+$ mit $a > e$.

Bezüglich eines geeigneten (x,y)-Systems erhalten wir damit (vgl. Skizze):

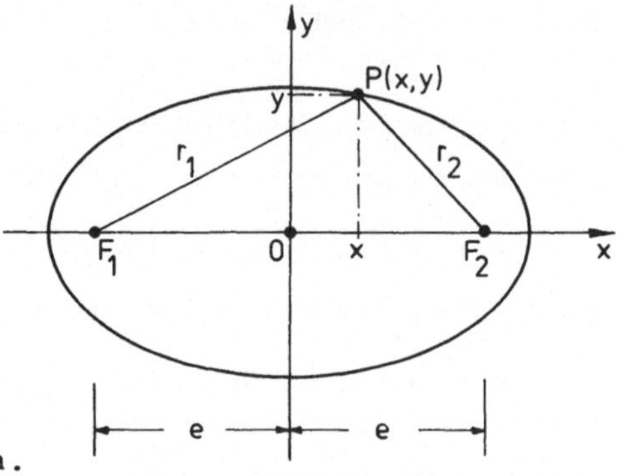

$$\sqrt{(e+x)^2 + y^2} + \sqrt{(e-x)^2 + y^2} = 2a.$$

Durch Auflösen nach $(e+x)^2 + y^2$, Umordnen und Quadrieren des verbleibenden Wurzelterms ergibt sich schließlich die Gleichung

$$(a^2 - e^2)x^2 + a^2 y^2 = a^2(a^2 - e^2).$$

Setzen wir $a^2 - e^2 = b^2$, so folgt die Mittelpunktsgleichung $\dfrac{x^2}{a^2} + \dfrac{y^2}{b^2} = 1$.

Bemerkung:

Aus $b^2 = a^2 - e^2$ folgt $e = \sqrt{a^2 - b^2}$. Die Längen der Halbachsen legen also den Abstand e der Brennpunkte vom Mittelpunkt fest.

Die skizzierte Ellipse mit dem allgemeinen Mittelpunkt $M(x_m, y_m)$ hat die Gleichung:

$$\frac{(x - x_m)^2}{a^2} + \frac{(y - y_m)^2}{b^2} = 1$$

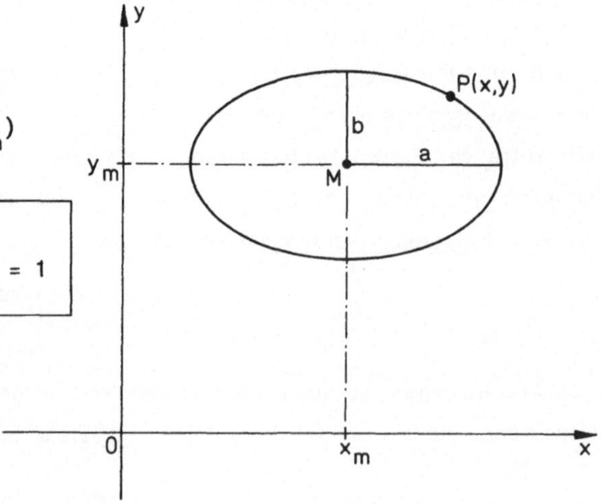

<u>Bemerkung:</u>

Für die Gleichung der <u>Tangente</u> im Punkt $P_t(x_t,y_t)$ an die Ellipse mit dem Mittelpunkt $M(x_m,y_m)$ gilt:

$$\frac{(x-x_m)(x_t-x_m)}{a^2} + \frac{(y-y_m)(y_t-y_m)}{b^2} = 1 \quad .$$

Entsprechend ergibt sich für die Gleichung der <u>Polare</u> zum Pol $P_o(x_o,y_o)$ bezüglich der Ellipse mit dem Mittelpunkt $M(x_m,y_m)$:

$$\frac{(x-x_m)(x_o-x_m)}{a^2} + \frac{(y-y_m)(y_o-y_m)}{b^2} = 1 \quad .$$

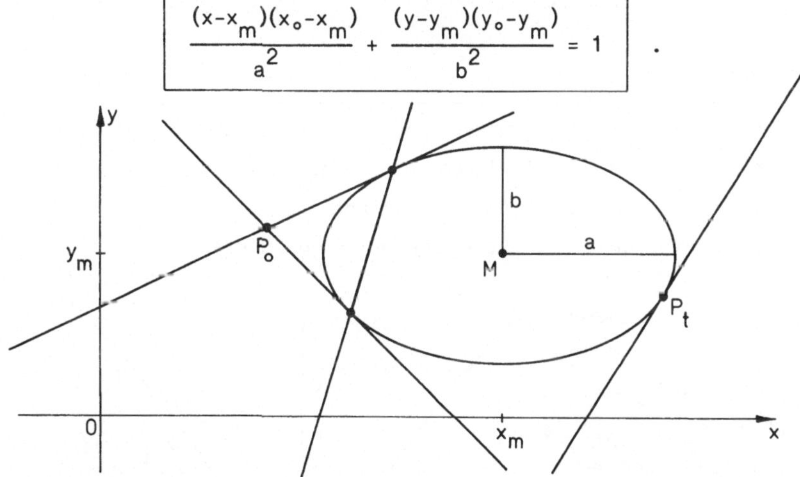

Vgl. hierzu auch Abschnitt 60.2 zu Tangente und Polare am Kreis.

<u>Beispiel:</u>

Die Menge $A = \left\{(x,y) \mid y^2 \geq 1-\frac{x^2}{4} \ \wedge \ \frac{1}{2}y + \frac{\sqrt{3}}{4}x \leq 1\right\} \subset \mathbb{R}\times\mathbb{R}$ soll graphisch dargestellt werden.

Dazu zeichnen wir in der (x,y)-Ebene die Gerade g mit der Gleichung

$$y = -\frac{\sqrt{3}}{2}x + 2$$

und die Ellipse mit der Gleichung

$$\frac{x^2}{4} + y^2 = 1 \quad .$$

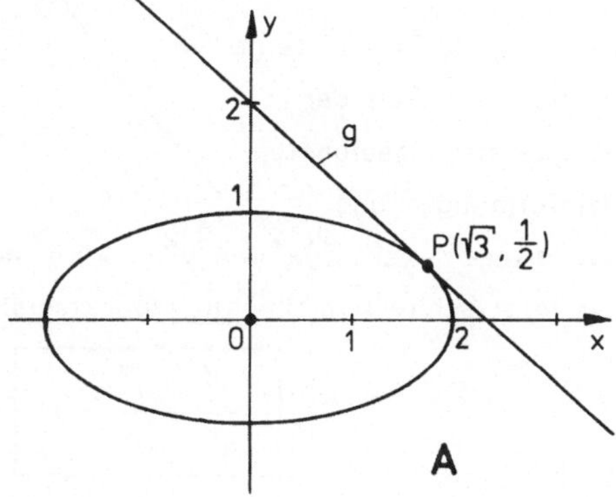

Mit $\dfrac{x^2}{4} + (-\dfrac{\sqrt{3}}{2}x + 2)^2 = 1$ erhalten wir genau einen Schnittpunkt
(also einen Berührungspunkt) $P(\sqrt{3}, \tfrac{1}{2})$ der Geraden g mit der Ellipse.
Insgesamt entspricht die Menge A wegen $y \le -\dfrac{\sqrt{3}}{2}x + 2$ der unteren
Halbebene zur Geraden g , jedoch wegen $\dfrac{x^2}{4} + y^2 \ge 1$ ohne die
Punkte im Innern der Ellipse.

$\boxed{62}$ **HYPERBEL**

<u>Definition (62.1):</u>

> Unter einer <u>Hyperbel</u> verstehen wir die Menge aller Punkte einer
> Ebene E, für die die Differenz der Abstände r_1 und r_2 von zwei
> Punkten F_1 und F_2 der Ebene konstant ist.
> Die beiden Punkte F_1 und F_2 heißen <u>Brennpunkte</u>.

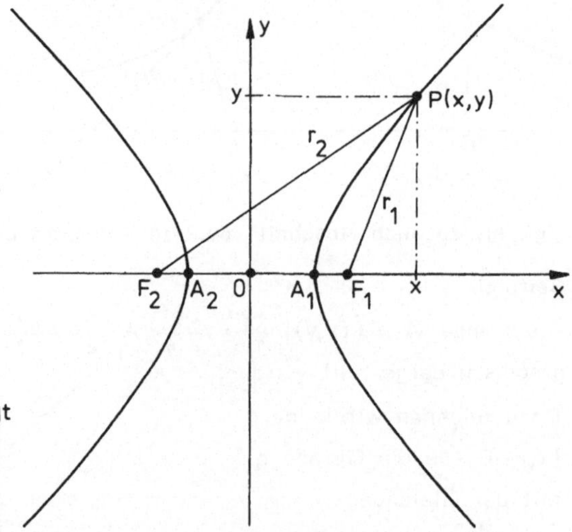

In einem (x,y)-System wählen wir die Punkte $F_1(e,0)$ und $F_2(-e,0)$ und setzen $|r_1 - r_2| = 2a$ mit $a, e \in \mathbb{R}^+$ und $e > a$.
Dann folgt:

$$r_1 = \sqrt{(x-e)^2 + y^2}$$

und

$$r_2 = \sqrt{(x+e)^2 + y^2} \; .$$

Aus $(r_1 - r_2)^2 = 4a^2$ folgt analog zum Fall der Ellipse nach geeigneten Umformungen und Quadrieren $(e^2 - a^2)x^2 - a^2 y^2 = a^2(e^2 - a^2)$. Setzen wir $e^2 - a^2 = b^2$,
so folgt schließlich die <u>Mittelpunktsgleichung</u> der Hyperbel:

$$\boxed{\dfrac{x^2}{a^2} - \dfrac{y^2}{b^2} = 1} \; .$$

Die Punkte $A_1(a,0)$ und $A_2(-a,0)$ heißen <u>Scheitelpunkte</u> der Hyperbel.

▶ <u>Asymptoten der Hyperbel:</u>

Wir untersuchen nun das Verhalten der Hyperbel mit der Gleichung
$\dfrac{x^2}{a^2} - \dfrac{y^2}{b^2} = 1$ für den Fall, daß $|x|$ unendlich groß wird (wir schreiben dafür: $x \to \infty \vee x \to -\infty$).

Da die Hyperbel bezüglich beider Koordinatenachsen symmetrisch ist, können wir uns dabei auf den ersten Quadranten ($x \geq 0$ und $y \geq 0$) beschränken.

Aus der Mittelpunktsgleichung erhalten wir:
$$y = \frac{b}{a}\sqrt{x^2-a^2} \ \vee \ y = -\frac{b}{a}\sqrt{x^2-a^2} \quad \text{mit } x \in \mathbb{R}\setminus(-a,a) \ .$$

Für den ersten Quadranten folgt damit:
$$y = \frac{b}{a}\sqrt{x^2-a^2} = \frac{b}{a}x\sqrt{1 - \frac{a^2}{x^2}} \quad \text{mit } x \in [a,\infty) \ .$$
Strebt nun x gegen ∞ ($x \to \infty$), so strebt der Wert $\sqrt{1 - \dfrac{a^2}{x^2}}$ gegen 1.

Für hinreichend große Werte von x kann die Gleichung also näherungsweise ersetzt werden durch die Geradengleichung $y = \dfrac{b}{a}x$.

Aufgrund der Symmetrieeigenschaft der Hyperbel erhalten wir zwei Geraden mit den Gleichungen
$$\boxed{\ y = \frac{b}{a}x \quad \text{bzw.} \quad y = -\frac{b}{a}x \ } \ ,$$

an die sich die Hyperbel für $x \to \infty$ und $x \to -\infty$ "anschmiegt". Diese Geraden werden als <u>Asymptoten</u> der Hyperbel bezeichnet.

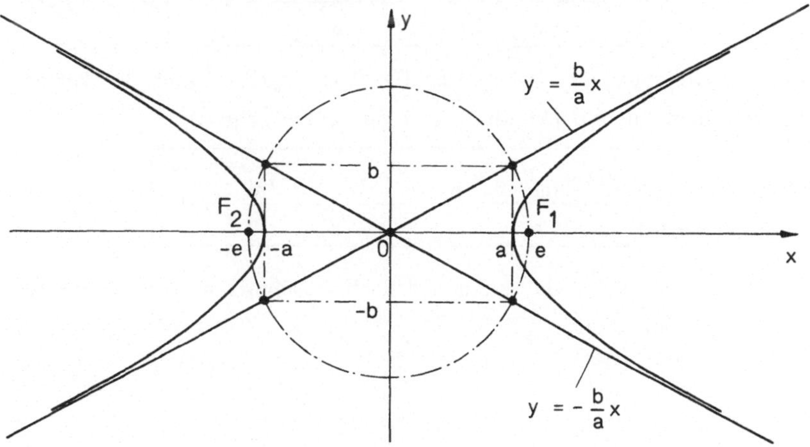

▶ <u>Hyperbel in allgemeiner Lage</u>:

Die skizzierte Hyperbel mit dem Mittelpunkt $M(x_m,y_m)$ hat die Gleichung:

$$\frac{(x-x_m)^2}{a^2} - \frac{(y-y_m)^2}{b^2} = 1 \; .$$

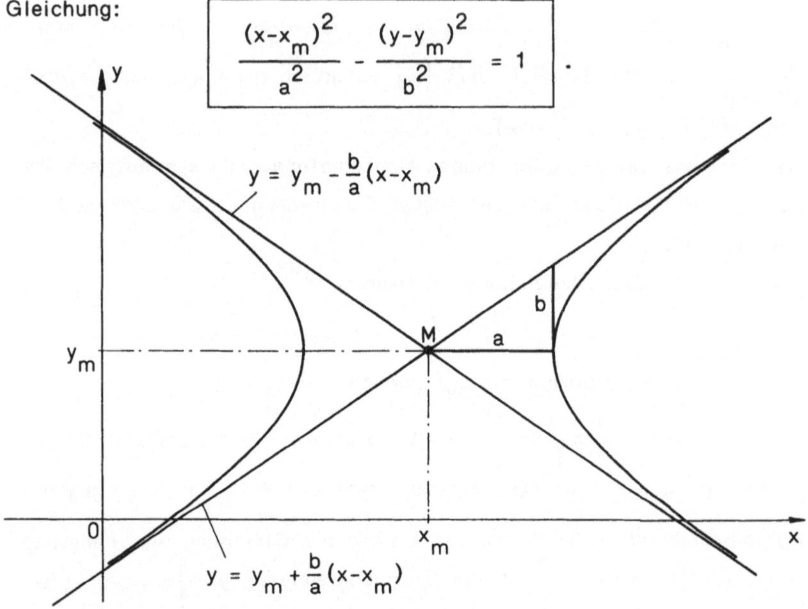

<u>Bemerkung</u>:

Für die Gleichung der <u>Tangente</u> im Punkt $P_t(x_t,y_t)$ an die Hyperbel mit dem Mittelpunkt $M(x_m,y_m)$ gilt:

$$\frac{(x-x_m)(x_t-x_m)}{a^2} - \frac{(y-y_m)(y_t-y_m)}{b^2} = 1 \; .$$

Für die Gleichung der <u>Polare</u> zum Pol $P_o(x_o,y_o)$ bezüglich der Hyperbel mit dem Mittelpunkt $M(x_m,y_m)$ gilt entsprechend:

$$\frac{(x-x_m)(x_o-x_m)}{a^2} - \frac{(y-y_m)(y_o-y_m)}{b^2} = 1 \; .$$

Vgl. hierzu die folgende Skizze und auch Abschnitt 60.2 zu Tangente und Polare am Kreis.

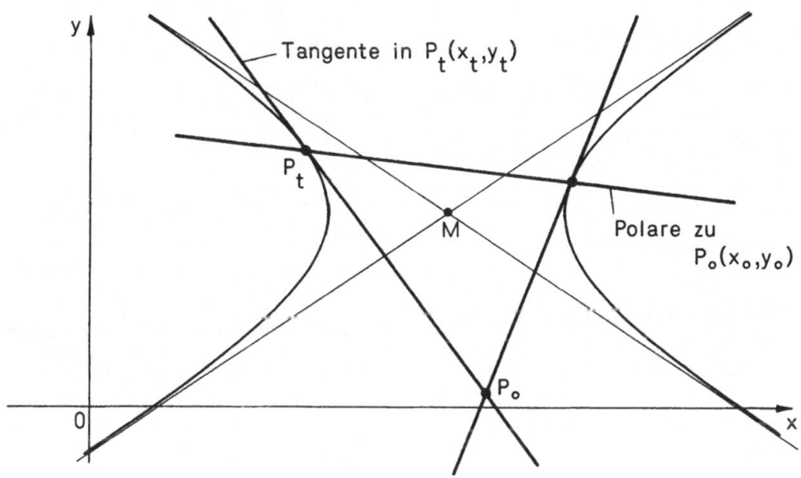

---

63   **PARABEL**

<u>Definition (63.1):</u>

> Eine Parabel ist die Menge aller Punkte einer Ebene E, die von
> einer Geraden L und einem Punkt $F \in E \setminus L$ denselben Abstand
> haben. Man nennt F **Brennpunkt** und L **Leitlinie** der Parabel.

Der Abstand des Brenn-
punktes F von der
Leitlinie L wird p genannt
($p \in \mathbb{R}^+$). Derjenige Punkt
der Parabel, der von L den
geringsten Abstand hat,
heißt **Scheitelpunkt S**.
Bezüglich eines geeigne-
ten (x,y)-Systems mit
dem Ursprung 0 als
Scheitelpunkt S folgt aus
der Gleichheit der
Abstände d und r :

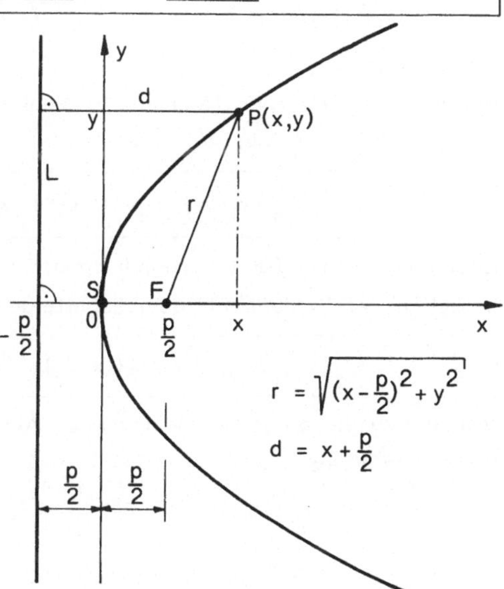

$x + \frac{p}{2} = \sqrt{(x - \frac{p}{2})^2 + y^2}$. Daraus ergibt sich durch Quadrieren und Um-
formen die sog. <u>Scheitelgleichung</u> der Parabel:

$$\boxed{y^2 = 2px}$$, d.h. $y = \sqrt{2px}$ $y = -\sqrt{2px}$.

Für die parallelverschobene Parabel mit dem Scheitelpunkt $S(x_s,y_s)$
lautet die Gleichung:

$$\boxed{(y-y_s)^2 = 2p(x-x_s)}$$.

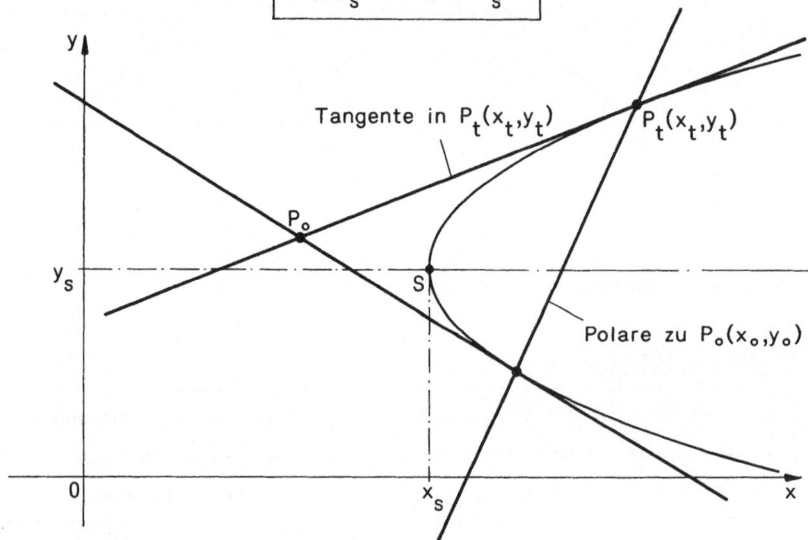

<u>Bemerkung:</u>

Für die Gleichung der Tangente im Punkt $P_t(x_t,y_t)$ an die Parabel
mit dem Scheitelpunkt $S(x_s,y_s)$ gilt:

$$\boxed{(y-y_s)(y_t-y_s) = p((x-x_s) + (x_t-x_s))}$$.

Entsprechend gilt für die Gleichung der Polare zum Pol $P_o(x_o,y_o)$
bezüglich der Parabel mit dem Scheitelpunkt $S(x_s,y_s)$:

$$\boxed{(y-y_s)(y_o-y_s) = p((x-x_s) + (x_o-x_s))}$$.

Vgl. hierzu die obige Skizze und auch Abschnitt 60.2 zu Tangente und
Polare am Kreis.

64 ZUSAMMENHANG ZWISCHEN DEN KEGELSCHNITTEN

Die bisher behandelten Kurven zweiter Ordnung, nämlich Kreis, Ellipse, Hyperbel und Parabel, werden als <u>Kegelschnitte</u> bezeichnet, da man jede dieser Kurven als Schnittkurve einer Ebene mit einem Doppel- kegel erhalten kann.

Bei einem Doppelkegel mit dem Öffnungs- winkel 2β, der von einer Ebene E geschnitten wird (vgl. Skizze), ergeben sich die folgenden Schnittlinien in Abhängigkeit vom Winkel α zwischen der Kegelachse und E:

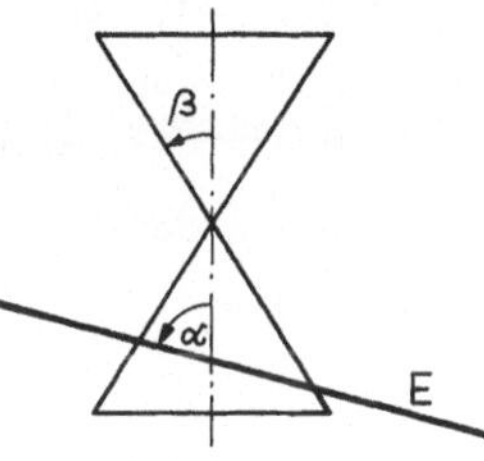

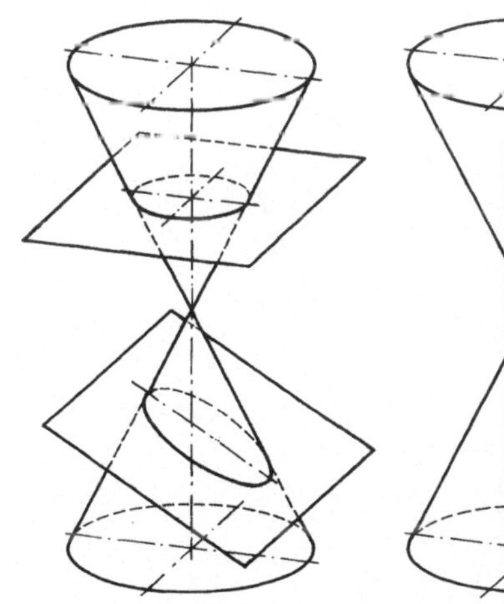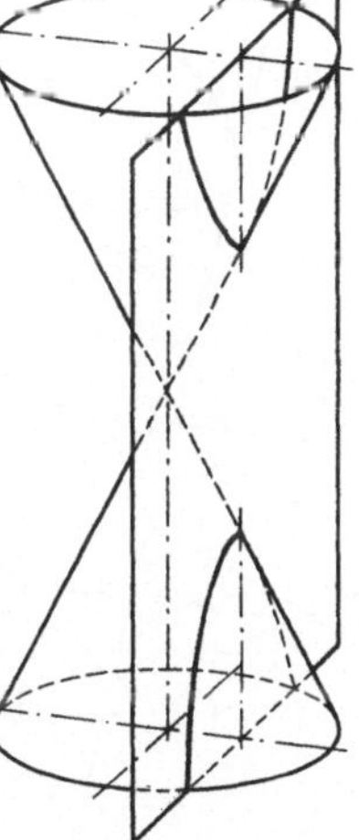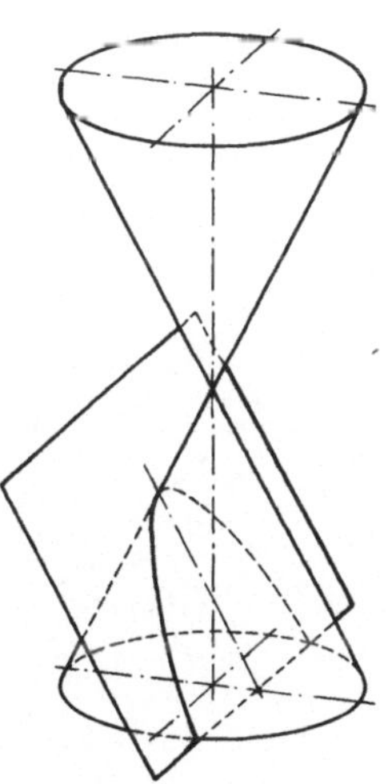

Kreis: $\alpha = 90°$

Ellipse: $\beta < \alpha < 90°$ Hyperbel: $0 \leq \alpha < \beta$ Parabel: $\alpha = \beta$

▶ <u>Einheitliche Charakterisierung der Kegelschnitte:</u>

Wir leiten nun eine Eigenschaft der Kegelschnitte her, die uns eine einheitliche Charakterisierung der bisher unterschiedlich definierten Kurven liefert. Hierzu wählen wir das Beispiel der Ellipse. Die Über- legungen für die anderen Kurven verlaufen analog.

Wir betrachten den skizzierten Kegel mit
senkrechter Achse, dem eine Kugel ein-
beschrieben ist. Der Berührungskreis der
Kugel mit dem Kegel liegt in einer horizontalen Ebene E*. Eine weitere Ebene E
sei so gewählt, daß sie den Kegel schneidet und die Kugel in einem Punkt F berührt. P sei ein beliebiger Punkt der
Schnittkurve der Ebene E
mit dem Kegel.

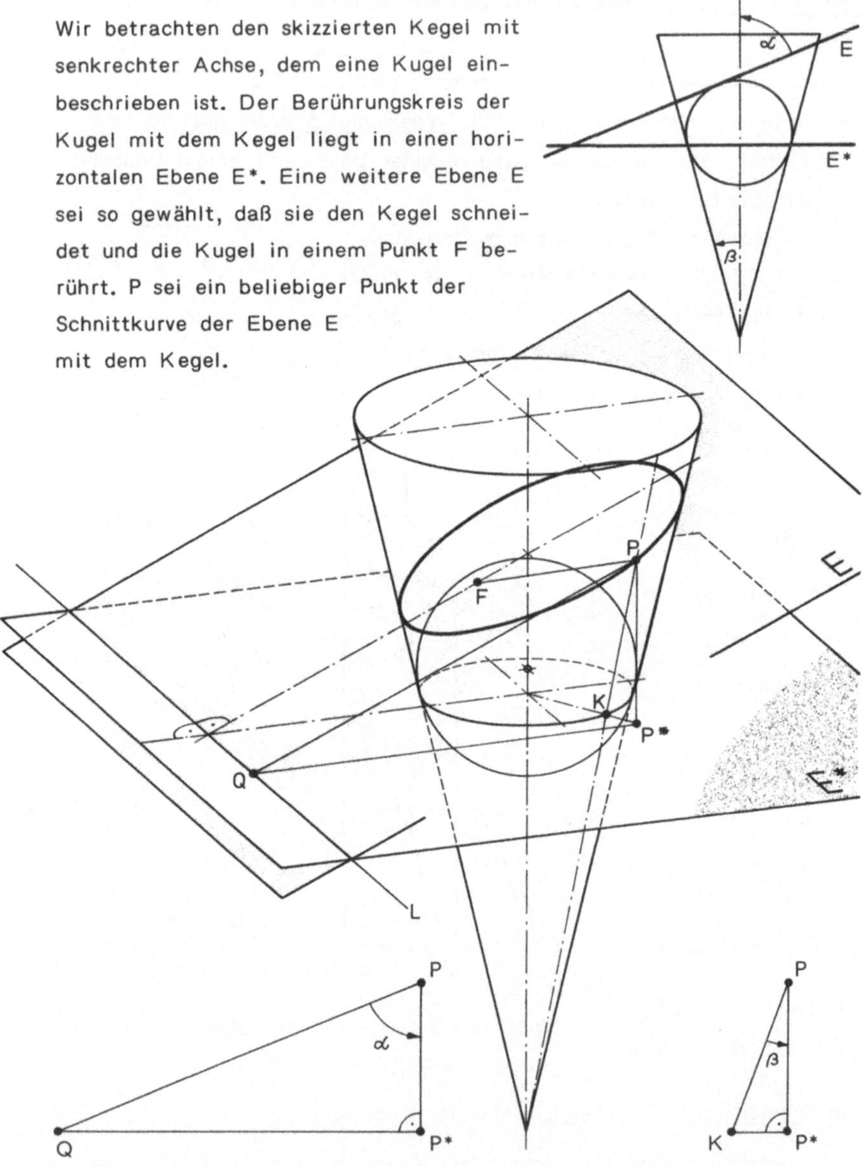

$\overline{PP^*}$ sei das Lot von P auf die Ebene E* mit dem Fußpunkt P*. K sei
der Schnittpunkt des Berührungskreises mit der durch P verlaufenden
Mantellinie des Kegels. Die Strecke $\overline{PQ}$ sei das Lot in der Ebene E

von P auf die Schnittgerade L der beiden Ebenen mit dem Fußpunkt Q.
Da die Geraden durch P, F und P, K Tangenten an die Kugel durch
den Punkt P darstellen, sind die Abstände von P nach F und von P
nach K gleich, d.h.: $L(\overline{PF}) = L(\overline{PK})$.

Den beiden Dreiecken $\triangle QP^*P$ und $\triangle KP^*P$ entnehmen wir:
$L(\overline{PP^*}) = L(\overline{PQ}) \cdot \cos\alpha$ und $L(\overline{PP^*}) = L(\overline{PK}) \cdot \cos\beta$.

Damit folgt wegen $L(\overline{PF}) = L(\overline{PK})$: $\dfrac{L(\overline{PF})}{L(\overline{PQ})} = \dfrac{\cos\alpha}{\cos\beta}$.

Da für die gegebene Ebene E und für den gegebenen Kegel die beiden
Winkel α und β konstant sind, ist der Quotient $\dfrac{\cos\alpha}{\cos\beta}$ eine konstante
reelle Zahl ε : $\dfrac{\cos\alpha}{\cos\beta} = \varepsilon \in \mathbb{R}^+$.

Damit erhalten wir schließlich für den beliebig gewählten Punkt P der
Schnittlinie der Ebene E mit dem Kegel:

$$\boxed{L(\overline{PF}) = \varepsilon \cdot L(\overline{PQ})} \quad ,$$

wobei wegen $0 < \beta < \alpha < 90^\circ$, also $\cos\alpha < \cos\beta$, gilt: $0 < \varepsilon < 1$.
Die dargestellte Schnittlinie (Ellipse) ist also charakterisiert als
Menge aller Punkte der Ebene E, für die das Verhältnis ihrer Abstände vom Punkt F und von der Geraden L gleich einer Konstanten
$\varepsilon \in (0,1)$ ist.

Für die Parabel bzw. Hyperbel folgt entsprechend $\varepsilon = 1$ bzw. $\varepsilon > 1$.
Aufgrund dieser Überlegungen verwenden wir die
Definition (64.1):

> Die Menge der Punkte in einer Ebene E, für die das Verhältnis
> ihrer Abstände von einem Punkt $F \in E$, dem Brennpunkt, und einer
> Geraden L der Ebene, der Leitlinie, gleich einer Konstanten
> $\varepsilon \in \mathbb{R}^+$ ist, heißt **Kegelschnitt**.

Wählen wir in der Schnittebene
E das skizzierte (x',y')-Koor-
dinatensystem mit dem Ursprung
im Brennpunkt F, so folgt mit

$\varepsilon = \dfrac{\cos\alpha}{\cos\beta} = \dfrac{L(\overline{PF})}{L(\overline{PQ})}$ bzw.

$L(\overline{PF}) = \varepsilon \cdot L(\overline{PQ})$:

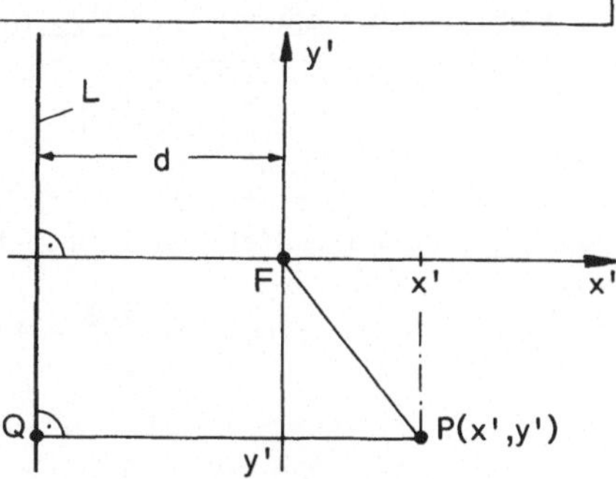

$$\sqrt{x'^2 + y'^2} = \varepsilon \cdot |d+x'| \; , \; \text{so daß} \; x'^2 + y'^2 = \varepsilon^2 (d+x')^2 \; .$$

<u>Fallunterscheidung für $\varepsilon \in \mathbb{R}^+$</u>:

<u>$\varepsilon = 1$</u>: (d.h. $\alpha = \beta$)

Hier gilt: $x'^2 + y'^2 = (d+x')^2$ bzw. $y'^2 = 2d(x' + \frac{d}{2})$.

Daraus erhalten wir mit Hilfe der Transformationsgleichungen

$x = x' + \frac{d}{2}$ und $y = y'$ bezüglich des neuen (x,y)-Systems die

Gleichung einer <u>Parabel</u> (vgl. Abschnitt 63):
$$\boxed{y^2 = 2dx} \; .$$

<u>$\varepsilon \neq 1$</u>:

Aus der Gleichung $x'^2 + y'^2 = \varepsilon^2 (d+x')^2$ folgt durch Umordnung

und mit Hilfe quadratischer Ergänzung:

$$\left(x' - \frac{d\varepsilon^2}{1-\varepsilon^2}\right)^2 + \frac{y'^2}{1-\varepsilon^2} = \frac{\varepsilon^2 d^2}{(1-\varepsilon^2)^2} \; . \; \text{Setzen wir} \; x = x' - \frac{d\varepsilon^2}{1-\varepsilon^2} \; \text{und}$$

$y = y'$, so ergibt sich bezüglich des neuen (x,y)-Systems die

Gleichung
$$\frac{x^2}{\dfrac{\varepsilon^2 d^2}{(1-\varepsilon^2)^2}} + \frac{y^2}{\dfrac{\varepsilon^2 d^2}{1-\varepsilon^2}} = 1 \; .$$

<u>$\varepsilon < 1$</u>: (d.h. $\alpha > \beta$)

Hier können wir $a^2 = \dfrac{\varepsilon^2 d^2}{(1-\varepsilon^2)^2}$ und $b^2 = \dfrac{\varepsilon^2 d^2}{1-\varepsilon^2}$ setzen. Es folgt

damit die Gleichung einer <u>Ellipse</u> (vgl. Abschnitt 61):

$$\boxed{\dfrac{x^2}{a^2} + \dfrac{y^2}{b^2} = 1} \; .$$

<u>$\varepsilon > 1$</u>: (d.h. $\alpha < \beta$)

Hier können wir $a^2 = \dfrac{\varepsilon^2 d^2}{(1-\varepsilon^2)^2}$ und $b^2 = -\dfrac{\varepsilon^2 d^2}{1-\varepsilon^2}$ setzen. Es folgt

damit die Gleichung einer <u>Hyperbel</u> (vgl. Abschnitt 62):

$$\boxed{\dfrac{x^2}{a^2} - \dfrac{y^2}{b^2} = 1} \; .$$

Der <u>Kreis</u> ist Spezialfall der Ellipse für $a^2 = b^2$; es muß also gelten:

$$\frac{\varepsilon^2 d^2}{(1-\varepsilon^2)^2} = \frac{\varepsilon^2 d^2}{1-\varepsilon^2} \; \text{bzw.} \; (1-\varepsilon^2)^2 = 1-\varepsilon^2 \; .$$

Das ist aber nur der Fall für $\underline{\varepsilon = 0}$ (d.h. $\cos \alpha = 0$ bzw. $\alpha = 90°$).
Lassen wir also $\varepsilon \in \mathbb{R}^+ \backslash \{0\}$ zu, so können wir die Kegelschnitte mit
Hilfe von ε formal folgendermaßen charakterisieren:

Kreis:	$\varepsilon = 0$	Parabel:	$\varepsilon = 1$
Ellipse:	$0 < \varepsilon < 1$	Hyperbel:	$\varepsilon > 1$

▶ <u>Polargleichungen der Kegelschnitte:</u>

Eine der Praxis angemessene Beschreibung der Kegelschnitte liefert
die folgende Polardarstellung.

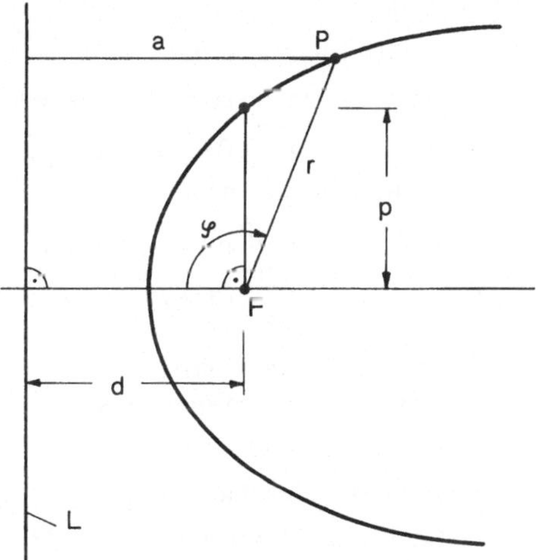

Mit $a = d - r \cdot \cos \varphi$ und

$\varepsilon = \dfrac{r}{a} \in \mathbb{R}^+$ erhalten wir

für ε: $\varepsilon = \dfrac{r}{d - r \cdot \cos \varphi}$.

Daraus folgt für r:

$$r = \frac{\varepsilon d}{1 + \varepsilon \cdot \cos \varphi}.$$

Setzen wir $p = \varepsilon d$, so
erhalten wir die
<u>Polargleichung:</u>

$$r = \frac{p}{1 + \varepsilon \cdot \cos \varphi}$$

<u>Beispiele:</u>

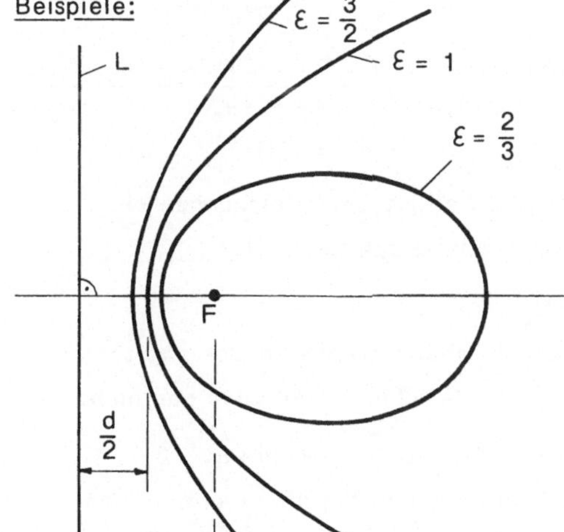

$\varepsilon = \dfrac{3}{2}$: Hyperbel

$$r = \frac{d}{\dfrac{2}{3} + \cos \varphi}$$

$\underline{\varepsilon = 1}$: Parabel

$$r = \frac{d}{1 + \cos \varphi}$$

$\varepsilon = \dfrac{2}{3}$: Ellipse

$$r = \frac{d}{\dfrac{3}{2} + \cos \varphi}$$

▶ **Koordinatendarstellung der Kegelschnitte:**

Die Gleichungen von Kreis, Ellipse, Hyperbel und Parabel, deren
Achsen parallel zu den Koordinatenachsen eines (x,y)-Systems verlaufen, führen nach Umformung der Terme stets zu einer Relation

$$\left\{(x,y)\mid Ax^2+By^2+Cx+Dy+E = 0 \text{ mit } A,B,C,D,E\in\mathbb{R} \text{ und } A^2+B^2 > 0\right\}.$$

Wir legen nun umgekehrt diese Relation zugrunde und deuten die
Graphen der verschiedenen möglichen Gleichungen an.

$\underline{A,B\in\mathbb{R}\setminus\{0\}}$:

    Mit Hilfe quadratischer Ergänzungen bezüglich der Variablen x und
y kann man in diesem Fall die gegebene allgemeine Gleichung

$$Ax^2+By^2+Cx+Dy+E = 0$$

überführen in die Gleichung

$$Ax^{*2}+By^{*2}+C^* = 0 \ .$$

Hierbei gilt: $x^* = x-x_0$ und $y^* = y-y_0$ mit $x_0 = -\dfrac{C}{2A}$, $y_0 = -\dfrac{D}{2B}$
und $C^* = E-\dfrac{C^2}{4A} - \dfrac{D^2}{4B}$.

Die Transformationsgleichungen
$x^* = x-x_0$ und $y^* = y-y_0$
beschreiben eine Parallelverschiebung des Koordinatensystems (vgl. Abschnitt 52.1).
Für $C^* = 0$ erhalten wir
bezüglich des (x^*,y^*)-Systems
ein Paar sich schneidender
Geraden oder einen Punkt.

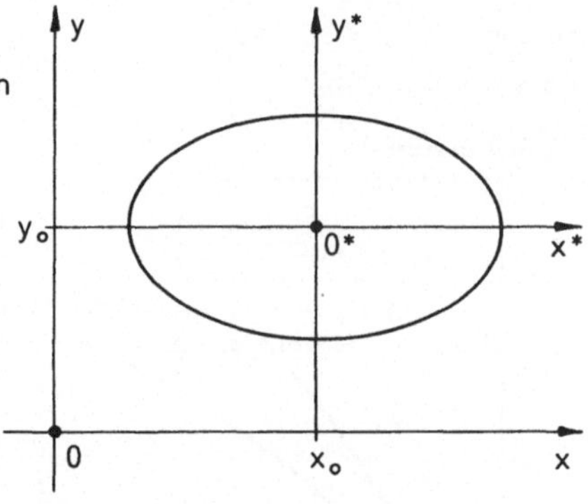

Für $C^* \neq 0$ sind im Fall der Lösbarkeit der Gleichungen die
Graphen der Relation Ellipsen oder Hyperbeln.

$\underline{(A\neq 0 \wedge B = 0) \vee (A = 0 \wedge B\neq 0)}$:

    In diesem Fall tritt nur jeweils eine Variable in der zweiten
Potenz auf, während die zweite Variable linear oder gar nicht
vorkommt: $\quad Ax^2+Cx+Dy+E = 0 \ \vee \ By^2+Cx+Dy+E = 0 \ .$
Führt man hier geeignete Umformungen durch, so erhält man
Normalformen von Parabeln, Gleichungen für ein Paar von Geraden

parallel zu den Koordinatenachsen oder keine Lösung.

<u>Beispiel:</u>

Aus der Gleichung $9x^2 - 4y^2 - 18x - 16y - 43 = 0$ erhalten wir mit Hilfe quadratischer Ergänzungen:

$$9(x^2-2x+1) - 4(y^2+4y+4) = 43 + 9 - 16 \ .$$

Daraus folgt die Gleichung einer Hyperbel mit dem Mittelpunkt M(1,-2):

$$\frac{(x-1)^2}{4} - \frac{(y+2)^2}{9} = 1 \ .$$

Für die Asymptoten der Hyperbel erhalten wir (vgl. Abschnitt 62) die Gleichungen:

$$y = -2 + \frac{3}{2}(x-1)$$

und

$$y = -2 - \frac{3}{2}(x-1) \ .$$

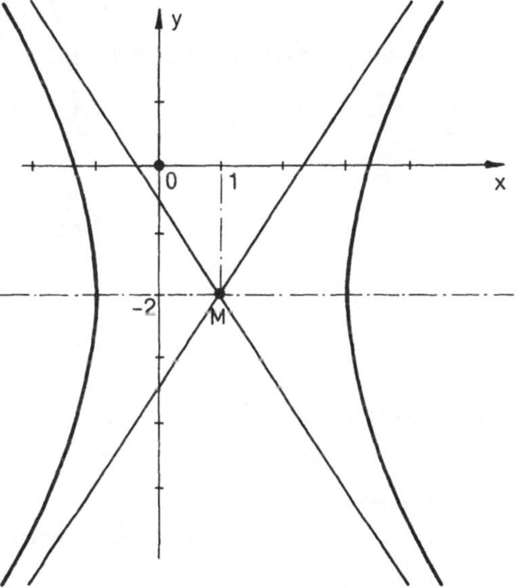

65

ANWENDUNGEN: KREIS IN DER CAD-GEOMETRIE UND IM VERMESSUNGSWESEN

65.1

AUSRUNDEN UND BOGENHAUPTELEMENTE IM VERMESSUNGSWESEN

Im Vermessungswesen stellt sich u.a. auch die Aufgabe, zwischen zwei Geraden (Tangenten) einen Kreisbogen einzulegen (Ausrundung). Dabei wird im Regelfall der Schnittwinkel der Tangenten bestimmt, wobei der Außenwinkel α verwendet wird (vgl. Skizze). Eine wichtige Rolle spielen dabei die sog. <u>Hauptelemente</u> eines Kreis-

bogens, nämlich Tangenten, Hilfstangenten,
Scheitelabstand, Sehne und Bogenlänge.
Im folgenden stellen wir diese Begriffe
mit den üblichen Bezeichnungen
zusammen:

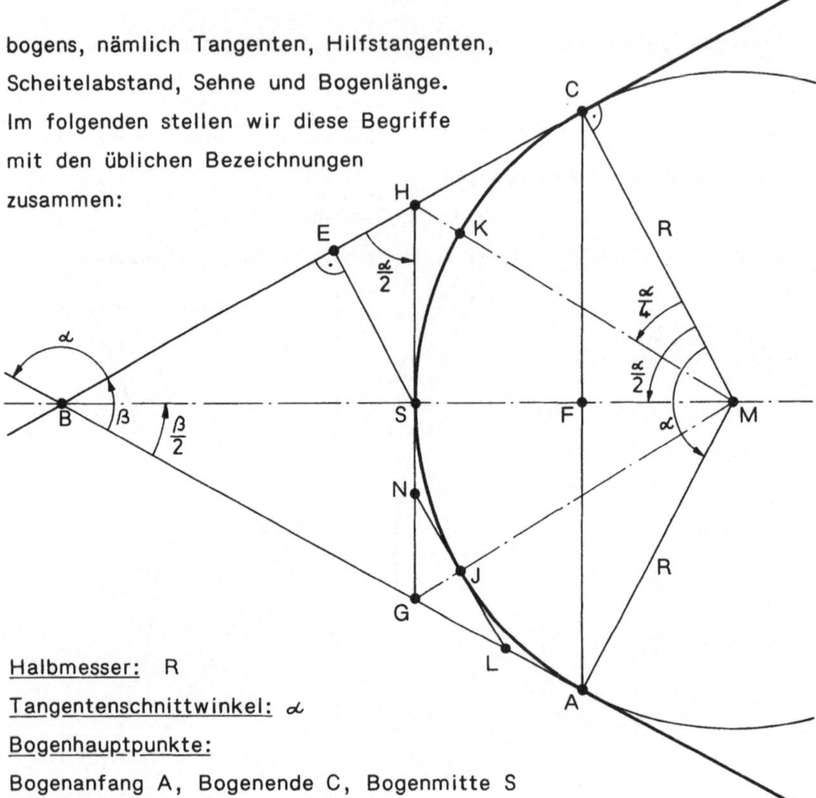

<u>Halbmesser:</u> R

<u>Tangentenschnittwinkel:</u> α

<u>Bogenhauptpunkte:</u>

Bogenanfang A, Bogenende C, Bogenmitte S

<u>Tangenten:</u>

$\overline{AB}$ und $\overline{BC}$ mit $L(\overline{AB}) = L(\overline{BC}) = R \cdot \tan \frac{\alpha}{2}$

<u>1. Hilfstangente:</u>

$\overline{AG}$ mit $L(\overline{AG}) = L(\overline{GS}) = L(\overline{SH}) = L(\overline{HC}) = R \cdot \tan \frac{\alpha}{4}$

<u>2. Hilfstangente:</u>

$\overline{AL}$ mit $L(\overline{AL}) = L(\overline{LJ}) = L(\overline{JN}) = L(\overline{NS}) = R \cdot \tan \frac{\alpha}{8}$

<u>Scheitelabstand:</u>

$L(\overline{BS}) = L(\overline{BM}) - R = R(\dfrac{1}{\cos \frac{\alpha}{2}} - 1)$ bzw. $L(\overline{BS}) = L(\overline{HS}) \cdot \tan \frac{\alpha}{2}$

$$= R \cdot \tan \frac{\alpha}{2} \cdot \tan \frac{\alpha}{4}$$

<u>Sehne:</u>

$\overline{AC}$ mit $L(\overline{AC}) = 2L(\overline{AF}) = 2R \cdot \sin \frac{\alpha}{2}$

<u>Bogen:</u>

$\overset{\frown}{AC}$ mit $L(\overset{\frown}{AC}) = \dfrac{R \pi \alpha}{200^g} = \dfrac{R \pi \alpha}{180^o}$ (Winkelgröße in Gon oder Grad)

In der Praxis ergeben sich durch unterschiedliche Bedingungen ver-

schiedene Problemstellungen, die wir in den folgenden Übungen als
Aufgaben formulieren.

65.2 VOLLKREIS UND KREISBOGEN IN DER CAD-GEOMETRIE

Vollkreis und Kreisbogen sind wichtige Geometrieelemente in der
CAD-Technik. Im folgenden stellen wir einige Grundkonstruktionen
zusammen:

<u>Ein Vollkreis wird festgelegt durch</u>

▷ drei Punkte auf dem Umfang

▷ Mittelpunkt und Radius

▷ Mittelpunkt und Punkt auf dem Umfang

▷ zwei Tangenten und Radius

▷ drei Tangenten

<u>Ein Kreisbogen wird festgelegt durch</u>

▷ zwei Randpunkte und einen weiteren Punkt
   auf dem Umfang

▷ Mittel-, Anfangs- und Endpunkt

▷ Mittelpunkt, Radius und Winkel

▷ Radius und Tangenten
   (Ausrundung oder Fillet)

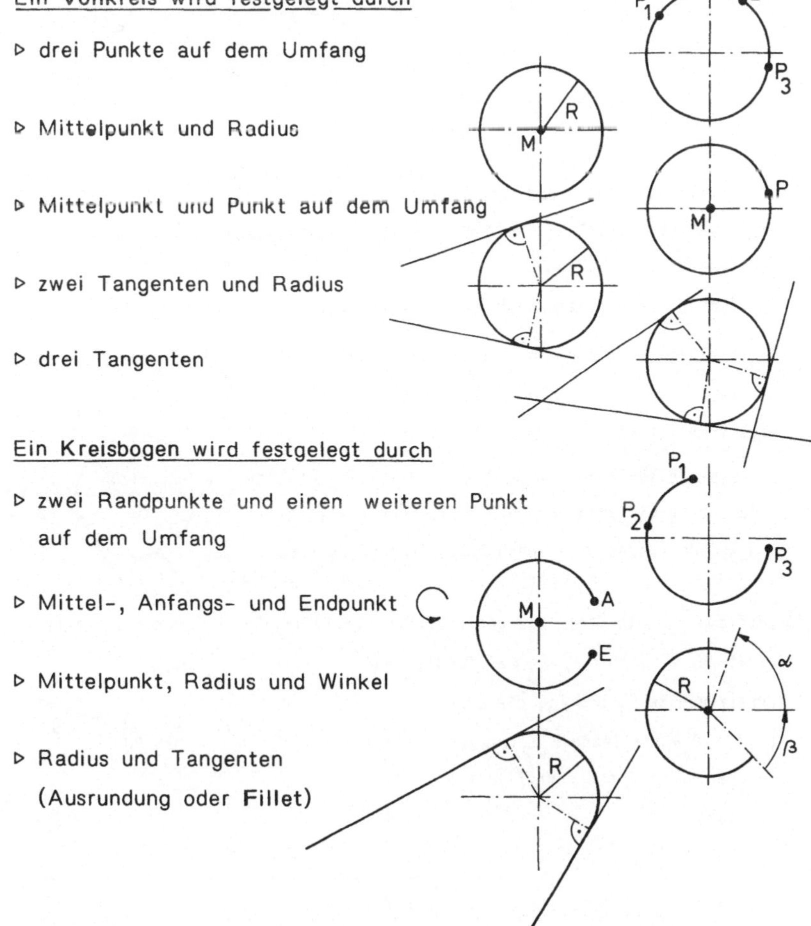

66 ÜBUNGEN: KREIS (AUSRUNDEN), ELLIPSE, HYPERBEL UND PARABEL

▶ <u>Kreis:</u>

(73) Gib mit Hilfe quadratischer Ergänzungen jeweils die Kreisgleichung an und skizziere den zugehörigen Graphen:

a) $x^2-2x+y^2-8 = 0$ b) $x^2+y^2 = 6y+1$ c) $x^2+y^2+10x+14y+70 = 0$

(74) Stelle die Relation $R = \{(x,y)\mid x^2+y^2-4x-8y = 0 \wedge x-y \le 1\}$ graphisch dar.

(75) Skizziere jeweils die Schar der Kreise:

a) $(x-5)^2+(y-3)^2 = r^2$ für $r \in \mathbb{R}^+$ b) $(x-x_m)^2+(y-3)^2 = 25$ für $x_m \in \mathbb{R}$

c) $(x-5)^2+(y-y_m)^2 = 25$ für $y_m \in \mathbb{R}$ d) $(x-1)^2+(y-c)^2 = c^2$ für $c \in \mathbb{R}\backslash\{0\}$

(76) Gib die Gleichung der Tangente im Punkt $P(3,6)$ an den Kreis mit der Gleichung $x^2-12x+y^2 = 9$ an.

(77) Wie lauten die Gleichungen der Tangenten an den Kreis mit der Gleichung $(x-4)^2+y^2 = 4$, die durch den Ursprung verlaufen?

Bestimme die Koordinaten der Berührungspunkte.

(78) Gegeben seien der Kreis mit der Gleichung $x^2+y^2 = 4$ und die Geradenschar mit $3y-4x+d = 0$ und $d \in \mathbb{R}$. Für welche Werte von d erhält man jeweils

– <u>Passanten</u> (Geraden, die den Kreis nicht schneiden),

– <u>Tangenten</u> (Geraden, die den Kreis berühren),

– <u>Sekanten</u> (Geraden, die den Kreis in zwei Punkten schneiden)?

(79) Bestimme für den Kreis mit der Gleichung $(x-7)^2+(y-5)^2 = 4$ und die Gerade g mit der Gleichung $y = \frac{1}{3}x + 2{,}1$ die Schnittpunkte P_1 und P_2, die Länge $s = L(\overline{P_1P_2})$ der Sehne $\overline{P_1P_2}$ und den Flächeninhalt A des schraffierten Kreissegmentes.

(80) Gegeben seien der Kreis mit der Gleichung $(x-6)^2+(y-4)^2 = 4$ und ein Punkt $P(x_p, 5\frac{1}{2})$ auf dem Kreis.

Gib die Gleichungen der Geraden g_1 und g_2 durch P an, für die die Länge der zugehörigen Sehnen $\overline{PP_1}$ und $\overline{PP_2}$ $3\frac{1}{2}$ beträgt. Bestimme die Koordinaten der Schnittpunkte P_1 und P_2 und berechne den Schnittwinkel γ.

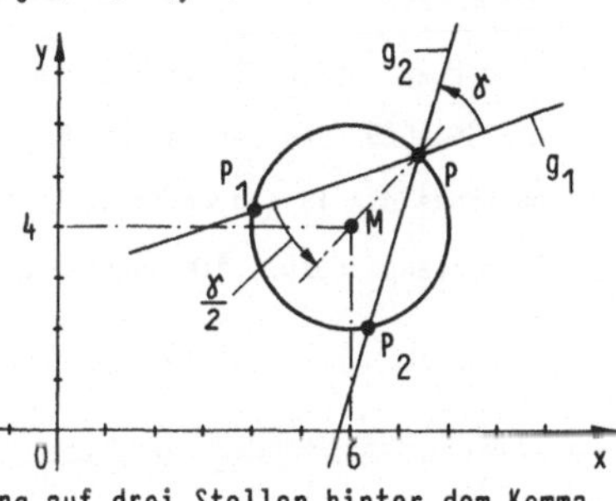

Die Zwischenrechnungen sollen mit Rundung auf drei Stellen hinter dem Komma durchgeführt werden.

(81) Stelle die Relation $R = \{(x,y)\mid (x-c)^2+(y-c)^2 = \frac{c^2}{4} \land c\in\mathbb{R}\}$ graphisch dar und zeige, daß die Kurven gemeinsame Tangenten haben, die durch den Ursprung verlaufen. Gib die zugehörigen Tangentengleichungen an.

(82) Bestimme die Gleichung des Kreises, der durch den Punkt A(-2,4) verläuft und die y-Achse im Punkt B(0,8) berührt.

(83) Gib die Gleichungen der Kreise an, die beide Koordinatenachsen berühren und durch den Punkt P(-1,2) verlaufen.

(84) Gegeben sei die Gleichung $x^2+y^2-14x-6y+58-r^2 = 0$.

Bestimme r für

a) den Kreis, der die y-Achse berührt,

b) den Kreis, der durch den Ursprung verläuft,

c) den größten Kreis, der in einem Quadranten liegt.

(85) Die Gerade g mit der Gleichung $y = -\frac{4}{3}x + 7$ wird von einem Kreis mit dem Mittelpunkt $M(-\frac{3}{2}, \frac{3}{4})$ berührt. Bestimme die Koordinaten des Berührungspunktes und die Gleichung des Kreises.

(86) Ein Kreis mit dem Radius $r = 5$ berührt die Gerade g mit der Gleichung $3x+4y-9 = 0$ im Punkt P(-1,3). Welche Koordinaten hat der Kreismittelpunkt?

(87) Gib die Gleichung des Kreises durch den Punkt P(0,3) an, der die Gerade g mit der Gleichung $y = \frac{1}{2}x - 1$ im Punkt B(6,2) berührt.

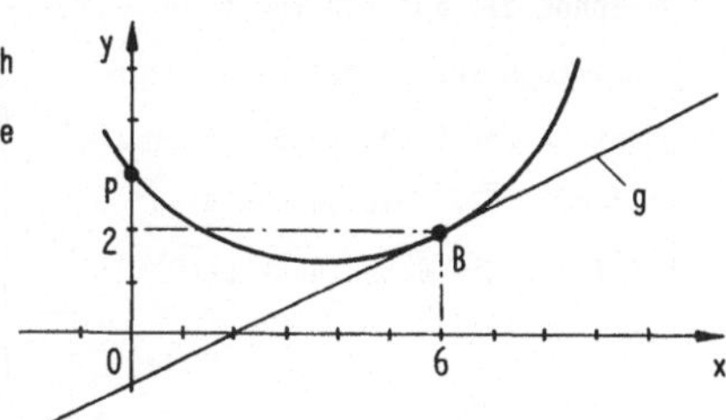

▶ <u>Ausrunden:</u> (vgl. Abschnitt 65.1)

⑧⑧ Zu der auf Seite 240 skizzierten Situation seien der Schnittwinkel
α = 35,4565° und der Radius R = 450 gegeben.
Bestimme die Tangentenlängen $L(\overline{AB})$ und $L(\overline{AG})$, den Scheitelabstand $L(\overline{BS})$, die
Sehnenlänge $L(\overline{AC})$, die Bogenlänge $L(\overset{\frown}{AC})$ sowie die Längen $L(\overline{CE})$ und $L(\overline{ES})$.

⑧⑨ Im schottischen Hochmoor sollen zwei Geraden mit dem unzugänglichen Geländepunkt B als Schnittpunkt und dem Schnittwinkel α durch einen Kreisbogen mit

einem Radius R = 200 m verbunden
werden, so daß die Punkte A und
C Berührungspunkte sind (vgl.
Skizze).

Gegeben seien die Länge der
Hilfsstrecke $L(\overline{DD^*})$ = 360,50 m
sowie die beiden Winkel
δ = 120,5455° und ε = 140,0025° .
Bestimme die Längen der Strecken
$\overline{AD}$, $\overline{CD^*}$, $\overline{AC}$ und des Kreisbogens
$\overset{\frown}{AC}$.

⑨⓪ Durch die Punkte P_1(1720,22 ; 2980,40) und P_2(2475,77 ; 3899,48) bzw.
P_3(2570,08 ; 3798,89) und P_4(1530,56 ; 4060,20) wird die Gerade g_1 bzw. g_2

festgelegt (vgl. Skizze). Die
beiden Geraden sind durch einen
Kreisbogen mit dem Radius
R = 200 auszurunden, so daß die
Punkte A und C Berührungspunkte
sind.

Berechne die Koordinaten des
Schnittpunktes B, der Berührungspunkte A und C sowie den Scheitelabstand $L(\overline{BS})$, die Sehnenlänge
$L(\overline{AC})$ und die Bogenlänge $L(\overset{\frown}{AC})$.

▶ <u>Ellipse:</u>

(91) Bestimme die Gleichung der Ellipse, die die x-Achse im Punkt A(-24,0) berührt und die y-Achse in den Punkten B(0,-8) und C(0,-18) schneidet. Die Achsen der Ellipse verlaufen parallel zu den Koordinatenachsen.

(92) Zeige: Die Relationen $A = \{(x,y)\mid 9x^2+4y^2-36x+8y+4 = 0\}$ und
$B = \{(x,y)\mid x^2+9y^2+2x-54y+73 = 0\}$ definieren Ellipsen.

(93) Stelle die folgenden Relationen graphisch dar:
$A = \{(x,y)\mid 4x^2-24x+y^2+32 \le 0\}$, $B = \{(x,y)\mid \frac{1}{4}x^2+\frac{1}{9}y^2 \le 1 \,\wedge\, |y-\frac{3}{2}x| \ge 3\}$,
$C = \{(x,y)\mid \frac{1}{4}(x-2)^2+\frac{1}{9}(y-3)^2 \ge 1 \,\wedge\, |x-2| \le 2\}$ und
$D = \{(x,y)\mid 4x^2+9y^2 \ge 36 \,\wedge\, y \ge \frac{2}{\sqrt{7}}x - \frac{8}{\sqrt{7}} \,\wedge\, y \ge -\frac{2}{\sqrt{7}}x - \frac{8}{\sqrt{7}}\}$

▶ <u>Hyperbel:</u>

(94) Wie lautet die Gleichung der Hyperbel, deren Achsen die Koordinatenachsen sind und die durch die Punkte $A(-15,\frac{9}{2})$ und $B(-13,\frac{5}{2})$ verläuft ?

(95) Gib jeweils die Hyperbelgleichung, den Mittelpunkt $M(x_m,y_m)$ und die beiden Halbachsen a und b an. Skizziere außerdem die Graphen und ihre Asymptoten und bestimme die Gleichungen der Asymptoten:
a) $4x^2-9y^2-36 = 0$ b) $x^2-2y^2-4x-4y = 0$ c) $4x^2-y^2 = 2y$

▶ <u>Parabel:</u> (vgl. hierzu auch B.I.-HTB 602 "Analysis")

(96) Skizziere die zugehörigen Parabeln mit Angabe der Brennpunkte:
a) $y = -x^2+x$ b) $y^2 = 4x$ c) $y^2 = -2x+4$ d) $(y+1)^2 = 2x+4$
e) $x^2+3x-4y-9 = 0$

(97) Eine Parabel, deren Achse parallel zur y-Achse ist, verlaufe durch die Punkte A(1,1), B(2,5) und C(-3,6). Gib die Parabelgleichung an.

▶ <u>Scharen von Kegelschnitten:</u>

(98) Skizziere jeweils die zugehörige Schar der Graphen für $d \in \mathbb{R}$:
a) $y^2 = 2x+dx^2$ b) $y^2-dx^2 = 1$ c) $(d-1)x^2+(d+1)y^2 = 1$
Für welche Werte von d liegen jeweils Ellipsen, Hyperbeln, Parabeln oder Geraden vor? Skizziere die verschiedenen Kurventypen jeweils für zwei Werte von d.

67 HAUPTACHSENTRANSFORMATION

<u>Einführungsbeispiel:</u>

Der Graph der Relation $\{(x,y)\mid xy = 1\}$ ist eine Hyperbel, deren

Achsen gegenüber den Achsen

des (x,y)-Koordinatensystems

um 45° gedreht sind.

Beweis: Nach Abschnitt 52.1

gilt bei einem Drehwinkel α

zwischen dem ursprünglichen

(x,y)-System und dem gedreh-

ten (x',y')-System der

Zusammenhang:

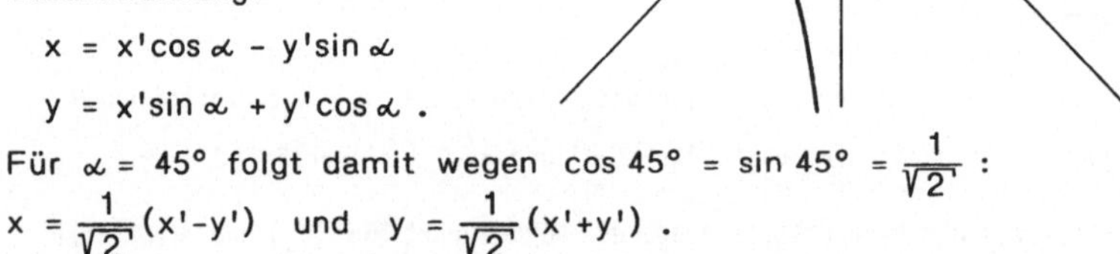

$$x = x'\cos\alpha - y'\sin\alpha$$
$$y = x'\sin\alpha + y'\cos\alpha \;.$$

Für $\alpha = 45°$ folgt damit wegen $\cos 45° = \sin 45° = \dfrac{1}{\sqrt{2}}$:

$$x = \frac{1}{\sqrt{2}}(x'-y') \quad \text{und} \quad y = \frac{1}{\sqrt{2}}(x'+y') \;.$$

Aus $xy = 1$ ergibt sich schließlich die Mittelpunktsgleichung einer

Hyperbel:
$$\boxed{\;\frac{x'^2}{2} - \frac{y'^2}{2} = 1\;}\;.$$

Das Beispiel zeigt, daß neben den bisher behandelten Translationen

(Parallelverschiebungen) auch noch Drehungen zu berücksichtigen sind,

um Gleichungen von Kegelschnitten in der bisher üblichen Form

$$Ax^2 + By^2 + Cx + Dy + E = 0$$

zu erhalten.

<u>Allgemeine Problemstellung:</u>

Kann der Graph einer quadratischen Relation

$$\Big\{(x,y)\mid Ax^2+Bxy+Cy^2+Dx+Ey+F = 0 \text{ mit } A,B,C,D,E,F\in\mathbb{R} \text{ und}$$
$$A^2+B^2+C^2 > 0 \Big\}$$

stets als ein Kegelschnitt interpretiert werden, gegebenenfalls unter

Verwendung geeigneter Drehungen und Parallelverschiebungen ?

<u>Lösung:</u>

Wir legen zunächst die Gleichung

$$Ax^2 + Bxy + Cy^2 = 1 \quad \text{mit} \quad A^2 + C^2 > 0 \quad \text{und} \quad B \neq 0$$

zugrunde und versuchen, durch Einführung eines neuen gedrehten Koordinatensystems die gegebene Gleichung in eine der bekannten Standardformen der Kegelschnittgleichung zu überführen. Man spricht dann von einer <u>Hauptachsentransformation</u>, d.h. die Achsen des Kegelschnittes fallen mit den neuen Koordinatenachsen zusammen.

<u>Satz (67.1):</u>

Die Gleichung $Ax^2 + Bxy + Cy^2 = 1$ mit $A^2 + C^2 > 0$ und $B \neq 0$ bezüglich eines (x,y)-Koordinatensystems kann bei Wahl eines gedrehten (x',y')-Koordinatensystems überführt werden in die Gleichung $A'x'^2 + C'y'^2 = 1$.

Dabei wird der Drehwinkel α festgelegt durch

$$\tan(2\alpha) = \frac{B}{A-C} \quad \text{für } A \neq C \quad \text{und} \quad \alpha = 45° \quad \text{für } A = C .$$

Die Koeffizienten A' und C' sind gegeben durch

$$A' = \frac{A+C}{2} + \frac{1}{2}\sqrt{(A-C)^2 + B^2} \quad \text{und} \quad C' = \frac{A+C}{2} - \frac{1}{2}\sqrt{(A-C)^2 + B^2} .$$

Die Gleichung $A'x'^2 + C'y'^2 = 1$ ist für $A' \neq 0$ und $C' \neq 0$ äquivalent zur Gleichung $\dfrac{x'^2}{\frac{1}{A'}} + \dfrac{y'^2}{\frac{1}{C'}} = 1$.

Für die Halbachsen a und b der entsprechenden Kegelschnitte folgt damit: $a^2 = \left|\dfrac{1}{A'}\right|$ und $b^2 = \left|\dfrac{1}{C'}\right|$.

<u>Beweis:</u>

Mit den Transformationsgleichungen

$$x = x'\cos\alpha - y'\sin\alpha$$

$$y = x'\sin\alpha + y'\cos\alpha$$

folgt aus $Ax^2 + Bxy + Cy^2 = 1$ durch Einsetzen der Terme für x und y und durch geeignete Umformungen der Terme die Gleichung

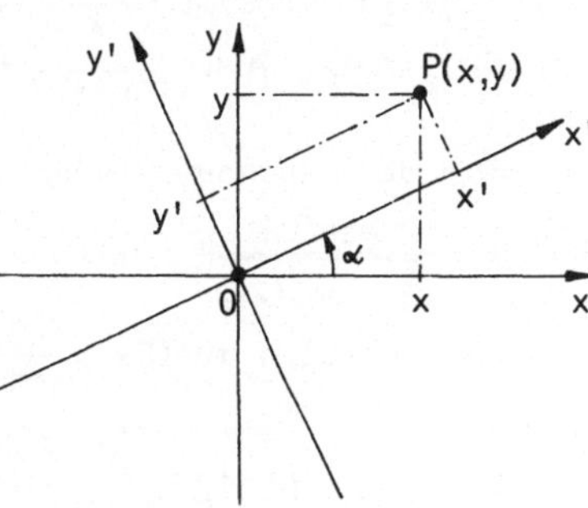

$$A'x'^2 + B'x'y' + C'y'^2 = 1$$

mit　$A' = A\cos^2\alpha + B\sin\alpha\cos\alpha + C\sin^2\alpha$,

$\quad\ B' = B(\cos^2\alpha - \sin^2\alpha) + 2(C-A)\sin\alpha\cos\alpha$,

$\quad\ C' = A\sin^2\alpha - B\sin\alpha\cos\alpha + C\cos^2\alpha$.

Wir bestimmen den Drehwinkel α nun so, daß $B' = 0$ ist und damit der Term $B'x'y'$ verschwindet.

Wegen $\sin(2\alpha) = 2\sin\alpha\cos\alpha$ und $\cos(2\alpha) = \cos^2\alpha - \sin^2\alpha$ (vgl. hierzu Satz (18.6): Additionstheoreme) folgt aus $B' = 0$:

$$B' = B\cos(2\alpha) + (C-A)\sin(2\alpha) = 0 .$$

1. Fall: $C = A$

Mit $B' = B\cos(2\alpha) = 0$ und $B \neq 0$ erhalten wir hier $\cos(2\alpha) = 0$ und damit als kleinsten positiven Drehwinkel $\alpha = 45°$.

Die Gleichung $A'x'^2 + B'x'y' + C'y'^2 = 1$ geht wegen $\sin 45° = \cos 45° = \dfrac{1}{\sqrt{2}}$ über in die Gleichung $A'x'^2 + C'y'^2 = 1$ mit $A' = A + \dfrac{B}{2}$ und $C' = A - \dfrac{B}{2}$.

2. Fall: $C \neq A$

Hier folgt aus $B' = B\cos(2\alpha) + (C-A)\sin(2\alpha) = 0$ für α:

$$\frac{B}{A-C} = \frac{\sin(2\alpha)}{\cos(2\alpha)} = \tan(2\alpha) .$$

Die Koeffizienten A' und C' können damit folgendermaßen direkt aus A, B und C berechnet werden:

Mit Hilfe der trigonometrischen Beziehungen
$\cos^2\alpha = \dfrac{1}{2}(1 + \cos(2\alpha))$, $\sin^2\alpha = \dfrac{1}{2}(1 - \cos(2\alpha))$ und $\sin(2\alpha) = 2\sin\alpha\cos\alpha$
ergibt sich für A':

$$\begin{aligned}
A' &= A\cos^2\alpha + C\sin^2\alpha + B\sin\alpha\cos\alpha \\
&= \frac{A}{2}(1 + \cos(2\alpha)) + \frac{C}{2}(1 - \cos(2\alpha)) + \frac{B}{2}\sin(2\alpha) \\
&= \frac{A+C}{2} + \frac{A-C}{2}\cos(2\alpha) + \frac{B}{2}\sin(2\alpha) .
\end{aligned}$$

Mit Hilfe der trigonometrischen Beziehungen

$$\sin(2\alpha) = \frac{\tan(2\alpha)}{\sqrt{1 + \tan^2(2\alpha)}} \quad \text{und} \quad \cos(2\alpha) = \frac{1}{\sqrt{1 + \tan^2(2\alpha)}}$$

erhalten wir wegen $\tan(2\alpha) = \dfrac{B}{A-C}$:

$$\sin(2\alpha) = \frac{B}{(A-C)\sqrt{1 + \left(\frac{B}{A-C}\right)^2}} = \frac{B}{\sqrt{(A-C)^2 + B^2}} \qquad \text{und}$$

$$\cos(2\alpha) = \frac{1}{\sqrt{1+(\frac{B}{A-C})^2}} = \frac{A-C}{\sqrt{(A-C)^2+B^2}} \ .$$

Damit folgt schließlich für A':

$$A' = \frac{A+C}{2} + \frac{(A-C)^2}{2\sqrt{(A-C)^2+B^2}} + \frac{B^2}{2\sqrt{(A-C)^2+B^2}}$$

$$= \frac{A+C}{2} + \frac{1}{2}\sqrt{(A-C)^2+B^2} \ .$$

Entsprechend erhalten wir für den Koeffizienten C':

$$C' = \frac{A+C}{2} - \frac{1}{2}\sqrt{(A-C)^2+B^2} \ .$$

Bemerkung:

Ist die Gleichung $Ax^2 + Bxy + Cy^2 + F = 0$ mit $A^2+C^2 > 0$, $B \neq 0$ und $F \neq 0$ gegeben, so wählen wir für Satz (67.1) die äquivalente Ausgangs-

gleichung $\frac{A}{-F}x^2 + \frac{B}{-F}xy + \frac{C}{-F}y^2 = 1$.

Man kann aber auch zuerst transformieren und anschließend durch den konstanten Term dividieren. Im allgemeinen ist aus technischen Grün-den dieses Verfahren zu empfehlen.

Allgemeiner Fall:

Im Falle der Gleichung

$Ax^2+Bxy+Cy^2+Dx+Ey+F = 0$ mit $A,B,C,D,E,F \in \mathbb{R}$ und $A^2+B^2+C^2 > 0$

kann obiges Prinzip genauso angewandt werden, obwohl hier zusätzlich noch lineare Terme auftreten. Bezüglich des gedrehten (x',y')-Systems ergibt sich dann eine Gleichung

$$A'x'^2 + C'y'^2 + D'x' + E'y' + F' = 0$$

mit $F' = F$, wobei die Koeffizienten A' und C' wie oben bestimmt sind. D' und E' können entsprechend berechnet werden.

Mögliche Lösungen sind also Kegelschnitte, Geradenpaare oder Punkte (vgl. Seite 238).

Beispiel:

Wir bestimmen den Graphen der Relation

$$\left\{ (x,y) \mid x^2 + xy + y^2 = 7 \right\}$$

mit Hilfe der Hauptachsentransformation.

Um Satz (67.1) anwenden zu können, wählen wir die äquivalente

Ausgangsgleichung $\quad Ax^2 + Bxy + Cy^2 = 1 \quad$ mit $\quad A = B = C = \frac{1}{7}$.

Wegen $A = C$ ist der Drehwinkel $\alpha = 45°$.

Die Gleichung bezüglich des um 45° gedrehten (x',y')-Systems lautet:

$$A'x'^2 + C'y'^2 = 1$$

mit

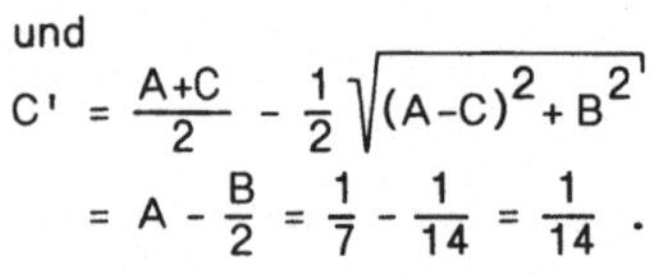

$$A' = \frac{A+C}{2} + \frac{1}{2}\sqrt{(A-C)^2 + B^2}$$

$$= A + \frac{B}{2} = \frac{1}{7} + \frac{1}{14} = \frac{3}{14}$$

und

$$C' = \frac{A+C}{2} - \frac{1}{2}\sqrt{(A-C)^2 + B^2}$$

$$= A - \frac{B}{2} = \frac{1}{7} - \frac{1}{14} = \frac{1}{14} \ .$$

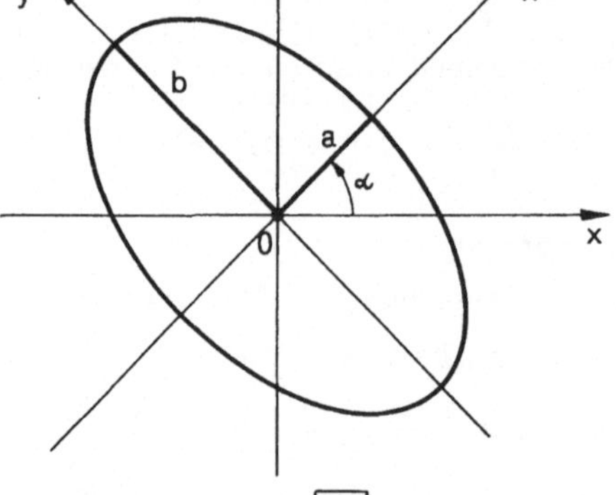

Damit erhalten wir die

Gleichung einer Ellipse:

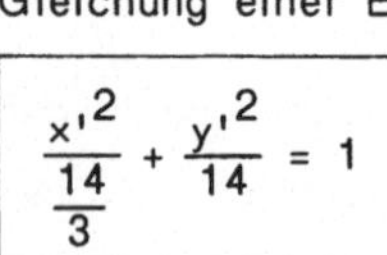

$$\boxed{\frac{x'^2}{\frac{14}{3}} + \frac{y'^2}{14} = 1}$$. Für die Halbachsen gilt $\quad a = \sqrt{\frac{14}{3}} \quad$ und $\quad b = \sqrt{14}$.

$\boxed{68}$ ÜBUNGEN: HAUPTACHSENTRANSFORMATION

(99) Bestimme zu den folgenden Gleichungen jeweils den zugehörigen Graphen mit Hilfe einer Hauptachsentransformation. Ermittle außerdem den Drehwinkel und gib die Gleichung des Kegelschnittes bezüglich der Hauptachsen an (evtl. Drehung und Parallelverschiebung). Im Falle der Hyperbel sind auch die Gleichungen der Asymptoten zu bestimmen:

a) $13x^2 + 10xy + 13y^2 = 72$ b) $x^2 + 4xy + y^2 = 8$

c) $1,5x^2 + 5xy + 1,5y^2 - 16 = 0$ d) $5x^2 + 3xy + y^2 = 1$

e) $11x^2 + 10\sqrt{3}\,xy + y^2 - 16 = 0$

(100) Eine Schar von Kegelschnitten wird beschrieben durch die Gleichung

$$kx^2 + 3xy + (k-4)y^2 = 1 \quad \text{mit} \quad k \in \mathbb{R} \ .$$

Skizziere die Schar der Graphen mit Hilfe einer Hauptachsentransformation. Bestimme den Drehwinkel. Für welche Werte von k liegen jeweils Hyperbeln,

Paare von Geraden oder Ellipsen vor ? Gib die Gleichungen bezüglich der
Hauptachsen an und skizziere die Kurventypen für jeweils zwei Werte von k.

(101) Skizziere den Graphen zur Gleichung

$$5{,}25\,x^2 + 4{,}33\,xy + 7{,}75\,y^2 - 49{,}856\,x - 54{,}354\,y + 124 = 0$$

mit Hilfe eines geeignet gedrehten Koordinatensystems und einer anschließen-
den Parallelverschiebung.

[69] ANWENDUNGEN: TRÄGHEITSMOMENTE EBENER FLÄCHEN

In der Festigkeitslehre spielen Trägheitsmomente (Momente zweiter
Ordnung) eine wichtige Rolle. Im folgenden zeigen wir, daß das
Prinzip der Hauptachsentransformation mit Hilfe gedrehter Koordinatensysteme eine geeignete Methode liefert, um z.B. <u>Hauptträgheits-
momente</u> und <u>Hauptträgheitsachsen</u> zu bestimmen.

> Dabei setzen wir in diesem Abschnitt Grundbegriffe der Integral-
> rechnung voraus, die zur Definition der Momente notwendig sind.
> Vgl. hierzu etwa unseren Band "Analysis für Ingenieure",
> B.I.-HTB 602, 2. Auflage 1986.

Unter <u>Flächenträgheitsmomenten</u> für eine beliebige ebene Fläche
A bezüglich eines (x,y)-Systems in der Flächenebene verstehen wir

a) die <u>axialen</u> Flächenträgheitsmomente, die sich jeweils auf
    eine Koordinatenachse beziehen:

$$J_x = \int_A y^2\,dA \quad\text{und}\quad J_y = \int_A x^2\,dA \;,$$

b) das <u>gemischte</u> Flächenträgheitsmoment, das sich auf beide
    Koordinatenachsen bezieht:

$$J_{xy} = \int_A xy\,dA \;.$$

<u>Bemerkung:</u>

Die axialen Momente sind stets positiv: $J_x, J_y \in \mathbb{R}^+$. Dagegen kann
J_{xy} auch negativ oder Null sein: $J_{xy} \in \mathbb{R}$.

Die Werte der Flächenträgheitsmomente hängen nach Definition von
der Wahl des Koordinatensystems ab.

Sind für eine Fläche A die Momente J_x, J_y und J_{xy} bezüglich eines
(x,y)-Systems bekannt, so können
die Momente J_ξ, J_η und $J_{\xi\eta}$
bezüglich eines um den Winkel
φ gedrehten (ξ,η)-Systems in
Abhängigkeit von J_x, J_y und J_{xy}
folgendermaßen berechnet
werden:

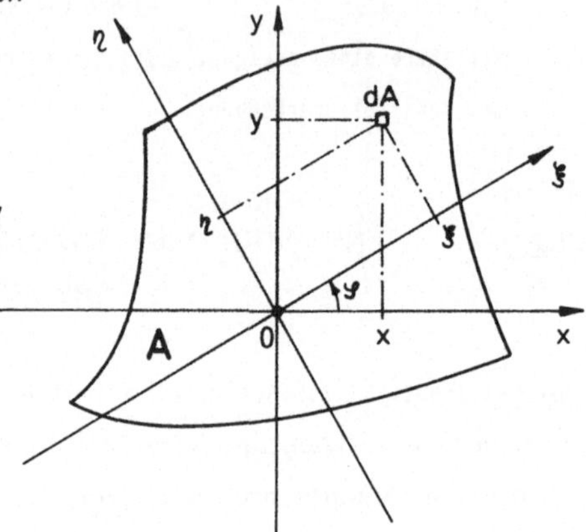

Mit den Transformations-
gleichungen

$$\xi = x \cos\varphi + y \sin\varphi$$

$$\eta = -x \sin\varphi + y \cos\varphi$$

folgt für J_ξ:

$$J_\xi = \int_A \eta^2\, dA = \int_A (x^2\sin^2\varphi - 2xy\sin\varphi\cos\varphi + y^2\cos^2\varphi)\, dA$$

$$= \sin^2\varphi \int_A x^2\, dA - 2\sin\varphi\cos\varphi \int_A xy\, dA + \cos^2\varphi \int_A y^2\, dA$$

$$= J_x \cos^2\varphi - 2J_{xy}\sin\varphi\cos\varphi + J_y \sin^2\varphi \ .$$

Entsprechend folgt für J_η und $J_{\xi\eta}$:

$$J_\eta = J_x \sin^2\varphi + 2J_{xy}\sin\varphi\cos\varphi + J_y \cos^2\varphi$$

und

$$J_{\xi\eta} = J_{xy}(\cos^2\varphi - \sin^2\varphi) + (J_x - J_y)\sin\varphi\cos\varphi$$

$$= \frac{1}{2}(J_x - J_y)\sin(2\varphi) + J_{xy}\cos(2\varphi) \ .$$

Es gilt also insgesamt:

$$\boxed{\begin{aligned}
J_\xi &= J_x \cos^2\varphi - 2J_{xy}\sin\varphi\cos\varphi + J_y \sin^2\varphi \\[4pt]
J_\eta &= J_x \sin^2\varphi + 2J_{xy}\sin\varphi\cos\varphi + J_y \cos^2\varphi \\[4pt]
J_{\xi\eta} &= \frac{1}{2}(J_x - J_y)\sin(2\varphi) + J_{xy}\cos(2\varphi)
\end{aligned}}$$

Den Flächenträgheitsmomenten kann eine quadratische Relation zugeordnet werden, auf die wir die Hauptachsentransformation anwenden.

Dazu tragen wir im skizzierten (x,y)-System für alle Winkel φ auf der jeweiligen ξ-Achse des um φ gedrehten (ξ,η)-Systems vom Ursprung 0 aus die Strecke $\overline{OP}$ mit $r = L(\overline{OP}) = \dfrac{1}{\sqrt{J_\xi}}$ ab.

<u>Behauptung:</u>

Die so definierten Punkte $P(x,y)$ mit $x = \dfrac{1}{\sqrt{J_\xi}} \cos \varphi$ und

$y = \dfrac{1}{\sqrt{J_\xi}} \sin \varphi$ bilden eine Ellipse, die sog. <u>Trägheitsellipse</u>.

<u>Beweis:</u>

Wegen $\cos \varphi = x\sqrt{J_\xi}$ und $\sin \varphi = y\sqrt{J_\xi}$ folgt aus der Gleichung

$J_\xi = J_x \cos^2\varphi - 2J_{xy}\sin\varphi\cos\varphi + J_y \sin^2\varphi$ für die Koordinaten der obigen Punkte $P(x,y)$ die quadratische Gleichung:

$$\boxed{J_x x^2 - 2J_{xy}xy + J_y y^2 = 1} \quad .$$

Diese Gleichung läßt sich im Falle $J_{xy} \neq 0$ nach Satz (67.1) überführen in die Gleichung

$$\boxed{J_1 x'^2 + J_2 y'^2 = 1} \qquad (*)$$

bezüglich eines gedrehten (x',y')-Systems, wobei für den Drehwinkel α gilt: $\alpha = 45°$, falls $J_x = J_y$, und $\tan(2\alpha) = \dfrac{2J_{xy}}{J_y - J_x}$, falls $J_x \neq J_y$.

Für die Koeffizienten J_1 und J_2 gilt dabei:

$$J_1 = \frac{J_x + J_y}{2} + \sqrt{\left(\frac{J_x - J_y}{2}\right)^2 + J_{xy}^2} \quad , \quad J_2 = \frac{J_x + J_y}{2} - \sqrt{\left(\frac{J_x - J_y}{2}\right)^2 + J_{xy}^2} \quad .$$

Wegen $J_1, J_2 \in \mathbb{R}^+$ ist die Gleichung $(*)$ äquivalent zu der Ellipsengleichung

$$\boxed{\frac{x'^2}{\left(\frac{1}{\sqrt{J_1}}\right)^2} + \frac{y'^2}{\left(\frac{1}{\sqrt{J_2}}\right)^2} = 1} \quad .$$

Wir erhalten also als Graph eine Ellipse mit den Halbachsen $a = \dfrac{1}{\sqrt{J_1}}$

und $b = \dfrac{1}{\sqrt{J_2}}$.

Die Koordinatenachsen des (x',y')-Systems sind die Achsen dieser **Trägheitsellipse**, sie werden **Hauptträgheitsachsen** genannt. Entsprechend heißen die zugehörigen Trägheitsmomente J_1 und J_2 **Hauptträgheitsmomente**.

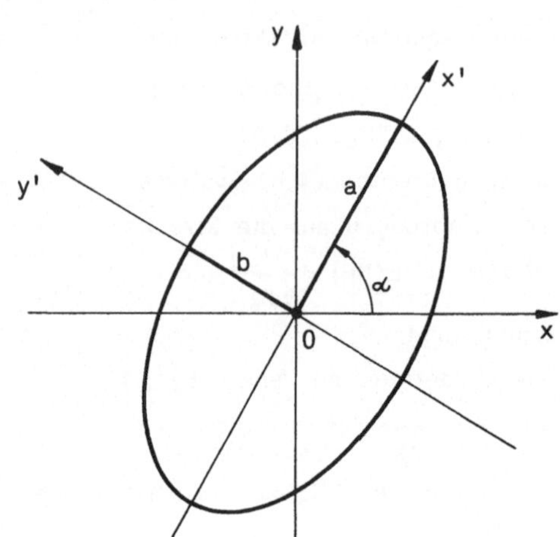

Beispiel:

(Vgl. hierzu unseren Band "Analysis für Ingenieure", B.I.-HTB 602, 2. Auflage 1986, S. 253)

Das skizzierte Winkelprofil L 200×100×10 mit dem Schwerpunkt S hat bezüglich des (x,y)-Systems die Flächenträgheitsmomente:

$J_x = 1228 \text{ cm}^4$,
$J_y = 218 \text{ cm}^4$,
$J_{xy} = -295 \text{ cm}^4$.

Wir bestimmen die zugehörige Trägheitsellipse.

Mit $\tan(2\alpha) = \dfrac{2J_{xy}}{J_y - J_x} = \dfrac{2\cdot(-295)}{218-1228} = 0{,}5842$ erhalten wir für den Drehwinkel α zwischen dem (x,y)-System und dem (x',y')-System der Hauptträgheitsachsen:

$$\boxed{\alpha = 15{,}1°}\quad.$$

Für die zugehörigen Hauptträgheitsmomente J_1 und J_2 erhalten wir mit

$$J_1 = \frac{J_x + J_y}{2} + \sqrt{\left(\frac{J_x - J_y}{2}\right)^2 + J_{xy}^2} \quad \text{und} \quad J_2 = \frac{J_x + J_y}{2} - \sqrt{\left(\frac{J_x - J_y}{2}\right)^2 + J_{xy}^2}$$

die gerundeten Werte:

$$\boxed{J_1 = 1308 \text{ cm}^4, \quad J_2 = 138 \text{ cm}^4}\quad.$$

Mit

$$\frac{x'^2}{\left(\dfrac{1}{\sqrt{J_1}}\right)^2} + \frac{y'^2}{\left(\dfrac{1}{\sqrt{J_2}}\right)^2} = 1$$

erhalten wir schließlich als Gleichung der Trägheitsellipse des gegebenen Winkelprofils:

$$\boxed{\frac{x'^2}{0{,}0277^2} + \frac{y'^2}{0{,}0851^2} = 1}$$

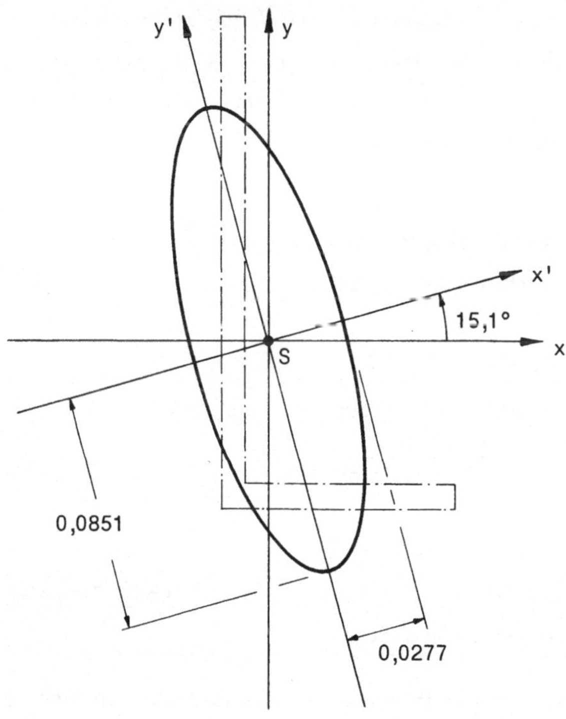

M EIGENWERTE UND EIGENVEKTOREN

In höherdimensionalen Räumen wird der Begriff der Hauptachsentransformation mit Hilfe der sog. **Eigenwerttheorie** begründet, die wir im folgenden für den n-dimensionalen Fall formulieren, auf die wir aber ausführlicher nur im zwei- und dreidimensionalen Fall eingehen.

Wir verwenden in diesem Kapitel der Systematik halber für räumliche Koordinaten stets die Bezeichnungen x_1, x_2, x_3 bzw. x_1', x_2', x_3'. Lediglich bei den technischen Anwendungen benutzen wir die in der Literatur üblichen Bezeichnungen x, y, z bzw. x', y', z'.

70 EIGENWERTE UND EIGENVEKTOREN EINER (n,n)-MATRIX

<u>Definition (70.1):</u>

Eine Zahl $\lambda \in \mathrm{IR}$ heißt **Eigenwert** einer (n,n)-Matrix

$$A = \begin{pmatrix} a_{11} & \cdots & a_{1n} \\ \vdots & & \vdots \\ a_{n1} & \cdots & a_{nn} \end{pmatrix}, \text{ falls die Gleichung } A\vec{x} = \lambda\vec{x} \text{ lösbar ist}$$

für einen Vektor $\vec{x} \in \mathrm{IR}^n \backslash \{\vec{O}\}$.

Jeder Vektor $\vec{x} \in \mathrm{IR}^n \backslash \{\vec{O}\}$ mit $A\vec{x} = \lambda\vec{x}$ heißt **Eigenvektor** der Matrix A zum Eigenwert λ.

Die Bestimmung der Eigenwerte und Eigenvektoren einer gegebenen (n,n)-Matrix erläutern wir nun für den dreidimensionalen Fall (n = 3):

Sei also die Matrix $A = \begin{pmatrix} a_{11} & a_{12} & a_{13} \\ a_{21} & a_{22} & a_{23} \\ a_{31} & a_{32} & a_{33} \end{pmatrix}$ gegeben.

Dann ist die Gleichung $A\vec{x} = \lambda\vec{x}$ mit $\lambda \in \mathrm{IR}$ und $\vec{x} = \begin{pmatrix} x_1 \\ x_2 \\ x_3 \end{pmatrix} \in \mathrm{IR}^3$ äquivalent zu der Gleichung

$$(A - \lambda E_3)\vec{x} = \vec{O}$$

bzw. zu dem folgenden homogenen linearen Gleichungssystem:

$$(a_{11}-\lambda)x_1 + a_{12}x_2 + a_{13}x_3 = 0$$
$$a_{21}x_1 + (a_{22}-\lambda)x_2 + a_{23}x_3 = 0$$
$$a_{31}x_1 + a_{32}x_2 + (a_{33}-\lambda)x_3 = 0$$

Dieses Gleichungssystem besitzt nach Abschnitt 46 genau dann einen vom Nullvektor verschiedenen Lösungsvektor $\vec{x}$, wenn die Determinante $\det(A- E_3)$ der Koeffizientenmatrix $A- E_3$ gleich Null ist (vgl. hierzu die Bemerkung auf Seite 166).

Die Gleichung
$$\det(A- E_3) = \begin{vmatrix} a_{11}-\lambda & a_{12} & a_{13} \\ a_{21} & a_{22}-\lambda & a_{23} \\ a_{31} & a_{32} & a_{33}-\lambda \end{vmatrix} = 0$$

heißt <u>charakteristische Gleichung</u> der Matrix A.

Mit Hilfe der Regel von Sarrus (vgl. Seite 158) erhalten wir für die charakteristische Gleichung:
$$\det(A- E_3) = b_3\lambda^3 + b_2\lambda^2 + b_1\lambda + b_0 = 0$$
mit
$$b_0 = \det A , \quad b_1 = - \left(\begin{vmatrix} a_{11} & a_{12} \\ a_{21} & a_{22} \end{vmatrix} + \begin{vmatrix} a_{11} & a_{13} \\ a_{31} & a_{33} \end{vmatrix} + \begin{vmatrix} a_{22} & a_{23} \\ a_{32} & a_{33} \end{vmatrix} \right) ,$$

$$b_2 = a_{11} + a_{22} + a_{33} \quad \text{und} \quad b_3 = -1 .$$

Die Eigenwerte der Matrix A sind damit die Nullstellen der ganzrationalen Funktion P_3 dritten Grades mit der Funktionsgleichung
$$P_3(x) = b_3x^3 + b_2x^2 + b_1x + b_0 .$$

Diese Funktion heißt <u>charakteristisches Polynom</u> der Matrix A.

Da eine ganzrationale Funktion dritten Grades genau eine, zwei oder drei Nullstellen besitzt, hat die (3,3)-Matrix A genau einen, zwei oder drei Eigenwerte.

Die zu einem Eigenwert λ gehörenden Eigenvektoren erhalten wir durch Lösen des obigen Gleichungssystems. Daher gilt

<u>Satz (70.1):</u>

> Ist $\vec{x}$ ein Eigenvektor der Matrix A zum Eigenwert λ, dann sind auch alle Vielfachen $\alpha\vec{x}$ mit $\alpha\in \mathbb{R}\setminus\{0\}$ Eigenvektoren zu demselben Eigenwert.

<u>Beweis:</u>

Mit $A\vec{x} = \lambda\vec{x}$ folgt: $A(\alpha\vec{x}) = \alpha(A\vec{x}) = \alpha(\lambda\vec{x}) = \lambda(\alpha\vec{x}) .$

<u>Beispiel:</u>

Wir bestimmen die Eigenwerte und Eigenvektoren der (3,3)-Matrix

$$A = \begin{pmatrix} 1 & \sqrt{3} & 0 \\ \sqrt{3} & -1 & 0 \\ 0 & 0 & 3 \end{pmatrix} .$$

Lösung: Die charakteristische Gleichung von A

$$\det(A - \lambda E_3) = \begin{vmatrix} 1-\lambda & \sqrt{3} & 0 \\ \sqrt{3} & -1-\lambda & 0 \\ 0 & 0 & 3-\lambda \end{vmatrix} = -\lambda^3 + 3\lambda^2 + 4\lambda - 12$$

$$= -(3-\lambda)(2-\lambda)(2+\lambda) = 0$$

liefert die drei Eigenwerte $\lambda_1 = 3$, $\lambda_2 = 2$ und $\lambda_3 = -2$.

Die zugehörigen Eigenvektoren erhalten wir durch Einsetzen der Werte 3, 2 bzw. -2 für λ in die Gleichung $A\vec{x} = \lambda\vec{x}$:

$\underline{\lambda_1 = 3}$: Zu $A\vec{x} = 3\vec{x}$ bzw. $(A - 3E_3)\vec{x} = \vec{O}$ erhalten wir das äquivalente Gleichungssystem

$$\begin{aligned} -2x_1 + \sqrt{3}\,x_2 &= 0 \\ \sqrt{3}\,x_1 - 4x_2 &= 0 \\ 0x_3 &= 0 . \end{aligned}$$

Eine einfache Rechnung ergibt die Lösungsmenge $\mathbb{L} = \left\{ \begin{pmatrix} 0 \\ 0 \\ x_3 \end{pmatrix} \,\middle|\, x_3 \in \mathbb{R} \right\}$, so daß wir als zugehörige Eigenvektoren alle Vektoren der Form $\vec{x} = x_3 \begin{pmatrix} 0 \\ 0 \\ 1 \end{pmatrix}$ mit $x_3 \in \mathbb{R}\backslash\{0\}$ erhalten.

$\underline{\lambda_2 = 2}$: Hier erhalten wir analog als zugehörige Eigenvektoren alle Vektoren der Form $\vec{y} = y_2 \begin{pmatrix} \sqrt{3} \\ 1 \\ 0 \end{pmatrix}$ mit $y_2 \in \mathbb{R}\backslash\{0\}$.

$\underline{\lambda_3 = -2}$: Schließlich ergeben sich hier als zugehörige Eigenvektoren alle Vektoren der Form $\vec{z} = z_1 \begin{pmatrix} 1 \\ -\sqrt{3} \\ 0 \end{pmatrix}$ mit $z_1 \in \mathbb{R}\backslash\{0\}$.

Wählen wir je einen (beliebigen) Eigenvektor $\vec{x}, \vec{y}, \vec{z}$ zu den drei Eigenwerten 3, 2, -2 aus, so erhalten wir stets die Skalarprodukte:

$$\vec{x} \cdot \vec{y} = 0, \quad \vec{x} \cdot \vec{z} = 0 \quad \text{und} \quad \vec{y} \cdot \vec{z} = 0 .$$

Aufgrund der Orthogonalitätsbedingung (vgl. Seite 108) stehen die Vektoren $\vec{x}, \vec{y}, \vec{z}$ paarweise senkrecht aufeinander (vgl. Skizze).

Bemerkung:

Bei der im Beispiel gegebenen
Matrix A handelt es sich um
eine symmetrische Matrix
(vgl. Seite 143).
Die symmetrischen Matrizen
sind für die Anwendungen von
besonderer Bedeutung.

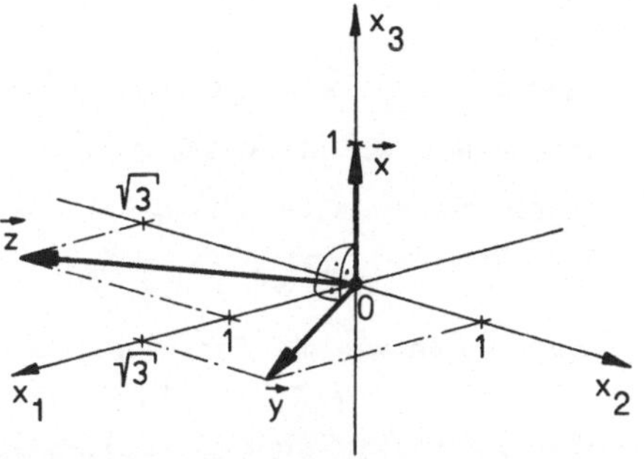

▶ Eigenwerte und Eigenvektoren symmetrischer Matrizen:

Satz (70.2):

> Eine symmetrische (n,n)-Matrix $S = (s_{ik})$ besitzt n (nicht notwen-
> dig voneinander verschiedene) Eigenwerte.

Beweis: (für $n = 2$)

Gegeben sei die symmetrische Matrix $S = \begin{pmatrix} s_{11} & s_{12} \\ s_{21} & s_{22} \end{pmatrix}$ mit $s_{12} = s_{21}$.

Als charakteristische Gleichung von S erhalten wir dann:

$$\det(S - \lambda E_2) = \begin{vmatrix} s_{11} - \lambda & s_{12} \\ s_{21} & s_{22} - \lambda \end{vmatrix} = \lambda^2 - \lambda(s_{11} + s_{22}) + \det S = 0$$

mit $\lambda = \dfrac{s_{11} + s_{22}}{2} + \sqrt{D}$ oder $\lambda = \dfrac{s_{11} + s_{22}}{2} - \sqrt{D}$, wobei für die

Diskriminante D gilt:

$$D = \left(\frac{s_{11} + s_{22}}{2}\right)^2 - \det S = \frac{1}{4}\left((s_{11} + s_{22})^2 - 4\det S\right) .$$

Reelle Eigenwerte (d.h. Lösungen der quadratischen Gleichung) erhalten wir nur, falls die Diskriminante $D \geq 0$ ist. Das ist aber der Fall,
denn wegen $s_{12} = s_{21}$ gilt:

$$D = \frac{1}{4}\left(s_{11}^2 + 2 s_{11} s_{22} + s_{22}^2 - 4 s_{11} s_{22} + 4 s_{12} s_{21}\right)$$

$$= \frac{1}{4}\left((s_{11} - s_{22})^2 + 4 s_{12}^2\right) \geq 0 .$$

Satz (70.3):

> Je zwei zu verschiedenen Eigenwerten λ_1 und λ_2 gehörende Eigen-
> vektoren $\vec{x}$ und $\vec{y}$ einer symmetrischen (n,n)-Matrix $S = (s_{ik})$ sind
> zueinander orthogonal.

<u>Beweis:</u>

Es gelte also $\quad S\vec{x} = \lambda_1\vec{x}\quad$ und $\quad S\vec{y} = \lambda_2\vec{y}\quad$ mit $\quad\lambda_1 \neq \lambda_2$.

Dabei deuten wir die Vektoren $\vec{x}$ und $\vec{y}$ als (n,1)-Matrizen und multiplizieren die erste Gleichung von links mit der transponierten Matrix $\vec{y}^T$:

$$\vec{y}^T S\vec{x} = \lambda_1\vec{y}^T\vec{x} \ . \qquad (*)$$

Transponieren wir die Terme der zweiten Gleichung (vgl. Seite 142)

$$(S\vec{y})^T = \vec{y}^T S^T = (\lambda_2\vec{y})^T = \lambda_2\vec{y}^T$$

und multiplizieren wir anschließend von rechts mit $\vec{x}$, so erhalten wir:

$$\vec{y}^T S^T\vec{x} = \lambda_2\vec{y}^T\vec{x} \ . \qquad (**)$$

Die Differenz der beiden Gleichungen (*) und (**) ergibt

$$\vec{y}^T S^T\vec{x} - \vec{y}^T S\vec{x} = \lambda_2\vec{y}^T\vec{x} - \lambda_1\vec{y}^T\vec{x} = (\lambda_2-\lambda_1)\vec{y}^T\vec{x}$$

bzw. wegen $S = S^T$, d.h. wegen $\vec{y}^T S^T\vec{x} - \vec{y}^T S\vec{x} = 0$:

$$(\lambda_2-\lambda_1)\vec{y}^T\vec{x} = 0 \ .$$

Mit $\lambda_1 \neq \lambda_2$, d.h. $\lambda_2-\lambda_1 \neq 0$, folgt schließlich: $\quad\vec{y}^T\vec{x} = 0$.

Mit Beispiel 3 auf Seite 142 gilt jedoch $\vec{y}^T\vec{x} = \vec{y}\cdot\vec{x}$, so daß wegen $\vec{y}\cdot\vec{x} = 0$ die Orthogonalitätsbedingung (vgl. Seite 108) erfüllt ist, also die Vektoren $\vec{x}$ und $\vec{y}$ zueinander orthogonal sind.

<u>Bemerkungen:</u>

a) In der obigen Skizze dreier Eigenvektoren $\vec{x},\vec{y},\vec{z}$ zu verschiedenen Eigenwerten einer symmetrischen (3,3)-Matrix A ist die paarweise Orthogonalität unmittelbar zu erkennen.

b) Wie sich leicht zeigen läßt, sind zueinander orthogonale Vektoren stets linear unabhängig. Haben wir also wie im obigen Beispiel drei paarweise zueinander orthogonale Vektoren $\vec{x},\vec{y},\vec{z}\in\mathbb{R}^3$ vorliegen, so sind diese auch paarweise linear unabhängig und bilden nach Abschnitt 27 eine Basis $B = \{\vec{x},\vec{y},\vec{z}\}$ des Vektorraumes $\mathbb{R}^3$.

71 HAUPTACHSENTRANSFORMATION FÜR KURVEN ZWEITER ORDNUNG

Im folgenden zeigen wir, daß die Eigenwerttheorie neben der in Abschnitt 67 vorgestellten Drehung des Koordinatensystems eine weitere Möglichkeit darstellt, die Hauptachsen eines Kegelschnittes zu bestimmen.

<u>Einführungsbeispiel</u>:

Nach dem Beispiel im Abschnitt 67 handelt es sich bei dem Graphen der Relation $\left\{(x,y)\mid x_1^2 + x_1 x_2 + x_2^2 = 7\right\}$ um eine Ellipse, deren Achsen gegenüber den Achsen des (x_1,x_2)-Systems um 45° gedreht sind (vgl. die Seiten 249/250).

Wir zeigen nun, daß die Eigenwerttheorie zu demselben Ergebnis führt:

<u>Idee:</u> Dazu ordnen wir der zu $x_1^2 + x_1 x_2 + x_2^2 = 7$ äquivalenten Gleichung $Ax_1^2 + Bx_1 x_2 + Cx_2^2 = 1$ mit $A = B = C = \frac{1}{7}$ eine symmetrische (2,2)-Matrix S zu und zeigen, daß deren Eigenvektoren ein neues (x_1',x_2')-System festlegen, dessen Koordinatenachsen die Achsen des Graphen der gegebenen Relation darstellen. Die zugehörigen Eigenwerte liefern außerdem die Längen der Halbachsen.

Die obige Gleichung schreiben wir in der Form

$$\frac{1}{7}x_1^2 + \frac{1}{14}x_1 x_2 + \frac{1}{14}x_2 x_1 + \frac{1}{7}x_2^2 = 1$$

und ordnen ihr die symmetrische Matrix $S = \begin{pmatrix} \frac{1}{7} & \frac{1}{14} \\ \frac{1}{14} & \frac{1}{7} \end{pmatrix}$ zu.

Mit Hilfe der charakteristischen Gleichung von S

$$\det(S - \lambda E_2) = \begin{vmatrix} \frac{1}{7}-\lambda & \frac{1}{14} \\ \frac{1}{14} & \frac{1}{7}-\lambda \end{vmatrix} = \lambda^2 - \frac{2}{7}\lambda + \frac{3}{4 \cdot 49} = 0$$

ermitteln wir die beiden Eigenwerte $\lambda_1 = \frac{3}{14}$ und $\lambda_2 = \frac{1}{14}$.

<u>$\lambda_1 = \frac{3}{14}$</u>: Zu $S\vec{x} = \frac{3}{14}\vec{x}$ bzw. $(S - \frac{3}{14}E_2)\vec{x} = \vec{0}$ erhalten wir das äquivalente Gleichungssystem

$$-\frac{1}{14}x_1 + \frac{1}{14}x_2 = 0$$
$$\frac{1}{14}x_1 - \frac{1}{14}x_2 = 0$$

mit der Lösungsmenge $\mathbb{L} = \left\{ \begin{pmatrix} x_1 \\ x_2 \end{pmatrix} \mid x_1 = x_2 \wedge x_1 \in \mathbb{R} \right\}$.

Die zugehörigen Eigenvektoren sind also alle Vektoren der Form

$$\vec{x} = x_1 \begin{pmatrix} 1 \\ 1 \end{pmatrix} \quad \text{mit} \quad x_1 \in \mathbb{R} \setminus \{0\} \ .$$

$\underline{\lambda_2 = \dfrac{1}{14}}$: Mit $S\vec{y} = \dfrac{1}{14}\vec{y}$ erhalten wir analog als zugehörige Eigenvektoren alle Vektoren der Form

$$\vec{y} = y_2 \begin{pmatrix} -1 \\ 1 \end{pmatrix} \quad \text{mit} \quad y_2 \in \mathbb{R} \setminus \{0\} \ .$$

Als spezielle Eigenvektoren wählen wir die beiden Einheitsvektoren

$$\vec{e_1'} = \frac{\vec{x}}{|\vec{x}|} = \frac{1}{\sqrt{2}}\begin{pmatrix} 1 \\ 1 \end{pmatrix} \quad \text{und} \quad \vec{e_2'} = \frac{\vec{y}}{|\vec{y}|} = \frac{1}{\sqrt{2}}\begin{pmatrix} -1 \\ 1 \end{pmatrix}, \quad \text{die zueinander ortho-}$$

gonal und damit linear unabhängig

sind (vgl. Satz (70.3)), als neue

Basisvektoren von $\mathbb{R}^2$. Sie legen

die gegenüber den Achsen des

(x_1,x_2)-Systems um 45° gedrehten

Hauptachsen des Graphen der

gegebenen Relation fest.

Die Ausgangsgleichung

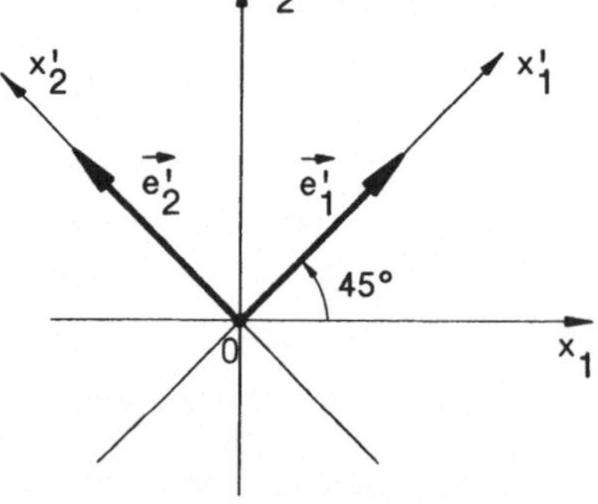

$$\frac{1}{7}x_1^2 + \frac{1}{7}x_1 x_2 + \frac{1}{7}x_2^2 = 1$$

geht bezüglich des neuen (x_1',x_2')-Systems über in die Gleichung

$$\frac{3}{14}x_1'^2 + \frac{1}{14}x_2'^2 = 1 \quad \text{bzw.} \quad \lambda_1 x_1'^2 + \lambda_2 x_2'^2 = 1 \ .$$

Wir erhalten also die Gleichung einer Ellipse mit den Halbachsen

$$a = \sqrt{\frac{1}{\lambda_1}} \quad \text{und} \quad b = \sqrt{\frac{1}{\lambda_2}} \ : \qquad \boxed{\dfrac{x_1'^2}{\frac{14}{3}} + \dfrac{x_2'^2}{14} = 1}$$

(vgl. Seite 250).

Im vorliegenden Beispiel haben wir es mit einer symmetrischen (2,2)-
Matrix zu tun, die zwei verschiedene Eigenwerte $\lambda_1 \neq \lambda_2$ aufweist.
Nach Satz (70.2) kann eine symmetrische (2,2)-Matrix aber auch zwei
gleiche Eigenwerte $\lambda_1 = \lambda_2$ haben. In diesem Fall (wegen $D = 0$ im
Beweis von Satz (70.2) folgt $s_{12} = s_{21} = 0$) handelt es sich um eine

Skalarmatrix $S = \begin{pmatrix} a & 0 \\ 0 & a \end{pmatrix}$, bei der wegen $S\vec{x} = a\vec{x}$ das Hauptdiagonal-

element a gerade den zweifachen Eigenwert von S darstellt und alle
Vektoren der Ebene Eigenvektoren von S sind. Es gibt dann keine

ausgezeichneten zueinander orthogonalen Eigenvektoren. Diese kann man vielmehr beliebig auswählen.

Zu einer symmetrischen (2,2)-Matrix finden wir also stets zwei zueinander orthogonale Eigenvektoren.

<u>Definition (71.1):</u>

> Wir bezeichnen die Achsen eines (x_1',x_2')-Koordinatensystems, das durch zwei zueinander orthogonale Eigenvektoren der Länge 1 einer symmetrischen (2,2)-Matrix S festgelegt wird, als <u>Hauptachsen</u> der Matrix S.

<u>Satz (71.1):</u>

> Einer quadratischen Gleichung
>
> $$Q(x_1,x_2) = a_{11}x_1^2 + a_{12}x_1x_2 + a_{22}x_2^2$$
>
> kann eine symmetrische (2,2)-Matrix $S = \begin{pmatrix} s_{11} & s_{12} \\ s_{21} & s_{22} \end{pmatrix}$ zugeordnet werden, so daß $Q(x_1,x_2)$ mit $\vec{x} = \begin{pmatrix} x_1 \\ x_2 \end{pmatrix}$ als Skalarprodukt $\vec{x}\cdot(S\vec{x})$ darstellbar ist: $Q(x_1,x_2) = \vec{x}\cdot(S\vec{x})$.

<u>Beweis:</u>

Für $Q(x_1,x_2)$ schreiben wir:

$$Q(x_1,x_2) = a_{11}x_1^2 + \frac{1}{2}a_{12}x_1x_2 + \frac{1}{2}a_{12}x_2x_1 + a_{22}x_2^2 \ .$$

Mit $s_{11} = a_{11}$, $s_{22} = a_{22}$, $s_{12} = \frac{1}{2}a_{12}$ und $s_{21} = \frac{1}{2}a_{12}$ folgt daraus:

$$Q(x_1,x_2) = x_1(s_{11}x_1 + s_{12}x_2) + x_2(s_{21}x_1 + s_{22}x_2) = \vec{x}\cdot(S\vec{x}) \ .$$

<u>Satz (71.2):</u>

> Gegeben sei die quadratische Gleichung
>
> $$Q(x_1,x_2) = s_{11}x_1^2 + s_{12}x_1x_2 + s_{21}x_2x_1 + s_{22}x_2^2 = 1$$
>
> mit $s_{12} = s_{21}$.
> Hat die symmetrische (2,2)-Matrix $S = \begin{pmatrix} s_{11} & s_{12} \\ s_{21} & s_{22} \end{pmatrix}$ zwei verschiedene Eigenwerte λ_1 und λ_2, so geht die Gleichung bezüglich der Hauptachsen der Matrix S über in die Gleichung
>
> $$\lambda_1 x_1'^2 + \lambda_2 x_2'^2 = 1 \ .$$

Beweis:

Seien also zwei Einheitsvektoren $\vec{e}_1'$ und $\vec{e}_2'$ gegeben, die Eigenvektoren der symmetrischen (2,2)-Matrix S zu den verschiedenen Eigenwerten λ_1 und λ_2 sind: $S\vec{e}_1' = \lambda_1\vec{e}_1'$ und $S\vec{e}_2' = \lambda_2\vec{e}_2'$.

Dann sind $\vec{e}_1'$ und $\vec{e}_2'$ zueinander orthogonal bzw. linear unabhängig, und jeder Vektor $\vec{x}\in\mathbb{R}^2$ ist darstellbar als Linearkombination von $\vec{e}_1'$ und $\vec{e}_2'$: $\vec{x} = x_1'\vec{e}_1' + x_2'\vec{e}_2'$.

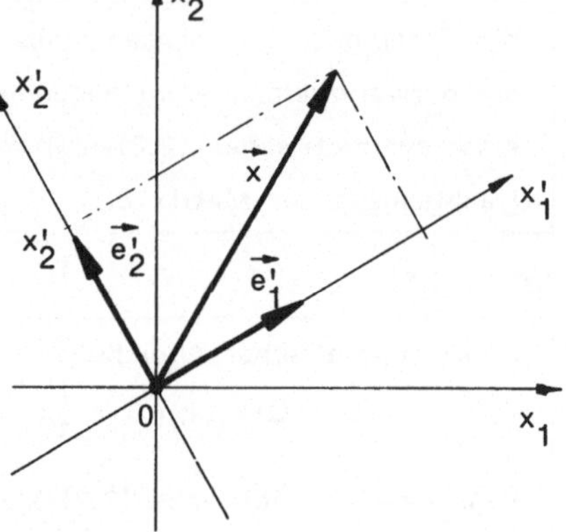

Mit Satz (37.1) folgt für $S\vec{x}$:

$$\begin{aligned}
S\vec{x} &= S(x_1'\vec{e}_1' + x_2'\vec{e}_2') \\
&= S(x_1'\vec{e}_1') + S(x_2'\vec{e}_2') \\
&= x_1'S\vec{e}_1' + x_2'S\vec{e}_2' \\
&= x_1'\lambda_1\vec{e}_1' + x_2'\lambda_2\vec{e}_2' .
\end{aligned}$$

Daraus erhalten wir mit Hilfe von Satz (71.1) und Satz (30.1) wegen $\vec{e}_1'\cdot\vec{e}_1' = \vec{e}_2'\cdot\vec{e}_2' = 1$ und $\vec{e}_1'\cdot\vec{e}_2' = 0$ für $Q(x_1,x_2)$:

$$\begin{aligned}
Q(x_1,x_2) &= \vec{x}\cdot(S\vec{x}) = (x_1'\vec{e}_1' + x_2'\vec{e}_2')\cdot(x_1'\lambda_1\vec{e}_1' + x_2'\lambda_2\vec{e}_2') \\
&= \lambda_1 x_1'^2 + \lambda_2 x_2'^2 .
\end{aligned}$$

Bemerkung:

Im Falle der Gleichung $Q(x_1,x_2) = F$ mit $F\in\mathbb{R}$ bleibt die Aussage des Satzes (71.2) gültig, wobei lediglich die Zahl 1 durch F zu ersetzen ist.

Beispiel:

Wir bestimmen den Graphen der Relation

$$\left\{(x_1,x_2)\mid\ 11x_1^2 + 10\sqrt{3}\,x_1 x_2 + x_2^2 = 16\right\} .$$

Dazu wählen wir die gegebene Gleichung in der Form

$$11x_1^2 + 5\sqrt{3}\,x_1 x_2 + 5\sqrt{3}\,x_2 x_1 + x_2^2 = 16$$

mit der zugehörigen symmetrischen Matrix $S = \begin{pmatrix} 11 & 5\sqrt{3} \\ 5\sqrt{3} & 1 \end{pmatrix}$.

Als Eigenwerte von S erhalten wir mit Hilfe der charakteristischen Gleichung von S: $\lambda_1 = 16$ und $\lambda_2 = -4$.

Die zugehörigen Eigenvektoren sind:

$$\underline{\lambda_1 = 16}: \quad \vec{x} = r\begin{pmatrix}\sqrt{3}\\1\end{pmatrix} \quad \text{mit} \quad r \in \mathbb{R}\setminus\{0\}$$

$$\underline{\lambda_2 = -4}: \quad \vec{y} = s\begin{pmatrix}-\dfrac{1}{\sqrt{3}}\\1\end{pmatrix} \quad \text{mit} \quad s \in \mathbb{R}\setminus\{0\}.$$

Die beiden Eigenvektoren

$$\vec{e_1'} = \frac{1}{2}\begin{pmatrix}\sqrt{3}\\1\end{pmatrix} \quad \text{und} \quad \vec{e_2'} = \frac{\sqrt{3}}{2}\begin{pmatrix}-\dfrac{1}{\sqrt{3}}\\1\end{pmatrix}$$

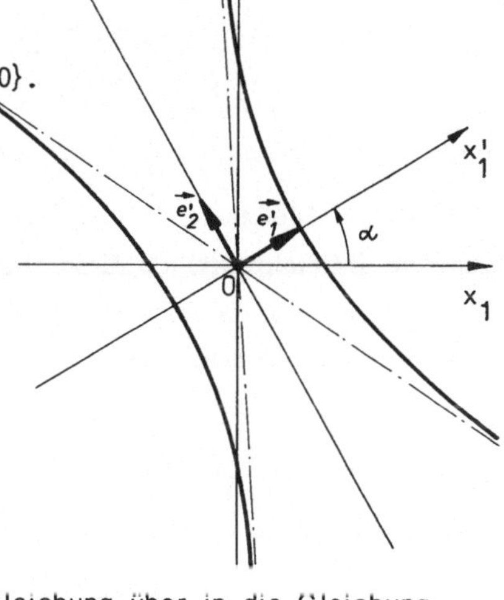

mit der Länge 1 stehen aufein-

ander senkrecht und bilden eine

Basis von $\mathbb{R}^2$. Sie legen das

gegenüber dem (x_1,x_2)-System

um 30° gedrehte (x_1',x_2')-Haupt-

achsensystem fest. Bezüglich dieses

neuen Systems geht die gegebene Gleichung über in die Gleichung

$$16x_1'^2 - 4x_2'^2 = 16$$

bzw. in die Mittelpunktsgleichung einer Hyperbel: $\boxed{x_1'^2 - \dfrac{x_2'^2}{4} = 1}$.

72

HAUPTACHSENTRANSFORMATION FÜR FLÄCHEN ZWEITER ORDNUNG

Als Fläche zweiter Ordnung bezeichnen wir den Graphen einer Relation

mit der Gleichung

$$Q(x_1,x_2,x_3) = a_{11}x_1^2 + a_{22}x_2^2 + a_{33}x_3^2 + a_{12}x_1x_2 + a_{13}x_1x_3 + a_{23}x_2x_3 +$$
$$+ a_1x_1 + a_2x_2 + a_3x_3 = 1$$

mit $a_i, a_{ik} \in \mathbb{R}$ für $i,k \in \{1,2,3\}$.

So ist z.B. der Graph der Relation

$$\left\{(x_1,x_2,x_3) \mid x_1^2 + x_2^2 + x_3^2 = 1\right\}$$

die Oberfläche einer Kugel mit

dem Radius $r = 1$, der sog.

<u>Einheitskugel.</u>

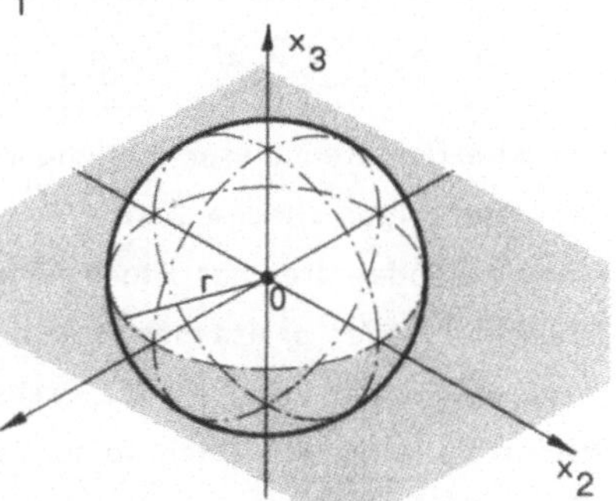

Im folgenden beschränken wir uns auf Gleichungen mit $a_1 = a_2 = a_3 = 0$
und schreiben diese in der Form

$$Q(x_1,x_2,x_3) = s_{11}x_1^2 + s_{22}x_2^2 + s_{33}x_3^2 + s_{12}x_1x_2 + s_{21}x_2x_1 + s_{13}x_1x_3 +$$
$$+ s_{31}x_3x_1 + s_{23}x_2x_3 + s_{32}x_3x_2 = 1$$

mit $s_{ii} = a_{ii}$ und $s_{ik} = s_{ki} = \frac{1}{2}a_{ik}$ für $i < k$ und $i,k \in \{1,2,3\}$.

Eine solche Gleichung definiert eine Fläche mit einem Symmetrie-
zentrum (Mittelpunkt) im Ursprung des (x_1,x_2,x_3)-Koordinatensystems.

Mit der symmetrischen Matrix $S = \begin{pmatrix} s_{11} & s_{12} & s_{13} \\ s_{21} & s_{22} & s_{23} \\ s_{31} & s_{32} & s_{33} \end{pmatrix}$ und $\vec{x} = \begin{pmatrix} x_1 \\ x_2 \\ x_3 \end{pmatrix}$

folgt: $Q(x_1,x_2,x_3) = \vec{x} \cdot (S\vec{x}) = 1$.

Man berechnet aus der charakteristischen Gleichung von S

$$\det(S - \lambda E_3) = \begin{vmatrix} s_{11}-\lambda & s_{12} & s_{13} \\ s_{21} & s_{22}-\lambda & s_{23} \\ s_{31} & s_{32} & s_{33}-\lambda \end{vmatrix} = 0$$

die Eigenwerte der Matrix S und nachfolgend die zugehörigen Eigenvektoren.

Existieren drei paarweise verschiedene Eigenwerte λ_1, λ_2 und λ_3,
so lassen sich dazu nach Satz (70.3) drei paarweise zueinander orthogonale Eigenvektoren der Länge 1 bestimmen, die ein neues
(x_1',x_2',x_3')-Koordinatensystem festlegen. Man bezeichnet dieses als
<u>Hauptachsensystem</u>, bezüglich dessen die gegebene Gleichung

$$Q(x_1,x_2,x_3) = \vec{x} \cdot (S\vec{x}) = 1$$

übergeht in die Gleichung

$$\boxed{\lambda_1 x_1'^2 + \lambda_2 x_2'^2 + \lambda_3 x_3'^2 = 1} \quad .$$

Die Koeffizienten dieser Gleichung (Eigenwerte von S) legen den Typ
der zugehörigen Fläche fest.

Sind zwei oder drei der Eigenwerte von S gleich, d.h. hat S einen
zweifachen oder dreifachen Eigenwert, so sprechen wir von <u>Entartung</u>.
In diesen Fällen erhalten wir drehsymmetrische Flächen.

Wir erhalten im einzelnen folgende Flächen zweiter Ordnung:

Ellipsoid: $\lambda_1, \lambda_2, \lambda_3 \in \mathbb{R}^+$

$$\left(a = \sqrt{\frac{1}{\lambda_1}} \;,\; b = \sqrt{\frac{1}{\lambda_2}} \;,\; c = \sqrt{\frac{1}{\lambda_3}} \right)$$

$$\frac{x_1'^2}{a^2} + \frac{x_2'^2}{b^2} + \frac{x_3'^2}{c^2} = 1$$

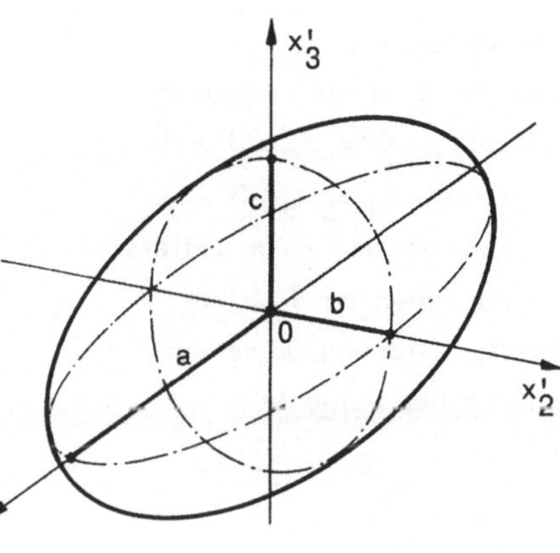

Bei einem zweifachen Eigenwert ergibt sich ein Drehellipsoid, bei einem dreifachen Eigenwert eine Kugel.

Einschaliges Hyperboloid: $\lambda_1, \lambda_2 \in \mathbb{R}^+ \wedge \lambda_3 \in \mathbb{R}^-$

$$\left(a = \sqrt{\frac{1}{\lambda_1}} \;,\; b = \sqrt{\frac{1}{\lambda_2}} \;,\; c = \sqrt{\frac{1}{-\lambda_3}} \right)$$

$$\frac{x_1'^2}{a^2} + \frac{x_2'^2}{b^2} - \frac{x_3'^2}{c^2} = 1$$

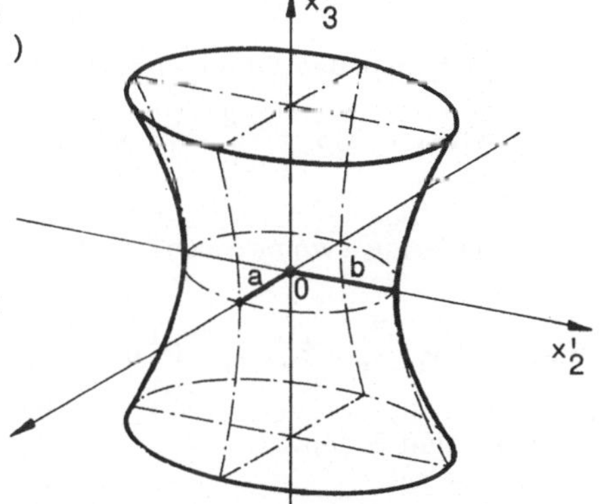

Bei einem zweifachen Eigenwert $\lambda_1 = \lambda_2$ ergibt sich ein Drehhyperboloid.

Zweischaliges Hyperboloid: $\lambda_1 \in \mathbb{R}^+ \wedge \lambda_2, \lambda_3 \in \mathbb{R}^-$

$$\left(a = \sqrt{\frac{1}{\lambda_1}} \;,\; b = \sqrt{\frac{1}{-\lambda_2}} \;,\; c = \sqrt{\frac{1}{-\lambda_3}} \right)$$

$$\frac{x_1'^2}{a^2} - \frac{x_2'^2}{b^2} - \frac{x_3'^2}{c^2} = 1$$

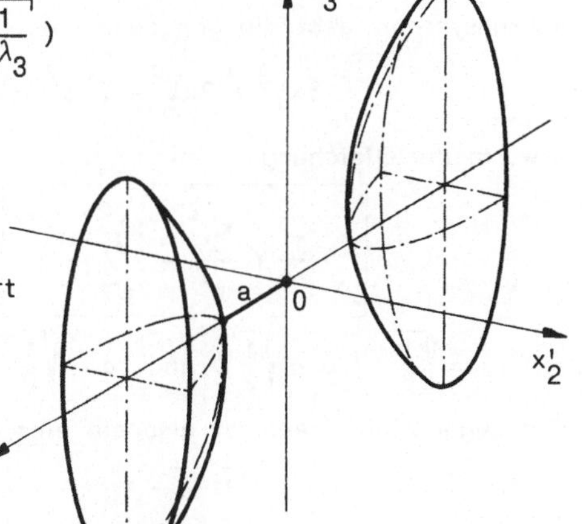

Bei einem zweifachen Eigenwert $\lambda_2 = \lambda_3$ ergibt sich ein zweischaliges Drehhyperboloid.

<u>Bemerkung</u>:

Lassen wir in der Ausgangsgleichung $Q(x_1,x_2,x_3) = 1$
allgemein $a_1,a_2,a_3 \in \mathbb{R}$ zu,
so ergeben sich noch weitere
Grundformen der Flächen
zweiter Ordnung, etwa ein
elliptisches Paraboloid:

$$\frac{x_1'^2}{a^2} + \frac{x_2'^2}{b^2} = x_3' \quad .$$

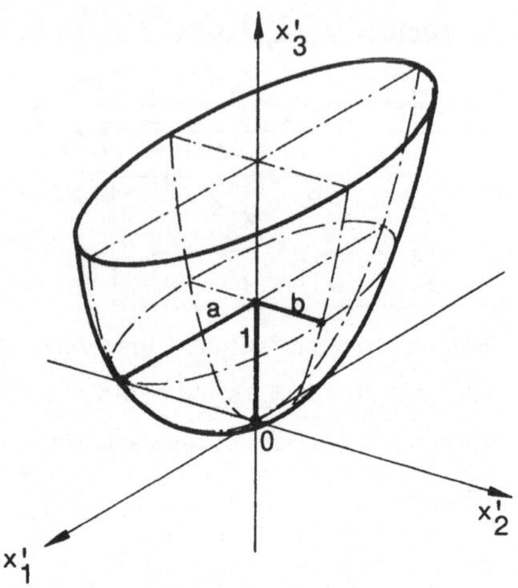

<u>Beispiel</u>:

Wir bestimmen den Graphen zur Gleichung

$$Q(x_1,x_2,x_3) = x_1^2 - x_2^2 + 3x_3^2 + \sqrt{3}\,x_1x_2 + \sqrt{3}\,x_2x_1 = 1 \ .$$

Die zugehörige symmetrische Matrix $S = \begin{pmatrix} 1 & \sqrt{3} & 0 \\ \sqrt{3} & -1 & 0 \\ 0 & 0 & 3 \end{pmatrix}$ hat die

Eigenwerte $\lambda_1 = 3$, $\lambda_2 = 2$ und $\lambda_3 = -2$ mit den entsprechenden

orthogonalen Eigenvektoren $\vec{e_1'} = \begin{pmatrix} 0 \\ 0 \\ 1 \end{pmatrix}$, $\vec{e_2'} = \frac{1}{2}\begin{pmatrix} \sqrt{3} \\ 1 \\ 0 \end{pmatrix}$ und $\vec{e_3'} = \frac{1}{2}\begin{pmatrix} 1 \\ -\sqrt{3} \\ 0 \end{pmatrix}$

der Länge 1 (vgl. das Beispiel auf Seite 258).

Bezüglich des durch diese Eigenvektoren festgelegten (x_1',x_2',x_3')-Haupt-
achsensystems geht die gegebene Gleichung über in die Gleichung

$$3x_1'^2 + 2x_2'^2 - 2x_3'^2 = 1$$

bzw. in die Gleichung

$$\frac{x_1'^2}{a^2} + \frac{x_2'^2}{b^2} - \frac{x_3'^2}{c^2} = 1$$

mit $a = \sqrt{\frac{1}{3}}$, $b = \sqrt{\frac{1}{2}}$ und $c = \sqrt{\frac{1}{2}}$.

Der zugehörige Graph ist also ein <u>einschaliges Hyperboloid</u>.

| 73 | ANWENDUNGEN: FLÄCHENTRÄGHEITSMOMENTE UND MASSENTRÄGHEITSMOMENTE |

| 73.1 | HAUPTFLÄCHENTRÄGHEITSMOMENTE |

Für die Trägheitsmomente J_x, J_y und J_{xy} einer Fläche A bezüglich eines (x,y)-Koordinatensystems in der Flächenebene gilt nach Abschnitt 69:

$$J_x x^2 - 2J_{xy}xy + J_y y^2 = 1 \ .$$

Schreiben wir diese Gleichung in der Form

$$J_x x^2 - J_{xy}xy - J_{yx}yx + J_y y^2 = 1$$

mit $J_{xy} = J_{yx}$, so läßt sich der Gleichung die symmetrische Matrix

$$T = \begin{pmatrix} J_x & -J_{xy} \\ -J_{yx} & J_y \end{pmatrix} \ , \text{ die sog. } \underline{\text{Trägheitsmatrix}}, \text{ zuordnen.}$$

Mit der charakteristischen Gleichung von T

$$\det(T-\lambda E_2) = \begin{vmatrix} J_x-\lambda & -J_{xy} \\ -J_{yx} & J_y-\lambda \end{vmatrix} = \lambda^2 - \lambda(J_x+J_y) + J_x J_y - J_{xy}^2 = 0$$

erhalten wir für die Eigenwerte λ_1 und λ_2 von T:

$$\lambda_1 = \frac{J_x+J_y}{2} + \sqrt{\left(\frac{J_x-J_y}{2}\right)^2 + J_{xy}^2} \quad \text{und} \quad \lambda_2 = \frac{J_x+J_y}{2} - \sqrt{\left(\frac{J_x-J_y}{2}\right)^2 + J_{xy}^2} \ .$$

Die Eigenwerte stimmen also mit den Hauptträgheitsmomenten der Fläche A überein (vgl. Seite 253):

$$\lambda_1 = J_1 \quad \text{und} \quad \lambda_2 = J_2 \ .$$

Für die zugehörigen Eigenvektoren folgt mit $(T-\lambda_1 E_2)\vec{x} = \vec{O}$ bzw. $(T-\lambda_2 E_2)\vec{y} = \vec{O}$:

$$\underline{\lambda_1 = J_1}: \qquad \vec{x} = r \begin{pmatrix} 1 \\ \dfrac{J_x-J_1}{J_{xy}} \end{pmatrix} \quad \text{mit } r \in \mathbb{R} \setminus \{0\}$$

und

$$\underline{\lambda_2 = J_2}: \qquad \vec{y} = s \begin{pmatrix} \dfrac{J_{xy}}{J_x-J_2} \\ 1 \end{pmatrix} \quad \text{mit } s \in \mathbb{R} \setminus \{0\}$$

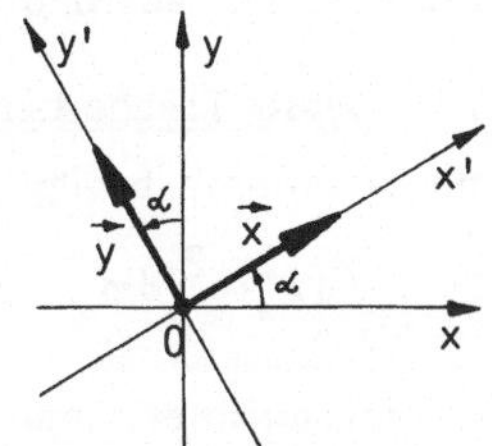

Mit $J_{xy} = J_{yx} \neq 0$ erhalten wir wegen $J_x-J_2 = -(J_y-J_1)$ für den Drehwinkel α zwischen dem Hauptachsensystem und dem gegebenen

(x,y)-System:
$$\tan\alpha = \frac{J_{xy}}{J_y - J_1} = \frac{J_x - J_1}{J_{xy}} \quad . \qquad (*)$$

Schließlich folgt mit Hilfe des Additionstheorems $\tan(2\alpha) = \dfrac{2\tan\alpha}{1-\tan^2\alpha}$

(vgl. Seite 71) im Falle $J_x \neq J_y$: $\quad \tan(2\alpha) = \dfrac{2J_{xy}}{J_y - J_x} \quad .$

Im Falle $J_x = J_y$ folgt aus $(*)$: $\tan^2\alpha = 1$ bzw. $\alpha = 45°$.

Die Eigenwerttheorie liefert also gleichfalls die in Abschnitt 69 erhaltenen Ergebnisse für die Hauptträgheitsmomente einer Fläche.

73.2 MASSENTRÄGHEITSMOMENTE

In diesem Abschnitt werden (lediglich zur Begriffsbildung) Grundbegriffe der Integralrechnung vorausgesetzt. Vgl. hierzu etwa den Band "Analysis für Ingenieure", B.I.-HTB 602, 2. Auflage 1986.

Der trägen Masse eines starren Körpers bei fortschreitender Bewegung entspricht bei Rotation um eine Achse das sog. Massenträgheitsmoment des Körpers, im folgenden einfach Trägheitsmoment genannt.

Für einen starren Körper mit kontinuierlicher Massenverteilung und dem Volumen V ist das Trägheitsmoment bezüglich einer Achse a definiert durch

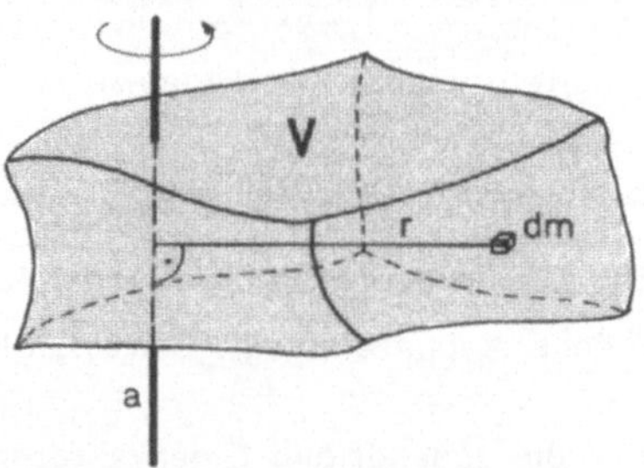

$$J_a = \int_V r^2 \, dm \ ,$$

wobei r der Abstand des Massenelementes dm von der Achse a ist.

Als <u>axiale Trägheitsmomente</u> J_x, J_y und J_z bezeichnet man die Trägheitsmomente bezüglich der Achsen eines (x,y,z)-Koordinatensystems:

$$J_z = \int_V (x^2 + y^2) \, dm \ , \quad J_y = \int_V (x^2 + z^2) \, dm \ , \quad J_x = \int_V (y^2 + z^2) \, dm \ .$$

Ferner definiert man noch sog. <u>Deviationsmomente</u> bezüglich der drei Koordinatenebenen:

$$J_{xy} = \int_V xy \, dm \ , \quad J_{xz} = \int_V xz \, dm \ , \quad J_{yz} = \int_V yz \, dm \ .$$

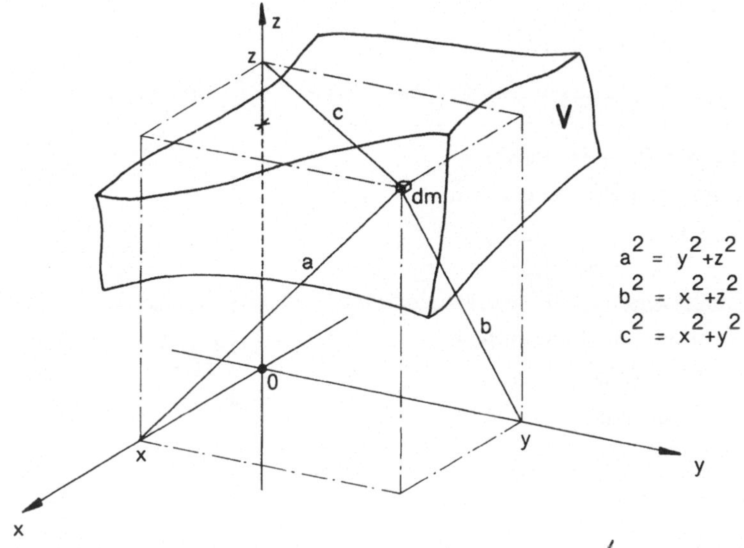

Wir bestimmen nun das Trägheitsmoment J_n bezüglich einer beliebigen Achse n, die durch den Ursprung verläuft und durch den Einheitsvektor

$$\vec{n} = \begin{pmatrix} \cos\alpha \\ \cos\beta \\ \cos\gamma \end{pmatrix} \quad \text{mit} \quad |\vec{n}| = 1$$

festgelegt sei.

J_n ist definiert durch

$$J_n = \int_V r^2 \, dm \, .$$

Dabei gilt für r^2 (vgl. Skizze):

$$r^2 = (\,|\vec{R}|\sin\vartheta\,)^2 = |\vec{R}\times\vec{n}|^2 = (\vec{R}\times\vec{n})\cdot(\vec{R}\times\vec{n})$$

$$= (\vec{R}\times\vec{n})_x^2 + (\vec{R}\times\vec{n})_y^2 + (\vec{R}\times\vec{n})_z^2$$

$$= (y\cos\gamma - z\cos\beta)^2 + (z\cos\alpha - x\cos\gamma)^2 + (x\cos\beta - y\cos\alpha)^2 \, .$$

Mit Hilfe der Summenregel der Integralrechnung erhalten wir durch Einsetzen der Terme in $\int_V r^2\,dm$ und Verwendung der Definitionen von J_x, J_y, J_z, J_{xy}, J_{xz} und J_{yz} die folgende Gleichung für J_n:

$$J_n = J_x \cos^2\alpha + J_y \cos^2\beta + J_z \cos^2\gamma - $$
$$- 2J_{xy} \cos\alpha \cos\beta - 2J_{xz} \cos\alpha \cos\gamma - 2J_{yz} \cos\beta \cos\gamma \quad .$$

Tragen wir für alle Winkel in der jeweiligen Richtung von $\vec{n}$ die Strecken

$$d = \overline{OP} = \sqrt{\frac{1}{J_n}}$$

ab, so bilden die Endpunkte P dieser Strecken eine Fläche zweiter Ordnung:

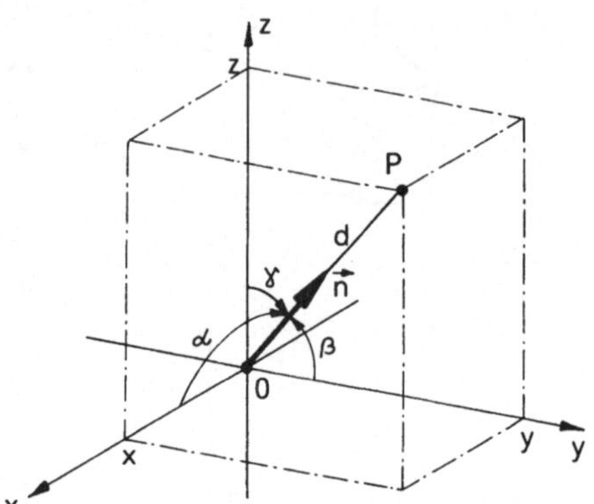

Wegen

$$\frac{z}{d} = \cos\gamma \ , \ \frac{y}{d} = \cos\beta \ , \ \frac{x}{d} = \cos\alpha$$

folgt

$\cos\gamma = z\sqrt{J_n}$, $\cos\beta = y\sqrt{J_n}$ und $\cos\gamma = x\sqrt{J_n}$. Die obige Gleichung für J_n geht damit über in die Gleichung

$$J_x x^2 + J_y y^2 + J_z z^2 - 2J_{xy} xy - 2J_{xz} xz - 2J_{yz} yz = 1 \qquad , \qquad (*)$$

also nach Abschnitt 72 in die Gleichung einer Fläche zweiter Ordnung.

Um die Hauptachsentransformation durchzuführen, ordnen wir dieser Gleichung die symmetrische Matrix

$$T = \begin{pmatrix} J_x & -J_{xy} & -J_{xz} \\ -J_{xy} & J_y & -J_{yz} \\ -J_{xz} & -J_{yz} & J_z \end{pmatrix}$$

zu (vgl. Abschnitt 72).

Die Eigenwerte λ_1, λ_2 und λ_3 dieser Matrix berechnen wir mit Hilfe der charakteristischen Gleichung von T:

$$\det(T - \lambda E_3) = \begin{vmatrix} J_x - \lambda & -J_{xy} & -J_{xz} \\ -J_{xy} & J_y - \lambda & -J_{yz} \\ -J_{xz} & -J_{yz} & J_z - \lambda \end{vmatrix} = 0 \ .$$

Nachfolgend bestimmt man aus den zugehörigen Eigenvektoren drei orthogonale Einheitsvektoren $\vec{e}_1'$, $\vec{e}_2'$ und $\vec{e}_3'$, die ein neues (x',y',z')-Koordinatensystem, das Hauptachsensystem, bilden.

Bezüglich dieses Hauptachsensystems geht die gegebene Gleichung (*)

über in die Gleichung

$$\lambda_1 x'^2 + \lambda_2 y'^2 + \lambda_3 z'^2 = 1$$.

Die Eigenwerte von T liefern die Hauptträgheitsmomente:

$$\lambda_1 = J_1 \ , \quad \lambda_2 = J_2 \quad \text{und} \quad \lambda_3 = J_3 \ .$$

Die Deviationsmomente sind in diesem Falle gleich Null.

Bezüglich der Hauptachsen folgt schließlich die Gleichung

$$\frac{x'^2}{\left(\dfrac{1}{\sqrt{J_1}}\right)^2} + \frac{y'^2}{\left(\dfrac{1}{\sqrt{J_2}}\right)^2} + \frac{z'^2}{\left(\dfrac{1}{\sqrt{J_3}}\right)^2} = 1$$

eines Ellipsoids, des sog. Trägheitsellipsoids.

Bemerkung:

Es sei noch darauf hingewiesen, daß jedes regelmäßige Polyeder, etwa ein Würfel oder ein Tetraeder, bezüglich seines Mittelpunktes als Trägheitsellipsoid eine Kugel aufweist.

Bei einem Drehkörper, etwa einem Zylinder oder einem Kegel, erhalten wir stets als Trägheitsellipsoid ein Drehellipsoid.

Hat ein Körper Symmetrieachsen, so sind diese auch stets Hauptachsen (vgl. die Skizze eines Zylinders mit zugehörigem Trägheitsellipsoid):

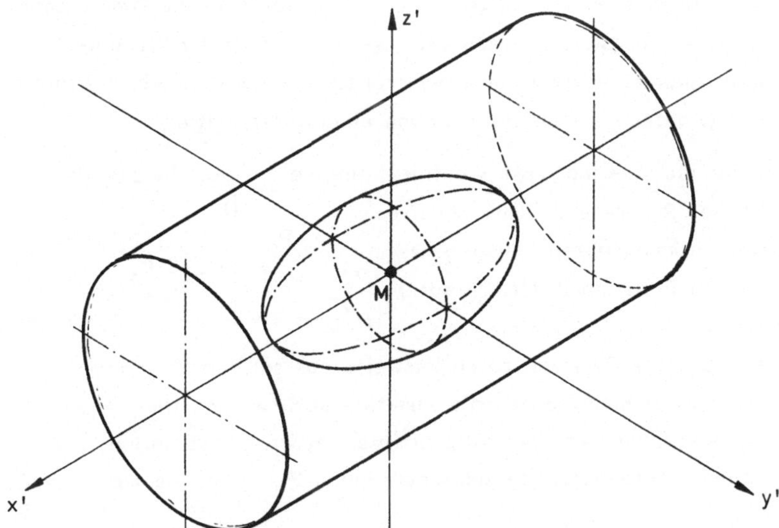

N   AUSBLICK

In der geometrischen Datenverarbeitung werden neben den Methoden der analytischen Geometrie und linearen Algebra wesentlich auch Näherungsmethoden verwendet. Im folgenden deuten wir in diesem Zusammenhang Spline- und Bézier-Funktionen an, die in der CAD-Geometrie zugrundegelegt werden.

74   SPLINE- UND BÉZIER-KURVEN IN DER CAD-GEOMETRIE

▶ <u>Spline-Kurven:</u>

Kann eine Kurve nicht im Rahmen der Geometrie analytisch beschrieben werden, so heißt sie <u>Freihandkurve</u>, <u>Freiformkurve</u> oder <u>Spline-Kurve</u>.

Unter Spline verstand man ursprünglich dünne Holz- oder Metallstäbe (auch Straklatten genannt), die an bestimmten Stützpunkten eingespannt und entsprechend den Anforderungen z.B. im Schiffs- oder Flugzeugbau verbogen werden.

Mathematisch kann ein Kurvenverlauf durch vorgegebene Punkte sehr oft nur näherungsweise beschrieben werden, z.B. mit Hilfe einer Näherungskurve. Verläuft eine Näherungskurve dabei durch vorgegebene Punkte (Knoten), so spricht man von einer <u>Interpolation.</u>

Eine für die Anwendungen wichtige Interpolation besteht z.B. darin, durch vier Punkte eine Polynomkurve dritter Ordnung (Graph einer ganz-rationalen Funktion dritten Grades) zu legen.

Setzt sich eine Funktion abschnittsweise aus solchen Polynomen dritter Ordnung zusammen, so daß die Funktion auch an den Übergangsstellen der Teilbereiche zweimal stetig differenzierbar ist, so spricht man von einer <u>interpolierenden kubischen Spline-Funktion.</u> Sie ist eindeutig

bestimmt, wenn an den Rändern des Definitionsbereiches die ersten
und zweiten Ableitungen vorgegeben sind. Die kubische Spline-Kurve
verläuft durch alle vorgegebenen Punkte.

▶ **Bézier-Kurven:**

Zur näherungsweisen Darstellung glatter Kurven (Graphen differen-
zierbarer Funktionen) legt man im allgemeinen Polynome zugrunde.
Eine wichtige Rolle spielen dabei die **Bernsteinpolynome** B_n^k n-ten
Grades:

$$B_n^k: [0,1] \longrightarrow \mathbb{R} \quad \text{mit} \quad B_n^k(x) = \binom{n}{k} x^k (1-x)^{n-k} \quad ,$$

wobei $n \in \mathbb{N}$, $k \in \mathbb{N}_0$, $k \leq n$ und $\binom{n}{k} = \dfrac{n!}{k!(n-k)!}$

(vgl. hierzu unseren Band "Analysis für Ingenieure", B.I.-HTB 602,
2. Auflage 1986, Seite 161).

Grundlegend für die Näherung von Kurven ist dabei der Satz:

> Eine über dem Intervall $[0,1]$ stetige Funktion f kann dort mit
> Hilfe von Bernsteinpolynomen beliebig genau approximiert
> (angenähert) werden.

Am Bildschirm können bestimmte Linearkombinationen von Bernstein-
polynomen graphisch besonders einfach gehandhabt werden. Dazu
verwendet man die sog. **Bézier-Polynome** B_n n-ten Grades:

$$B_n: [0,1] \longrightarrow \mathbb{R} \quad \text{mit}$$

$$B_n(x) = b_0 B_n^0(x) + b_1 B_n^1(x) + \ldots + b_n B_n^n(x) = \sum_{k=0}^{n} b_k B_n^k(x)$$

Eine zu approximierende Kurve wird also auf das Einheitsintervall
$[0,1]$ bezogen. Dort wählt man als spezielle Punkte die sog.
Bézier-Punkte $P_k(\frac{k}{n}, b_k)$ mit $n \in \mathbb{N}$, $k \in \mathbb{N}_0$ und $k \leq n$ aus und verbindet
sie zu einem Streckenzug, dem sog. **Bézier-Polygon** (vgl. die folgende
Skizze für n = 5), das auch **charakteristisches Polygon** genannt wird.
Der Graph des Bézier-Polynoms B_n stellt eine Näherungskurve des
entsprechenden Bézier-Polygons dar. Anfangs- und Endpunkte sowie
die Steigungen in diesen Punkten stimmen überein (vgl. Skizze).

▶ **Basis-Spline:**

Unter **B-Spline** oder **Basis-Spline** versteht man eine modifizierte

Bézier-Approximation, bei der die Näherungskurve noch besser dem Verlauf des Bézier-Polygons folgt. Wegen weiterer Einzelheiten sei auf die entsprechende Literatur verwiesen.

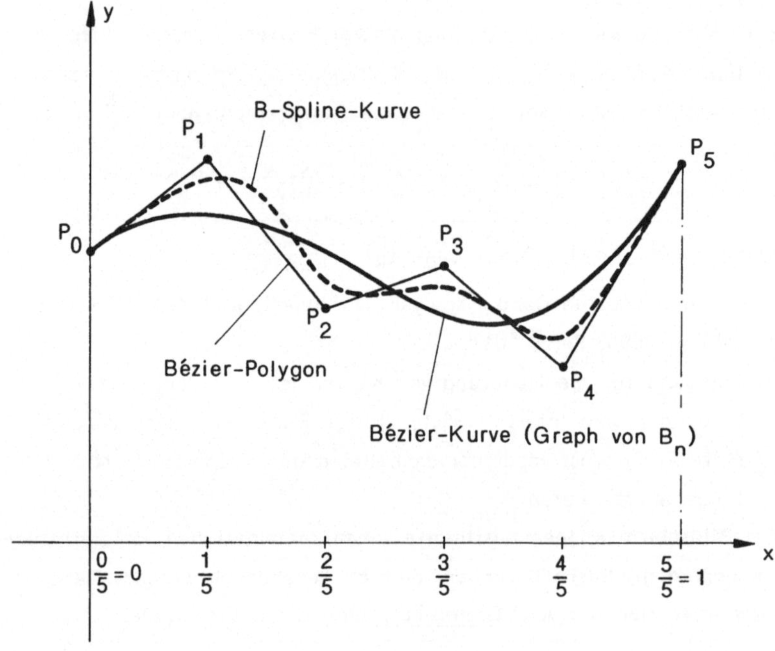

LÖSUNGEN bzw. Lösungshinweise

Skizzen z.T. mit verzerrtem Maßstab!

Zu Teil A: MENGEN

(1) a) {2,3} , {4} , $\emptyset$, {2,3,4} , {2,3,4,5} , {2,3,4,5} , {4} , {2,3} ,
   {2,3} , {2,3,4,5} , {2,3,4} , {4}

   b) B, C, $\emptyset$, $\mathbb{N}$, $\mathbb{N}$, $\mathbb{N}$, C, B, B, $\mathbb{N}$, $\mathbb{N}$, C

(2) a)   b)

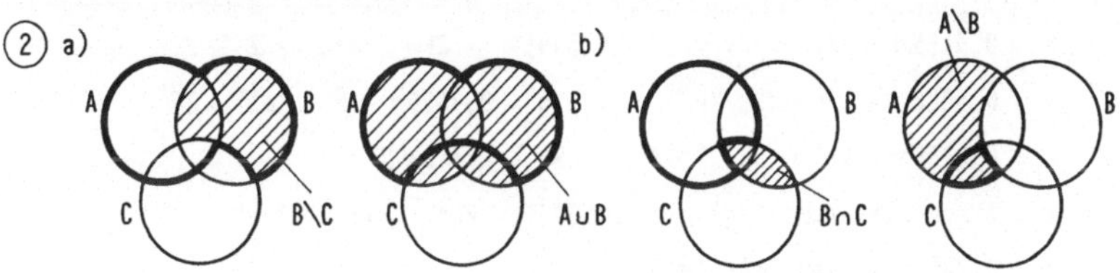

(3) $\emptyset$, {1} , {2} , {3} , {4} , {1,2} , {1,3} , {1,4} , {2,3} , {2,4} ,
   {3,4} , {1,2,3} , {1,2,4} , {1,3,4} , {2,3,4} , {1,2,3,4}

Zu Teil C: ZAHLEN

(5) a) 2, 5, 6, 9, 13, 53

   b) 111 < 10101 < 11001 < 11010 < 11110

   c) 1110, 10001, 10011, 11111, 101011

   d) 15,875 ; 4,15625 ; 3,3125

   e) 11,01 ; 1100,001 ; 101,1001 ; 0,0100001

(6) a) 100101, 110111, 1100100, 1101111, 1101110

   b) 110, 1010, 1011, 1010, 1000010

   c) 10010110, 10001000, 1010100000, 10111110

   d) 110, 100, 11, 11100

(7) a)

a	b	a∨b	b∨a
L	0	L	L
L	L	L	L
0	0	0	0
0	L	L	L

d)

a	$\bar{a}$	a∧$\bar{a}$	a∨$\bar{a}$
L	0	0	L
0	L	0	L

b)

a	b	c	b∧c	a∧(b∧c)	a∧b	(a∧b)∧c
L	L	L	L	L	L	L
L	L	0	0	0	L	0
L	0	L	0	0	0	0
L	0	0	0	0	0	0
0	L	L	L	0	0	0
0	L	0	0	0	0	0
0	0	L	0	0	0	0
0	0	0	0	0	0	0

c)

a	L	0	a∧L	a∨0
L	L	0	L	L
0	L	0	0	0

e)

a	b	$\bar{a}$	$\bar{b}$	$\overline{a∧b}$	a∨b	$\overline{a∨b}$
L	0	0	L	0	L	0
L	L	0	0	0	L	0
0	0	L	L	L	0	L
0	L	L	0	0	L	0

Zu Teil D: TRIGONOMETRIE

(8) a) $26{,}063^g$, $0{,}1303\pi$ b) $68{,}805°$, $0{,}3823\pi$ c) $108°$, 120^g

(9) a) $x = 1{,}903\pi + 2k\pi \ \vee \ x = 1{,}097\pi + 2k\pi$ mit $k \in \mathbb{Z}$

b) $x = 0{,}3443\pi + 2k\pi \ \vee \ x = (2 - 0{,}3443)\pi + 2k\pi$ mit $k \in \mathbb{Z}$

c) $x = 0{,}6872\pi + k\pi$ mit $k \in \mathbb{Z}$ d) $x = 0{,}1476\pi + k\pi$ mit $k \in \mathbb{Z}$

e) $x = 0{,}6235\pi + k\pi \ \vee \ x = 0{,}8765\pi + k\pi$ mit $k \in \mathbb{Z}$

f) $x = 2k\pi$ mit $k \in \mathbb{Z}$ g) $x = 0{,}1211\pi + 2k\pi$ mit $k \in \mathbb{Z}$

h) $x = 0{,}7852\pi + 2k\pi$ mit $k \in \mathbb{Z}$

(10) a) $L(\overline{AB}) = 676{,}66\,m$ b) $L(\overline{AB}) = 201{,}68\,m$ c) $L(\overline{AB}) = 479{,}52\,m$

(11) $a = 147{,}24\,m$, $b = 187{,}25\,m$

(12) $b = 455{,}13\,m$, $\alpha = 52{,}349°$, $\gamma = 61{,}862°$

(13) $h_c = 60{,}64\,m$, $s_c = 62{,}35\,m$, $F = 3941{,}6\,m^2$, $r_u = 65{,}06\,m$, $r_i = 25{,}52\,m$

(14) $\beta = 75{,}21°$, $\gamma = 99{,}76°$, $\delta = 95{,}02°$

(15) $d = 431{,}68\,m$, $\alpha = 52{,}487°$, $\delta = 86{,}3228°$ (16) $d = 661{,}40\,m$

(17) $\alpha = 21{,}8898°$, $\beta = 28{,}1077°$ (18) $L(\overline{BD}) = 121{,}56\,m$

(19) $H = 159{,}55\,m$ (20) $H = 52{,}47\,m$ (21) $H = 90{,}69\,m$ (22) $H = 6{,}46\,m$

(23) $H = 854{,}09\,m$, $h = 149{,}97\,m$, $L(\overline{BC}) = 1807{,}18\,m$,   Steigung: $8{,}3\%$

(24) $H = 3{,}50\,m$, $L(\overline{AD}) = 8{,}50\,m$, $L(\overline{BC}) = 2{,}75\,m$, $L(\overline{AB}) = 24{,}83\,m$, $A = 53{,}76\,m^2$

(25) $x_c = -198{,}38$, $y_c = -860{,}61$, $L(\overline{CD}) = 1066{,}50$, $\delta = 102{,}44°$

(26) $\Delta = 0{,}235\,cm$

Zu Teil E: VEKTOREN

(27) a) $\vec{a} + \vec{b} = \begin{pmatrix} 4 \\ 1 \end{pmatrix}$

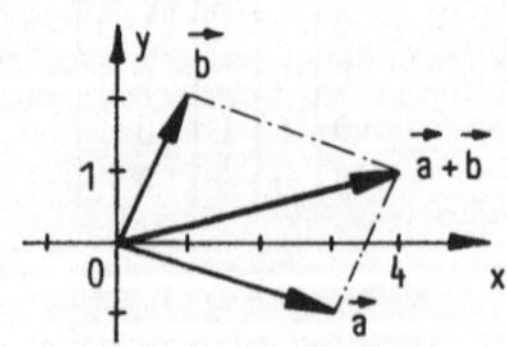

b)
$$\vec{a} - \vec{b} = \begin{pmatrix} 2 \\ -3 \end{pmatrix}$$

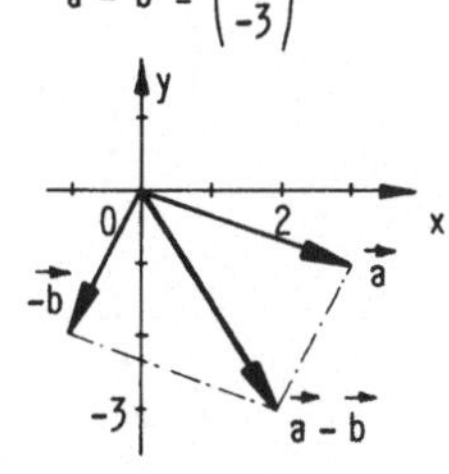

c)
$$2\vec{a} + 3\vec{b} = \begin{pmatrix} 9 \\ 4 \end{pmatrix}$$

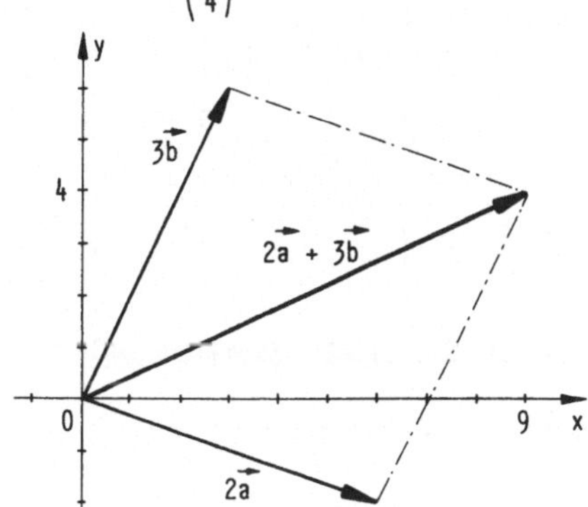

d)
$$-\vec{a} + 2\vec{b} = \begin{pmatrix} -1 \\ 5 \end{pmatrix}$$

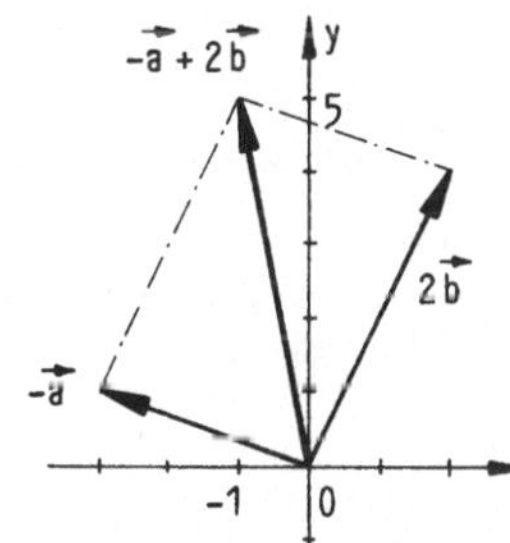

(28) a) linear unabhängig

b) linear unabhängig

c) linear abhängig

(29) $F_x = 400,82\ \text{N}$

$F_y = -277,01\ \text{N}$

(30) a) $\vec{v}_1 = \frac{1}{2}(\vec{a} + \vec{b})$, $\vec{v}_2 = \frac{1}{2}(\vec{b} + \vec{c})$, $\vec{v}_3 = \frac{1}{2}(\vec{c} - \vec{d})$, $\vec{v}_4 = \frac{1}{2}(\vec{a} - \vec{d})$

b) Mit $\vec{a} + \vec{b} + \vec{c} - \vec{d} = \vec{0}$ folgt $\vec{v}_1 = -\vec{v}_3$ und $\vec{v}_2 = -\vec{v}_4$

(31) a) $v_W = 87,29\ \text{km/h}$, $v_R = 545,23\ \text{km/h}$ b) $\beta = 7,39°$, $v_R = 537,75\ \text{km/h}$

(32) $\vec{a} = 1,5\,\vec{a}_1 + 2\,\vec{a}_2$

(33) a) $\overrightarrow{AB} = \begin{pmatrix} 3 \\ 1 \end{pmatrix}$, $\overrightarrow{CA} = \begin{pmatrix} -2 \\ -3 \end{pmatrix}$, $\overrightarrow{CB} = \begin{pmatrix} 1 \\ -2 \end{pmatrix}$ b) $\vec{a} = -\frac{1}{7}\overrightarrow{CA} + \frac{12}{7}\overrightarrow{CB}$

(34) $\vec{F}_1 = \begin{pmatrix} -62,99 \\ -52,86 \end{pmatrix}$, $\vec{F}_2 = \begin{pmatrix} 28,79 \\ -41,11 \end{pmatrix}$, $|\vec{F}_1| = 82,23$, $|\vec{F}_2| = 50,19$

(35) $\vec{d} = \begin{pmatrix} 35 \\ -35 \\ 35 \end{pmatrix}$

(36) a) linear unabhängig

b) linear unabhängig

c) linear abhängig

(37) $\overrightarrow{AF} = \vec{a} + \vec{c}$, $\overrightarrow{BG} = \vec{b} + \vec{c}$, $\overrightarrow{AG} = \vec{a} + \vec{b} + \vec{c}$, $\overrightarrow{BH} = -\vec{a} + \vec{b} + \vec{c}$, $\overrightarrow{K_1 K_2} = \frac{1}{2}(\vec{a} + \vec{c})$,
$\overrightarrow{K_1 K_3} = \frac{1}{2}(-\vec{a} + \vec{b})$, $\overrightarrow{K_1 M} = \frac{1}{2}\vec{b} + \vec{c}$

(38) $\overrightarrow{AB} = \vec{b} - \vec{a}$, $\overrightarrow{CB} = \vec{b} - \vec{c}$, $\overrightarrow{CD} = \overrightarrow{BA} = \vec{a} - \vec{b}$, $\overrightarrow{AD} = \overrightarrow{BC} = \vec{c} - \vec{b}$, $\overrightarrow{SD} = \vec{c} + \vec{a} - \vec{b}$,
$\overrightarrow{AC} = \vec{c} - \vec{a}$, $\overrightarrow{DB} = \overrightarrow{DA} + \overrightarrow{AB} = 2\vec{b} - \vec{a} - \vec{c}$, $\overrightarrow{MS} = -\frac{1}{2}(\vec{a} + \vec{c})$

(39)

$$\vec{AB} = \begin{pmatrix} \frac{\sqrt{3}}{2}s \\ \frac{1}{2}s \\ 0 \end{pmatrix}, \quad \vec{BC} = \begin{pmatrix} -\frac{\sqrt{3}}{2}s \\ \frac{1}{2}s \\ 0 \end{pmatrix}, \quad \vec{AC} = \begin{pmatrix} 0 \\ s \\ 0 \end{pmatrix}, \quad \vec{DA} = \begin{pmatrix} -\frac{\sqrt{3}}{6}s \\ -\frac{1}{2}s \\ -\sqrt{\frac{2}{3}}s \end{pmatrix}, \quad \vec{DB} = \begin{pmatrix} \frac{\sqrt{3}}{3}s \\ 0 \\ -\sqrt{\frac{2}{3}}s \end{pmatrix},$$

(40) a)

$$\vec{a} = \begin{pmatrix} -3 \\ -2 \\ -4 \end{pmatrix}, \quad \vec{b} = \begin{pmatrix} 2 \\ 0 \\ -4 \end{pmatrix}, \quad \vec{c} = \begin{pmatrix} -3 \\ 3 \\ -4 \end{pmatrix} \qquad\qquad \vec{DC} = \begin{pmatrix} -\frac{\sqrt{3}}{6}s \\ \frac{1}{2}s \\ -\sqrt{\frac{2}{3}}s \end{pmatrix}$$

b) $\vec{v} = -0,3\,\vec{a} + 0,75\,\vec{b} - 0,2\,\vec{c}$

(41) a) $\alpha = 41,63°$ b) $A = 8$

(42) a) $\alpha = 68,99°$ d) $A = 7,81$ b) $\vec{n} = \begin{pmatrix} 6 \\ -12 \\ 8 \end{pmatrix}$

(43) a) $L(\vec{AB}) = 9,80$, $L(\vec{AC}) = 7,48$, $L(\vec{BC}) = 6,32$ b) $\alpha = 40,20°$

c) $\sphericalangle(\vec{AC},\vec{CB}) = 90°$ d) $D(-2,6,0)$ e) $A = 23,66$

(44) a) $\vec{F_a} = \begin{pmatrix} 6 \\ 3 \end{pmatrix}$, $\vec{F_s} = \begin{pmatrix} -2 \\ 4 \end{pmatrix}$ b) $\vec{F} = \vec{F_a} + \vec{F_s} = \frac{1}{7}\begin{pmatrix} 2 \\ 4 \\ 6 \end{pmatrix} + \frac{1}{7}\begin{pmatrix} 33 \\ -18 \\ 1 \end{pmatrix}$

(45) $\vec{AB} \cdot \vec{s_c} = (\vec{a}-\vec{b}) \cdot (\frac{1}{2}(\vec{a}+\vec{b})) = 0$

(46) a) $\vec{n} = \begin{pmatrix} -11 \\ -5 \\ 18 \end{pmatrix}$ b) $\vec{F_n} = \frac{1}{4}\begin{pmatrix} -11 \\ -5 \\ 18 \end{pmatrix}$, $\vec{F_e} = \frac{1}{2}\begin{pmatrix} 7 \\ 17 \\ 9 \end{pmatrix}$ c) $\lambda_1 = \frac{1}{2}$, $\lambda_2 = \frac{3}{2}$

(47) $\vec{F_1} = \begin{pmatrix} 2,86\,kN \\ 7,85\,kN \end{pmatrix}$, $\vec{F_2} = \begin{pmatrix} -2,86\,kN \\ -2,85\,kN \end{pmatrix}$, $|\vec{F_1}| = 8,35\,kN$, $|\vec{F_2}| = 4,04\,kN$

(48) a) $\vec{F_1} = \begin{pmatrix} -333,33\,N \\ 100\,N \end{pmatrix}$, $\vec{F_2} = \begin{pmatrix} 333,33\,N \\ 100\,N \end{pmatrix}$ b) Verdopplung der Zugkräfte

c) $\vec{F_1} = \begin{pmatrix} -166,67\,N \\ 100\,N \end{pmatrix}$, $\vec{F_2} = \begin{pmatrix} 166,67\,N \\ 100\,N \end{pmatrix}$

(49) $\alpha = 23,58°$, $\beta = 42,84°$

Zu Teil F: MATRIZEN

(50) $A-2B = \begin{pmatrix} 1 & 3 \\ 0 & -1 \end{pmatrix}$, $AB = \begin{pmatrix} -1 & -3 \\ 1 & -3 \end{pmatrix}$, $BA = \begin{pmatrix} -4 & -2 \\ 3 & 0 \end{pmatrix}$, $AB^T = \begin{pmatrix} 2 & 0 \\ -2 & 3 \end{pmatrix}$

$A^TB = \begin{pmatrix} 2 & 0 \\ 1 & 3 \end{pmatrix}$, $A^{-1} = \frac{1}{3}\begin{pmatrix} 1 & 1 \\ -2 & 1 \end{pmatrix}$, $B^{-1} = \frac{1}{2}\begin{pmatrix} 1 & 2 \\ -1 & 0 \end{pmatrix}$, $(AB)^{-1} = \frac{1}{6}\begin{pmatrix} -3 & 3 \\ -1 & -1 \end{pmatrix}$

(51) $AB = \begin{pmatrix} 2 & 1 & 8 \\ 4 & -1 & 9 \\ 1 & -3 & -4 \end{pmatrix}$, $BA = \begin{pmatrix} -4 & -3 & 3 \\ -1 & -1 & 1 \\ -5 & -3 & 2 \end{pmatrix}$, $AB^T = \begin{pmatrix} 4 & -1 & 7 \\ 5 & -1 & 9 \\ -1 & 1 & -2 \end{pmatrix}$, $B^TA = \begin{pmatrix} -2 & 0 & -3 \\ 1 & -1 & 5 \\ -4 & -3 & 4 \end{pmatrix}$,

$(AB)^T = \begin{pmatrix} 2 & 4 & 1 \\ 1 & -1 & -3 \\ 8 & 9 & -4 \end{pmatrix}$

(52) a) $\begin{pmatrix} 7 & -4 \\ 1 & -1 \\ 13 & -8 \end{pmatrix}$ b) $\begin{pmatrix} 3 \\ 0 \\ -5 \end{pmatrix}$ c) $\begin{pmatrix} 4 & 1 & 0 & 5 \\ 8 & 0 & 4 & 16 \\ 6 & 2 & -1 & 6 \end{pmatrix}$ d) $\begin{pmatrix} -4 & 5 & 3 \\ 22 & -12 & -1 \end{pmatrix}$ e) $\begin{pmatrix} -4 \\ -4 \end{pmatrix}$

(53) a) Spiegelung an der x-Achse   b) Drehung im Ursprung um 90°

   c) Streckung längs der y-Achse   d) Scherung längs der y-Achse

Zu Teil H: LINEARE GLEICHUNGSSYSTEME

(54) a) -10 b) 1 c) 0 d) $a_{11} a_{22} a_{33}$

(55) a) $s \in \mathbb{R} \setminus \{-1; 4\}$ b) $s \in \mathbb{R} \setminus \{0, 1, 2\}$

(56) a) $\vec{x} = \frac{1}{6} \begin{pmatrix} 2 \\ 3 \\ 1 \end{pmatrix}$ b) $\vec{x} = \begin{pmatrix} 3 \\ -1 \\ 0 \end{pmatrix}$ c) $\vec{x} = \begin{pmatrix} 3 \\ -3 \\ -1 \end{pmatrix}$

(57) $\begin{aligned} x_1 &= x_1' \cos\alpha + x_2' \sin\alpha \\ x_2 &= -x_1' \sin\alpha + x_2' \cos\alpha \end{aligned}$ Drehung im Ursprung um den Winkel $-\alpha$

(58) $s = \frac{3}{2} \lor s = \frac{1}{2}$

(59) $\vec{a} = \begin{pmatrix} 3 \\ -2 \\ -7 \end{pmatrix}$, $\vec{b} = \begin{pmatrix} 5 \\ 2 \\ -6 \end{pmatrix}$, $\vec{c} = \begin{pmatrix} -6 \\ 3 \\ -5 \end{pmatrix}$, $\vec{F}_a = -\frac{1}{4} \begin{pmatrix} 3\,kN \\ -2\,kN \\ -7\,kN \end{pmatrix}$, $\vec{F}_b = -\frac{1}{2} \begin{pmatrix} 5\,kN \\ 2\,kN \\ -6\,kN \end{pmatrix}$

$\vec{F}_c = \frac{1}{8} \begin{pmatrix} -6\,kN \\ 3\,kN \\ -5\,kN \end{pmatrix}$

Zu Teil J: GEOMETRIE IN DER EBENE

(60) g_1: $y = 0{,}577\,x + 1{,}845$ $S(10 ; 7{,}62)$
g_2: $y = -1{,}192\,x + 19{,}534$

(61) g_1: $y = -0{,}5\,x + 9{,}5$ (62) g: $y = -0{,}8\,x + 8{,}7$

(63) g_1: $y = 0{,}5\,x + 7{,}59$, g_2: $y = 0{,}5\,x - 3{,}59$

(64) h: $y = -4\,x + 24$, g: $y = -0{,}375\,x + 5{,}818$, $S(5{,}02 ; 3{,}94)$

(65) g_1: $y = 2\,x - 2$, g_2: $y = -\frac{5}{6}\,x + 7\frac{1}{6}$, $S(3\frac{4}{17} ; 4\frac{8}{17})$, $\gamma = 103{,}2405°$

(66) $S(9{,}46 ; 15{,}95)$, $k = 0{,}708$

(67) g_1: $y = -8{,}689\,x + 40{,}756$, g_2: $y = -0{,}239\,x + 9{,}911$, $C(17{,}73 ; 5{,}68)$,
$D(4{,}46 ; 2{,}03)$

Zu Teil K: GEOMETRIE IM RAUM

(68) a) $\vec{x} = \begin{pmatrix} 1 \\ 1 \\ 1 \end{pmatrix} + \lambda \begin{pmatrix} 2 \\ 1 \\ -3 \end{pmatrix}$ b) $\vec{x} = \begin{pmatrix} 1 \\ -2 \\ 2 \end{pmatrix} + \lambda \begin{pmatrix} 1 \\ 5 \\ 2 \end{pmatrix}$ c) $\vec{x} = \begin{pmatrix} 2 \\ 3 \\ 5 \end{pmatrix} + \lambda \begin{pmatrix} 1 \\ 2 \\ -3 \end{pmatrix}$

Der Abstand der Geraden g und g_1 ist $\sqrt{26}$ (vgl. hierzu Abschnitt 56.2).

(69) $\alpha = 90°$, $S(5,3,0)$

(70) a) g_1 und g_2 sind zueinander windschief, da $\vec{r_1} = \begin{pmatrix} -1 \\ -2 \\ 1 \end{pmatrix}$ und $\vec{r_2} = \begin{pmatrix} -1 \\ 2 \\ 1 \end{pmatrix}$ nicht

parallel sind und kein Schnittpunkt existiert.

b) Mit g_1: $\vec{x} = \vec{x_1} + \lambda_1 \vec{r_1}$, g_2: $\vec{x} = \vec{x_2} + \lambda_2 \vec{r_2}$, $\vec{n}° = \dfrac{\vec{r_1} x \vec{r_2}}{|\vec{r_1} x \vec{r_2}|} = \dfrac{1}{\sqrt{32}}\begin{pmatrix} -4 \\ 0 \\ -4 \end{pmatrix}$

und $\vec{x_2} - \vec{x_1} = \begin{pmatrix} 2 \\ 4 \\ 0 \end{pmatrix}$ folgt: $d = |\vec{n}° \bullet (\vec{x_2} - \vec{x_1})| = \sqrt{2}$

(71) a) $\vec{x} = \begin{pmatrix} 4 \\ 3 \\ -8 \end{pmatrix} + \lambda_1 \begin{pmatrix} -6 \\ 0 \\ 12 \end{pmatrix} + \lambda_2 \begin{pmatrix} -1 \\ -6 \\ 10 \end{pmatrix}$

Mögliche Normalform: $6x_1 + 4x_2 + 3x_3 - 12 = 0$

Achsenabschnittsform: $\dfrac{x_1}{2} + \dfrac{x_2}{3} + \dfrac{x_3}{4} = 1$

b) $p = \dfrac{12}{\sqrt{61}} = 1,54$ c) $\alpha = 67,41°$ d) $d = \dfrac{37}{\sqrt{61}} = 4,74$

e) Mögliche Lösung: $6x_1 + 4x_2 + 3x_3 - 49 = 0$

f) $\vec{x} = \begin{pmatrix} 3 \\ 4 \\ 5 \end{pmatrix} + \lambda \begin{pmatrix} 6 \\ 4 \\ 3 \end{pmatrix}$ g) $S(-\dfrac{39}{61} , 1\dfrac{35}{61} , 3\dfrac{11}{61})$

(72) a) Mögliche Normalform: $2x_1 - 3x_2 + 6x_3 - 20 = 0$

Achsenabschnittsform: $\dfrac{x_1}{10} - \dfrac{x_2}{\frac{20}{3}} + \dfrac{x_3}{\frac{10}{3}} = 1$

b) $p = \dfrac{20}{7} = 2,86$ c) $\alpha = 31°$ d) $d = \dfrac{4}{7} = 0,57$

e) Mögliche Lösung: $2x_1 - 3x_2 + 6x_3 - 24 = 0$

f) $\vec{x} = \begin{pmatrix} 3 \\ 4 \\ 5 \end{pmatrix} + \lambda \begin{pmatrix} 2 \\ -3 \\ 6 \end{pmatrix}$ g) $S(2\dfrac{41}{49} , 4\dfrac{12}{49} , 4\dfrac{25}{49})$

Zu Teil L: KURVEN ZWEITER ORDNUNG

(73) a) $(x-1)^2 + y^2 = 9$ b) $x^2 + (y-3)^2 = 10$ c) $(x+5)^2 + (y+7)^2 = 4$

a) $M_a(1,0)$, $r_a = 3$

b) $M_b(0,3)$, $r_b = \sqrt{10}$

c) $M_c(-5,-7)$, $r_c = 2$

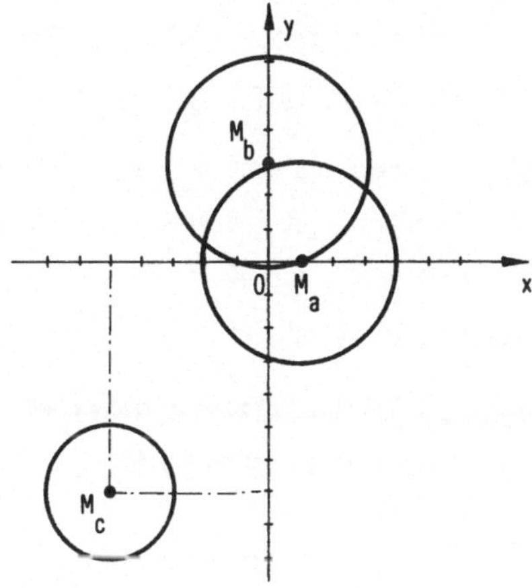

(74) 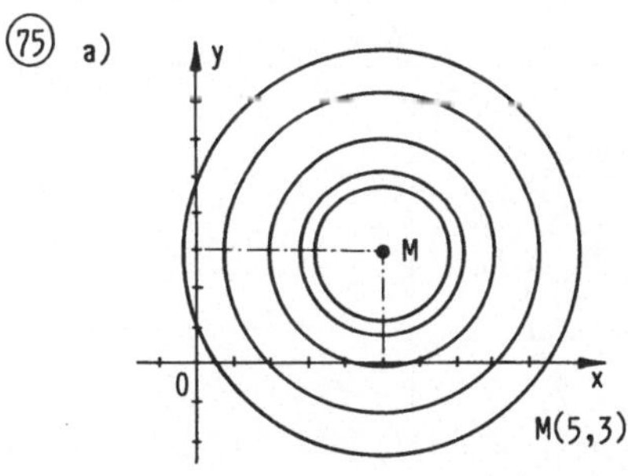

$(x-2)^2 + (y-4)^2 = 20 \ \wedge \ y \geq x-1$

$M(2,4)$, $r = \sqrt{20}$

$A(6,28 \ ; \ 5,28)$, $B(0,72 \ ; \ -0,28)$

(75) a) 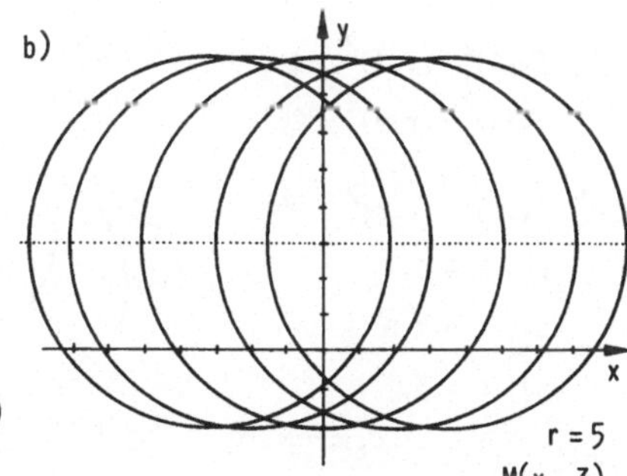

b)

c) 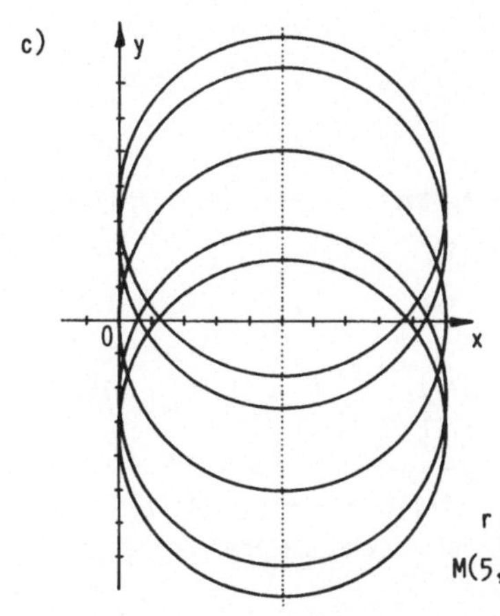

d) 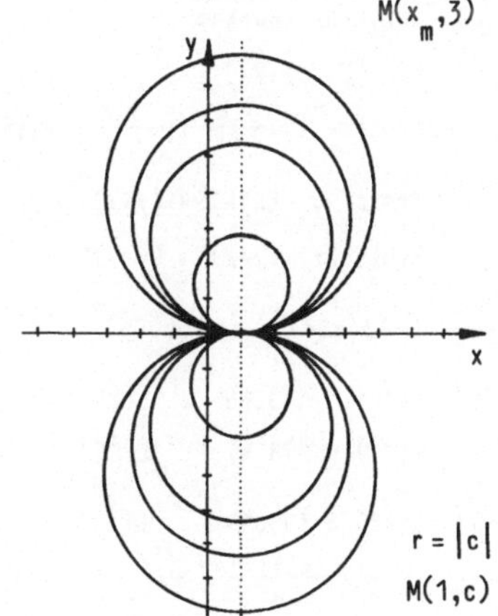

(76) Kreis: $(x-6)^2 + y^2 = 45$, Tangente: $y = 0,5x + 4,5$

(77) $y = \frac{\sqrt{3}}{3}x$, $B_1(3, \sqrt{3})$; $y = -\frac{\sqrt{3}}{3}x$, $B_2(3, -\sqrt{3})$

(78) Tangenten: $d = 10 \lor d = -10$ ($|d| = 10$)

     Sekanten: $-10 < d < 10$ ($|d| < 10$)

     Passanten: $d > 10 \lor d < -10$ ($|d| > 10$)

(79) $P_1(9,0 ; 5,1)$, $P_2(5,34 ; 3,88)$, $s = 3,86$, $A = 4,2$

(80) $x_p = 7,323$, g_1: $y = 0,357x + 2,886$, g_2: $y = 4,527x - 27,651$,

     $\gamma = 57,91°$, $P_1(4,03 ; 4,32)$, $P_2(6,57 ; 2,08)$

(81) $M(c,c)$, $r = \dfrac{|c|}{2}$

     T_1: $y = 0,451x$

     T_2: $y = 2,215x$

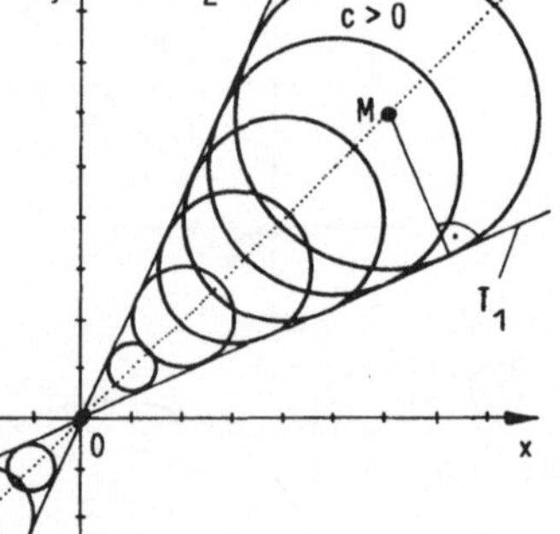

(82) $(x+5)^2 + (y-8)^2 = 25$

(83) $(x+1)^2 + (y-1)^2 = 1$
     $(x+5)^2 + (y-5)^2 = 25$

(84) $(x-7)^2 + (y-3)^2 = r^2$
     a) $r = 7$
     b) $r = \sqrt{58}$
     c) $r = 3$

(85) Berührungspunkt:
     $B(2,46 ; 3,72)$
     Kreis: $(x+\frac{3}{2})^2 + (y-\frac{3}{4})^2 = 4,95^2$

(86) Kreis 1: $(x+4)^2 + (y+1)^2 = 25$, $M_1(-4,-1)$
     Kreis 2: $(x-2)^2 + (y-7)^2 = 25$, $M_2(2,7)$

(87) $(x-3,688)^2 + (y-6,625)^2 = 5,17^2$

(88) $L(\overline{AB}) = 143,86$, $L(\overline{BS}) = 22,44$, $L(\overline{AG}) = 70,18$, $L(\overline{AC}) = 274,05$,
     $L(\overarc{AC}) = 278,47$, $L(\overarc{CE}) = 137,03$, $L(\overline{ES}) = 21,37$

(89) $L(\overline{AC}) = 305,18m$, $L(\overarc{AC}) = 347,15m$, $L(\overline{AD}) = 1,15m$, $L(\overline{D*C}) = 78,70m$
     Im Gegensatz zur Systemskizze liegt C zwischen B und D* !

(90) B(2423,3836) , C(2223,3592) , A(2117,3913) ,

L($\overline{AC}$) = 338 , L($\widehat{AC}$) = 403 , L($\overline{BS}$) = 174

(91)
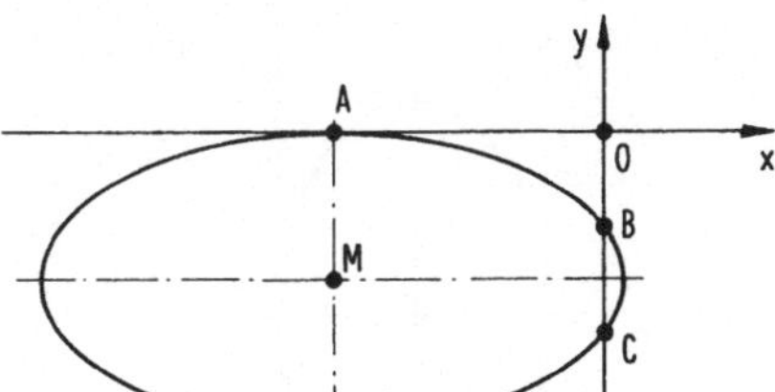

$$\frac{(x+24)^2}{26^2} + \frac{(y+13)^2}{13^2} = 1$$

M(-24,-13)

(92)
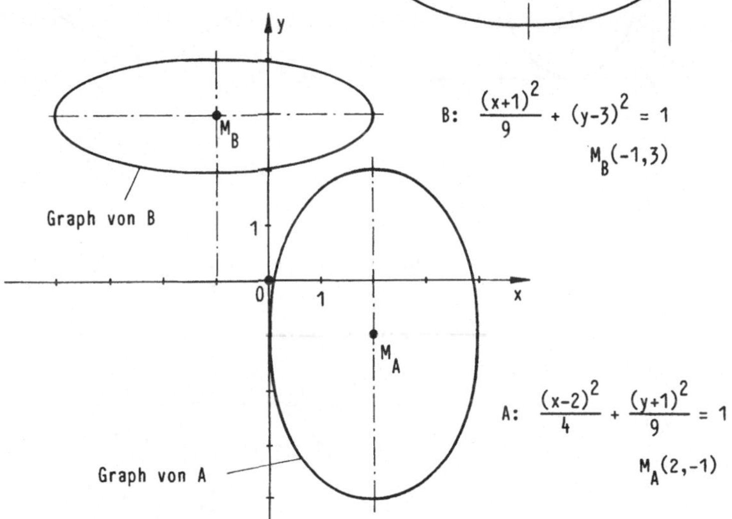

B: $\dfrac{(x+1)^2}{9} + (y-3)^2 = 1$

$M_B(-1,3)$

A: $\dfrac{(x-2)^2}{4} + \dfrac{(y+1)^2}{9} = 1$

$M_A(2,-1)$

(93) A: $(x-3)^2 + \dfrac{y^2}{4} \leq 1$ B: $\dfrac{x^2}{4} + \dfrac{y^2}{9} \leq 1$

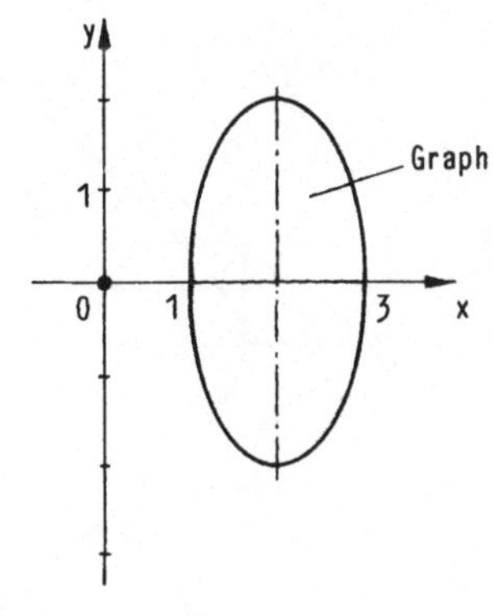
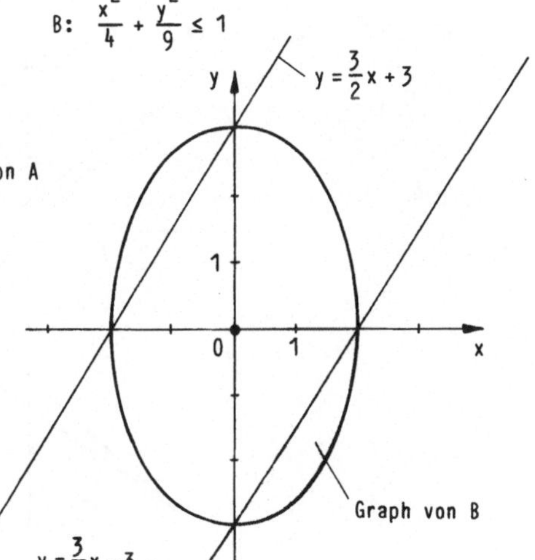

C: $\dfrac{(x-2)^2}{4} + \dfrac{(y-3)^2}{9} \geq 1$ D: $\dfrac{x^2}{9} + \dfrac{y^2}{4} \geq 1$

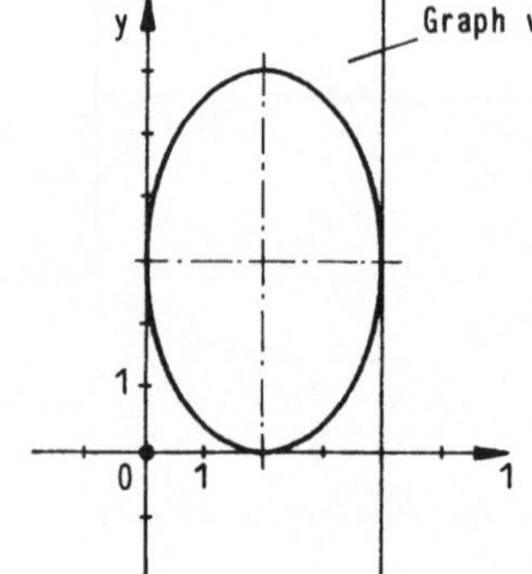

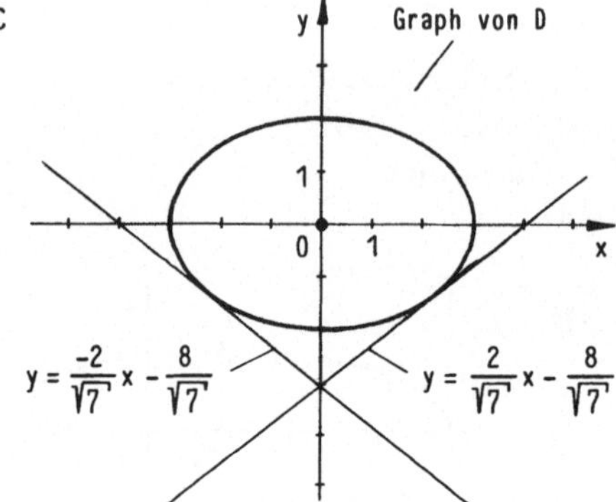

(94) $\dfrac{x^2}{144} - \dfrac{y^2}{36} = 1$

(95)   a) $\dfrac{x^2}{9} - \dfrac{y^2}{4} = 1$

     $M(0,0)$

     $a = 3$

     $b = 2$

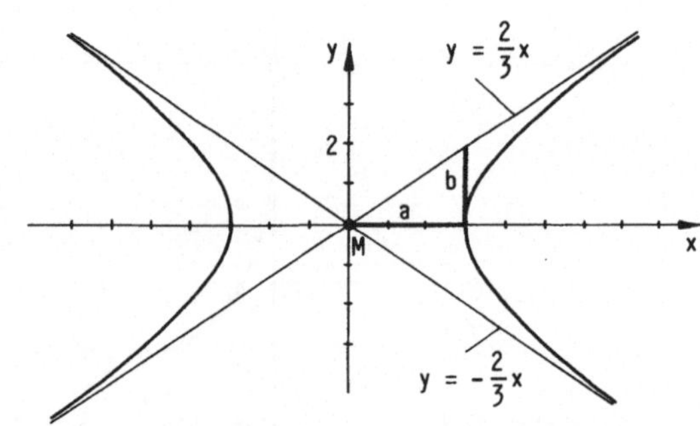

     b) $\dfrac{(x-2)^2}{2} - (y+1)^2 = 1$

     $M(2,-1)$

     $a = \sqrt{2}$

     $b = 1$

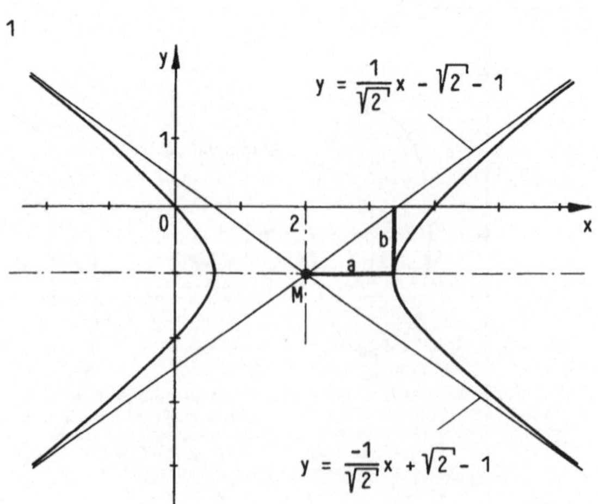

c) $(y+1)^2 - \dfrac{x^2}{\frac{1}{4}} = 1$

$M(0,-1)$

$a = 1$

$b = \dfrac{1}{2}$

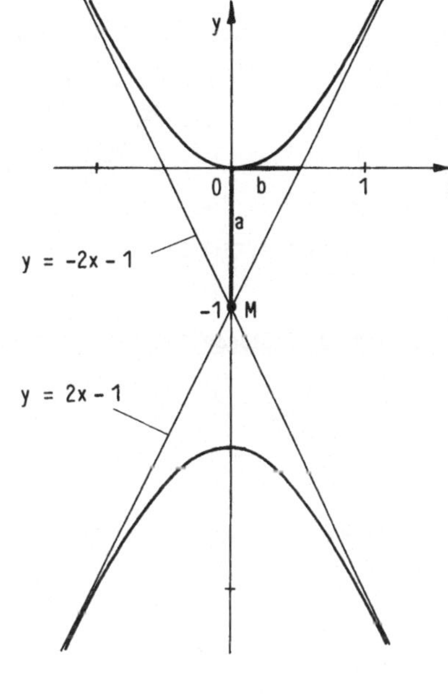

(96) a) $y = -(x-\tfrac{1}{2})^2 + \tfrac{1}{4}$

$F(\tfrac{1}{2}, 0)$

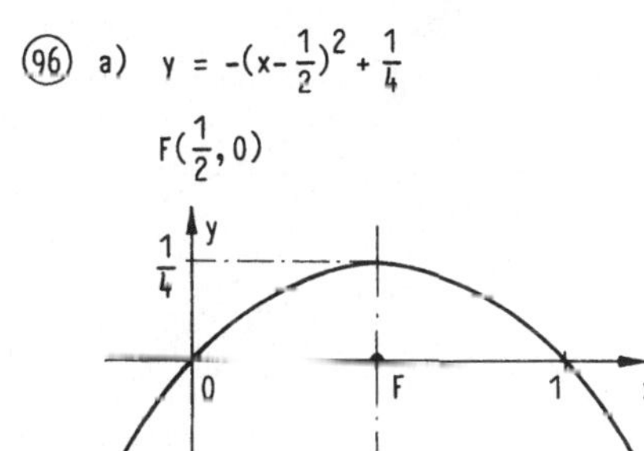

b) $y^2 = 4x$

$F(1,0)$

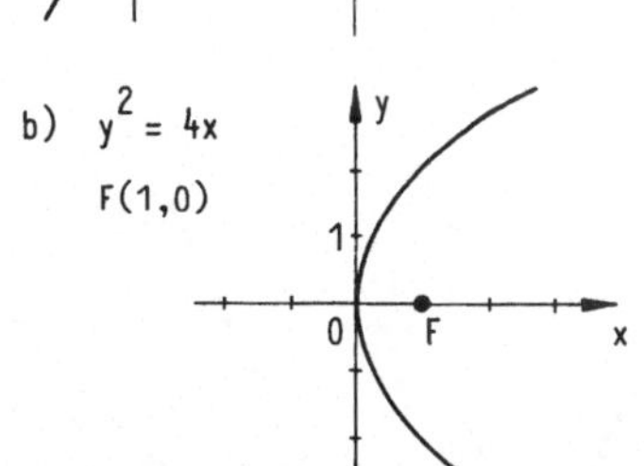

c) $y^2 = -2(x-2)$

$F(\tfrac{3}{2}, 0)$

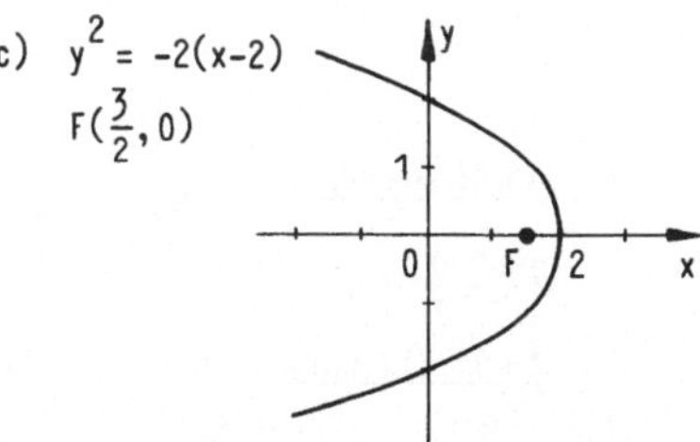

d) $(y+1)^2 = 2(x+2)$, $F(-\tfrac{3}{2}, -1)$

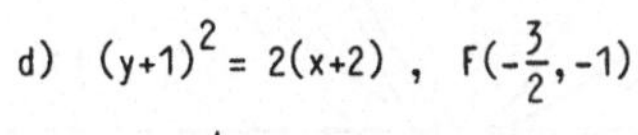

e) $y = \tfrac{1}{4}(x+\tfrac{3}{2})^2 - \tfrac{45}{16}$, $F(-\tfrac{3}{2}, -\tfrac{11}{4})$

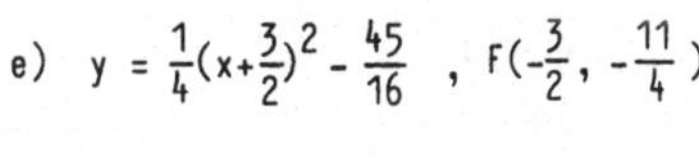

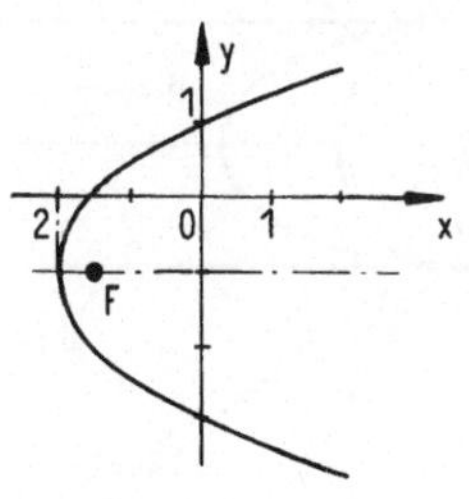

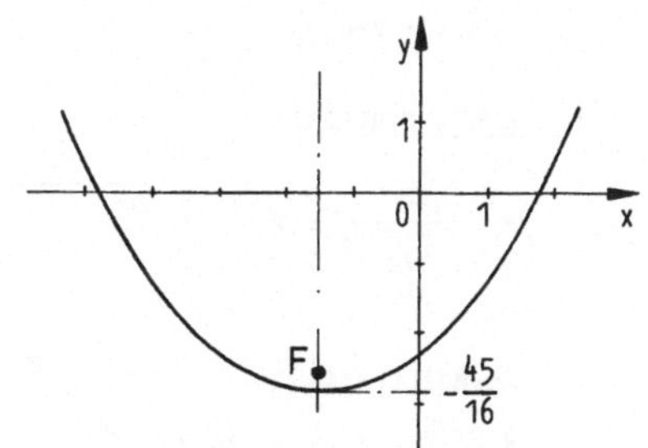

(97) $y = 1{,}05\, x^2 + 0{,}85\, x - 0{,}9$

(98) a)   <u>d = 0: Parabel</u>

$$y^2 = 2x$$

<u>d > 0: Hyperbeln</u>

$$\frac{(x+\frac{1}{d})^2}{(\frac{1}{d})^2} - \frac{y^2}{(\sqrt{\frac{1}{d}})^2} = 1$$

<u>d < 0: Ellipsen</u>

$$\frac{(x+\frac{1}{d})^2}{(\frac{1}{d})^2} + \frac{y^2}{(\sqrt{\frac{-1}{d}})^2} = 1$$

(d = -1: Kreis)

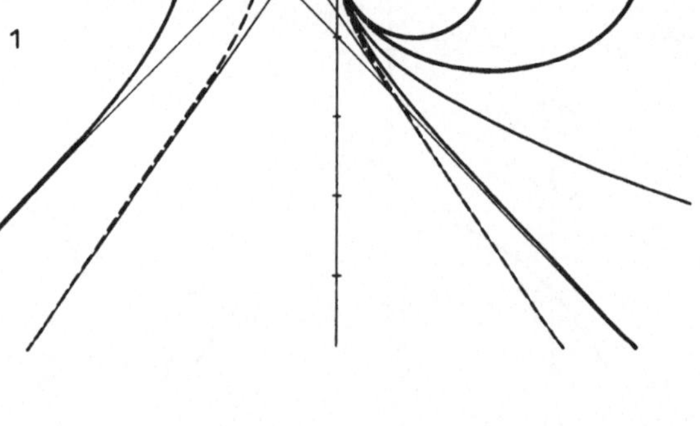

b)   <u>d = 0: Geraden</u>

$$y = 1 \ \lor \ y = -1$$

<u>d < 0: Ellipsen</u>

$$\frac{x^2}{(\sqrt{\frac{-1}{d}})^2} + y^2 = 1$$

(d = -1: Kreis)

<u>d > 0: Hyperbeln</u>

$$y^2 - \frac{x^2}{(\sqrt{\frac{1}{d}})^2} = 1$$

Asymptoten:

$$y = \sqrt{d}\,x \ \lor \ y = -\sqrt{d}\,x$$

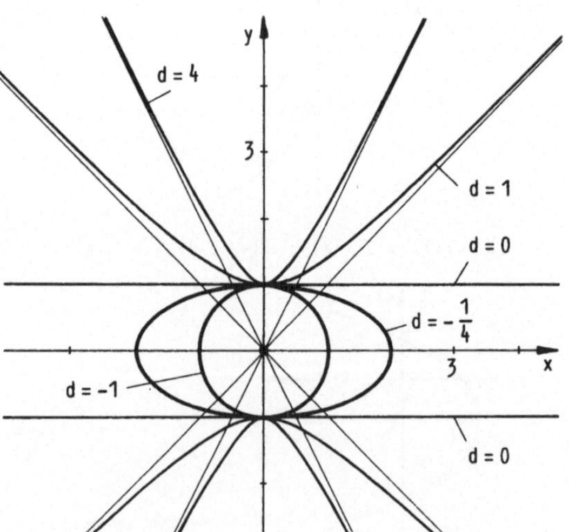

c)

__d = 1: Geraden__

$$y = \frac{1}{\sqrt{2}} \quad \vee \quad y = -\frac{1}{\sqrt{2}}$$

__d > 1: Ellipsen__

$$\frac{x^2}{(\sqrt{\frac{1}{d-1}})^2} + \frac{y^2}{(\sqrt{\frac{1}{d+1}})^2} = 1$$

__-1 < d < 1: Hyperbeln__

$$\frac{y^2}{(\sqrt{\frac{1}{d+1}})^2} - \frac{x^2}{(\sqrt{\frac{-1}{d-1}})^2} = 1$$

Für d ≤ -1 hat die gegebene
Gleichung keine Lösung!

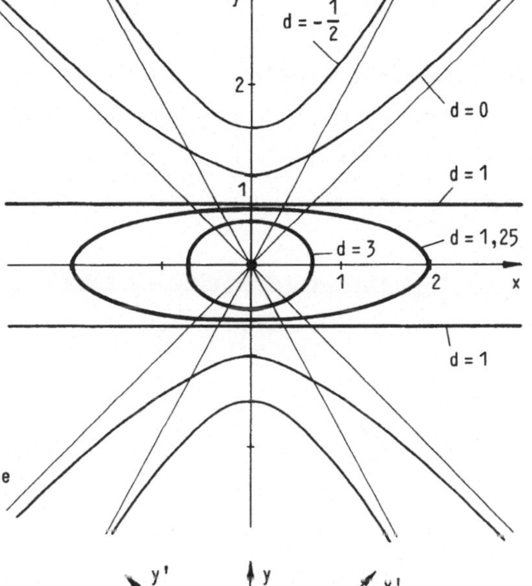

(99) a)

$$\frac{x'^2}{4} + \frac{y'^2}{9} = 1$$

Drehwinkel $\alpha = 45°$

$a = 2$, $b = 3$

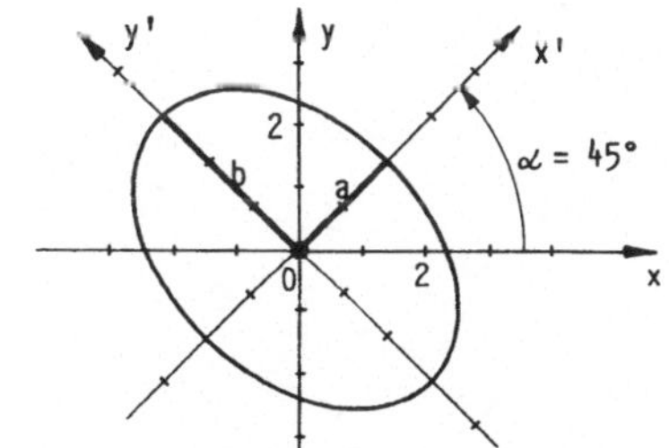

b)

$$\frac{x'^2}{\frac{8}{3}} - \frac{y'^2}{8} = 1$$

Drehwinkel $\alpha = 45°$

$$a = \sqrt{\frac{8}{3}} \ , \quad b = \sqrt{8}$$

$g_1: \quad y = \tan 105° \cdot x$
$\qquad = -3{,}732\,x$

$g_2: \quad y = \tan 165° \cdot x$
$\qquad = -0{,}268\,x$

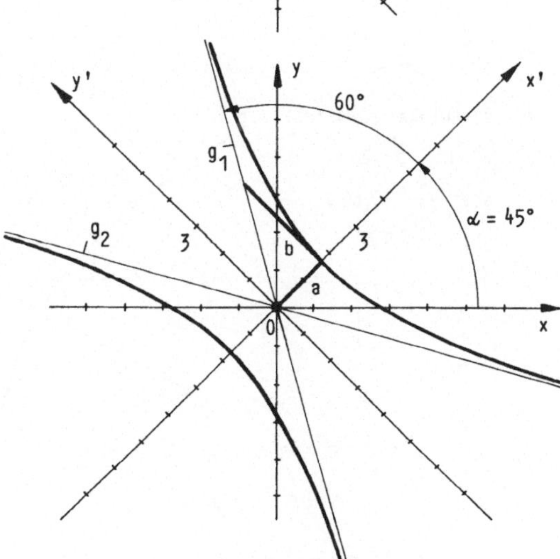

c)
$$\frac{x'^2}{4} - \frac{y'^2}{16} = 1$$

Drehwinkel $\alpha = 45°$

$a = 2$, $b = 4$

$g_1:\ \ y = -3x$

$g_2:\ \ y = -\frac{1}{3}x$

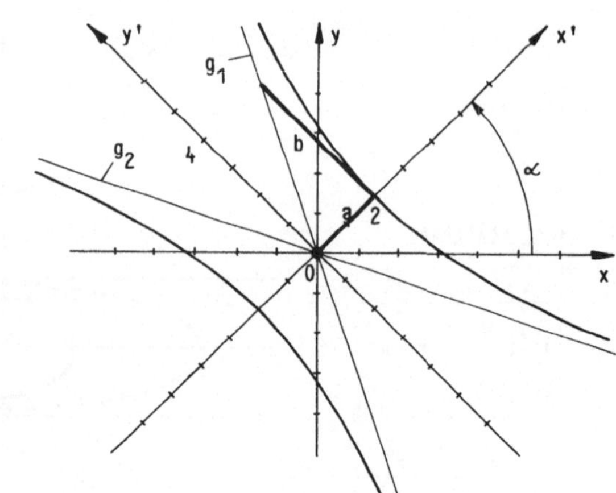

d)
$$\frac{x'^2}{\frac{2}{11}} + \frac{y'^2}{2} = 1$$

Drehwinkel $\alpha = 18{,}435°$

$a = \sqrt{\frac{2}{11}}$, $b = \sqrt{2}$

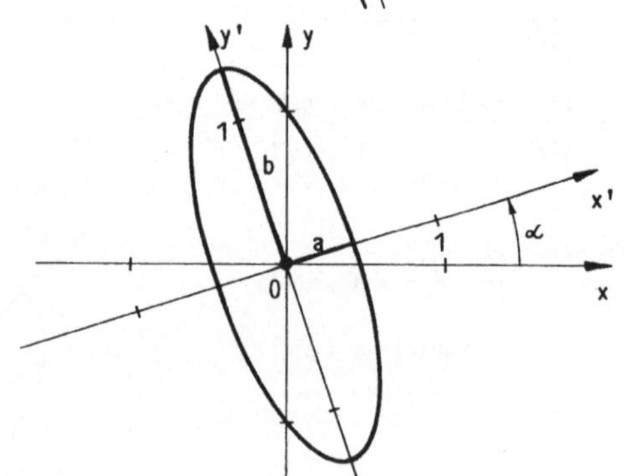

e)
$$x'^2 - \frac{y'^2}{4} = 1$$

Drehwinkel $\alpha = 30°$

$a = 1$, $b = 2$

$g_1:\ \ y = -16{,}66\,x$

$g_2:\ \ y = -0{,}66\,x$

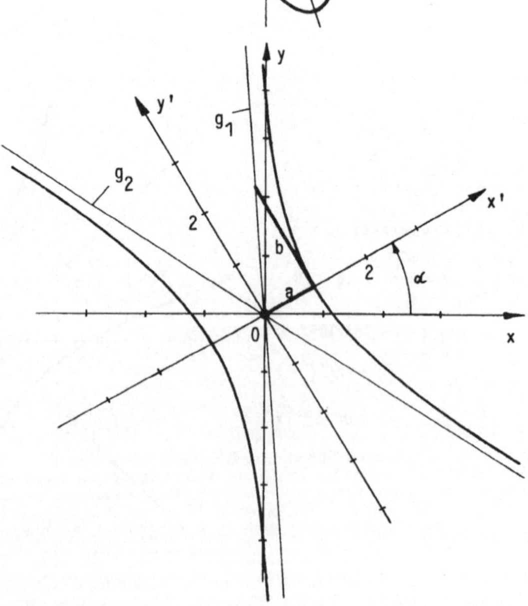

(100) $\left(k+\frac{1}{2}\right)x'^2 + \left(k-\frac{9}{2}\right)y'^2 = 1$

Drehwinkel $\alpha = 18{,}435°$

$\underline{k = \frac{9}{2}: \text{ Geraden}}$

$x' = \sqrt{\frac{1}{5}} \;\vee\; x' = -\sqrt{\frac{1}{5}}$

Für $k \le -\frac{1}{2}$ hat die
gegebene Gleichung
keine Lösung !

$\underline{k > \frac{9}{2}: \text{ Ellipsen}}$

$$\frac{x'^2}{\left(\sqrt{\dfrac{1}{k+\frac{1}{2}}}\right)^2} + \frac{y'^2}{\left(\sqrt{\dfrac{1}{k-\frac{9}{2}}}\right)^2} = 1$$

$\underline{-\frac{1}{2} < k < \frac{9}{2}: \text{ Hyperbeln}}$

$$\frac{x'^2}{\left(\sqrt{\dfrac{1}{k+\frac{1}{2}}}\right)^2} - \frac{y'^2}{\left(\sqrt{\dfrac{-1}{k-\frac{9}{2}}}\right)^2} = 1$$

(101) $\dfrac{(x'-4)^2}{4} + \dfrac{(y'+2)^2}{9} = 1$

Drehwinkel $\alpha = 60°$

$M(x'_m, y'_m) = M(4,-2)$

$a = 2 , \quad b = 3$

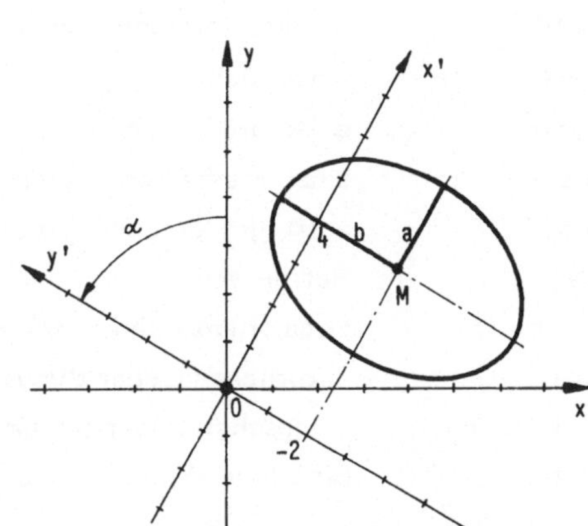

Symbolverzeichnis

$\{a,b,\dots\}$	Menge mit den Elementen $a,b,\dots$
$\{x \mid E\}$	Menge aller x mit der Eigenschaft E
$a,b,c \in M$	a,b und c sind Elemente von M
$d \notin M$	d ist nicht Element von M
$\emptyset$	leere Menge
$M \subset N$	M ist Teilmenge der Menge N
$A \cap B$	Durchschnitt der Mengen A und B
$A \cup B$	Vereinigung der Mengen A und B
$A \setminus B$	Differenzmenge der Mengen A und B
$\overline{A}$	Komplement der Menge A
$A \times B$	Produktmenge der Mengen A und B
$X \vee Y$	Aussage X oder Aussage Y
$X \wedge Y$	Aussage X und Aussage Y
$X \Longrightarrow Y$	aus X folgt Y
$X \Longleftrightarrow Y$	X und Y sind äquivalent
$\mathbb{N}$	Menge der natürlichen Zahlen
$\mathbb{Z}$	Menge der ganzen Zahlen
$\mathbb{Q}$	Menge der rationalen Zahlen
$\mathbb{R}$	Menge der reellen Zahlen
$\mathbb{R}^+$	Menge der positiven reellen Zahlen
$\mathbb{R}^+_0$	Menge der nichtnegativen reellen Zahlen
$[a,b]$	abgeschlossenes Intervall von a bis b
$(a,b]\,,\,[a,b)$	halboffenes Intervall von a bis b
(a,b)	offenes Intervall von a bis b
$a < b$	a ist kleiner als b
$a > b$	a ist größer als b
$a \leq b$	a ist kleiner oder gleich b
$a \geq b$	a ist größer oder gleich b
$|a|$	Betrag von a
$\log_a b$	Logarithmus von b zur Basis a
$\ln b$	natürlicher Logarithmus von b
$\lg b$	Briggscher Logarithmus von b
$\operatorname{lb} b$	Binärlogarithmus von b

$f: A \rightarrow B$ mit $x \mapsto y = f(x)$ f ist eine Abbildung (Funktion) von A in B mit y als Bild (Funktionswert) von x

$\overset{\frown}{AB}$, $\overline{AB}$ Bogen, Strecke

$L(\overset{\frown}{AB})$, $L(\overline{AB})$ Länge des Bogens $\overset{\frown}{AB}$, Länge der Strecke $\overline{AB}$

(a,b), (a,b,c) geordnetes Paar, geordnetes Tripel

$(a_1, a_2, ..., a_n)$ geordnetes n-Tupel

$\vec{a} = \begin{pmatrix} a_x \\ a_y \\ a_z \end{pmatrix}$ (räumlicher) Vektor

$\overrightarrow{PP'}$ Vektor (Vektorpfeil) von Punkt P nach Punkt P'

$|\vec{a}|$, a Betrag des Vektors $\vec{a}$

$\vec{O}$ Nullvektor ($|\vec{O}| = 0$)

$\vec{a}°$, $\vec{e}$ Einheitsvektor ($|\vec{a}°| = 1$)

$\sphericalangle(\vec{a}, \vec{b})$ Winkel zwischen den Vektoren $\vec{a}$ und $\vec{b}$

$\vec{a} \cdot \vec{b}$ Skalarprodukt der Vektoren $\vec{a}$ und $\vec{b}$

$\vec{a} \times \vec{b}$ Vektorprodukt der Vektoren $\vec{a}$ und $\vec{b}$

$\mathbb{R}^2$ Menge (Vektorraum) der ebenen Vektoren

$\mathbb{R}^3$ Menge (Vektorraum) der räumlichen Vektoren

$\mathbb{R}^n$ Menge (Vektorraum) der n-dimensionalen Vektoren

$A = (a_{ik}) = \begin{pmatrix} a_{11} \cdots a_{1n} \\ \vdots \quad\quad \vdots \\ a_{m1} \cdots a_{mn} \end{pmatrix}$ (m,n)-Matrix bzw. Matrix vom Typ (m,n)

E_n Einheitsmatrix vom Typ (n,n)

A^T transponierte Matrix der Matrix A

A^{-1} inverse Matrix der Matrix A

$\det A = \det \begin{pmatrix} a_{11} \cdots a_{1n} \\ \vdots \quad\quad \vdots \\ a_{n1} \cdots a_{nn} \end{pmatrix} = \begin{vmatrix} a_{11} \cdots a_{1n} \\ \vdots \quad\quad \vdots \\ a_{n1} \cdots a_{nn} \end{vmatrix}$ Determinante der (n,n)-Matrix A

Register

Fit fürs Studium

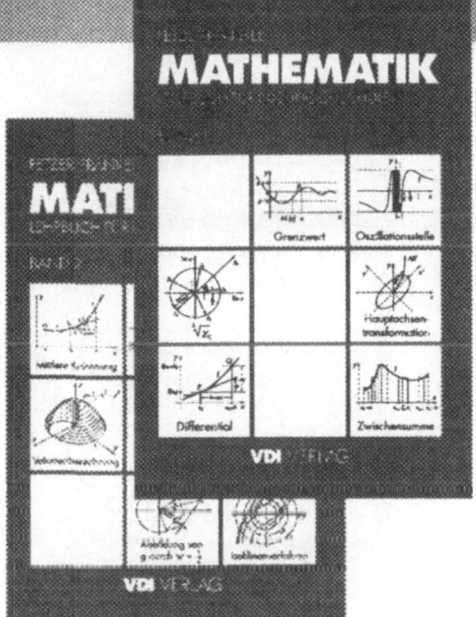

Albert Fetzer / Heiner Fränkel

Mathematik Band 1
1995. 680 S., 400 Tab.
16,8 x 24 cm. Geb.
DM 78,–/öS 608,–/sFr 78,–
ISBN 3-18-401391-X

Inhalt des Bandes 1:
● Mengen, reelle Zahlen
● Funktionen
● Zahlenfolgen
● Grenzwerte von Funktionen
● Komplexe Zahlen
● Lineare Gleichungssysteme, Matrizen, Determinanten
● Vektoren und ihre Anwendungen
● Differenzialrechnung
● Integralrechnung

Mathematik Band 2
1995. 308 S. 16,8 x 24 cm. Geb.
DM 78,–/öS 608,–/sFr 78,–
ISBN 3-18-401392-8

Inhalt des Bandes 2:
● Anwendungen der Differential- und Integralrechnung
● Reihen
● Funktionen mehrerer Variablen
● Komplexwertige Funktionen
● Gewöhnliche Differentialgleichungen

Eine Vielzahl von Beispielen und Abbildungen veranschaulichen und vertiefen den Stoff. Zahlreiche Aufgaben (mit Lösungen) zu jedem Abschnitt erleichtern das Selbststudium.

VDI VERLAG

Postfach 10 10 54
40001 Düsseldorf

Telefon 02 11/61 88-0
Telefax 02 11/61 88-1 33

Fit fürs Studium

Gisela Engeln-Müllges

Numerik-Algorithmen
Ratgeber zur Auswahl und Nutzung
1996. Ca. 600 S. DIN A5. Br.
Ca. DM 68,–/öS 503,–/sFr 65,–
ISBN 3-18-401539-4
Buch mit CD-ROM
Ca. DM 148,–/öS 1.095,–/sFr 141,–
ISBN 3-18-401564-5

Dieses Buch stellt Standardmethoden zur Numerischen Mathematik vor, beschreibt aber auch viele nicht leicht zugängliche und neu entwickelte Algorithmen. Es erläutert die Prinzipien der verschiedenen Verfahren und hilft bei der Auswahl und Nutzung. Bevorzugt behandelt werden solche Methoden, die für den Anwender besonders zu empfehlen sind, beispielsweise: sicher konvergierende Verfahren zur Lösung nichtlinearer Gleichungen und linearer Gleichungssysteme für spezielle Matrixstrukturen; die Shepard-Methode zur mehrdimensionalen Interpolation; viele Splinemethoden zur Konstruktion glatter Kurven und Flächen; leistungsfähige Quadraturverfahren; Kubatur-Methoden für Rechteck- und Dreieckbereiche; explizite und implizite Runge-Kutta-Verfahren für gewöhnliche Differentialgleichungen; Adams-Verfahren und sonstige Verfahren für steife Systeme. Der Anhang enthält eine Übersicht über Programme und Funktionen in FORTRAN 77/90, ANSI C und Turbo Pascal.
Sämtliche Programme wurden unter MS-DOS bzw. UNIX/LINUX in vielen Konfigurationen getestet. Sie sind einschließlich der Testprogramme und weiterer Utilities für PC und MAC auf CD-ROM verfügbar. Das Buch ist auch inklusive CD-ROM erhältlich.

Erscheinungstermin: 2. Quartal 1996

VDI VERLAG

Postfach 10 10 54
40001 Düsseldorf

Telefon 02 11/61 88-0
Telefax 02 11/61 88-1 33